工业机器人
应用技术丛书

工业机器人安装与调试

第2版

韩鸿鸾　相洪英　王吉明　主编

化学工业出版社
·北京·

内容简介

工业机器人作为一种高科技集成装备，对专业人才有着多层次的需求。本书根据机器人行业发展趋势，从生产实际出发，详细讲解了工业机器人安装与调试的相关知识，主要内容包括：工业机器人基础、工业机器人组成、工业机器人拆装校准与维护、桁架工业机器人安装与调试、工业机器人通信和工业机器人视觉系统安装与调试等。

本书实用性与可参考性强，可为从事工业机器人装调与维护相关工作的工程技术人员提供帮助；也可作为应用型本科、高职和中职等院校工业机器人、机电一体化及相关专业的教材和参考书。

图书在版编目（CIP）数据

工业机器人安装与调试 / 韩鸿鸾，相洪英，王吉明主编. -- 2版. -- 北京 : 化学工业出版社，2025. 11.（工业机器人应用技术丛书）. -- ISBN 978-7-122-49141-1

I. TP242. 2

中国国家版本馆CIP数据核字第2025KG6266号

责任编辑：王 烨 贾 娜　　文字编辑：张燕文
责任校对：宋 夏　　装帧设计：刘丽华

出版发行：化学工业出版社
（北京市东城区青年湖南街13号 邮政编码100011）
印　　装：三河市航远印刷有限公司
787mm×1092mm 1/16 印张15¼ 字数380千字
2026年2月北京第2版第1次印刷

购书咨询：010-64518888　　售后服务：010-64518899
网　　址：http://www.cip.com.cn
凡购买本书，如有缺损质量问题，本社销售中心负责调换。

定　　价：79.00元

前言

在全球制造业向智能化、绿色化转型的浪潮中，工业机器人作为“制造业皇冠上的明珠”，正以颠覆性技术重构生产模式。从汽车生产线的柔性化改造到电子行业的精密装配，从物流领域的无人化搬运到医疗场景的微创手术辅助，工业机器人已突破传统工业边界，成为驱动产业升级的核心动力。

随着机器人技术及智能化水平的提高，工业机器人已在众多领域得到了广泛的应用。其中，汽车、电子、冶金、化工等是我国使用机器人最多的几个行业。未来几年，随着行业需要和劳动力成本的不断提高，我国机器人市场增长潜力依然巨大。尽管我国将成为当今世界最大的机器人市场，但每万名制造业工人拥有的机器人数量却远低于发达国家水平和国际平均水平。另一方面，政策与市场的双重引擎推动行业持续进化。国家层面，《“十四五”智能制造发展规划》明确将工业机器人列为战略性新兴产业；地方层面，多地出台专项补贴政策，支持机器人企业技术改造与产线升级。虽然多种因素推动着我国工业机器人行业不断发展，但应用人才严重缺失的问题清晰地摆在我们面前，这是我国推行工业机器人技术应用的最大瓶颈。

工业机器人作为一种高科技集成装备，对专业人才有着多层次的需求，主要分为研发工程师、系统设计与应用工程师、调试工程师和操作及维护人员四个层次。其中，需求量最大的是基础操作及维护人员以及掌握基本工业机器人应用技术的调试工程师和更高层次的应用工程师。工业机器人专业人才的培养，要更加着力于应用型人才。

为了适应机器人行业发展的形势，满足从业人员学习机器人技术相关知识的需求，我们从生产实际出发，组织业内专家编写了本书，全面讲解了工业机器人安装与调试的相关知识，主要内容包括：工业机器人基础、工业机器人组成、工业机器人拆装校准与维护、桁架工业机器人安装与调试、工业机器人通信和工业机器人视觉系统安装与调试等。本书可为从事工业机器人安装与调试相关工作的工程技术人员提供帮助，也可作为应用型本科、高职和中职等院校工业机器人、机电一体化及相关专业的教材和参考书。

本书第1版于2019年出版，并以其内容选取适度、技术实用可靠而得到市场和读者的认可。但第1版出版距今已超过5年，很多技术和案例需要更新；部分内容选取需要调整。鉴于此，我们本着充分进行企业调研、选取先进并适用的工艺和进一步增强实用性的原则，对其进行了修订。

本书由韩鸿鸾、相洪英、王吉明任主编，杨志勇、李建、傅可任副主编，李晓峰、刘洪军、张翠霞、陶建海、董玉华、杨孟平、周晓峰参与了本书的编写。全书由吕文杰主审。

本书在编写过程中得到了柳道机械、天润泰达、上海 ABB、KUKA、山东立人科技有限公司等工业机器人生产企业与北汽（黑豹）汽车有限公司、山东新北洋信息技术股份有限公司、豪顿华（英国）、联轿仲精机械（日本）有限公司等工业机器人应用企业的大力支持；得到了众多职业院校的帮助，并且有的职业院校还安排了编审人员，在此深表谢意。

由于时间仓促，编者水平有限，书中错漏之处在所难免，恳请读者给予批评指正。

编　者

2025 年 9 月

目·录

第1章 工业机器人基础

1.1 机器人概述

机器人包括一切模拟人类行为或思想及模拟其他生物的机械（如机器狗、机器猫等）。1920年捷克作家卡雷尔·查培克在其剧本《罗萨姆的万能机器人》中最早使用机器人一词，剧中机器人“Robot”（原文为“Robota”，后来成为西文中通行的“Robot”）的本意是苦力，是剧作家笔下一个具有人的外表、特征和功能的机器，这是最早的机器人设想。

狭义上对机器人的定义还有很多分类法及争议，有些计算机程序甚至也被称为机器人。1967年日本科学家森政弘与合田周平提出：“机器人是一种具有移动性、个体性、智能性、通用性、半机械半人性、自动性、奴隶性等七个特征的柔性机器。”在当代工业中，机器人指能自动执行任务的人造机器装置，用以取代或协助人类工作，一般会是机电装置，由计算机程序或是电子电路控制。

机器人按照应用环境划分，可分为特种机器人和工业机器人。特种机器人指除工业机器人之外，运用于非制造环境下的服务与仿人型机器人。特种机器人在服务、空间及海洋探索、娱乐、农业生产、军事和医疗等领域都具有应用前景。针对各个领域的应用特点，科学人员研制出各种类型的特种机器人，例如服务机器人、空间机器人、水下机器人、工程机器人、娱乐机器人、农业机器人、军用机器人、医疗机器人等，如图1-1所示。

(a) 农业机器人

(b) 军用机器人

图1-1

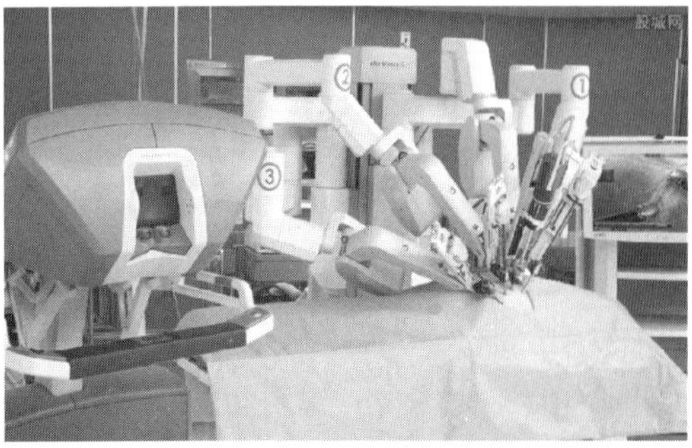

(c) 医疗机器人

(d) 空间机器人

(e) 水下机器人

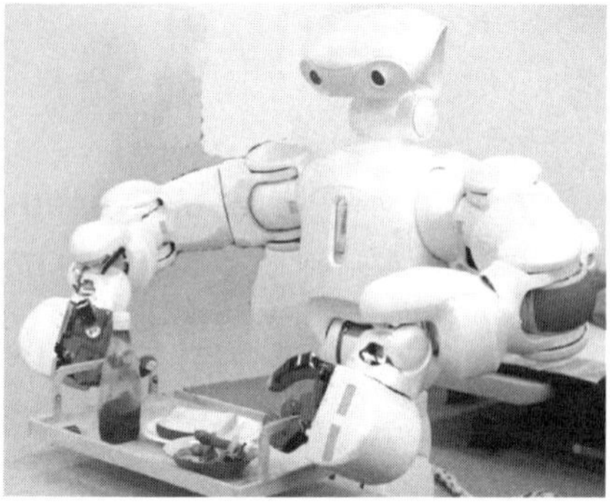

(f) 服务机器人

(g) 娱乐机器人

图 1-1 机器人

1.1.1 工业机器人的定义

不同的组织对工业机器人有不同的定义。

(1) 美国机器人工业协会（U.S.RIA）的定义

"工业机器人是用来进行搬运材料、零件、工具等可再编程的多功能机械手，或通过不同程序的调用来完成各种工作任务的特种装置。"具有搬运功能的机器人如图 1-2 所示。

(2) 国际标准化组织（ISO）1987 年的定义

"工业机器人是一种具有自动控制的操作和移动功能，能够完成各种作业的可编程操作机。"如图 1-3 所示。ISO 8373 对工业机器人给出了更具体的解释："机器人具备自动控制及可再编程、多用途功能，机器人操作机具有三个或三个以上的可编程轴，在工业自动化应用中，机器人的机座可固定也可移动。"如图 1-4 所示。

图 1-2 具有搬运功能的机器人

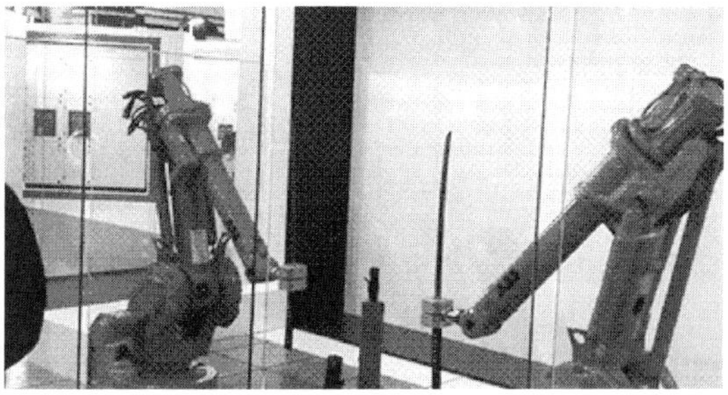

图 1-3 工业机器人

1.1.2 工业机器人的产生与发展

1959 年，乔治·德沃尔和约瑟·英格柏格发明了世界上第一台工业机器人，命名为 Unimate（尤尼梅特，意思是“万能自动”），如图 1-5 所示。Unimate 的功能和人手臂功能相似，机座上安装大臂，大臂可绕轴在机座上转动；大臂上伸出一个前臂，相对大臂可以伸出或缩回；前臂顶端是腕部，可绕前臂转动，进行俯仰和侧摇；腕部前面是手部（末端执行器）。Unimate 重达 2t，采用液压驱动，利用磁鼓上的程序来控制运动。

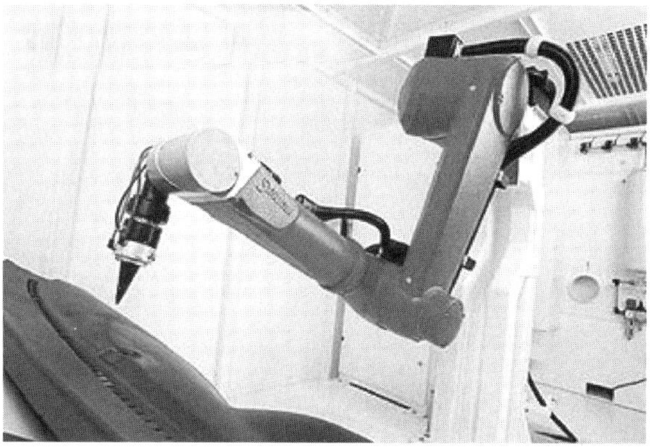

图 1-4　具有三个以上的可编程轴的工业机器人

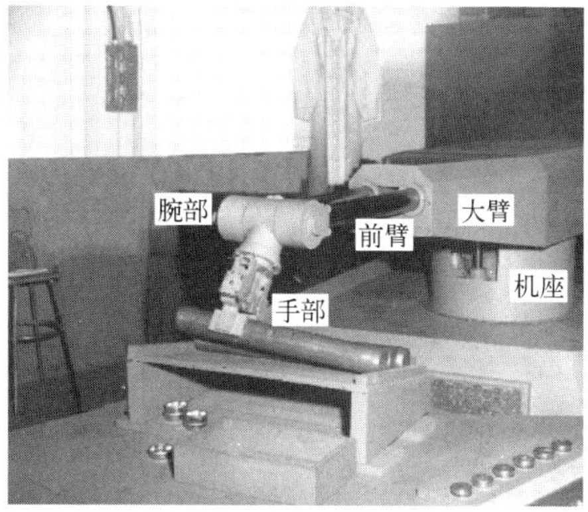

图 1-5　Unimate 机器人

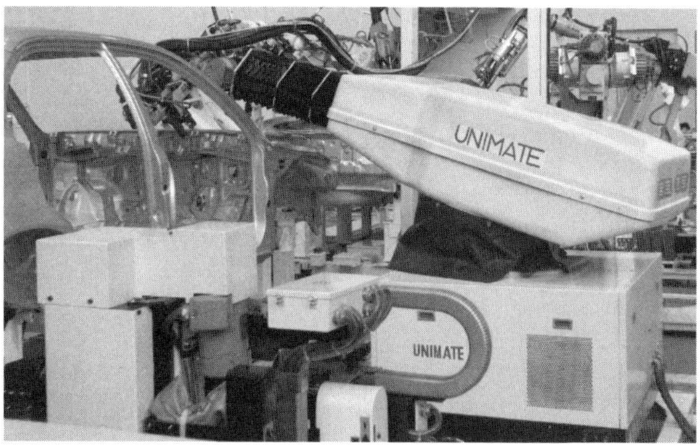

图 1-6　Unimate 机器人的应用

1961 年，Unimate 在美国特伦顿（新泽西州首府）的通用汽车公司安装运行，如图 1-6 所示。这台工业机器人用于生产汽车的门、车窗摇柄、换挡旋钮、灯具固定架，以及汽车内部的其他硬件等。1967 年，一台 Unimate 机器人安装运行于瑞典，这是在欧洲安装运行的第一台工业机器人。

1969 年，通用汽车公司在其洛兹敦装配厂安装了首台 Unimate 点焊机器人，如图 1-7 所示。该机器人大大提高了生产率，大部分的车身焊接作业由机器人来完成，只有 20%～40%的传统焊接工作由人工完成。1969 年，Unimation 公司的工业机器人进入日本市场。川崎重工公司成功开发了 Kawasaki-Unimate 2000 机器人，这是日本生产的第一台工业机器人。

1962 年，美国机械与铸造（American Machine and Foundry，AMF）公司制造出了世界上第一台圆柱坐标工业机器人，命名为 Verstran（沃尔萨特兰，意思是“万能搬动”），如图 1-8 所示。同年，AMF 公司制造的 6 台 Verstran 机器人应用于美国坎顿的福特汽车生产厂。

1969 年，挪威劳动力短缺期间曾使用机器人来喷涂独轮手推车，挪威 Trallfa 公司生产

图 1-7　Unimate 点焊机器人的应用

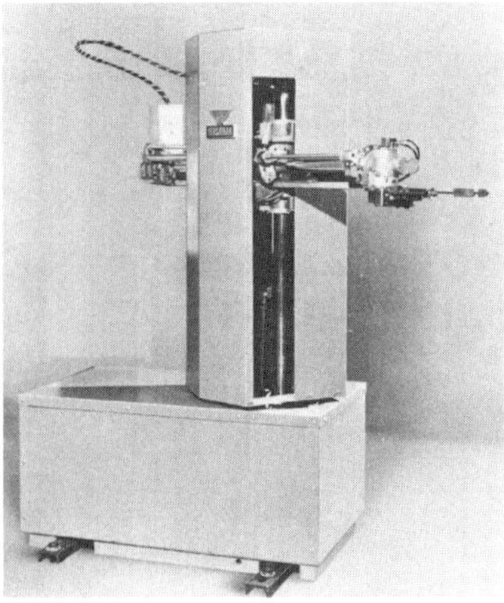

图 1-8　第一台圆柱坐标工业机器人

了第一台商业化应用的喷涂机器人，如图 1-9 所示。

1973 年，德国库卡（KUKA）公司将其使用的 Unimate 机器人研发改造成机电驱动的六轴机器人，命名为 Famulus，如图 1-10 所示，这是世界上第一台机电驱动的六轴机器人。

图 1-9　喷涂机器人

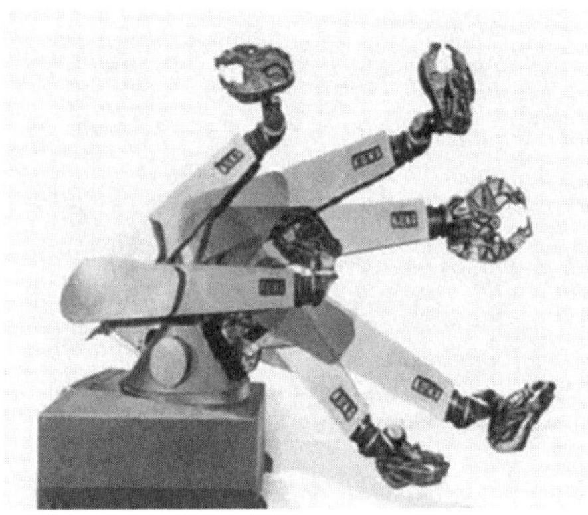

图 1-10　Famulus 工业机器人

1974 年，美国辛辛那提米拉克龙（Cincinnati Milacron）公司开发出第一台由小型计算机控制的工业机器人，命名为 T3（The Tomorrow Tool），如图 1-11 所示，这是世界上第一次机器人和小型计算机的结合，T3 采用液压驱动，有效负载达 45kg。

1974 年，瑞典的 ABB 公司研发了世界上第一台全电控式工业机器人 IRB6，如图 1-12 所示，主要应用于工件的取放和物料搬运。

1978 年美国 Unimation 公司推出通用工业机器人 PUMA，如图 1-13 所示，这标志着工业机器人技术已经完全成熟。PUMA 至今仍然工作在工厂第一线。

1978 年，日本山梨大学（University of Yamanashi）的牧野洋发明了选择顺应性装配机器手臂 SCARA（Selective Compliance Assembly Robot Arm），如图 1-14 所示。SCARA 机器人具有四个运动自由度，主要用于物料装配和搬运。时至今日，SCARA 仍然是工业生产线上常用的机器人。

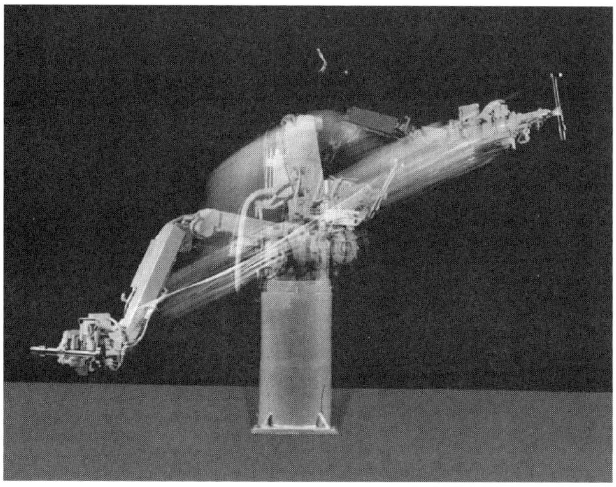

图 1-11　T3 工业机器人

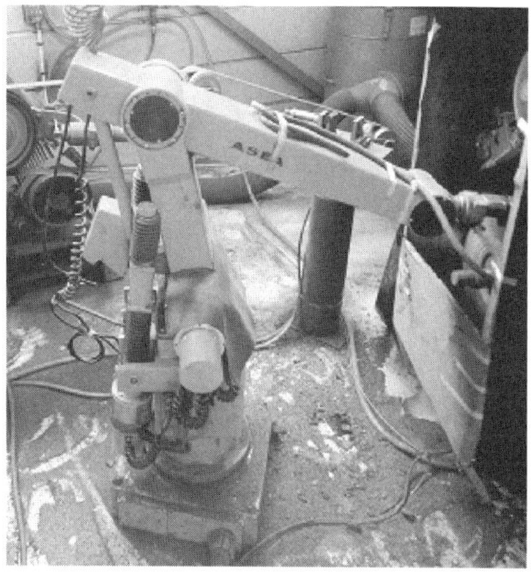

图 1-12　第一台全电控式工业机器人 IRB6

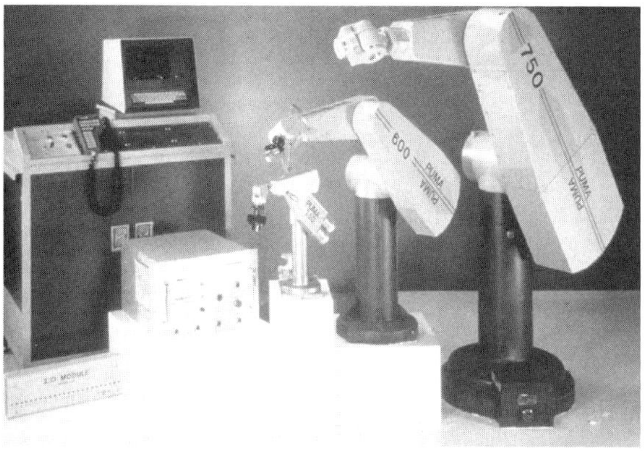

图 1-13　PUMA 工业机器人

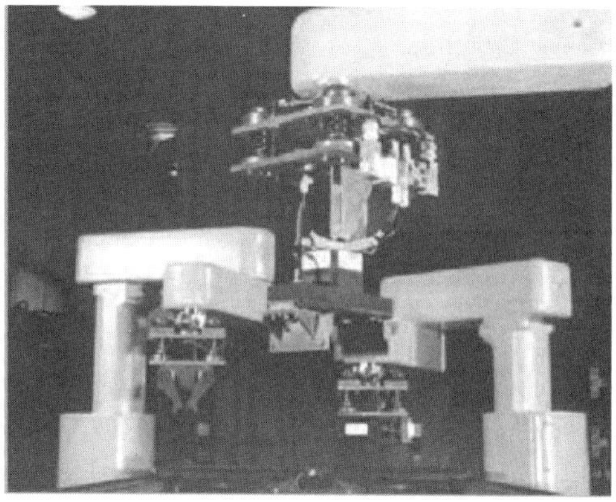

图 1-14　SCARA 工业机器人

1.2　机器人分类

国际标准中，ISO（国际标准化组织）将机器人划分为工业机器人、医疗机器人以及服务机器人；IFR（国际机器人联合会）将机器人划分为工业机器人以及服务机器人。我国2020 年标准将机器人划分为工业机器人、服务机器人、特种机器人和其他机器人，如图 1-15 所示。但在实际过程中，常根据不同的标准进行分类。

服务机器人可以用于家庭生活类服务及公共场所类服务；空间机器人可以用于星际探索、空间开发；水下机器人可以帮助打捞沉船、铺设电缆；工程机器人可以上山入地、开洞筑路；农业机器人可以耕耘播种、施肥除虫；军用机器人可以侦察作战、排雷排弹；医疗机器人可以辅助手术、诊疗保健。特种机器人在外形上脱离了工业机器人的形状，依靠其对环境信息的获取和智能决策能力，能够适应环境进行自主工作。特种机器人更强调感知、决策和复杂行动能力，符合各应用领域的特殊要求，使机器人技术呈现出更加广阔的发展空间。

工业机器人应用于制造业，作为生产自动化设备而存在，在自动化生产线上承担搬运、

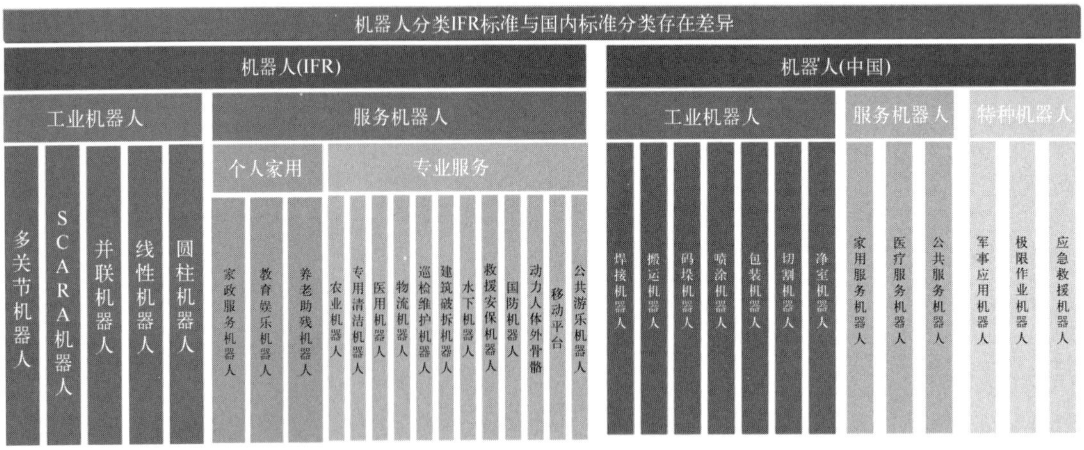

图 1-15 机器人的分类

码垛、喷涂、焊接和装配等工作。工业机器人是机器人家族中重要的一员，也是目前在技术上发展最成熟、应用最广泛的一类机器人。

1.2.1 按运动形式分类

(1) 直角坐标机器人

这种机器人的外形轮廓与数控镗铣床或三坐标测量机相似，如图 1-16 所示。三个关节都是移动关节，关节轴线相互垂直，相当于笛卡儿坐标系的 x、y、z 三个坐标轴。它主要用于生产设备的上下料，也可用于高精度的装卸和检测作业。

(2) 圆柱坐标机器人

如图 1-17 所示，这种机器人以 θ、z 和 r 为参数构成坐标系。手腕参考点的位置可表示为 $P=(\theta, z, r)$。其中，r 是手臂的径向长度，θ 是手臂绕水平轴的角位移，z 是在垂直轴上的高度。如果 r 不变，操作臂的运动将形成一个圆柱表面，空间定位比较直观。操作臂收回后，其后端可能与工作空间内的其他物体相碰，移动关节不易防护。

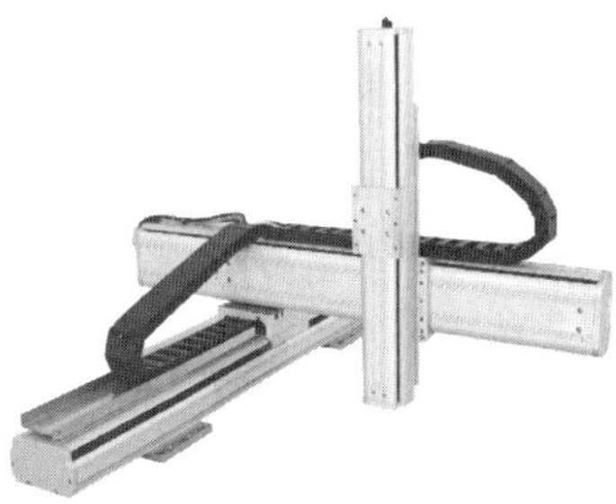

图 1-16 直角坐标机器人

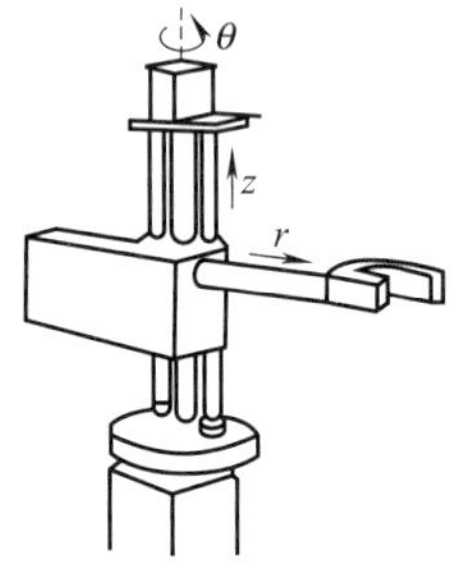

图 1-17 圆柱坐标机器人

(3) 球（极）坐标机器人

如图 1-18 所示，球（极）坐标机器人腕部参考点运动所形成的最大轨迹表面是半径为 r 的球面的一部分，以 θ、φ、r 为坐标，任意点可表示为 $P=(\theta, \varphi, r)$。这类机器人占地面积小，工作空间较大，移动关节不易防护。

(4) 平面关节机器人

平面关节机器人（即 SCARA 机器人）有三个转动关节，其轴线相互平行，在平面内进

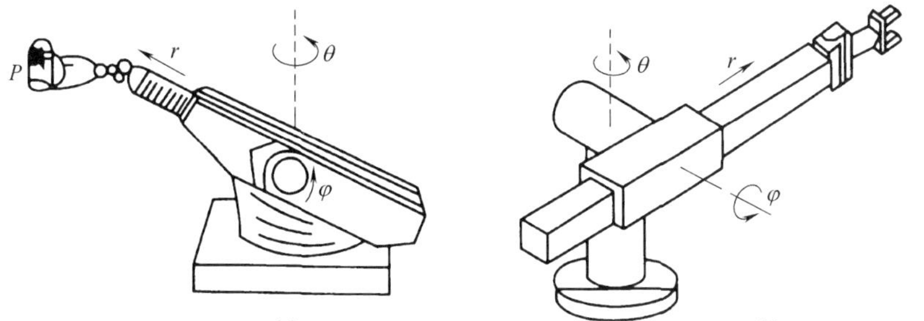

(a) (b)

图 1-18　球（极）坐标机器人

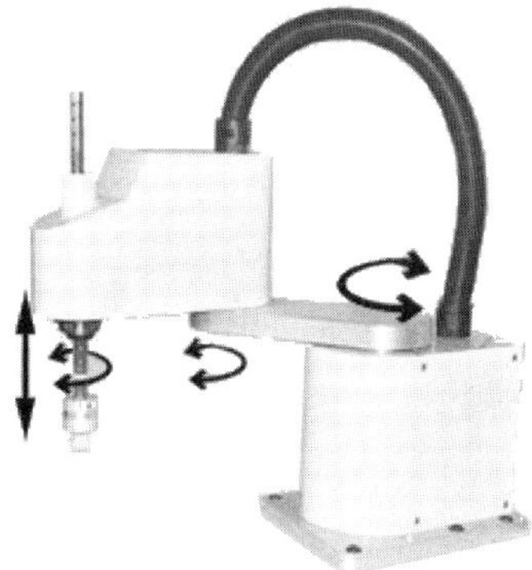

图 1-19　SCARA 机器人

行定位和定向，另一个关节是移动关节，用于完成末端件垂直于平面的运动。手腕参考点的位置是由两转动关节的角位移 φ_1、φ_2 和移动关节的位移 z 决定的，即 $P=(\varphi_1, \varphi_2, z)$，如图 1-19 所示。这类机器人结构轻便、响应快。例如 Adept Ⅰ型 SCARA 机器人的运动速度可达 10m/s，比一般关节型机器人快数倍。它最适于平面定位而在垂直方向进行装配的作业。

（5）关节机器人

这类机器人由两个肩关节和一个肘关节进行定位，由两个或三个腕关节进行定向。其中，一个肩关节绕垂直轴旋转，另一个肩关节实现俯仰，这两个肩关节轴线正交，肘关节轴线平行于第二个肩关节轴线，如图 1-20 所示。这种构型动作灵活，工作空间大，在作业空间内手臂的干涉小，结构紧凑，占地面积小，关节上相对运动部位容易密封防尘。这类机器人运动学较复杂，运动学反解困难，确定末端执行器的位姿不直观，进行控制时，计算量比较大。

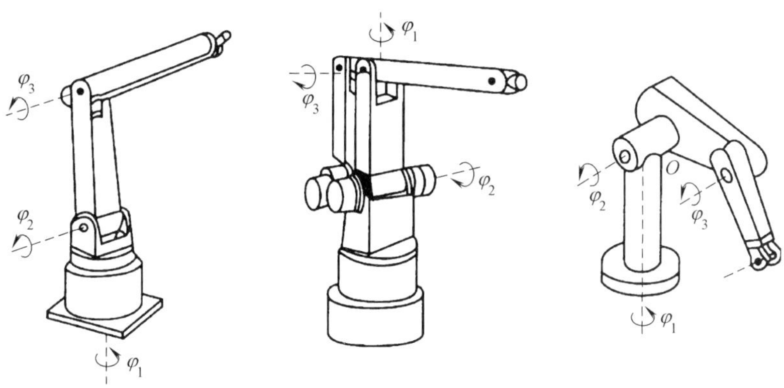

(a) 直接驱动式　(b) 平行连杆式　(c) 关节偏置式

图 1-20　关节型机器人

1.2.2 按驱动方式分类

（1）气动机器人

气动机器人以压缩空气来驱动其执行机构。这种驱动方式的优点是空气来源广，动作迅速，结构简单，造价低；缺点是空气具有可压缩性，致使工作速度的稳定性较差。因气源压力一般只有 60MPa 左右，故此类机器人适宜抓举力要求较小的场合。

图 1-21 是 2015 年日本 RIVERFIELD 公司研发的一种气压机器人——内窥镜手术辅助机器人 EMARO。

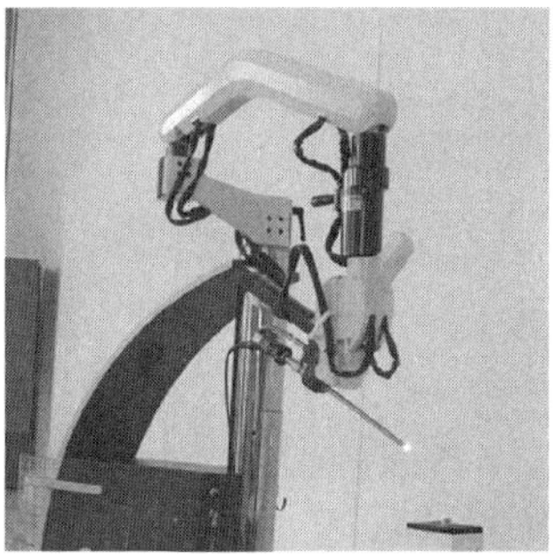

图 1-21 内窥镜手术辅助机器人 EMARO

(2) 液动机器人

相对于气力驱动，液力驱动的机器人具有大得多的抓举力。液动机器人结构紧凑，传动平稳且动作灵敏，但对密封的要求较高，且不宜在高温或低温的场合工作，要求的制造精度较高，成本较高。

(3) 电动机器人

目前越来越多的机器人采用电力驱动，这不仅是因为电机可供选择的品种众多，更因为可以运用多种灵活的控制方法。

电力驱动是利用各种电机产生的力或力矩，直接或经过减速机构驱动机器人，以获得所需的位置、速度、加速度。电力驱动具有无污染、易于控制、运动精度高、成本低、驱动效率高等优点，其应用最为广泛。

电力驱动又可分为步进电机驱动、直流伺服电机驱动、无刷伺服电机驱动等。

(4) 新型驱动方式机器人

伴随着机器人技术的发展，出现了利用新的工作原理制造的新型驱动器，如静电驱动器、压电驱动器、形状记忆合金驱动器、人工肌肉及光驱动器等。

1.2.3 按控制方式分类

(1) 非伺服控制机器人

非伺服控制机器人按照预先编好的程序进行工作，使用限位开关、制动器、插销板和定序器来控制机器人的运动。插销板用来预先规定机器人的工作顺序，而且往往是可调的。定序器按照预定的正确顺序控制驱动装置，带动机器人的手臂、腕部和手部等运动。当它们移动到由限位开关所规定的位置时，限位开关切换工作状态，给定序器送去一个工作任务已经完成的信号，并使终端制动器动作，切断驱动能源，使机器人停止运动。非伺服控制机器人工作能力比较有限。

(2) 伺服控制机器人

伺服控制机器人通过传感器取得的反馈信号与来自给定装置的综合信号比较后，得到误差信号，经过放大后用以激发机器人的驱动装置，进而带动手部执行装置以一定规律运动，达到规定的位置或速度等，这是一个反馈控制系统。伺服系统的被控量可为机器人手部执行装置的位置、速度、加速度和力等。伺服控制机器人比非伺服控制机器人有更强的工作能力。伺服控制机器人按照控制的空间位置不同，又可分为点位伺服控制机器人和连续轨迹伺服控制机器人。

① 点位伺服控制机器人　受控运动方式为从一个点位目标移向另一个点位目标，只在目标点上完成操作。机器人可以最快和最直接的路径从一个端点移到另一个端点。

按点位方式进行控制的机器人，其运动为空间点到点之间的直线运动，在作业过程中只控制几个特定工作点的位置，不对点与点之间的运动过程进行控制。在点位伺服控制机器人中，所能控制点数的多少取决于控制系统的复杂程度。

通常，点位伺服控制机器人适于只需确定终端位置而对编程点之间的路径和速度不作主要考虑的场合。点位控制主要用于点焊机器人和搬运机器人。

② 连续轨迹伺服控制机器人　能够平滑地跟随某个规定的路径，其轨迹往往是某条不在预编程端点停留的曲线路径。

按连续轨迹方式进行控制的机器人，其运动轨迹可以是空间的任意连续曲线。机器人在空间的整个运动过程都处于控制之下，能同时控制两个以上的运动轴，使手部可沿任意形状的空间曲线运动，而手部的姿态也可以通过腕关节的运动得以控制，这对于焊接和喷涂作业是十分有利的。

连续轨迹伺服控制机器人具有良好的控制和运行特性，由于数据是依时间采样的，而不是依预先规定的空间采样，因此机器人的运行速度较快、功率和负载能力较小。连续轨迹伺服控制机器人主要用于弧焊、喷涂、打飞边毛刺和检测。

1.2.4 按关节连接布置形式分类

按机器人关节连接布置形式，机器人可分为串联机器人和并联机器人两类。从运动形式来看，并联机构可分为平面机构和空间机构；细分可分为平面移动机构、平面移动转动机构、空间纯移动机构、空间纯转动机构和空间混合运动机构。

(1) 串联机器人

它是一种开式运动链机器人，由一系列连杆通过转动关节或移动关节串联形成，采用驱动器驱动各个关节的运动从而带动连杆的相对运动，使末端执行器到达合适的位姿，一个轴的运动会改变另一个轴的坐标原点。图 1-22 所示为一种常见的串联机器人。它的特点是：工作空间大；运动分析较容易；可避免驱动轴之间的耦合效应；机构各轴必须独立控制，并且需要搭配编码器与传感器来提高机构运动时的精度。串联机器人的研究相对较成熟，已成功应用在工业上的各个领域，例如装配、焊接（图 1-23）、喷涂、码垛等。

图 1-22　串联机器人

图 1-23　串联机器人在复杂零件焊接方面的应用

(2) 并联机器人

如图 1-24 所示，它是在动平台和定平台通过至少两个独立的运动链相连，具有两个或两个以上自由度，且以并联方式驱动的一种闭环机构。其中末端执行器为动平台，与机座即定平台之间由若干个包含许多运动副（如球副、移动副、转动副、虎克铰）的运动链相连，其中每一个运动链都可以独立控制其运动状态，以实现多自由度的并联，即一个轴运动不影响另一个轴的坐标原点。图 1-25（b）所示为一种蜘蛛手并联机器人，其特点是：工作空间较小；无累积误差，精度较高；驱动装置可置于定平台上或接近定平台的位置，运动部分重量小，速度高，动态响应好；结构紧凑，刚度高，承载能力强；完全对称的并联机构具有较好的各向同性。并联机器人在需要高刚度、高精度或者大载荷而无需很大工作空间的领域获得了广泛应用，在食品、医药、电子等轻工业中应用最为广泛，在物料的搬运、包装、分拣等方面有着无可比拟的优势。从机械结构上说，并联机器人可分为回转驱动型和直线驱动型两大类，如图 1-25 所示。

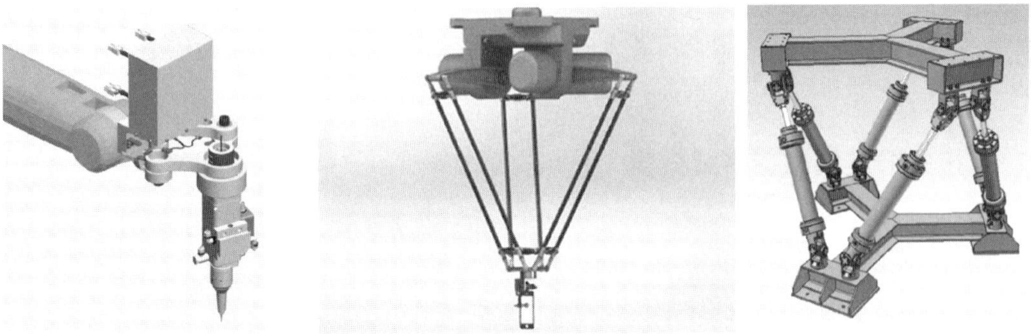

(a) 2自由度并联机构　(b) 3自由度并联机构　(c) 6自由度并联机构

图 1-24　并联机器人（一）

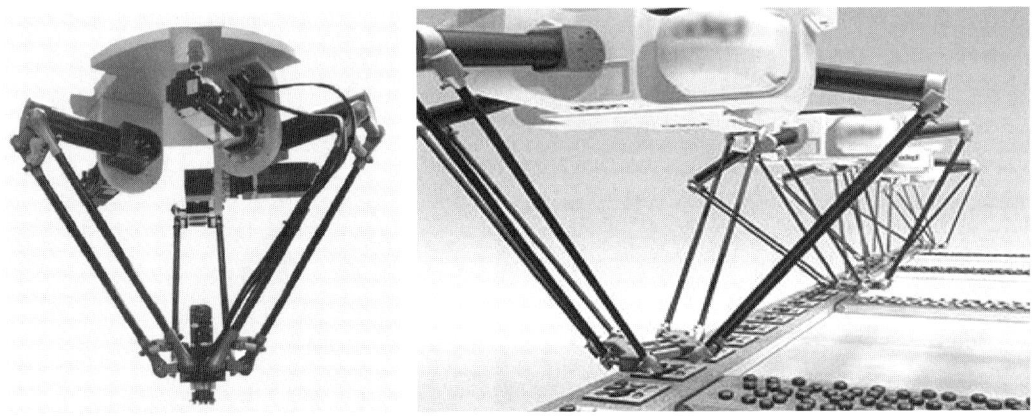

(a) 回转驱动型　(b) 直线驱动型

图 1-25　并联机器人（二）

1.2.5 按程序输入方式分类

（1）编程输入型机器人

编程输入型机器人是将计算机上已编好的作业程序文件，通过 RS232 串口或者以太网等通信方式传送到机器人控制柜，计算机解读程序后给出相应控制信号命令各伺服系统控制机器人完成相应的工作任务。图 1-26 所示为该类工业机器人编程界面的示意图。

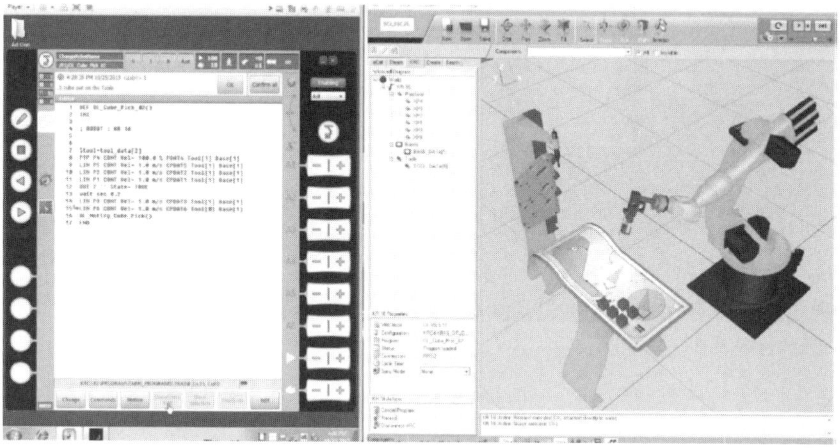

图 1-26　编程界面示意图

（2）示教输入型机器人

示教输入型机器人的示教方法有两种：一种是由操作人员用手动控制器（示教器等人机交互设备），将指令信号传给驱动系统，由执行机构按要求的动作顺序和运动轨迹操演一遍，图 1-27 即通过示教器来控制机器人运动的工业机器人；另一种是由操作人员直接控制执行机构，按要求的动作顺序和运动轨迹操演一遍。在示教过程的同时，工作程序的信息自动存入程序存储器中，在机器人自动工作时，控制系统从程序存储器中调出相应信息，将指令信号传给驱动机构，使执行机构再现示教的各种动作。

1.2.6　按应用领域分类

（1）喷涂机器人

如图 1-28 所示，喷涂机器人能在恶劣环境下连续工作，并具有工作灵活、工作精度高等特点，因此喷涂机器人被广泛应用于汽车、大型结构件等喷涂生产线，以保证产品的加工质量、提高生产效率、减轻操作人员劳动强度。

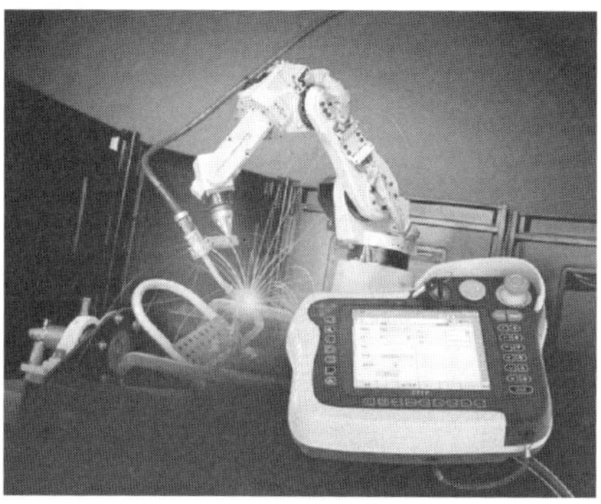

图 1-27　示教输入型机器人

图 1-28　喷涂机器人

（2）焊接机器人

图 1-29 所示的两种机器人应用较多，其中弧焊机器人作业精确，可以连续地进行工作，但在作业中会遇到部件稍有偏位或焊缝形状有所改变的情况，人工作业时，因能看到焊缝，可以随时作出调整，而对于焊接机器人，因为是按事先编号的程序工作，不能很快调整。

(a) 点焊机器人　　(b) 弧焊机器人

图 1-29　焊接机器人

机器人激光焊系统由激光器、冷却系统、热交换器、光缆转换器、激光电缆、激光加工镜组和机器人等部分组成。例如，在 POLO 两厢车身骨架焊接中，由两台激光源通过光缆转换器分别为五台机器人所带的激光头提供激光输入。由于激光焊接对焊接位置和零件配合要求较高，因此对机器人重复精度要求也高，一般要高于±0.1mm。激光焊接机器人系统及焊缝成形如图 1-30 所示。

图 1-30　激光焊接机器人系统及焊接成形

由于机器人技术的不断成熟，工业机器人具有越来越高的柔性，可以实现复杂轨迹的运动，为了使搅拌摩擦焊能满足复杂结构件的焊接要求，机器人搅拌摩擦焊技术得到重视。图 1-31 所示为机器人搅拌摩擦焊的工作场景。

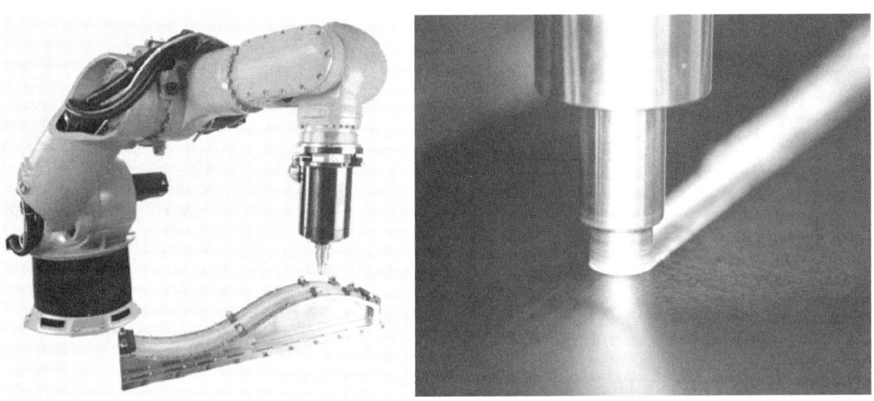

图 1-31　搅拌摩擦焊工作场景

(3) 上下料机器人

如图 1-32 所示，目前我国大部分生产线上的机床装卸工件仍由人工完成，其劳动强度大，生产效率低，而且具有一定的危险性，已经满足不了生产自动化的发展趋势，为提高工作效率，降低成本，并使生产线发展为柔性生产系统，应现代机械行业自动化生产的要求，越来越多的企业已经开始利用工业机器人进行上下料了。

(4) 装配机器人

① 一般装配机器人　如图 1-33 所示，装配机器人是专门为装配而设计的工业机器人，与一般工业机器人相比，它具有精度高、柔顺性好、工作范围小、能与其他系统配套使用等特点。使用装配机器人可以保证产品质量，降低成本，提高生产自动化水平。

图 1-32　数控机床用上下料机器人

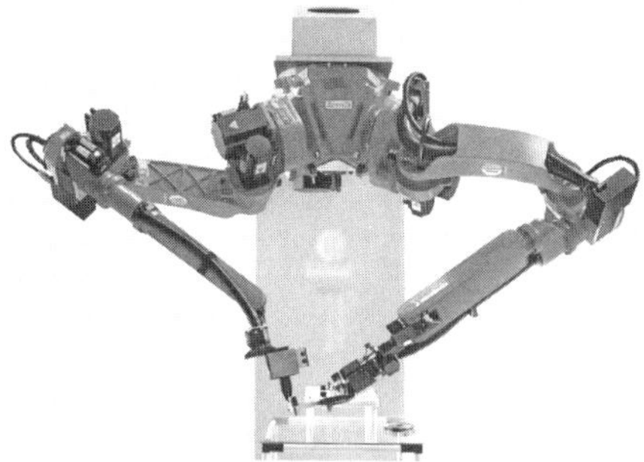

图 1-33　装配工业机器人

② 力控制装配机器人　工业机器人在实际生产中，可用来实现零部件的精准装配。这类用于装配的机器人，其末端执行器需要对力有精确的控制。例如在装配过程中，拧紧螺钉时，需要机器人控制拧紧力，搬运工件时，需要控制握力等。

为了实现末端执行器上力的控制，在工业机器人末端执行器上安装力传感器，实现主动柔顺控制。现以机器人拧紧螺钉的场景为例（图 1-34），说明利用力控制进行装配的过程。

图 1-34　机器人拧紧螺钉

在机器人拧紧螺钉的过程中，末端执行器上的力传感器会探测到反作用在螺钉上的力，然后将信息传送给控制系统进行算法处理，并传送给机器人控制器完成机器人的运动控制。当传感器探测到的反作用力满足螺钉拧紧力要求时（即螺钉处于拧紧状态），中心计算机将传送信息给机器人控制器，此时偏移量满足机器人程序的逻辑判断，机器人不再进行该方向上的位移运动，完成螺钉的拧紧操作。

力控制装配将机器人的刚性柔顺化，应用于精密零部件的装配，在提高了装配效率的同时，减小了装配误差，有利于实现精准装配而不会造成零件因压迫和撞击带来的损坏。

(5) 搬运机器人

在建筑工地，在海港码头，总能看到大吊车的身影，应当说吊车装运比起早期人工肩扛手抬已经进步多了，但这只是机械代替了人力，或者说吊车只是机器人的雏形，它还得完全依靠人操作和控制定位等，不能自主作业。图 1-35 所示的搬运机器人可进行自主的搬运。当然，有时也可应用机械手进行搬运（图 1-36）。

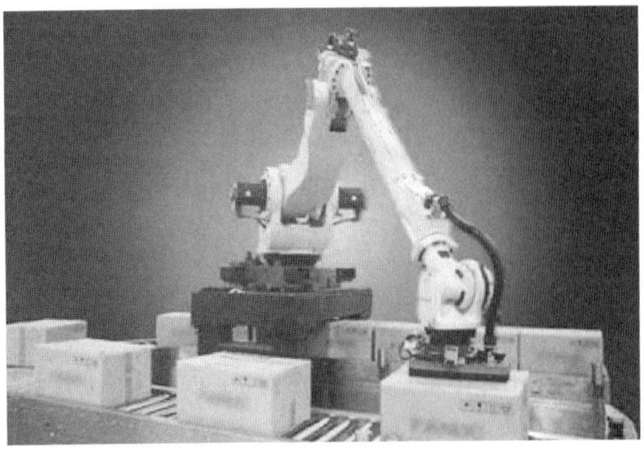

图 1-35　搬运机器人

图 1-36　机械手搬运

（6）码垛机器人

如图 1-37 所示，码垛工业机器人主要用于工业码垛。

（7）包装机器人

计算机、通信和消费性电子行业（3C 行业）及化工、食品、饮料、药品行业是包装机器人的主要应用领域，图 1-38 所示为包装机器人。3C 行业的产品产量大、周转速度快，成品包装任务繁重；化工、食品、饮料、药品包装由于行业特殊性，人工作业涉及安全、卫生、清洁、防水、防菌等方面的问题。

图 1-37　码垛机器人

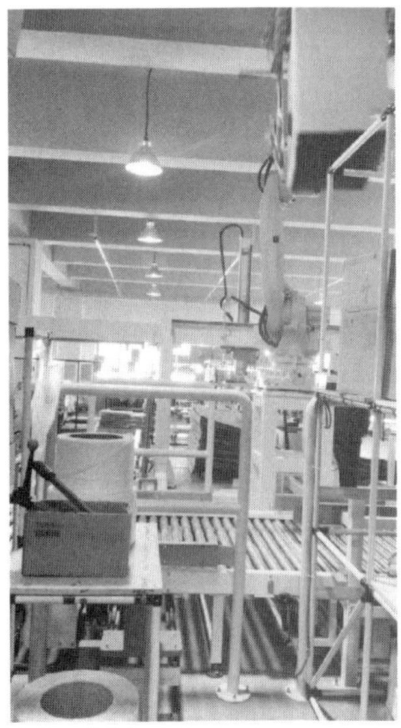

图 1-38　包装机器人

（8）打磨机器人

打磨机器人是从事打磨的工业机器人。打磨机器人主要由工业机器人本体和打磨机具、抓手等外围设备组成，通过系统集成，由总控制柜将机器人和外围设备的软、硬件连接起来，统一协调，实现各种打磨功能。

机器人打磨主要有两种方式：一种是通过机器人末端执行器夹持打磨工具，主动接触工件，工件相对固定不动，因此这种打磨机器人可称为工具主动型打磨机器人，如图 1-39 所示；另一种是机器人末端执行器夹持工件，通过工件贴近接触打磨工具，打磨工具的相对位置不动，因此这种打磨机器人也称为工件主动型打磨机器人，如图 1-40 所示。

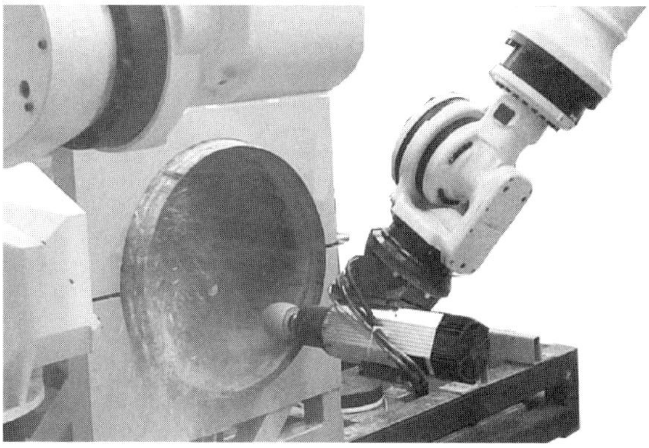

图 1-39　工具主动型打磨机器人

图 1-40　工件主动型打磨机器人

（9）涂胶机器人

工业机器人涂胶系统是包含涂胶机器人、工装夹具、供胶装置、胶枪和配电箱等部件的电气系统。工业机器人涂胶系统不仅涂胶质量和精度稳定，还能通过集成在线检测设备实现涂胶和质检的同步完成，在越来越多的工业生产过程中得到应用。

利用工业机器人可以对固定工件涂胶（图 1-41），也可以对活动工件涂胶（图 1-42）。

图 1-41　对固定工件涂胶

（10）去毛刺机器人

随着机器人技术的进步，开始使用机器人进行自动化去毛刺。机器人去毛刺是将方便移动的电动或气动去毛刺工具装在工业机器人（或机械手）手臂上进行去毛刺的方法。

工业机器人的可重复定位性，可以保证产品的去毛刺质量和粗糙度的一致性；可连续工作的特点，在提高生产效率的同时，也改善了操作人员劳动条件。同时，可更换机器人末端工具实现对不同产品的去毛刺处理，在一定程度上减少了设备投入。

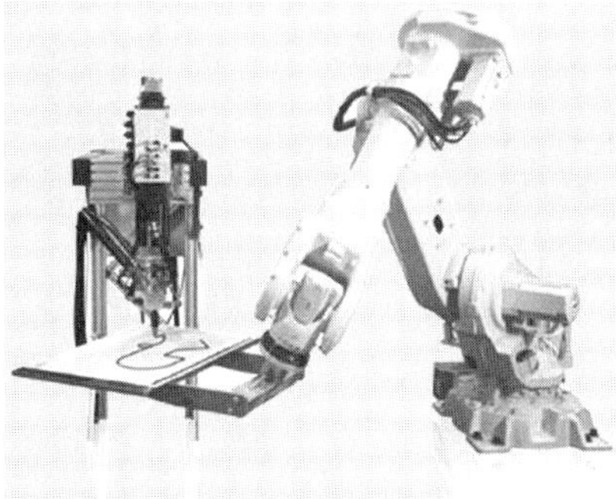

图 1-42　对活动工件涂胶

工业机器人去毛刺可以有两种实现方式：一种是将待去毛刺工件固定在外部某一位置，机器人持去毛刺工具运动到工件位置去毛刺，如图 1-43 所示；另一种方式，是将去毛刺工具固定在外部某一位置，机器人持待去毛刺工件运动到外部固定工具位置去毛刺，如图 1-44 所示。

图 1-43　工件固定去毛刺

图 1-44　工具固定去毛刺

（11）喷丸机器人

如图 1-45 所示，喷丸机器人比人工清理效率高出 10 倍以上，而且操作者可以避开恶劣的工作环境，只需要改变计算机程序，就可以轻松改变不同的清理工艺。

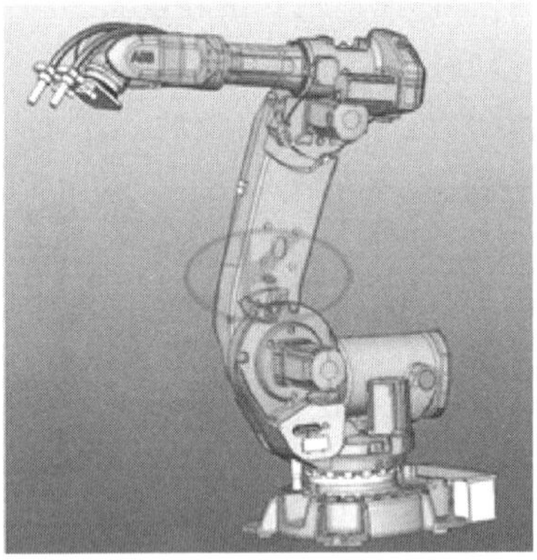

(a) 外形

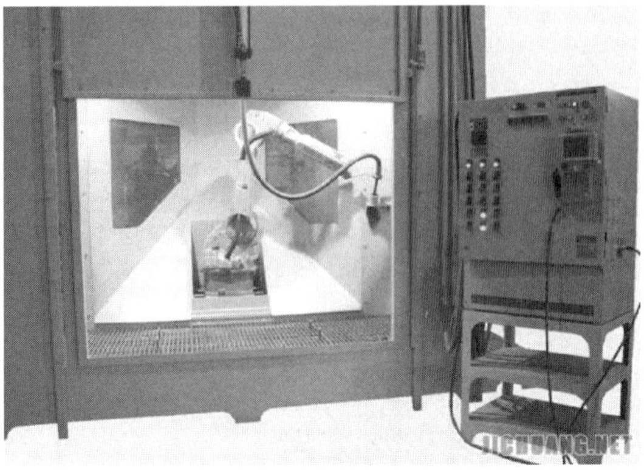

(b) 应用

图 1-45　喷丸机器人

（12）核工业机器人

如图 1-46 所示，核工业机器人主要用于以核工业为背景的危险、恶劣场所，特别针对核电站、核燃料后处理厂及三废处理厂等放射性环境，可以对其核设施中的设备装置进行检查、维修和简单事故处理等。

图 1-46　核工业机器人

（13）机械加工机器人

这类机器人具有加工能力，本身具有加工工具，如刀具等，刀具的运动是由机器人的控制系统控制的。可用于轻型加工（图 1-47）、雕刻（图 1-48）等。这类工业机器人有的已经具有了加工中心的某些特性，如刀库等。雕刻机器人的刀库如图 1-49 所示。

① 钻孔

工业机器人用于钻孔时所用的末端执行器如图 1-50 所示。钻孔过程中，末端执行器与零件直接接触，容易产生磨损，需要能实时改变切削速度和进给量，以保证钻头的正常工作。

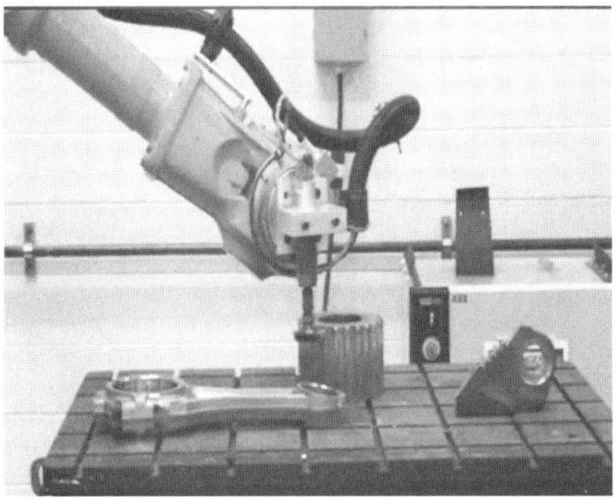

图 1-47　轻型加工机器人

图 1-48　雕刻机器人

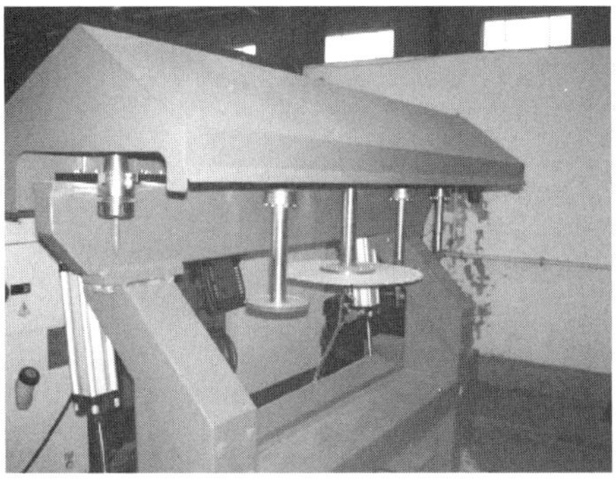

图 1-49　雕刻机器人的刀库

图 1-50　钻孔

② 激光切割

随着工业机器人和激光切割技术的发展和成熟，由二者所组成机器人激光切割系统，一方面具有工业机器人的特点，能够自由、灵活地实现各种复杂三维曲线加工轨迹，另一方面采用柔韧性好、能够远距离传输激光的光纤作为传输介质，不会对机器人的运动路径产生限制。激光切割机器人可实现自主化切割，相较于数控切割机，除了能保证切割质量外，还更为灵活，更适合柔性生产（图 1-51）。

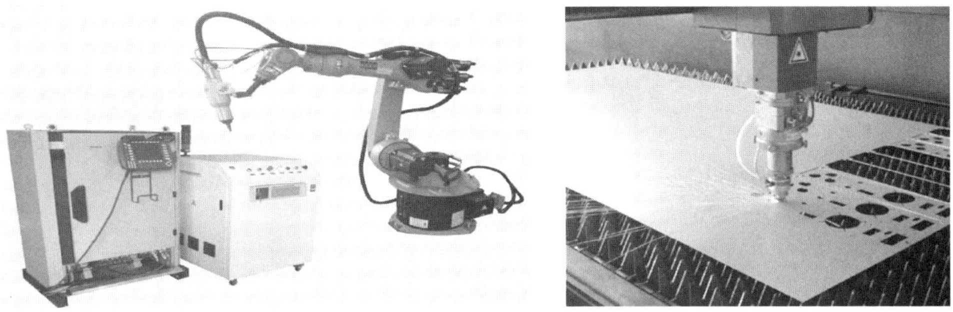

图 1-51　激光切割

1.2.7 按机器人协作与否分类

按协作与否分可分为协作工业机器人和非协作工业机器人。如图 1-52 所示，协作机器人指被设计成可以在协作区域内与人直接进行交互的机器人。

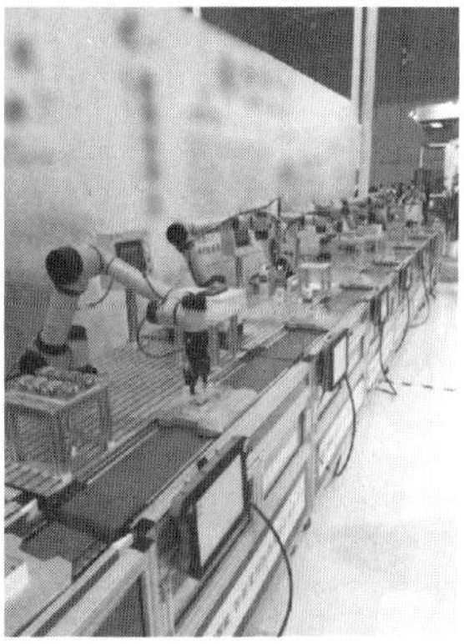

(a) 单臂

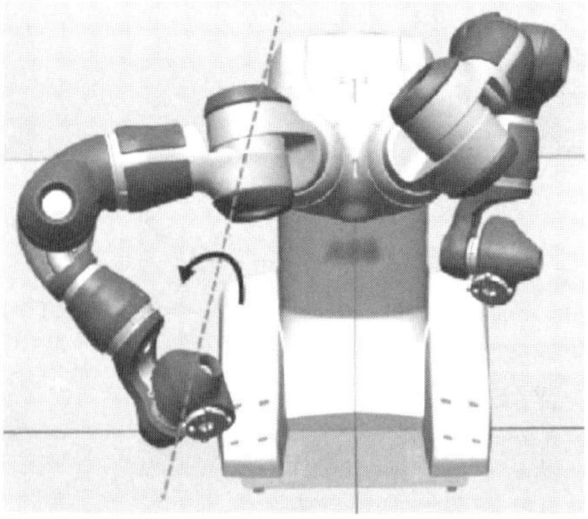

(b) 双臂

图 1-52　协作工业机器人

1.2.8 其他机器人

医疗机器人是一种智能型机器人，它能独自编制操作计划，依据实际情况确定动作程序，然后把动作变为操作机构的运动，可从事医疗或辅助医疗工作。

医疗机器人种类很多，按照用途不同，有运送物品机器人、移动病人机器人（图 1-53）、临床医疗用机器人（图 1-54）和为残疾人服务机器人（图 1-55）、护理机器人、医用教学机器人等。

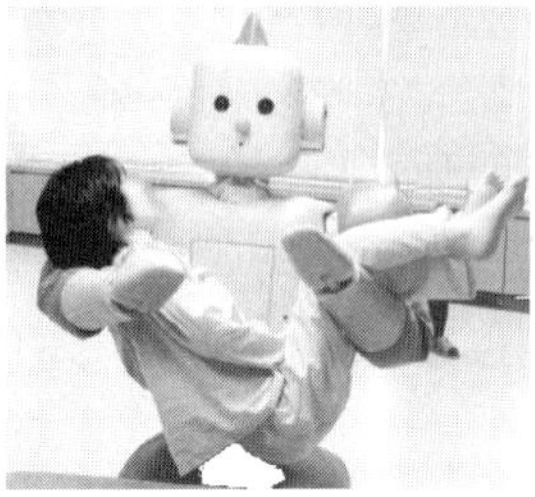

图 1-53　移动病人的机器人

图 1-54　做开颅手术的机器人

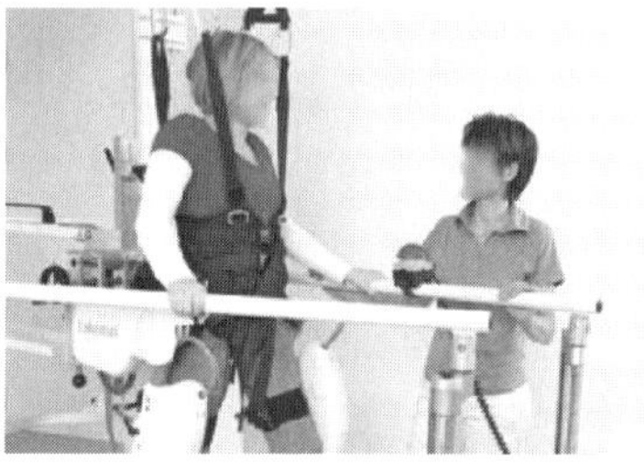

图 1-55　下肢康复训练机器人

服务机器人包括健康福利服务机器人、公共服务机器人（图 1-56）、家庭服务机器人（图 1-57）、娱乐机器人（图 1-58）、建筑机器人（图 1-59）与教育机器人等几种。图 1-60 所示为送餐机器人，送餐也可以用小车，如图 1-61 所示。还有图 1-62、图 1-63 所示的设备，也可归为机器人。

图 1-56　保安巡逻机器人

高压巡线是一项危险性较高的工作，工作人员需攀爬高压设备进行安全巡视，而借助高压作业机器人（图 1-64），不仅省时省力，还能有效保障工作人员的安全。

墙壁清洗机器人（图 1-65）、爬缆索机器人（图 1-66）以及管内移动机器人等，都是根据某种特殊需要设计的特种作业机器人，可以帮助人类完成一些高强度、高危险性或无法完成的工作。

图 1-57　家庭清洁机器人

图 1-58　演奏机器人

图 1-59　建筑机器人

图 1-60　送餐机器人

图 1-61　送餐小车

图 1-62　自动旅行箱

图 1-63　AGV 小车

图 1-64　变电站巡视机器人

图 1-65　墙壁清洗机器人

图 1-66　爬缆索机器人

1.3 工业机器人基本结构

工业机器人通常由执行机构、驱动系统、控制系统和传感系统四部分组成，如图 1-67 和图 1-68 所示。工业机器人各组成部分之间的相互作用关系如图 1-69 所示。

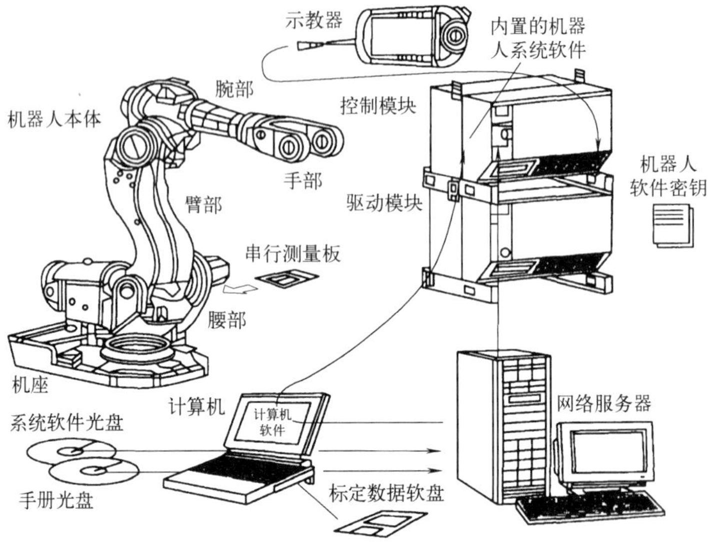

图 1-67　工业机器人的组成（一）

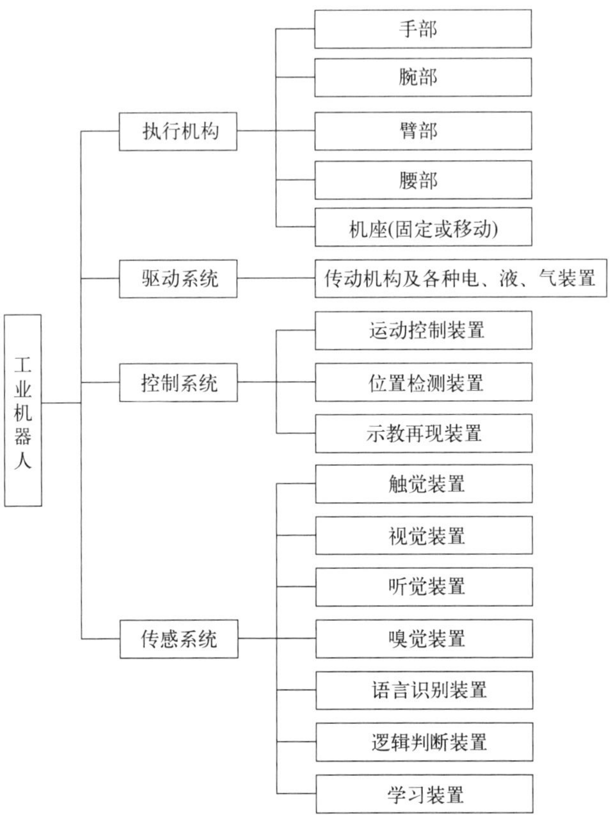

图 1-68　工业机器人的组成（二）

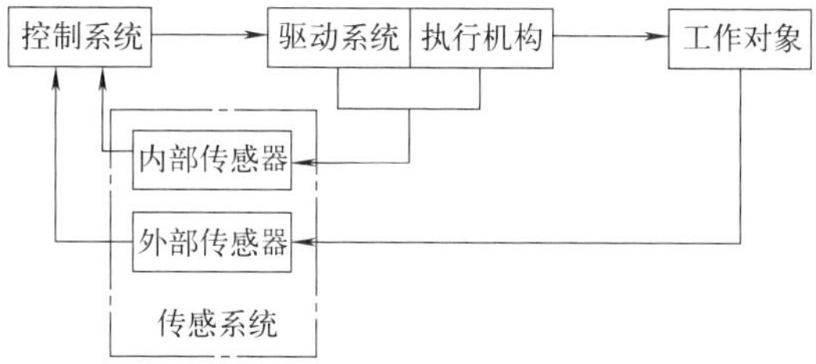

图 1-69　机器人各组成部分之间的相互作用关系

1.4　机器人基本术语与图形符号

1.4.1　运动副及其分类

构件和构件之间既要相互连接（接触）在一起，又要有相对运动，而两构件之间这种可动的连接（接触）称为运动副，即关节，是允许机器人手臂各零件之间发生相对运动的机构，是两构件直接接触并能产生相对运动的活动连接，如图 1-70 所示。运动副包括点、线、面元素。组成运动副的两构件间的相对运动受限，这种限制称为约束。

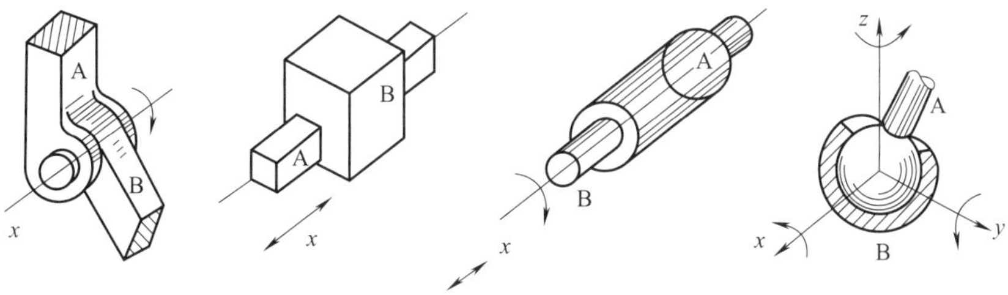

(a) 转动副　(b) 移动副　(c) 转动移动副　(d)球面副

图 1-70　机器人的关节

（1）按两构件接触情况分类

按两构件接触情况，常分为低副、高副两大类。

① 低副　两构件以面接触而形成的运动副，包括转动副和移动副。

转动副：只允许两构件作相对转动，如图 1-70（a）所示。

移动副：组成运动副的两构件只能作相对直线移动，如图 1-70（b）所示。

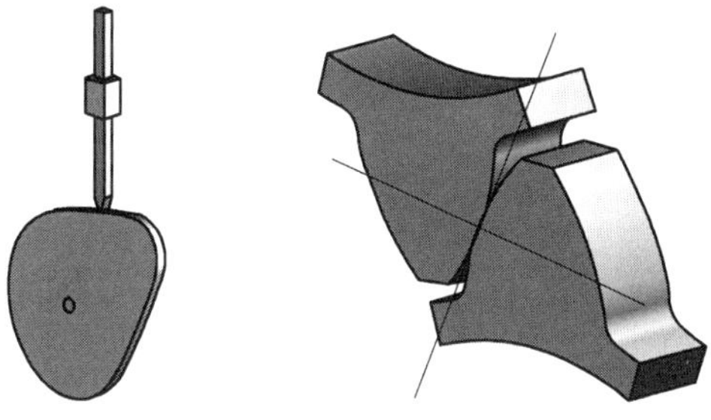
(a) 凸轮副　(b) 齿轮副

图 1-71　平面高副

② 高副　两构件以点或线接触而构成的运动副，如图 1-71 所示。

（2）按运动方式分类

① 转动关节　又称转动副、旋转关节，是使两杆件组件中的一件相对于另一件绕固定轴线转动的关节，两构件之间只作相对转动。

② 移动关节　又称移动副、滑动关节、棱柱关节，是使两杆件组件中的一件相对于另一件作直线运动的关节，两个构件之间只作相对移动。

③ 圆柱关节　又称转动移动副、分布关节，是使两杆件组件中的一件相对于另一件移动或绕一个移动轴线转动的关节，两个构件之间除了作相对转动外，同时还可以作相对移动。

④ 球关节　又称球面副，是使两杆件组件中的一件相对于另一件在三个自由度上绕一固定点转动的关节，即组成运动副的两构件能绕一球心作三个独立的相对转动的运动副。

1.4.2 机构运动简图

构件是组成机构的基本运动单元，一个零件可以成为一个构件，但多数构件实际上是由若干零件固定连接而组成的刚性组合，图 1-72 所示的齿轮构件，就是由轴、键和齿轮组成的。

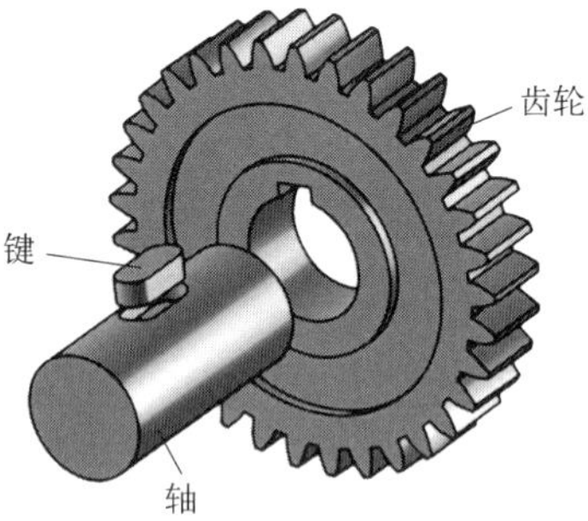

图 1-72　齿轮构件

用特定的构件和运动副符号着重表示机构的结构特征，用长度比例尺画出的机构简图称为机构运动简图。机构运动简图保持了实际机构的运动特征，简明地表达了实际机构的运动情况。

实际应用中有时只需表明机构运动的传递情况和结构特征，而不要求表明机构的真实运动情况，因此不必严格地按比例确定机构中各运动副的相对位置，或在进行新机器设计时，常用机构运动简图进行方案比较。

机构运动简图所表示的主要内容包括机构类型、构件数目、运动副的类型和数目以及运动尺寸等。

(1) 机器人的图形符号体系

构件均用直线或小方块等来表示，画有斜线的表示机架。机构运动简图中构件表示方法如图 1-73 所示：图（a）、(b）表示能组成两个运动副的一个构件，其中图（a）表示能组成两个转动副的一个构件，图（b）表示能组成一个转动副和一个移动副的一个构件；图（c）、(d）表示能组成三个转动副的一个构件。

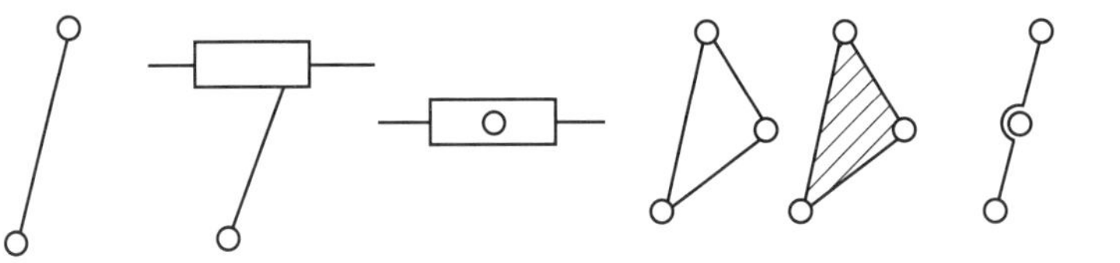

图 1-73　构件简图

① 运动副图形符号　机器人所用的零件和材料以及装配方法等与现有的各种机械完全相同。机器人常用的关节有移动、转动运动副，常用的运动副图形符号见表 1-1。

表 1-1　常用的运动副图形符号

运动副名称		运行副符号	
		两运动构件构成的运动副	两构件之一为固定时的运动副
平面运动副	转动副	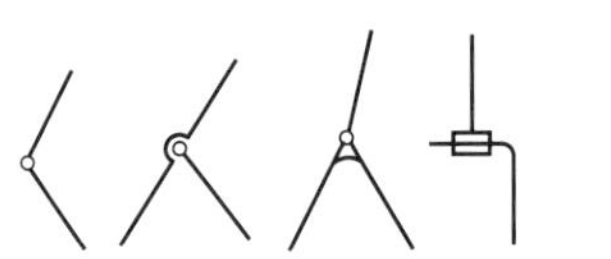	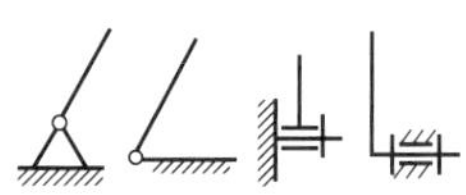

续表

运动副名称		运行副符号	
		两运动构件构成的运动副	两构件之一为固定时的运动副
平面运动副	移动副	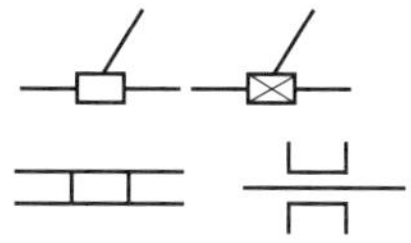	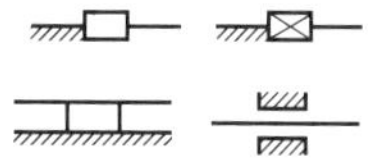
	平面高副		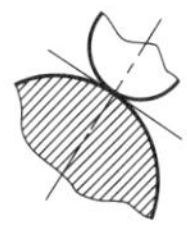
空间运动副	螺旋副	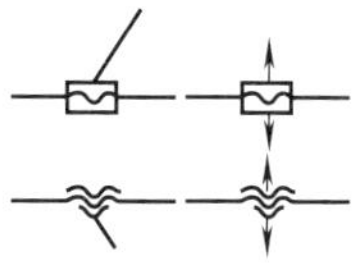	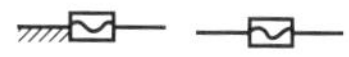
	球面副及球销副	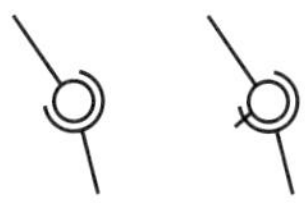	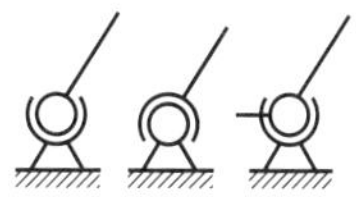

② 基本运动图形符号　机器人的基本运动与现有的各种机械表示方法也完全相同。常用的基本运动图形符号见表 1-2。

表 1-2　常用的基本运动图形符号

名称	符号	名称	符号
直线运动方向		刚性连接	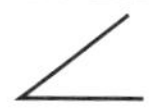
旋转运动方向	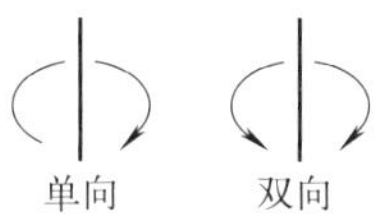	固定基础	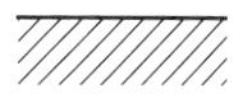
连杆、轴关节的轴		机械联锁	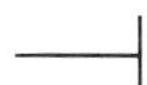

③ 运动机能图形符号　机器人常用的运动机能图形符号见表 1-3。

表 1-3　机器人常用的运动机能图形符号

名称	图形符号	参考运动方向	备注
移动(1)	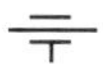	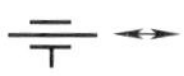	
移动(2)	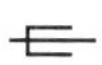	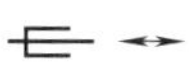	
转动(1)	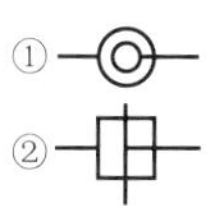	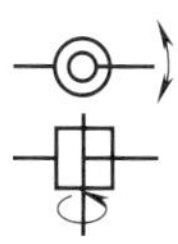	①一般常用的图形符号 ②表示①的侧向的图形符号
转动(2)	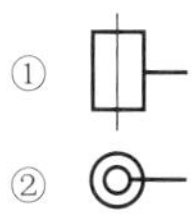	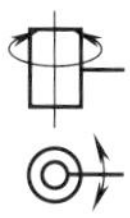	①一般常用的图形符号 ②表示①的侧向的图形符号

续表

名称	图形符号	参考运动方向	备注
差动齿轮	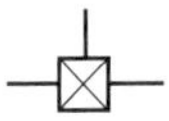		
球关节			
握持			
保持			包括已成为工具的装置，工业机器人的工具此处未作规定

④ 运动机构图形符号　机器人常用的运动机构图形符号见表 1-4。

表 1-4　机器人常用的运动机构图形符号

名称	自由度	符号	参考运动方向	备注
直线运动关节(1)	1	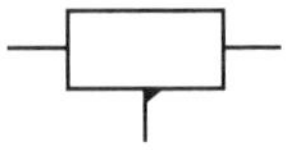	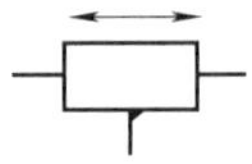	
直线运动关节(2)	1	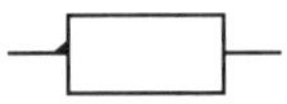		
旋转运动关节(1)	1	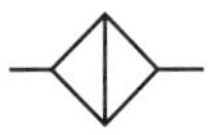		
旋转运动关节(2)	1			平面
	1	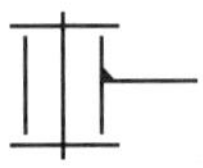		立体
轴套式关节	2		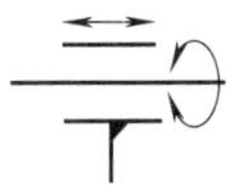	
球关节	3	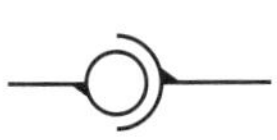		

(2) 平面机构运动简图的绘制步骤

① 从原动件开始，沿着运动传递路线，分析各构件间的相对运动性质，确定运动副的种类、数目以及确定各运动副的位置。

② 测量各运动副之间的尺寸，选择投影面（运动平面），绘制示意图。

③ 确定比例尺：

$$\mu_1 = 实际尺寸(m)/图上长度(mm)$$

④ 从原动件开始，按机构运动传递顺序，用规定的符号和线条绘制出机构运动简图，标出原动件、构件的编号。

⑤ 检验机构是否满足运动确定的条件。绘制机构运动简图时，机构的瞬时位置不同，所绘制的简图也不同。典型工业机器人的机构运动简图如图 1-74 所示。

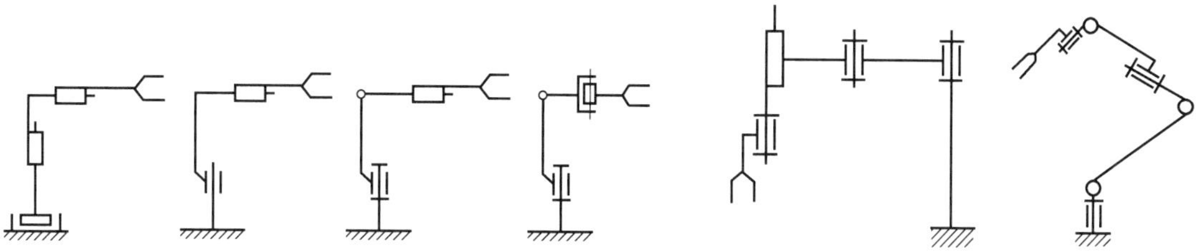

(a) 直角坐标型 (b) 圆柱坐标型 (c) 极坐标型 (d) 多关节型 (e) KR5 SCARA (平面关节)型 (f) KR5 sixx (6轴关节)型

图 1-74 典型机器人的机构运动简图

1.4.3 机器人安全符号

不同型号的工业机器人其安全符号是不同的，现以 ABB 工业机器人为例进行介绍。表 1-5 列出了 ABB 工业机器人的安全符号。

表 1-5 ABB 工业机器人的安全符号

序号	标志	名称	说明
1		警告	如果不依照说明操作，可能会发生事故，造成严重的伤害(可能致命)和/或重大的产品损坏。该标志适用于以下险情：触碰高压电气单元、爆炸、火灾、吸入有毒气体、挤压、撞击、高空坠落等
2		注意	如果不依照说明操作，可能会发生能造成伤害和/或产品损坏的事故。该标志适用于以下险情：灼伤、眼部伤害、皮肤伤害、听力损伤、挤压或滑倒、跌倒、撞击、高空坠落等。此外，它还适用于某些涉及功能要求的警告消息，即在装配和移除设备过程中出现有可能损坏产品或引起产品故障的情况
3		禁止	与其他标志组合使用
4		参阅用户文档	阅读用户文档，了解详细信息。符号所定义的要阅读的文档，一般为产品手册
5		参阅产品手册	在拆卸之前，参阅产品手册

续表

序号	标志	名称	说明
6		不得拆卸	拆卸此部件可能会导致伤害
7		旋转更大	此轴的旋转范围(工作区域)大于标准范围
8		制动闸释放	按此按钮将会释放制动闸。这意味着操纵臂可能会掉落
9	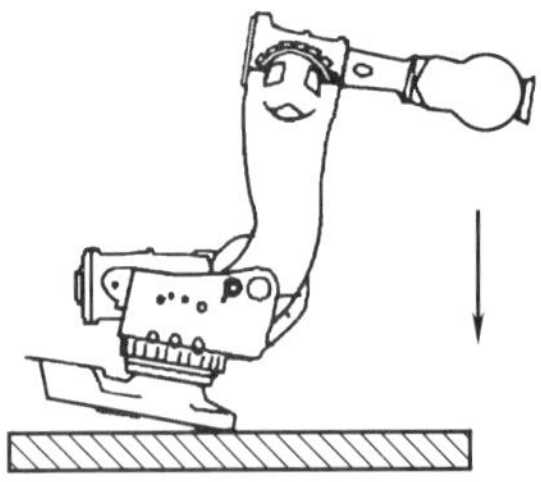	拧松螺栓有倾翻风险	如果螺栓没有紧固牢靠,可能会翻倒
10		挤压	挤压伤害风险
11		高温	存在可能导致灼伤的高温风险
12		机器人移动	机器人可能会意外移动

续表

序号	标志	名称	说明
12	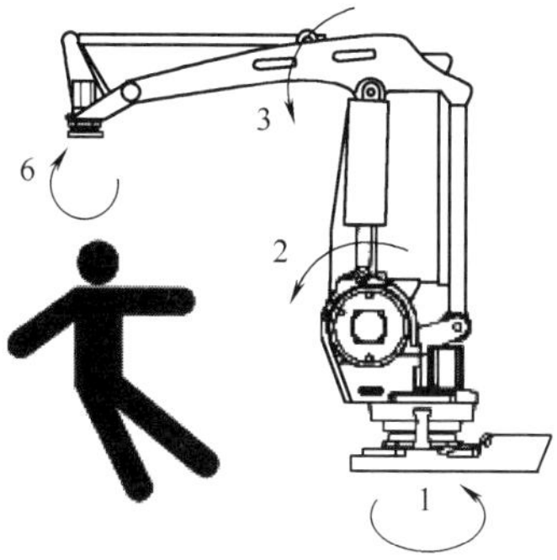	机器人移动	机器人可能会意外移动
13	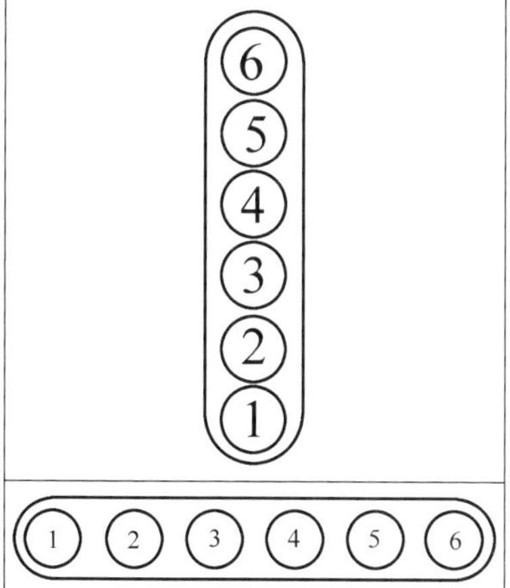	制动闸释放按钮	制动闸释放按钮
14		吊环螺栓	吊环螺栓
15		带缩短器的吊货链	带缩短器的吊货链
16		机器人提升	机器人提升
17		润滑油	如果不允许使用润滑油，则可与禁止标志一起使用

续表

序号	标志	名称	说明
18		机械挡块	机械挡块
19		无机械制动器	无机械制动器
20		储能	此部件蕴含储能。与不得拆卸标志一起使用
21		压力	此部件承受了压力。通常另外印有文字，标明压力大小
22		使用手柄关闭	使用控制器上的电源开关

1.5 工业机器人技术参数

技术参数是各工业机器人制造商在产品供货时所提供的技术数据。尽管各厂商所提供的技术参数是不完全一样的，工业机器人的结构、用途等有所不同，且用户的要求也不同，但是，工业机器人的主要技术参数一般都应有自由度、工作范围、工作速度、承载能力、重复定位精度等。

1.5.1 主要技术参数

(1) 自由度

构件的自由度是构件可能出现的独立运动。任何一个构件在空间自由运动时均有 6 个自由度，在平面运动时有 3 个自由度。

自由度通常作为机器人的技术指标，反映机器人动作的灵活性，表 1-6 列出了常见机器人自由度的数量，下边详细讲述各类机器人的自由度。

表 1-6　常见机器人自由度的数量

机器人种类		自由度数量	移动关节数量	转动关节数量
直角坐标型		3	3	0
圆柱坐标型		5	2	3
球(极)坐标型		5	1	4
关节型	SCARA	4	1	3
	六轴	6	0	6
并联型		需要计算		

① 直角坐标机器人　这类机器人的臂部具有 3 个自由度，如图 1-75 所示。其移动关节各轴线相互垂直，使臂部可沿 X、Y、Z 三轴移动。这种形式的机器人的主要特点是结构刚度大，关节运动相互独立，操作灵活性差。

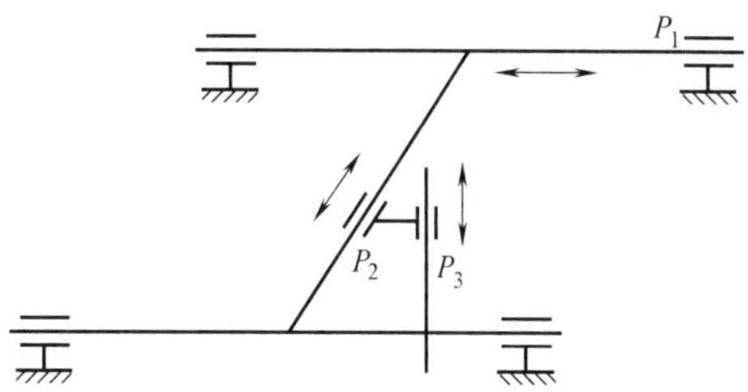

图 1-75　直角坐标机器人的自由度

② 圆柱坐标机器人　五轴圆柱坐标机器人有 5 个自由度，如图 1-76 所示。其臂部可沿自身轴线伸缩移动，可绕机身垂直轴线回转，并可沿机身轴线上下移动，构成 3 个自由度；另外，其臂部、腕部和末端执行器三者间采用 2 个转动关节连接，构成 2 个自由度。

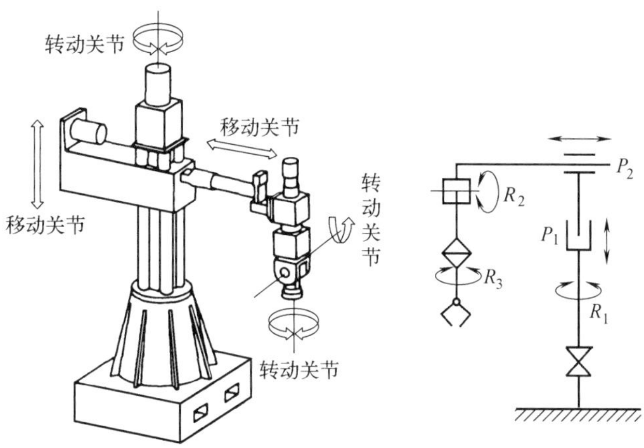

图 1-76　圆柱坐标机器人的自由度

③ 球（极）坐标机器人　这类机器人具有 5 个自由度，如图 1-77 所示。其臂部可沿自身轴线伸缩移动，可绕机身垂直轴线回转，并可在垂直平面内上下摆动，构成 3 个自由度；另外，其臂部、腕部和末端执行器三者间采用 2 个转动关节连接，构成 2 个自由度。这类机器人的灵活性好、工作空间大。

④ 关节机器人　这类机器人的自由度与其轴数和关节形式有关，现以常见的 SCARA 平面关节机器人和六轴关节机器人为例进行说明。

a. SCARA（平面关节）机器人　图 1-78 所示的 SCARA 平面关节机器人有 4 个自由度，其大臂与机身的关节、大臂与前臂的关节都为转动关节，具有 2 个自由度；前臂与腕部的关节为移动关节，具有 1 个自由度；腕部和末端执行器的关节为转动关节，具有 1 个自由度，实现末端执行器绕垂直轴线的旋转。这种机器人适用于平面定位，在垂直方向进行装配作业。

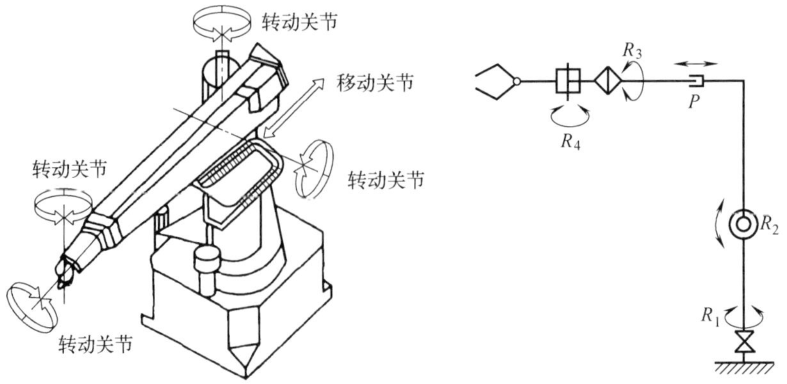

图 1-77　球（极）坐标机器人的自由度

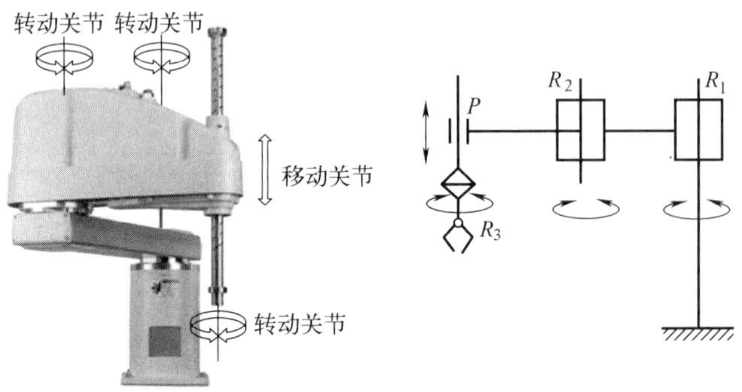

图 1-78　SCARA 平面关节机器人的自由度

b. 六轴关节机器人　这类机器人有 6 个自由度，如图 1-79 所示。六轴关节机器人的机身与机座处的腰关节、大臂与机身处的肩关节、大臂与前臂间的肘关节，以及前臂、腕部和手部三者间的三个腕关节，都是转动关节，因此该机器人具有 6 个自由度。这种机器人动作灵活、结构紧凑。

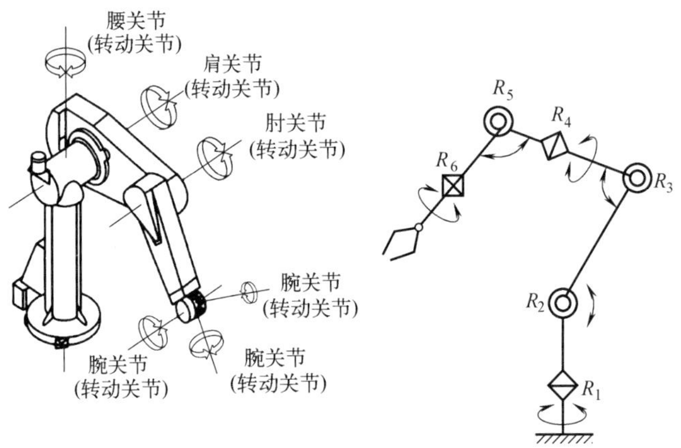

图 1-79　六轴关节机器人的自由度

⑤ 并联机器人　这类机器人由并联方式驱动的闭环机构组成。Gough-Stewart 并联机器人如图 1-80 所示。并联机器人自由度需要经过计算得出，采用 Kutzbach-Grubler 公式计算的自由度如下：

$$F=6(l-n+1)+\sum_{i=1}^{n} f_i$$

式中，F 为机器人的自由度；l 为机构连杆数；n 为结构的关节总数；f_i 为第 i 个关节的自由度。

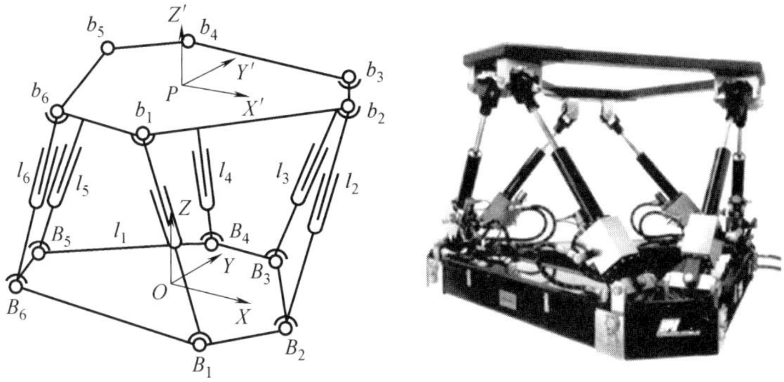

图 1-80　Gough-Stewart 并联机器人

（2）工作范围

工作范围是指机器人手臂末端或手腕中心所能到达的所有点的集合，也称工作区域。因为末端执行器的形状和尺寸是多种多样的，为了真实反映机器人的特征参数，所以是指不安装末端执行器时的工作区域。工作范围的形状和大小是十分重要的，机器人在执行某作业时可能会因为存在手部不能到达的作业死区而不能完成任务。

（3）工作速度

机器人在保持运动平稳性和位置精度的前提下所能达到的最大速度称为额定速度。其某一关节运动的速度称为单轴速度，由各轴速度分量合成的速度称为合成速度。

（4）承载能力

承载能力是指机器人在工作范围内的任何位姿上所能承受的最大重力，通常可以用质量、力矩或惯性矩来表示。承载能力不仅取决于负载质量，而且与机器人运行的速度和加速度的大小及方向有关。一般低速运行时，承载能力强。为安全考虑，将承载能力这个指标确定为高速运行时的承载能力。通常，承载能力不仅指负载质量，还包括机器人末端执行器的质量。

（5）分辨率

机器人的分辨率由系统设计检测参数决定，并受到位置反馈检测单元性能的影响。分辨率可分为编程分辨率与控制分辨率。编程分辨率是指程序中可以设定的最小距离单位，又称基准分辨率。控制分辨率是位置反馈回路能检测到的最小位移量。当编程分辨率与控制分辨率相等时，系统性能达到最高。

（6）精度

机器人的精度主要体现在定位精度和重复定位精度两个方面。定位精度是指机器人末端执行器的实际位置与目标位置之间的偏差，由机械误差、控制算法误差与系统分辨率等部分组成。

在相同环境、相同条件、相同目标动作、相同命令的条件下，机器人连续重复运动若干次时，其位置会在一个平均值附近变化，变化的幅度代表重复定位精度，这是关于精度的一个统计数据。因重复定位精度不受工作载荷变化的影响，所以通常用重复定位精度这个指标作为衡量示教再现型工业机器人水平的重要指标。

图 1-81 所示，为重复定位精度的几种典型情况：图（a）为良好的重复定位精度；图（b）为良好的定位精度，很差的重复定位精度；图（c）为很差的定位精度，良好的重复定位精度。

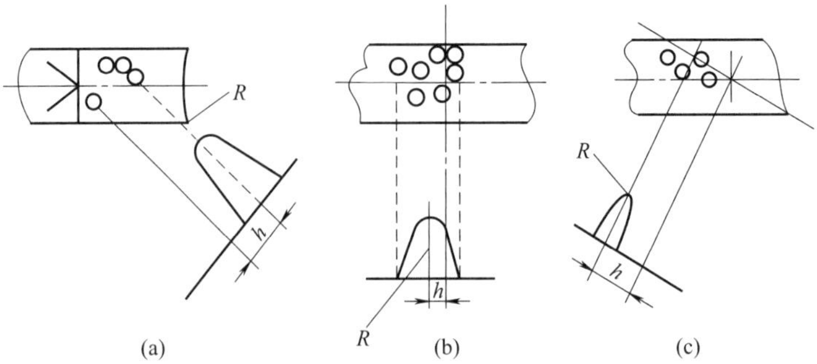

图 1-81　重复定位精度的几种典型情况

1.5.2 其他技术参数

此外，对于一个完整的机器人还有下列参数描述其技术规格。

（1）控制方式

控制方式是指机器人用于控制轴的方式，是伺服还是非伺服，伺服控制方式是实现连续轨迹还是点到点的运动。

（2）驱动方式

驱动方式是指关节执行器的动力源形式。通常有气动、液压、电动等形式。

（3）安装方式

安装方式是指机器人本体安装的工作场合的形式，通常有地面安装、架装、吊装等形式。

（4）动力源容量

动力源容量是指机器人动力源的规格和消耗功率的大小，如气压的大小、耗气量、液压高低、电压形式与大小、消耗功率等。

（5）本体重量

本体重量是指机器人在不加任何负载时本体的重量，用于运输、安装等。

（6）环境参数

环境参数是指机器人在运输、储存和工作时需要提供的环境条件，如温度、湿度、振动、防护等级和防爆等级等。

1.6 工业机器人装调基础

1.6.1 工业机器安装环境与安全事项

（1）环境要求

① 安装环境应在海拔 1000m 以下。

② 环境的温度应在 0～40℃范围内。

③ 环境湿度应较小（20%～80%RH，无凝露）。

④ 周围不存在易燃、腐蚀性液体及气体。

⑤ 不受大的冲击和振动。

⑥ 安装面的平面度应在 0.5mm 以下。

⑦ 装配环境要求清洁，不得有灰尘、粉尘、油烟、水或其他污染。

⑧ 零件应存放在干燥、无尘、有防护垫的场所。

⑨ 距离运动物体较远，避免发生碰撞。

⑩ 远离大的电器噪声源，以免干扰机器人。

（2）人身安全

人身安全是首先要考虑的，除了采用一些防范手段之外，本人也应该在生产时提高注意力，尽量避免事故的发生，以下为常见注意事项。

① 安装前要先检查安装工具是否完好。

② 当机器人零件质量大于 25kg 时就不可用手搬动，最好能用行车进行吊装。

③ 在用行车进行吊装时，其下方不允许站人或是从下方穿过。

④ 操作中要用工具取放工件，不可用手直接取放工件。

⑤ 吊环安装时一定要旋紧，保证吊环台阶的平面与机器人零件表面贴合。吊环大小的选用和安装最好按照标准件供应商提供的参数。

⑥ 安装有弹性的零件（如弹簧）时，要防止弹性零件突然弹出而造成人身伤害。

⑦ 使用大型冲压机时，人不能正对工作台，要靠侧面站，防止碎片飞出伤人。

⑧ 安装电线时要先检查电线是否完好，胶皮是否有脱落。安装时要保证电线胶皮不被尖锐物划破。在接头处要有很好的绝缘措施。

⑨ 安装液压元件和液压管道时，要保证液压元件和液压管道所能承受的压力大于设备对此管路所提供的压力，并且保证不漏油。因为液压管路的压力一般是比较大的，所以要特别注意。

⑩ 对于布置了气道的模具（如吹塑模、气辅模、气体顶出或气体辅助顶出的注塑模等），保证气体管路的密封性和畅通性对于人身安全是相当重要的，而且漏气经常会制造很大的噪声。

⑪ 在安装油路、气路和接头时都要仔细检查管螺纹是否符合标准，防止泄漏。

⑫ 任何时候都要严格遵守车间内的操作规程，如工具和机器人零件的摆放。

⑬ 加强安全教育和培训，树立安全第一的思想，杜绝人身事故的发生。

⑭ 凡有触电危险的地方都要有警告牌，并用符号表示。

（3）机器人安全

安装过程中机器人零件不能损坏、丢失，不能降低零件精度和表面粗糙度。以下为常见注意事项。

① 机械装配时应严格按照设计部门提供的装配图纸及工艺要求进行，严禁私自修改作业内容或以非正常的方式更改零件。

② 电气装配时按照屏柜结构与开孔图进行外形尺寸、面板开孔、柜体 / 面板标识及电气元件物料清单的检查，确认无误后方可进行装配工作。

③ 对于镜面抛光的表面要防尘，不可用手触摸。

④ 在零件传递时，应尽量不用手握一些表面要求和精度较高的部位。

⑤零件在拆卸之后或安装之前要进行防锈防腐处理，例如一些需经常接触腐蚀性物质的零件。

⑥ 在装夹零件时，夹具和零件的接触面处夹具的硬度必须比零件的硬度小，最好的办法是在夹具上垫上黄铜垫片以免损伤零件表面。

⑦ 在安装需要经敲打装入的零件时，用于敲打的物件的硬度不可大于机器人零件的硬度。

⑧ 在安装螺钉时，螺钉必须拧得足够紧，以保证对螺钉有足够的预载，所以在安装时经常要用套筒来加长内六角扳手的力臂，但是在安装时还需注意力臂不可过长，最好能够按照标准件供应商的标准去决定力臂的长度，因为如果力臂过长在拧紧时螺钉将可能因受力过大导致失效，机器人工作时就会非常危险。

⑨ 装配的零件必须是质检部门验收合格的零件，装配过程中若发现漏检的不合格零件，应及时上报。

⑩ 装配过程中不得损伤零件表面，或使零件明显弯扭变形，特别是零件的配合表面。

⑪ 相对运动的零件，装配时接触面间应加润滑油（脂）。

⑫ 相配零件的配合尺寸要准确。

⑬ 装配时，零件、工具应有专门的摆放设施，原则上零件、工具不允许摆放在机器上或直接放在地上，如果需要，应在摆放处铺设防护垫。

⑭ 装配时原则上不允许踩踏机械，如果需要踩踏作业，必须在机械上铺设防护垫，重要部件及非金属强度较低部位严禁踩踏。

1.6.2 工业机器人机械部分装调

(1) 装调工具

具体见表 1-7。

表 1-7 装调工具

名称	外观	说明
一字槽 螺钉旋具	 塑料柄  木柄  短柄	用于紧固或拆装各种标准的一字槽螺钉，分普通式和穿心式两种。穿心式能承受较大的扭矩，并可在尾部用锤子敲击
十字槽 螺钉旋具		用于紧固或拆装各种标准的十字槽螺钉，形式与一字槽螺钉旋具相似

续表

名称	外观	说明
多用 螺钉旋具		用于旋拧一字槽、十字槽螺钉及木螺钉，也可在软质木料上钻孔，并兼作测电笔用
内六角 螺钉旋具	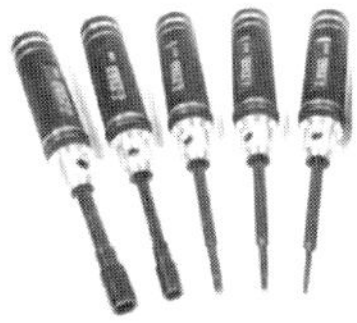	专用于旋拧内六角螺钉
星形 螺钉旋具		主要用来拆装梅花形螺钉
小型螺钉旋具 套装	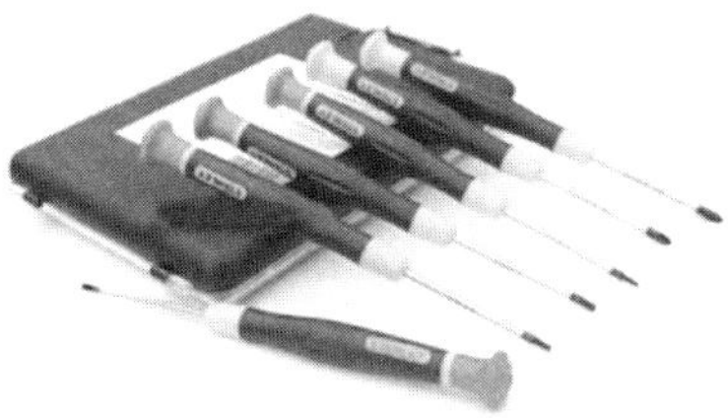	主要用于拆装需要使用一字槽螺钉和十字槽螺钉的小型电气部件
带球头的T形 内六角扳手	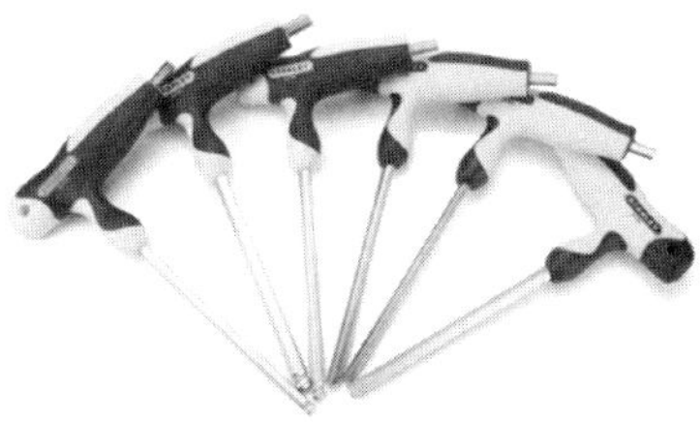	主要用来拆装工业机器人本体上的一些内六角螺钉
单头钩形扳手	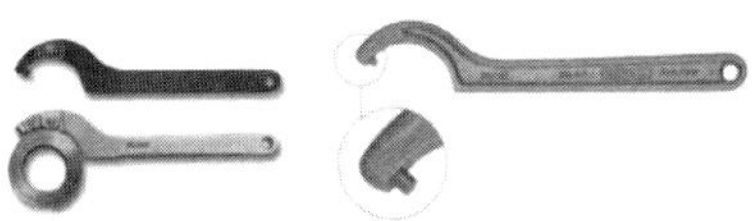	有固定式和调节式之分，可用于扳动在圆周方向上开有直槽或孔的圆螺母
断面带槽或孔的 圆螺母扳手		可分为套筒式扳手和双销叉形扳手
内六角扳手	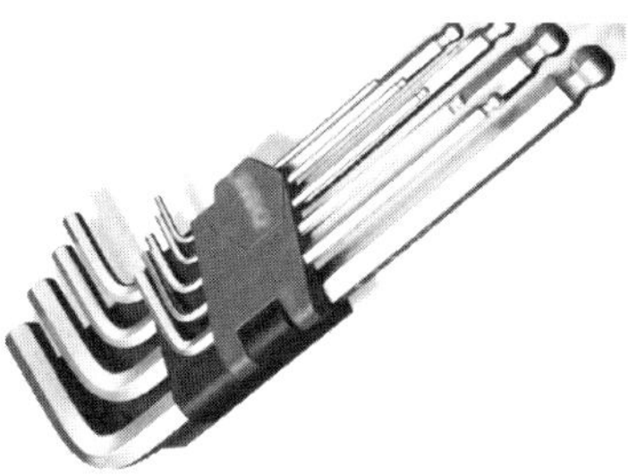	机器人系统中大量使用内六角圆柱头螺钉、内六角半沉头螺钉安装固定，常用的几种内六角扳手规格与内六角螺钉配合：2.5mm配M3，3mm配M4，4mm配M5，6mm配M8，8mm配M10，10mm配M12，12mm配M14，14mm配M16，17mm配M20，19mm配M24，22mm配M30等

续表

名称	外观	说明
梅花扳手		主要用来拆装梅花形的螺钉
套筒扳手	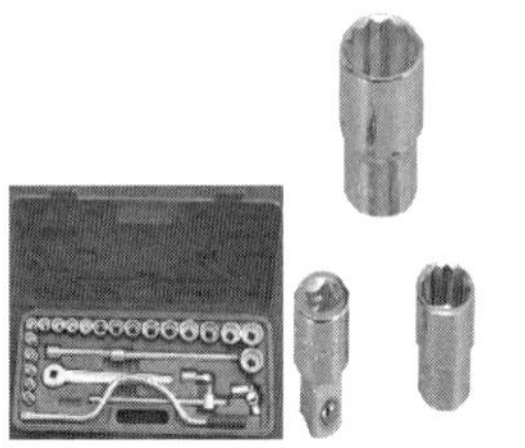	专门用于安装标准六角螺母、六角头螺钉，适用于空间狭小、深凹的工作场合
活动扳手		开口宽度可以调节，可用来安装一定尺寸范围内的六角头或方头螺钉以及六角或方螺母
挡圈钳	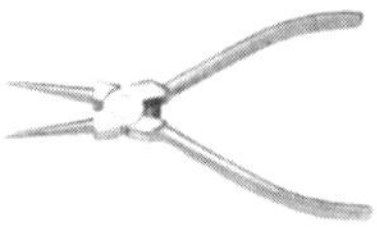 直嘴式孔用 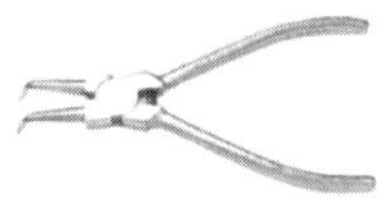 弯嘴式孔用 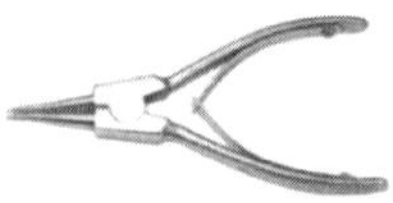 直嘴式轴用 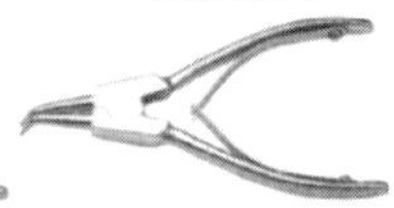 弯嘴式轴用	专供安装弹性挡圈用，由于挡圈有孔用、轴用之分以及安装部位的不同，可根据需要，分别选用直嘴式或弯嘴式、孔用或轴用挡圈钳
钢丝钳	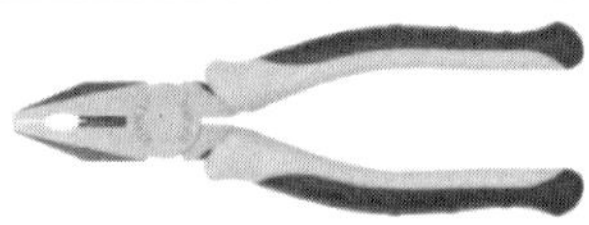	用于夹持或弯折圆柱形、薄片形金属零件，其旁刃口也可用于切断金属丝，分柄部不带塑料套（表面发黑或镀铬）和带塑料套两种
尖嘴钳	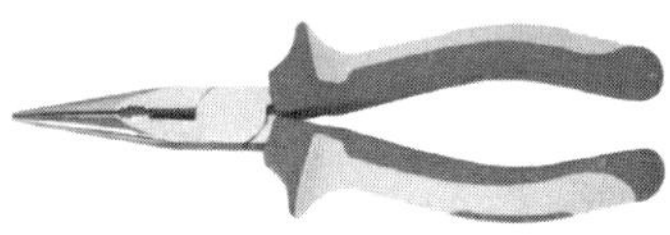	用于在狭小工作空间夹持小零件和切断或扭曲细金属丝，为仪表、电信器材、家用电器等的装配、维修工作中常用的工具，分柄部带塑料套与不带塑料套两种
剥线钳	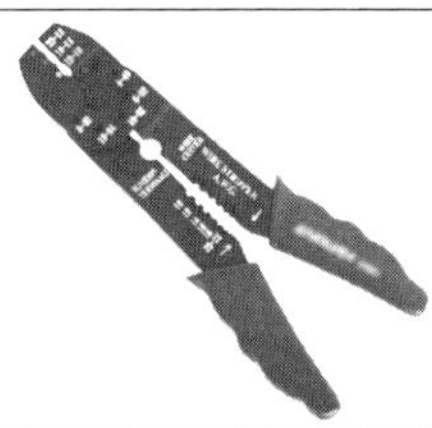	把单股线和多股线剥开线头的工具，由刀口、压线口和钳柄组成，适用于塑料、橡胶绝缘电线及电缆芯线的剥皮
大力钳	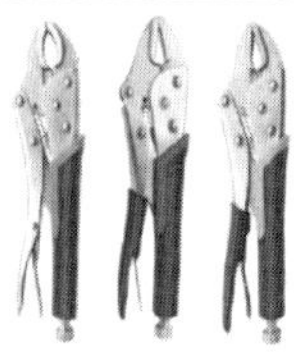	用于夹紧零件进行铆接、焊接、磨削等加工，也可作扳手使用。钳口可以锁紧，并产生很大的夹紧力，使被夹紧零件不会松脱，而且钳口有多挡调节位置，供夹紧不同厚度零件使用

续表

名称	外观	说明
压线钳		是一种用来剪切金属材料的工具，也称为驳线钳。压线钳的功能齐全，可以用于剪切、剥离或压线。实际应用中常见的压线钳主要有三种：针管型端子压线钳；冷压端子压线钳；网线钳
弹性手锤	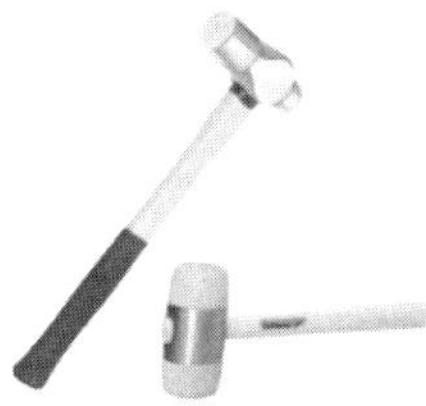	可分为木锤和铜锤
吹气枪	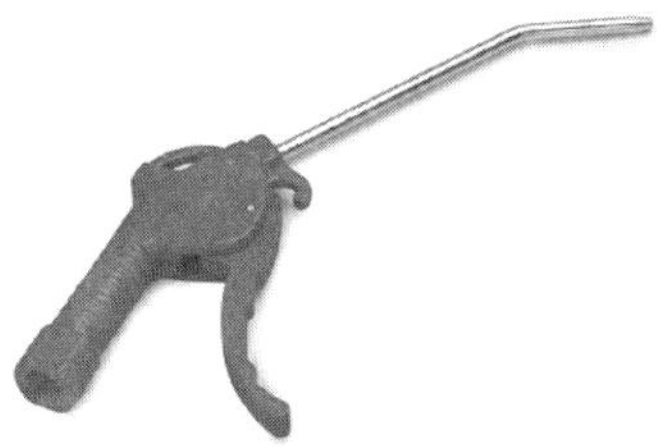	主要用于安装、维修时的除尘，最适合使用在一些手接触不到的地方，如狭窄缝隙、高处、气管内、机器零部件内部等
黄油枪		是一种给机械设备加注润滑脂的手动工具，有气动、手动、脚踏、电动等不同形式
平键工具	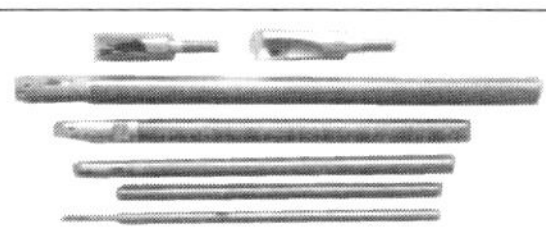	有冲击式和抵拉式之分
拔销器		拉带内螺纹的小轴、圆锥销工具
拉卸工具	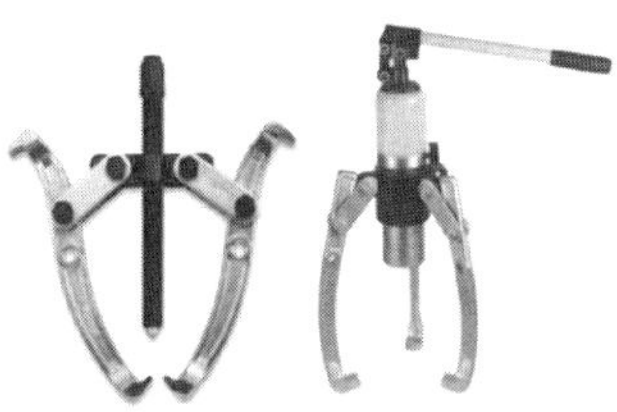	拆装在轴上的滚动轴承、带轮式联轴器等时，常用拉卸工具。拉卸工具常分为螺杆式及液压式两类，螺杆式拉卸工具又分为两爪式、三爪式和铰链式
检验棒		有标准锥柄检验棒、圆柱检验棒和专用检验棒之分

名称	外观	说明
限力扳手	 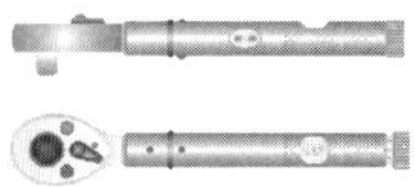 电子式　机械式	又称为扭矩扳手、扭力扳手
装轴承胎具	 	适用于安装轴承的内、外圈
钩头楔键拆卸工具	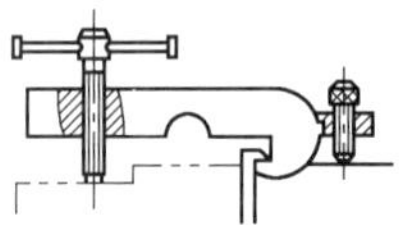	用于拆卸钩头楔键
校准摆锤	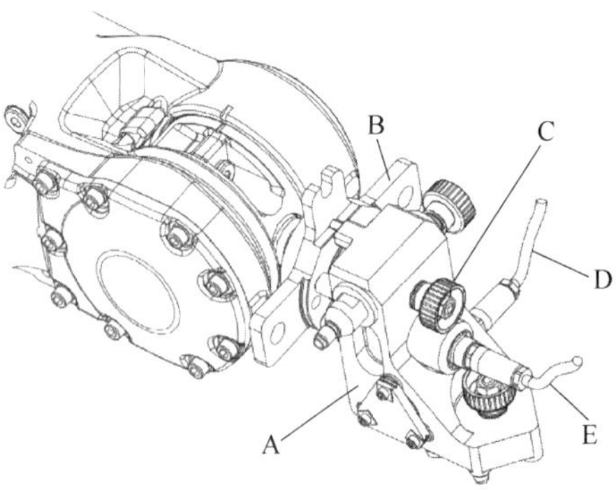	A:用作校准传感器的校准摆锤 B:转动盘适配器 C:传感器锁紧螺钉 D,E:传感器电缆
千分表及杠杆千分表	 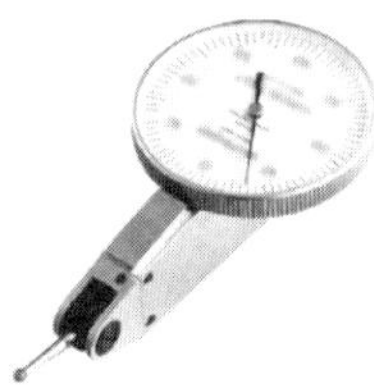	常用于精密修理
音波式数字显示张力计		通过模拟信号处理,测出不同条件下的振动波形,并可读出波形的周期,通过周期波数频率的处理,换算出张力值

续表

名称	外观	说明
手持弹簧秤		又称弹簧测力计，是利用弹簧的形变与外力成正比的关系制成的测量作用力大小的装置
水平仪		是工业机器人制造和修理中最常用的测量仪器之一，用来测量导轨在垂直面内的直线度，工作台台面的平面度以及两零件相互之间的垂直度、平行度等，水平仪按其工作原理可分为水准式水平仪和电子水平仪
转速表		常用于测量伺服电机的转速，是检查伺服调速系统的重要依据之一，常用的转速表有离心式和数字式等

(2) 吊装工具和配件

工业机器人安装常用的吊装工具和配件有吊环螺栓、钢丝绳、手拉葫芦、电动葫芦等，具体见表 1-8。

表 1-8　吊装工具和配件

种类	实物	用途	操作要点
吊环螺栓	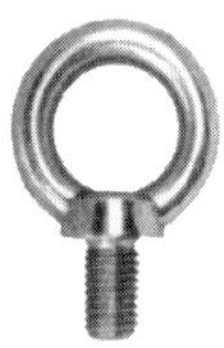	配合起重机，用于吊装机器人等重物	安装时一定要旋紧，保证吊环台阶的平面与机器人零件表面贴合。吊环大小的选用和安装最好按照标准件供应商提供的参数。要保证吊环的强度足够以确保安全

续表

种类	实物	用途	操作要点
钢丝绳		主要用于吊运、拉运等需要高强度线绳的吊装和运输中要求耐磨性较高的钢丝绳，多用粗丝同向捻制	①为了安全，用于吊装的钢丝绳应有足够的强度，在用两个吊环吊装时要注意钢丝绳之间的夹角最大不可超过90°，而且越小越好 ②使用时应防止各种情况下钢丝的弯曲、扭结，股的变位，以防使钢丝绳折断 ③在使用前和使用中，应经常注意检查有无断丝现象，以确保安全 ④在吊装过程中，不应有冲击性动作，以确保安全 ⑤防止锈蚀和磨损，应经常涂抹油脂，勤于保养 ⑥操作人员应戴上防护手套后使用钢丝绳，以免损伤手
手拉葫芦	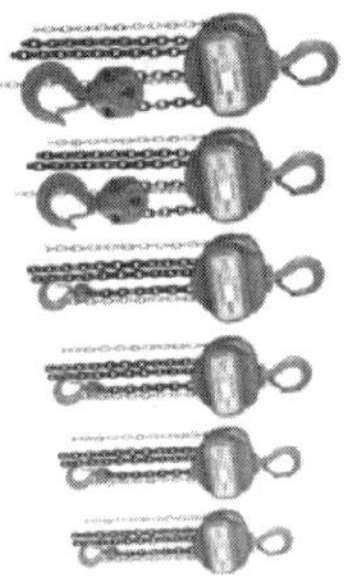	供手动提升重物用，是一种使用简单、携带方便的手动起重机械	①严禁超载使用和用人力以外的其他动力操作 ②在使用前必须确认机件完好无损，传动部分及起重链条润滑良好，空转情况正常 ③起吊前检查上下吊钩是否挂牢。严禁重物吊在尖端等错误操作。起重链条应垂直悬挂，不得有错扭的链环，双行链的下吊钩架不得翻转 ④在起吊重物时，严禁人员在重物下做任何工作或行走，以免发生人身事故 ⑤在起吊过程中，无论重物上升或下降，拽动手链条时，用力应均匀缓和，不要用力过猛，以免链条跳动或卡环 ⑥操作人员如发现手拉力大于正常拉力时，应立即停止使用
电动葫芦		用于设备、物料等重物的起升，既可单独安装在工字钢上，也可配套安装在电动或手动单梁、双梁、悬臂、龙门等起重机上使用	与手拉葫芦操作要点相似

(3) 吊装作业安全

① 操作人员必须持有特殊工种作业证。吊装质量大于10t的物体应办理吊装安全作业证。

② 各种吊装作业前，应预先在吊装现场设置安全警戒标志并设专人监护，非施工人员禁止入内。

③ 吊装作业中，夜间应有足够的照明，室外作业遇到大雪、暴雨、大雾及六级以上大风天气时，应停止作业。

④ 操作人员必须戴安全帽，安全帽应符合GB 2811的规定，高处作业时应遵守HG 30013的规定。

⑤ 吊装作业前，应对起重吊装设备、钢丝绳、揽风绳、链条、吊钩等各种机具进行检查，必须保证安全可靠，不允许带故障和隐患使用。

⑥ 吊装作业时，必须分工明确、坚守岗位，并按GB/T 5082规定的联络信号，统一

指挥。

⑦ 严禁利用管道、管架、电杆、机电设备等作为吊装锚点。未经机动、建筑部门审查核算，不得将建筑物、构筑物作为锚点。

⑧ 吊装作业前必须对各种起重吊装机械的运行部位、安全装置以及吊具、索具进行详细的安全检查，吊装设备的安全装置应灵敏可靠。吊装前必须试吊，确认无误方可作业。

⑨ 任何人不得随同吊装重物或吊装机械升降。在特殊情况下，必须随之升降的，应有可靠的安全措施，并经现场指挥人员批准。

⑩ 吊装作业现场如需动火时，应遵守 HG 30010 的规定。吊装作业现场的吊索、揽风绳、拖拉绳等应避免同带电线路接触，并保持安全距离。

⑪ 用定型起重吊装机械（履带吊车、轮胎吊车、桥式吊车等）进行吊装作业时，除遵守本守则外，还应遵守该定型机械的操作规程。

⑫ 吊装作业时，必须按规定负荷进行吊装，吊具、索具经计算选择使用，严禁超负荷运行。所吊重物接近或达到额定起重吊装能力时，应检查制动器，用低高度、短行程试吊后，再平稳吊起。

⑬ 悬吊重物下方严禁人员站立、通行和工作。

⑭ 在吊装作业中，有下列情况之一者不允许吊装。

a. 指挥信号不明。

b. 超负荷或物体重量不明。

c. 斜拉重物。

d. 光线不足，看不清重物。

e. 重物下站人。

f. 重物埋在地下。

g. 重物紧固不牢，绳打结、绳不齐。

h. 棱刃物体没有衬垫。

i. 重物越人头。

j. 安全装置失灵。

（4）拆卸的一般原则

① 首先必须熟悉机器人的技术资料和图样，弄懂机械传动原理，掌握各零部件的结构特点、装配关系以及定位销、轴套、弹簧卡圈、锁紧螺母、螺钉的位置和退出方向。

② 拆卸前，首先断开机器人的电源，并切断与车间动力的联系。

③ 在断开电源后，机器人的拆卸程序要坚持与装配程序相反的原则。先拆外部附件，再将整机拆成部件总成，最后全部拆成零件，并按部件归并放置。

④ 放空润滑油、切削液、清洗液等。

⑤ 在拆卸机器人轴孔装配件时，通常应坚持用多大力装配就基本上用多大力拆卸的原则。如果出现异常情况，应查找原因，防止在拆卸中将零件碰伤、拉毛甚至损坏。热装零件要利用加热来拆卸，如热装轴承可用热油加热轴承外圈进行拆卸。滑动部件拆卸时，要考虑到滑动面间油膜的吸力。一般情况下，不允许进行破坏性拆卸。

⑤ 对于拆卸机器人大型零件要坚持慎重、安全的原则。拆卸中要仔细检查螺钉及压板等零件是否拆开。吊挂时，必须粗估零件重心位置，合理选择直径适宜的吊挂绳索及吊挂受力点。注意受力平衡，防止零件摇摆，避免吊挂绳索脱开与断裂等事故发生。吊装中设备不

得磕碰，要选择合适的吊点慢吊轻放，钢丝绳和设备接触处要采取保护措施。

⑦ 要坚持拆卸机器人服务于装配的原则。如果被拆卸机器人的技术资料不全，拆卸中必须对拆卸过程做必要的记录，以便安装时遵照先拆后装的原则重新装配。在拆卸中，为防止搞乱关键件的装配关系和配合位置，避免重新装配时精度降低，应在装配件上用划针做出明显标记。对于拆卸出来的轴类零件应悬挂起来，防止弯曲变形。精密零件要单独存放，避免损坏。

⑧ 先小后大，先易后难，先地面后高空，先外围后主机，必须解体的设备要尽量少分解，同时又要满足包装要求，最终达到设备重新安装后的精度性能同拆卸前一致。为加强岗位责任，采用分工负责制，谁拆卸、谁安装。

⑨ 所有的电线、电缆不允许剪断，拆下来的线头都要有标号，对有些线头没有标号的，要先补充后再拆下。拆线前要进行三对照（内部线号、端子板号、外部线号），确认无误后，方可拆卸，否则要调整线号。

⑩ 拆卸中要保证设备的绝对安全，要选用合适的工具，不得随便代用，更不得使用大锤敲击。

⑪ 不要拔下设备的控制柜内插线板，应用胶带纸封住加固。

⑫ 做好拆卸记录，并交相关人员。

（5）常用拆卸方法

① 击卸法：利用锤子或其他重物在敲击零件时产生的冲击能量把零件卸下。

② 拉拔法：对精度较高不允许敲击或无法用击卸法拆卸的零部件应使用拉拔法，采用专用拉器进行拆卸。

③ 顶压法：利用螺旋C形夹头、千斤顶或机械式压力机、液压式压力机等工具和设备进行拆卸，适用于形状简单的过盈配合件。

④ 温差法：拆卸尺寸较大、配合过盈量较大的配合件或无法用击卸、顶压等方法拆卸时，或为使过盈量较大、精度较高的配合件容易拆卸，可采用温差法，利用材料热胀冷缩的性能，加热包容件，使配合件在温差条件下失去过盈量，实现拆卸。

⑤ 破坏法：若必须拆卸焊接、铆接等固定连接件，或轴与套互相咬死，或为保存主件而破坏副件时，可采用车、锯、钻、割等方法进行破坏性拆卸。

（6）安装要求

① 螺钉

a. 所有螺钉安装前都涂上适量的螺纹紧固剂。

b. 螺钉紧固时，不得采用活动扳手，每个螺母下面不得使用一个以上相同的垫圈，沉头螺钉拧紧后，钉头应埋入机件内，不得外露。

c. 一般情况下，螺纹连接应有防松弹簧垫圈，对称多个螺钉应采用对称顺序逐步拧紧，条形连接件应从中间向两侧对称逐步拧紧。

d. 螺栓与螺母拧紧后，螺栓末端应露出1～2扣。

e. 有规定拧紧力矩要求的紧固件，应采用扭矩扳手，按规定拧紧力矩紧固。

② 轴承

a. 装配前，轴承位置不得有任何的污物存在。

b. 装配时应在轴承配合件表面涂一层润滑油，轴承无型号的一端应朝里，即靠轴肩方向。

c. 装配时应使用专用压具，严禁采用直接击打的方法，套装轴承时加力的大小、方向、位置应适当，不应使保护架或滚动体受力，应均匀对称受力，保证端面与轴垂直。

d. 轴承内圈端面一般应紧靠轴肩，轴承外圈装配后，其定位端轴承盖与外圈的接触应均匀。

e. 滚动轴承装好后，相对运动件的转动应灵活、轻便，如有卡滞现象，应分析问题的原因并进行相应处理。

f. 装配过程中，若发现孔或轴与轴承配合过松时，应检查公差，过紧时不得强行装配，分析问题并进行相应处理。

g. 单列圆锥滚子轴承、推力角接触轴承、双向推力球轴承在装配时轴向间隙应符合图纸及工艺要求。

h. 对采用润滑脂的轴承及与之相配合的表面，装配后应注入适量的润滑脂。对工作温度不超过 65℃的轴承，可采用 ZG-5 润滑脂；对工作温度超过 65℃的轴承，可采用 ZN-2、ZN-3 润滑脂。

i. 普通轴承在正常工作时温升不应超过 35℃，工作时的最高温度不应超过 70℃。

③ 齿轮

a. 互相啮合的齿轮在装配后，当齿轮轮缘宽度小于或等于 20mm 时，轴向错位不得大于 1mm；当齿轮轮缘宽度大于 20mm 时，轴向错位不得超过轮缘宽度的 5%。

b. 圆柱齿轮、圆锥齿轮、蜗杆传动的安装精度要求，应符合相关规定。

c. 齿轮啮合面需按技术要求保证正常的润滑，齿轮箱需按技术要求加注润滑油至油位线。

d. 齿轮箱满载运转的噪声不得大于 80dB。

④ 同步带轮

a. 主、从动同步带轮轴必须互相平行，不允许有歪斜和摆动。

b. 当两带轮宽度相同时，它们的端面应位于同一平面上，两带轮轴向错位不得超过轮缘宽度的 5%。

c. 同步带装配时不得强行撬入带轮，应通过缩短两带轮中心距的方法装配，否则可能损伤同步带的抗拉层。

d. 同步带张紧轮应安装在松边张紧，而且应固定两个紧固螺钉。

⑤ 伺服电机和减速器

a. 检查电机、减速器型号是否正确。

b. 装配前，将电机和减速器的连接部分清理干净。

c. 旋开减速器法兰外侧的密封螺钉。

d. 旋开螺钉，将电机法兰与减速器连接好，对角拧紧螺钉。

e. 将夹紧环拧紧，然后拧紧密封螺钉。

f. 将电机法兰螺钉拧松，点动或手动电机，使电机转几圈，纠正电机与减速器联轴器的同轴度。

g. 将电机法兰与减速器连接好，对角拧紧螺钉。在装配过程中，应保证电机后部编码器不受外力作用，严禁敲打电机轴。

1.6.3 工业机器人电气部分装调

（1）常用仪表

具体见表 1-9。

表 1-9　常用仪表

名称	外观	说明
万用表	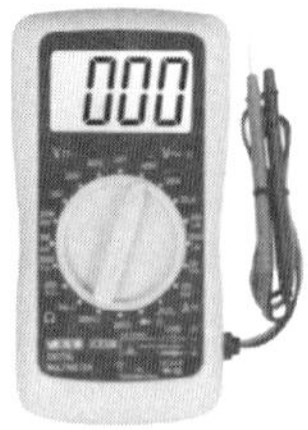	有机械式和数字式两种，可用来测量电压、电流和电阻等
相序表	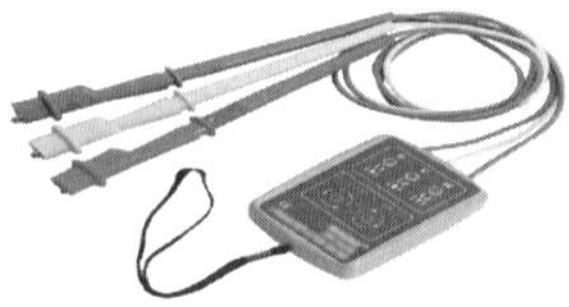	用于检查三相输入电源的相序，在维修晶闸管伺服系统时是必需的
逻辑脉冲测试笔	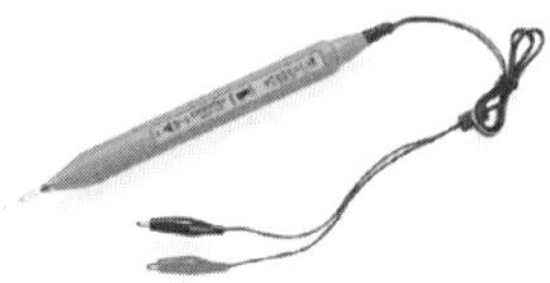	对芯片或功能电路板的输入端注入逻辑电平脉冲，用测试笔检测输出电平，以判别其功能是否正常
测振仪	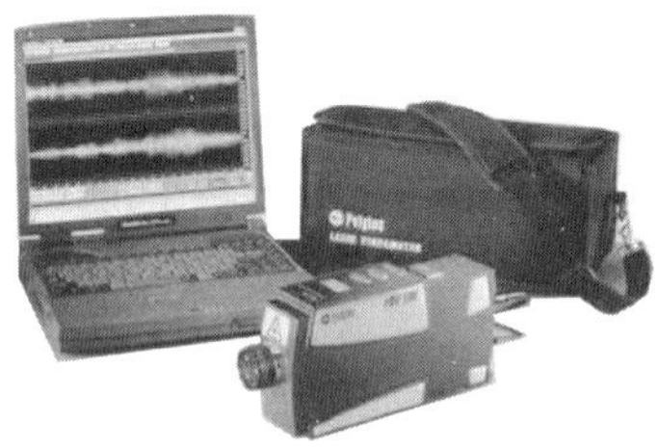	是振动检测中最常用、最基本的仪器，它将测振传感器输出的微弱信号放大、变换、积分、检波后，在仪器仪表或显示屏上直接显示被测设备的振动值大小。为了适应现场测试的要求，测振仪一般都做成便携式的
红外测温仪	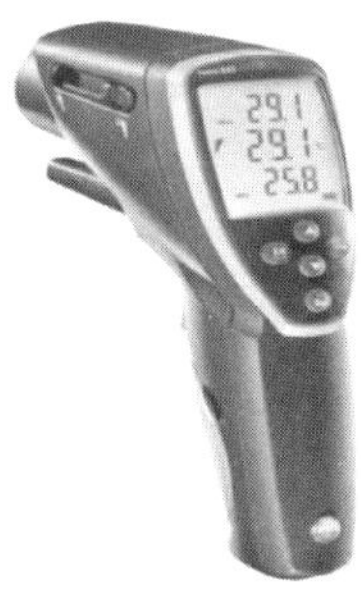	利用红外辐射原理，将对物体表面温度的测量转换成对其辐射功率的测量，采用红外探测器和相应的光学系统接收被测物不可见的红外辐射能量，并将其变成便于检测的其他能量形式予以显示和记录
示波器	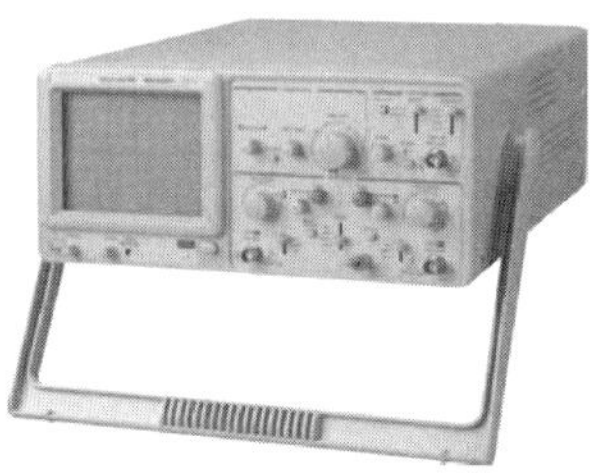	主要用于模拟电路的测量，可以显示频率相位、电压幅值，双频示波器可以比较信号相位关系，可以测量测速发电机的输出信号，其频带宽度在5MHz以上，两个通道

续表

名称	外观	说明
逻辑分析仪	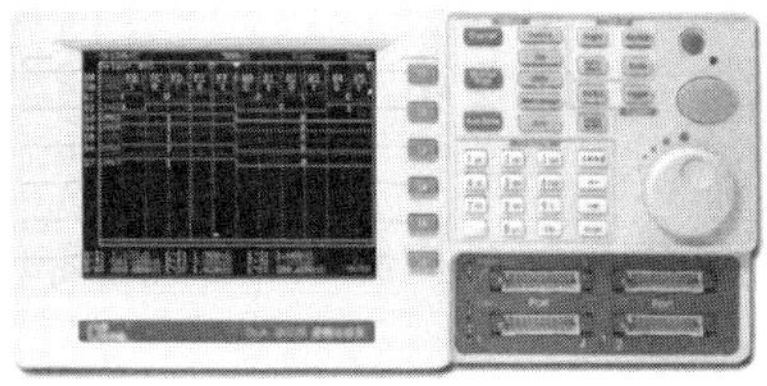	按多线示波器的思路发展而成，不过它在测量幅度上已经按数字电路的高低电平进行了 1 和 0 的量化，在时间轴上也按时钟频率进行了数字量化。因此可以测得一系列的数字信息，再配以存储器及相应的触发机构或数字识别器，使多通道上同时出现的一组数字信息与测量者所规定的目标字相符合时，触发逻辑分析仪，以便将需要分析的信息存储下来

（2）电气接线的要求

① 由专业技术人员按图进行正确接线。

② 电气接线颜色必须符合标准要求。

③ 布线时应成排成束地垂直或水平有规律地敷设，要求整齐、美观、清晰，横平竖直，层次分明。

④ 线束敷设必须合理，不得妨碍电器的拆换或维修，不允许在两接线柱中间走线，不得遮掩线路标号和观察孔眼。

⑤ 线槽内走线：电源线和控制线尽量分开，线槽内导线均匀分布；线号对应，方向一致；横向每隔 300mm 装一个线束固定点，竖向每隔 400mm 装一个线束固定点；不得任意歪斜交叉连接。

⑥ 不要将主回路连线和信号线从同一管道内穿过，也不要将其绑扎在一起。

⑦ 布线时主回路连线同信号线分开布线或交叉布线，相隔 300mm 以上。

⑧ 布线时不能有尖锐的物体损伤到电缆，不能强拉电缆，否则会导致触电或线路接触不良。

⑨ 导线与电气元件间采用螺纹连接、插接、焊接或压接等，均应牢固可靠。螺纹连接时，弯线方向应与螺纹前进的方向一致。为保证导线不松散，多股导线不仅应端部绞紧，还应加终端附件或搪锡，采用压接式终端附件是较好的一种方式。

⑩ 一般一个接线端子（含端子排和元器件接线端）只连接一根导线，必要时允许连接两根导线。当需要连接两根以上导线时，应采取相应措施，以保证导线的可靠连接。两个端子间的连线不得有中间接头，导线芯线应无损伤。

⑪ 除了用弹簧端子直接压接线头外，其余线头必须用带塑料套的线耳，并且接两根线时要用双头线耳。

⑫ 弹簧端子每个端子只能接一根线，其他的每个接线点不允许接超过两根线；每个线头需要压紧连接，不允许有金属裸露或者松动现象。

⑬ 接插件接线的大小规格要与接插件连接件的规格相匹配；使用接插件时，带电部分的一头应用插孔（即上游用插孔下游用插针），因为插针外露有危险。

⑭ 当控制面板有按钮、指示灯等元件时，必须将门上各导线整理好，用扎线带沿箱表面绑扎整齐。

（3）电气元件的安装要求

① 认真核对所装配的元器件（型号、电压、电流、数量等）。

② 控制柜内应提供仪表接地和安全接地母线，仪表接地和安全接地母线通流截面应满

足要求，仪表接地应与控制柜体绝缘，元件接地的部件应保持良好的接地连续性。应确认伺服单元及伺服电机接地正确。

③ 在装配时，应考虑到元器件的电气间隙、爬电距离、干扰距离、散热距离。

④ 控制柜内电气开关、端子排、线槽等应留有余量。电气开关、端子排应留有15%～20%的余量，线槽留有不少于60%的余量。

⑤ 每个元器件必须贴上标签，接插件标签要贴于插座或其上方；接线端子要标出端子号；接地处也要有接地标志。

⑥ 变压器、开关电源、加热器、电机、控制器等前面都要有保护元件，如熔丝、断路器等。

⑦ 不要频繁地通断电源，伺服单元内用大容量电容，上电会产生较大的充电电流，频繁上电会造成元器件性能下降。

⑧ 在伺服单元输出侧和伺服电机间不要加功率电容、浪涌吸收器和无线电噪声滤波器等。

1.6.4 工业机器人装调常用仪器

在机器人的故障检测过程中，借助一些必要的仪器是必要也是有效的，这些专用的仪器能从定量分析角度直接反映故障点状况，起到决定作用。

（1）激光干涉仪

激光干涉仪可对机器人及各种定位装置等进行高精度（位置和几何精度）校正，如重复定位精度、角度、直线度、垂直度、平行度及平面度等，效率高、使用方便，测量长度可达十几米甚至几十米，精度达微米级（图1-82）。

（2）三坐标测量仪

三坐标测量仪是通过X、Y、Z三个轴测量各种零部件及总成的各点的空间坐标，用以评价长度、直径、形状、位置误差的一种测量设备（图1-83）。它配备了高精度的导轨、测头和控制系统，并使用计算机程序来自动控制检测流程，计算输出测量结果。三坐标测量仪在三个相互垂直的方向上有导向机构、测长元件、数显装置。有一个能够放置工件的工作台（大型和巨型不一定有），测头可以手动或机动方式轻快地移动到被测点上，由读数设备和数显装置把被测点的坐标值显示出来。

图1-82 激光干涉仪

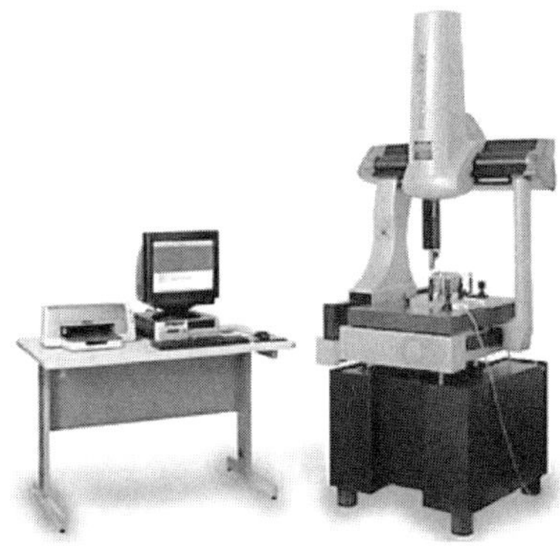

图1-83 三坐标测量仪

1.6.5 工业机器人装调耗材

（1）工业擦拭纸

工业擦拭纸用于机械设备、产品、工具上的油污、水等液体的擦拭或灰尘的清洁（图1-84）。工业擦拭纸具有极微掉屑且擦拭后不留细毛、良好的湿强性、不易破损、快速吸水及吸油能力、经济性高等特点。

（2）螺纹紧固剂

螺纹紧固剂用于避免螺纹紧固件由于振动而造成的松动和渗漏，螺纹连接一旦出现松脱，轻者会影响机器的正常运转，重者会造成严重事故，因此所有螺钉安装前均应涂抹适量的螺纹紧固剂（图1-85）。

图1-84　工业擦拭纸

图1-85　螺纹紧固剂

螺纹紧固剂使用时应参照产品说明书，根据使用场合和部件选择合适的规格。应注意螺纹啮合部位涂量应在3～5扣以上，且应充分填满螺纹间隙。应严格按照产品说明书的要求进行保存，防止失效。

（3）密封胶

密封胶是指随密封面形状而变形，不易流淌，有一定黏结性的密封材料。密封胶用来填充间隙以起到密封作用，具有防漏、防水、防振及隔声、隔热等作用。

密封胶使用时应参照产品说明书，根据使用场合和部件选择合适的规格，并严格按照产品说明书的要求进行保存，防止失效。

（4）润滑脂

润滑脂俗称黄油，为稠厚的油脂状半固体（图1-86）。用于机械的摩擦部分，起润滑和密封作用；也用于金属表面，起填充空隙和防锈作用。通常使用黄油枪进行加注。

图1-86　润滑脂

润滑脂使用时应参照产品说明书，根据使用场合和部件选择合适的规格，并严格按照产品说明书的要求进行保存，防止失效。

第2章 工业机器人组成

2.1 执行机构

执行机构是机器人赖以完成工作任务的实体，通常由一系列连杆、关节或其他形式的运动副组成。从功能的角度可分为手部、腕部、臂部、腰部和机座等，如图 2-1 所示。

工业机器人本体可分为旋转臂组件、大臂镶钢丝螺套组件、前臂驱动组件、前臂筒和腕关节组件五个主要组成部分，如图 2-2 所示。旋转臂组件与大臂镶钢丝螺套组件构成工业机器人基体。

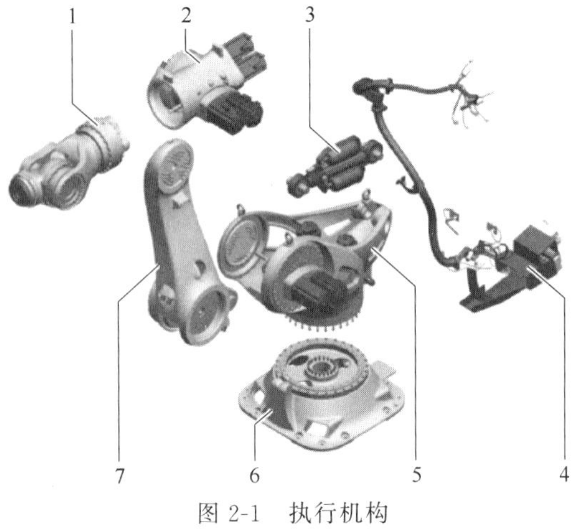

图 2-1 执行机构

1—腕部；2—小臂（前臂）；3—平衡配重；4—电气设备；5—腰部（转盘）；6—机座（底座）；7—大臂（上臂）

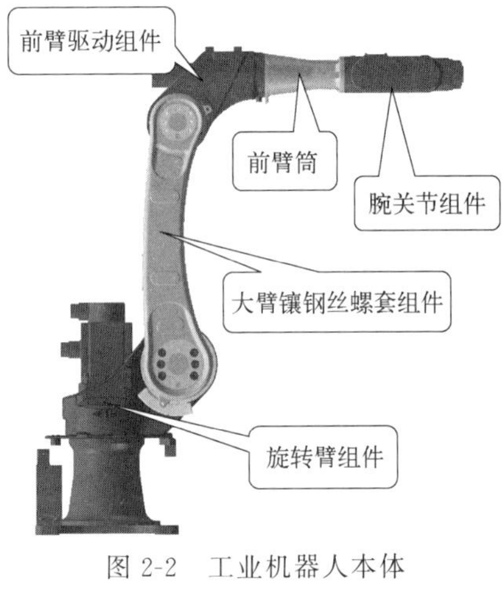

图 2-2 工业机器人本体

腕关节组件包含六轴箱体和五轴箱体，是工业机器人本体结构中最为复杂的部分，如图 2-3 所示。

前臂驱动组件连接大臂镶钢丝螺套组件与前臂筒，共同组成机器人的臂部。臂部是工业机器人的主要运动部件，主要用于改变腕关节组件和末端执行器的空间位置，并将各种载荷传递到机座组件，如图 2-4 所示。

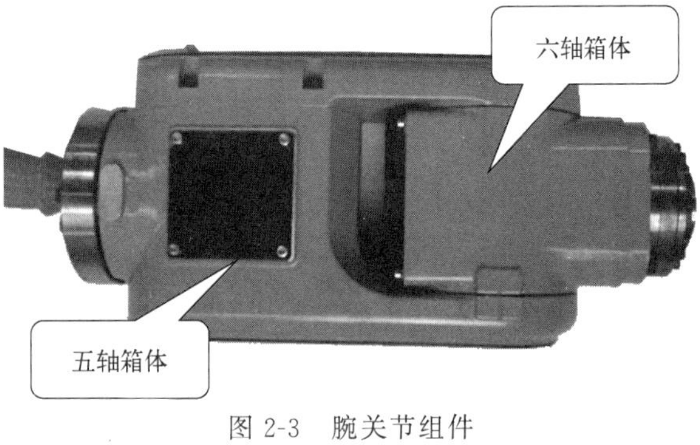

图 2-3 腕关节组件

前臂驱动组件内装有四轴伺服电机和减速器，连接前臂筒，可以驱动四轴转动，同时装有三轴伺服电机和减速器，连接大臂镶钢丝螺套组件，可以驱动三轴转动。

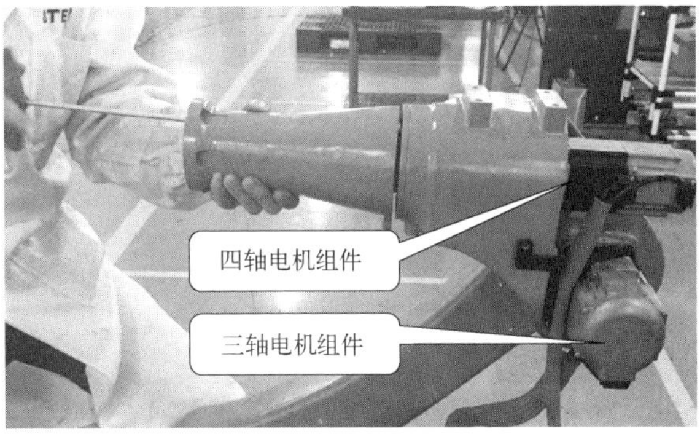

图 2-4　前臂驱动组件

大臂镶钢丝螺套组件如图 2-5 所示，两端分别与旋转臂组件和前臂驱动组件连接。前臂驱动组件与大臂镶钢丝螺套组件通过螺钉连接，三轴限位块和三轴缓冲块起到限制三轴转动范围的作用。

旋转臂组件包含旋转座组件、机座组件、一轴减速器组件和一轴电机组件（图 2-6）。

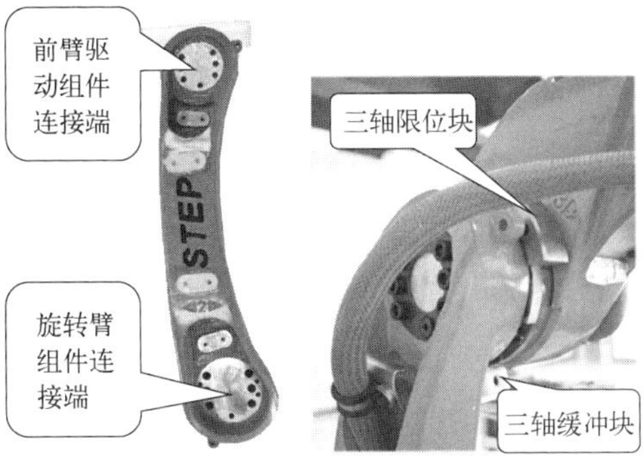

图 2-5　大臂镶钢丝螺套组件

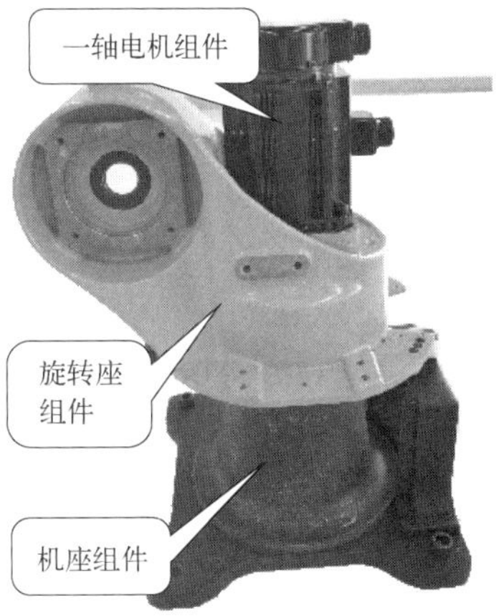

图 2-6　旋转臂组件

2.1.1 手部

工业机器人的手部也称末端执行器，是装在机器人腕部直接抓握工件或执行作业的部件（图 2-7），对于机器人来说是完成作业好坏、作业柔性好坏的关键部件之一。

图 2-7

图 2-7　末端执行器

2.1.1.1　种类

（1）机械钳爪式手部

机械钳爪式手部按夹取的方式，可分为内撑式和外夹式两种（图 2-8 和图 2-9），两者的区别在于夹持工件的部位不同，手爪动作的方向相反。

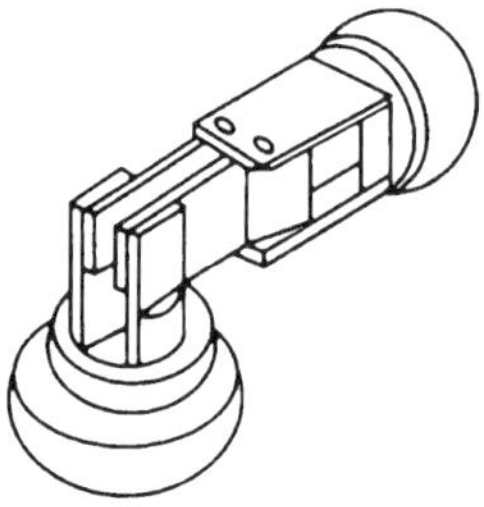

图 2-8　内撑钳爪式手部的夹取方式

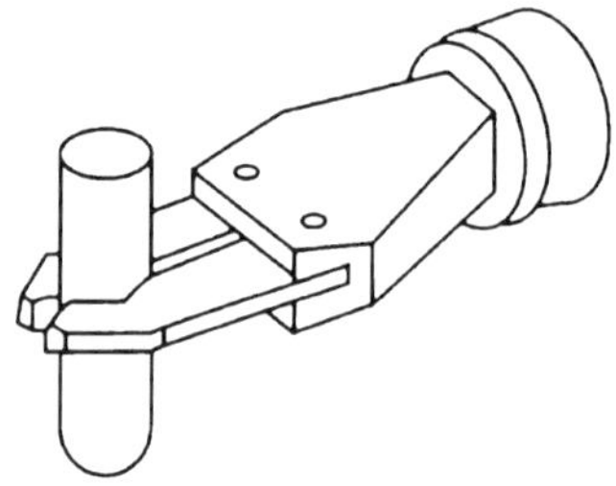

图 2-9　外夹钳爪式手部的夹取方式

由于采用两爪内撑式手部夹持时不易达到稳定，工业机器人多用内撑式三指钳爪来夹持工件，如图 2-10 所示。

从机械结构特征、外观与功用来区分，钳爪式手部还有多种结构：齿轮齿条移动式钳爪（图 2-11）；重力式钳爪（图 2-12）；平行连杆式钳爪（图 2-13）；拨杆杠杆式钳爪（图 2-14）；自动调整式钳爪（图 2-15）。自动调整式钳爪的调整范围在 0～10mm 之内，适于抓取多种规格的工件，当更换产品时可更换 V 形钳爪。

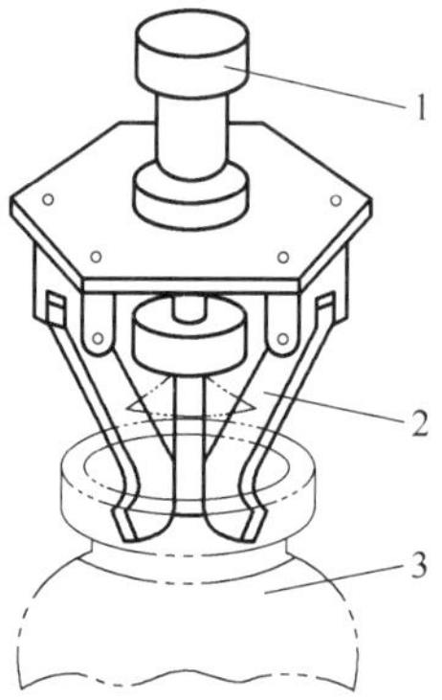

图 2-10　内撑式三指钳爪

1—手指驱动电磁铁；2—钳爪；3—工件

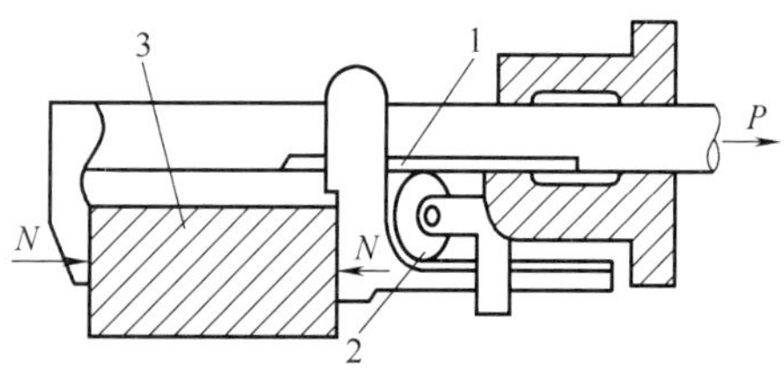

图 2-11　齿轮齿条移动式钳爪

1—齿条；2—齿轮；3—工件

（2）钩托式手部

钩托式手部主要特征是不靠夹紧力来夹持工件，而是利用手指对工件钩、托、捧等动作来托持工件。采用钩托式手部可降低驱动力的要求，简化手部结构，甚至可以省略手部驱动装置，适于在水平面内和垂直面内进行低速移动的搬运工作，尤其对大型笨重的工件或粗大而较轻且易变形的工件更为有利。钩托式手部可分为无驱动装置型和有驱动装置型。

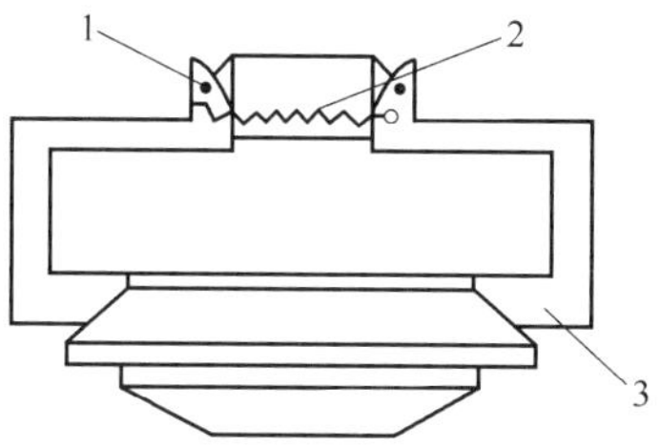

图 2-12　重力式钳爪

1—销；2—弹簧；3—钳爪

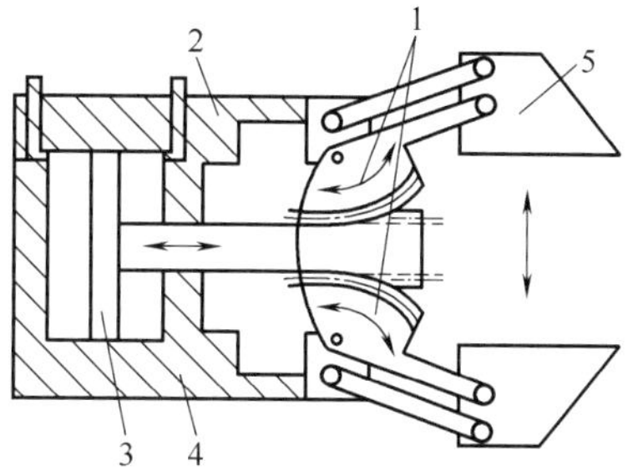

图 2-13　平行连杆式钳爪

1—扇形齿轮；2—齿条；3—活塞；4—气（油）缸；5—钳爪

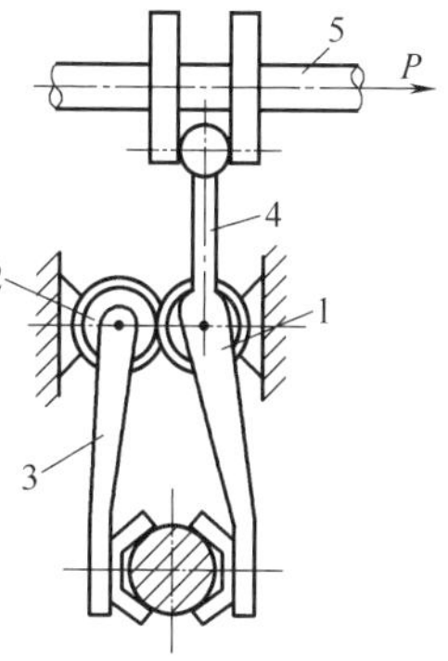

图 2-14　拨杆杠杆式钳爪

1，2—齿轮；3—钳爪；4—拨杆，5—驱动杆

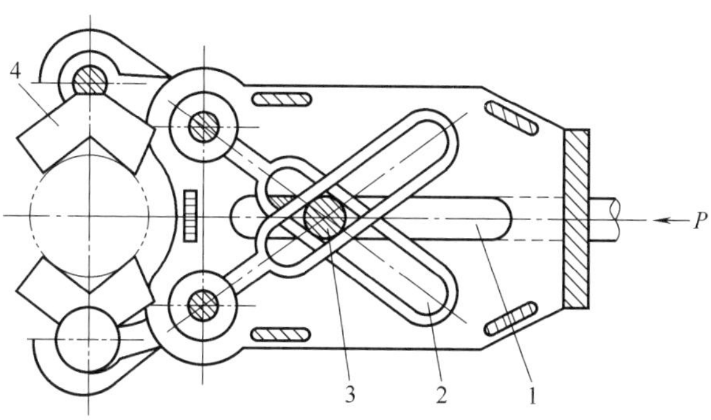

图 2-15　自动调整式钳爪

1—推杆；2—滑槽；3—轴销；4—V 形钳爪

① 无驱动装置型　手指动作通过传动机构，借助臂部的运动来实现，手部无单独的驱动装置。如图 2-16（a）所示，手部在臂部的带动下向下移动，当手部下降到一定位置时齿条 1 下端碰到撞块，臂部继续下移，齿条便带动齿轮 2 旋转，手指 3 即进入工件钩托部位。手指托持工件时，销 4 在弹簧力作用下插入齿条缺口，保持手指的钩托状态并可使手臂携带

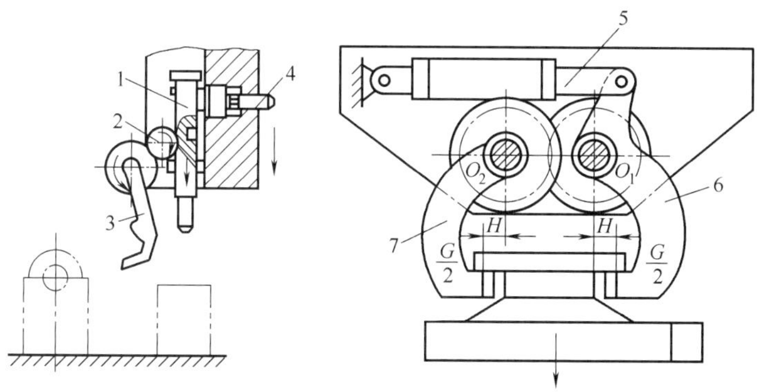

(a) 无驱动装置　　(b) 有驱动装置

图 2-16　钩托式手部

1—齿条；2—齿轮；3—手指；4—销；5—液压缸；6，7—杠杆手指

工件离开原始位置。在完成钩托任务后，由电磁铁将销向外拔出，手指又呈自由状态，可继续下一个工作循环。

② 有驱动装置型　其工作原理是依靠机构内力来平衡工件重力而保持托持状态。如图2-16（b）所示；驱动液压缸5以较小的力驱动杠杆手指6和7回转，使手指闭合至托持工件的位置。手指与工件的接触点均在其回转支点O_1、O_2的外侧，因此在手指托持工件后工件本身的重量不会使手指自行松脱。

图2-17（a）所示为从三个方向夹住工件的抓取机构的工作原理，爪1、2由连杆机构带动，在同一平面内作相对的平行移动；爪3的运动平面与爪1、2的运动平面垂直；工件由这三个爪夹紧。

图2-17（b）所示为爪部的传动机构。抓取机构的驱动器6安装在抓取机构的上部，输出轴通过联轴器8与工作轴相连，工作轴上装有离合器4，通过离合器与蜗杆相连。蜗杆带动齿轮7和9，齿轮带动连杆机构，使爪1、2启闭。输出轴又通过齿轮5带动与爪3相连的离合器，使爪3启闭。当爪与工件接触后，离合器进入OFF状态，三爪均停止运动，由于蜗杆蜗轮传动具有反行程自锁的特性，故抓取机构不会自行松开被夹住的工件。

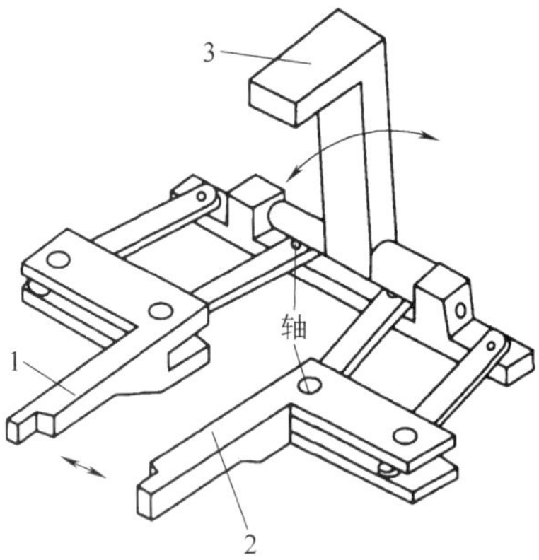

(a) 工作原理

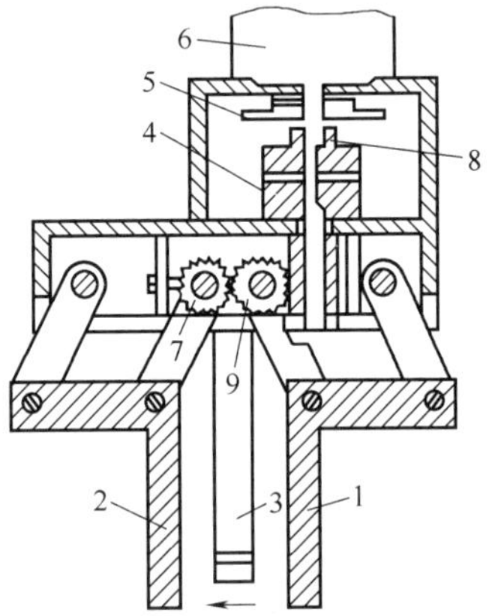

(b) 传动机构

图2-17　从三个方向夹住工件的抓取机构

1～3—爪；4—离合器；5，7，9—齿轮；6—驱动器；8—联轴器

（3）弹簧式手部

弹簧式手部靠弹簧力的作用将工件夹紧，不需要专用的驱动装置，结构简单。它的使用特点是工件进入手指和从手指中取下都是强制进行的。由于弹簧力有限，故只适用于夹持轻小工件。

图2-18所示为一种结构简单的簧片手指弹性手爪。手臂带动手部向工件推进时，弹簧片3受压而自动张开，工件进入其内，手指受弹簧作用自动夹紧。当机器人将工件传送到指定位置后，手指不会松开，必须先将工件固定后，手部后退，强迫手指分开后留下工件。这种手部只适用于定心精度要求不高的场合。

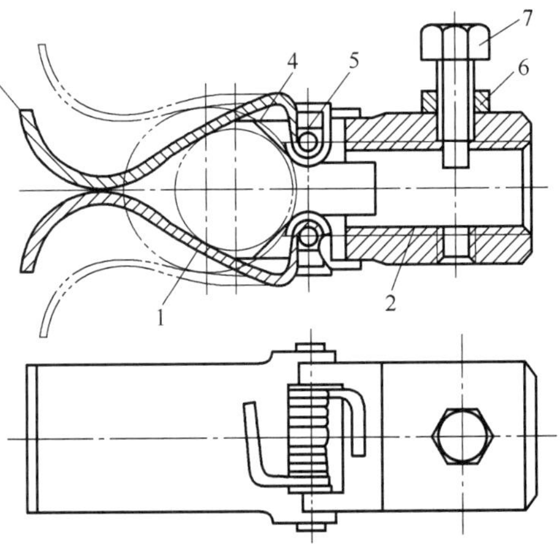

图2-18　簧片手指弹性手爪

1—工件；2—套筒；3—弹簧片；4—扭簧；5—销钉；6—螺母；7—螺钉

如图 2-19 所示，两个手爪 1、2 用连杆 3、4 连接在滑块上，气缸活塞杆通过弹簧 5 使滑块运动。手爪夹持工件 6 的夹紧力取决于弹簧的张力，因此可根据工作情况，选取不同张力的弹簧。此外，还要注意，当手爪松开时，不要让弹簧脱落。

如图 2-20 所示，在手爪 5 的内侧设有槽口，用螺钉将弹性爪 6 装在槽口中。弹性爪 6 一端用螺钉紧固，另一端可自由运动。当手爪夹紧工件 7 时，弹性爪便发生变形并与工件的外轮廓紧密接触。也可以只在一侧手爪上安装弹性爪，这时工件被抓取时定位精度较好。驱动板 1 与活塞杆固连的。

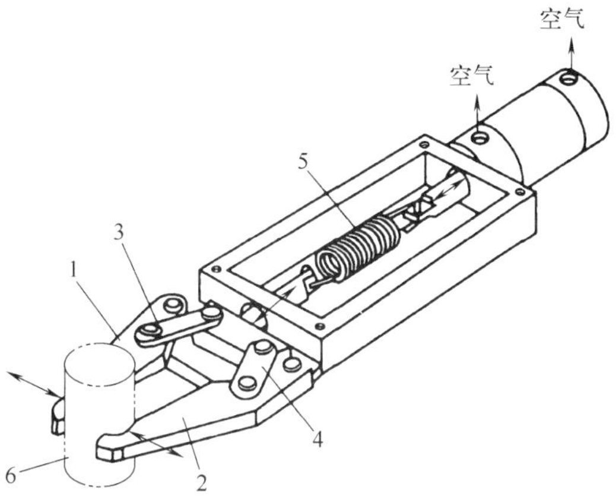

图 2-19　螺旋弹簧弹性手爪

1，2—手爪；3，4—连杆；5—弹簧；6—工件

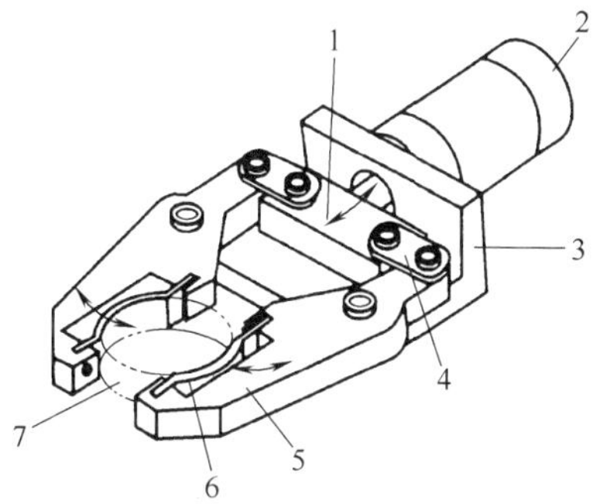

图 2-20　带弹性爪手爪

1—驱动板；2—气缸；3—支架；4—连杆；5—手爪；6—弹性爪；7—工件

(4) 专用手部

① 点焊焊钳　点焊机器人的焊钳按结构分类主要有 C 型和 X 型两种，分别有气动和电动两种驱动方式，如图 2-21 所示。

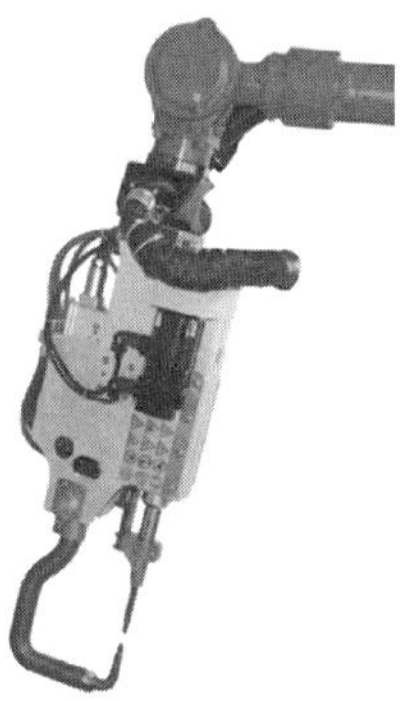

(a) C型

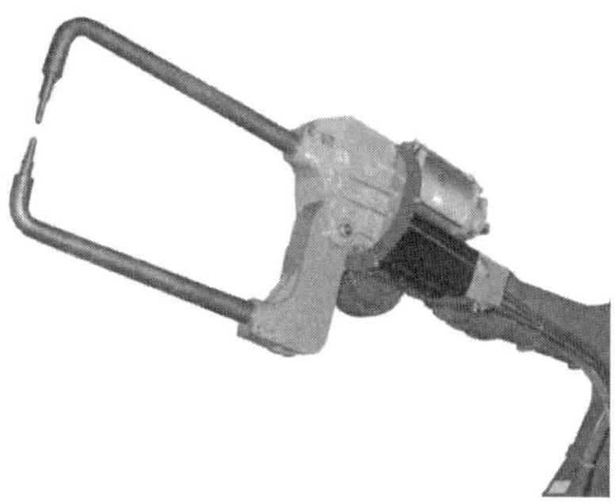

(b) X型

图 2-21　焊钳

② 喷涂喷枪　喷涂是指涂料通过喷枪，借助压力和离心力分散成细小且均匀的雾滴，均匀地施涂在被涂物体表面的加工方法。喷涂加工在实际生产中随处可见，例如汽车车身表面的涂装。喷涂机器人将机器人技术与喷涂工艺相结合，将喷枪作为末端执行器，如图 2-22 所示。

空气喷枪一般由空气帽、喷嘴、涂料入口、枪体、涂料调节旋钮和空气入口等部分组成，如图 2-23 所示。空气喷涂是将压缩空气从空气帽的中心孔喷出，在喷嘴前端形成负压区，使涂料经涂料入口从涂料喷嘴喷出，然后与高速压缩气流相互扩散，以雾状飞向并附着于被涂物表面形成涂膜。可通过涂料调节旋钮对涂料喷出量和喷幅进行控制。

图 2-22 专用手部——喷枪

无气喷涂技术通常使用高压柱塞泵、隔膜泵等对涂料直接加压，高压涂料经高压软管输送至无气喷枪（图 2-24），由于喷嘴的特殊设计，当高压涂料从喷嘴高速喷出时，释放压力并与大气产生摩擦，产生剧烈膨胀，使涂料雾化并喷到工件表面上形成涂膜。

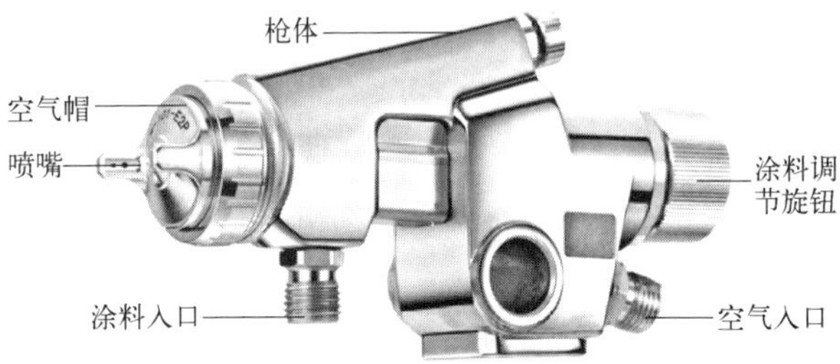

图 2-23 空气喷枪

图 2-24 无气喷枪

静电喷涂是使雾化了的涂料微粒在直流高压电场中带上负电荷，再在静电场的作用下，定向地飞向带正电荷的被喷涂表面，形成涂膜的方法。静电喷枪如图 2-25 所示。

③ 激光切割割炬　激光切割机器人（图 2-26）可实现自主化切割，相较于数控切割机，除了能保证切割质量外，还更为灵活，更适合柔性生产。

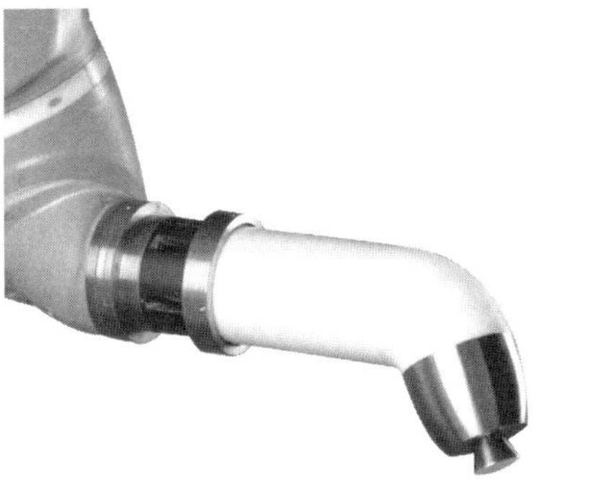

图 2-25 静电喷枪

图 2-26 激光切割

④ 搅拌摩擦焊　由于机器人技术的不断成熟，工业机器人具有越来越高的柔性，可以实现复杂轨迹的运动，为了使搅拌摩擦焊能满足复杂结构件的焊接，机器人搅拌摩擦焊技术得到重视。图 2-27 所示为机器人搅拌摩擦焊。

⑤ 柔性机械手　机械结构的工业机器人末端执行器（如机械夹具），虽然也能代替人手

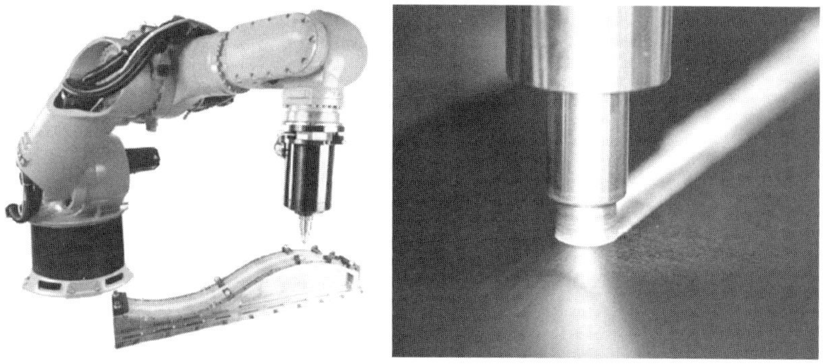

图 2-27　机器人搅拌摩擦焊

完成搬运、装配等工作，但是对于鸡蛋、纸张等轻巧或易碎的物体，无法做到使用恰当精确的力进行拾取或搬运。柔性机械手的研制，解决了这一问题，在工作过程中可根据工件的外形和可承受力进行自我调整完成抓取。

柔性机械手能使用适当的力和姿态抓握、夹取、捏拿的关键在于手指的感知能力和控制技术。柔性机械手的技术尚未成熟，在工业生产中还未得到广泛使用。目前研制出来的柔性机械手可大致分为两种：一种是柔性五指机械手；另一种是软体夹持器。

柔性五指机械手的外形和大小同人手差不多，每根手指上有至少三个柔性关节，且每个关节有多个自由度，能实现类似人手指的弯曲和握紧动作。操作起来十分方便，只需要操作者戴上具有位置传感器的“虚拟现实”手套，便能控制机械手做出与操作者同样的动作，如图 2-28 所示。手指可正向或反向弯曲的夹持装置如图 2-29 所示。工作过程中可实现对不同形状的物体进行抓取，手指的驱动方式多为气动。

图 2-28　柔性五指机械手

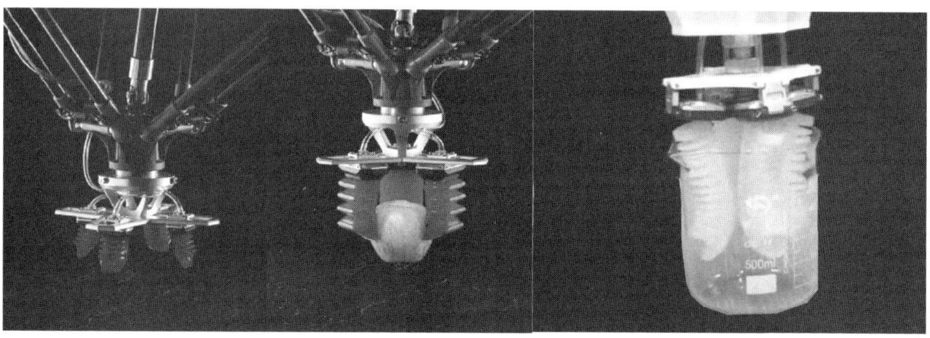

图 2-29　手指可正向或反向弯曲的夹持装置

⑥ 浮动去毛刺工具　一般分为两大类：径向浮动工具［图 2-30（a）］和轴向浮动工具［图 2-30（b）］。

2.1.1.2　安装

（1）快换装置

使用一台通用机器人，要在作业时能自动更换不同的末端执行器，就需要配置具有快速装卸功能的快换装置。快换装置由两部分组成——换接器和配合器，分别装在机器人腕部和末端执行器上，能够实现机器人对末端执行器的快速自动更换。

(a) 径向浮动工具　　(b) 轴向浮动工具

图 2-30　浮动去毛刺工具

各种专用末端执行器存放在工具架上，组成一个专用末端执行器库，如图 2-31 所示。机器人可根据作业要求，自行从工具架上接上相应的末端执行器。

对快换装置的要求主要有：同时具备电源、气源及信号的快速连接与切换功能；能承受末端执行器的工作载荷；在失电、失气的情况下，机器人停止工作时不会自行脱离；具有一定的换接精度等。

（2）安装方法

① 将定位销（配件）安装在机器人法兰对应的销孔中，安装时切勿倾斜、重击，必要时可使用橡胶锤敲击，如图 2-32 所示。

② 对准快换装置主端口上的销孔和定位销，将快换装置主端口安装在机器人法兰上，如图 2-33 所示。

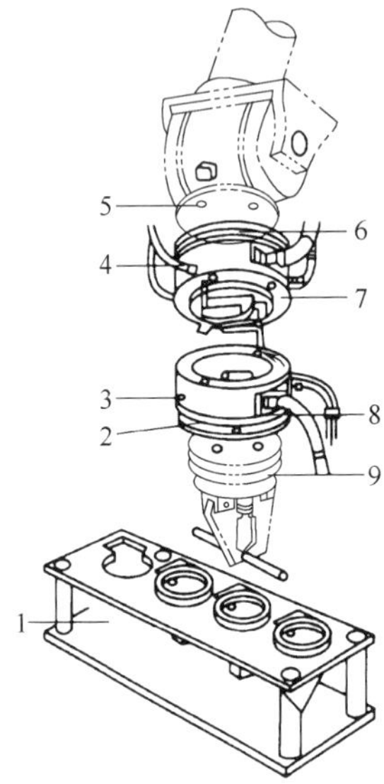

图 2-31　快换装置与末端执行器库

1—末端执行器库；2—末端执行器过渡法兰；3—位置指示器；4—换接器气路；5—连接法兰；6—过渡法兰；7—换接器；8—配合器；9—末端执行器

图 2-32　安装定位销

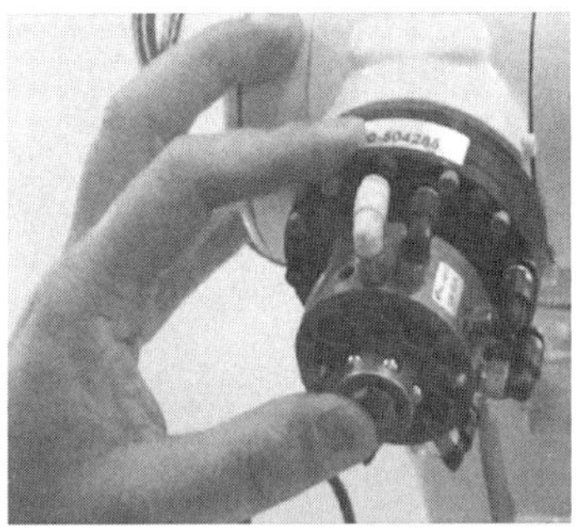

图 2-33　安装主端口

③ 安装内六角螺钉，并用内六角扳手拧紧，如图 2-34 所示。

④ 安装末端执行器时，通过按压控制快换动作的电磁阀上的手动调试按钮，使快换装置主端口中的活塞上移，锁紧钢珠缩回，如图 2-35 所示。

图 2-34　拧紧内六角螺钉

图 2-35　手动调试按钮

⑤ 手动安装末端执行器时，需要对齐被接端口与主端口上的 U 形口，如图 2-36 所示。

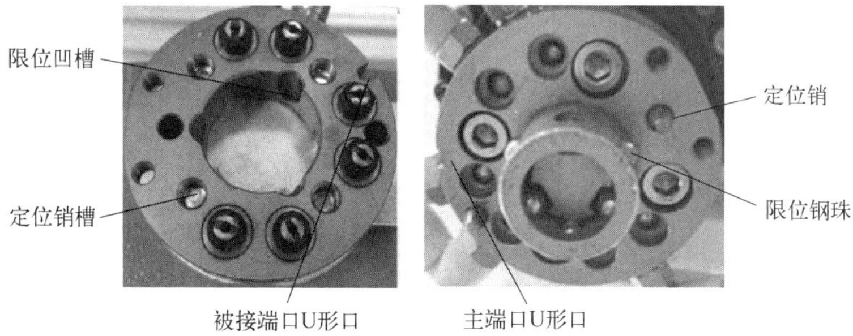

图 2-36　对齐 U 形口

⑥ 松开手动调试按钮，快换装置主端口锁紧钢珠弹出，使快换装置锁紧，如图 2-37 所示。

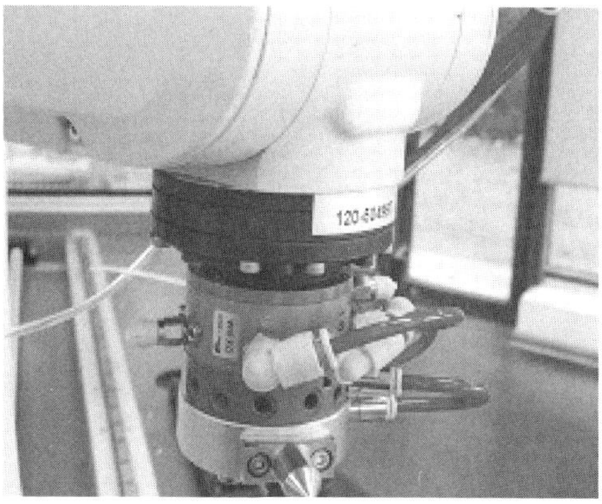

图 2-37　锁紧快换装置

2.1.2 腕部

腕部是连接手部和臂部的部件，如图 2-38 所示。其作用是调整或改变手部的姿态，是执行机构中结构最复杂的部分。

2.1.2.1　运动

如图 2-39 所示，腕部旋转是指腕部绕小臂轴线的转动，又称臂转，有些机器人限制其腕部转动角度小于 360°，另一些机器人则仅仅受到控制电缆缠绕圈数的限制，腕部可以转几圈；腕部弯曲是指腕部的上下摆动，这种运动也称俯仰，又称手转；腕部侧摆指机器人腕部的水平摆动，又称腕摆，通常由一个单独的关节提供。

图 2-38　腕部

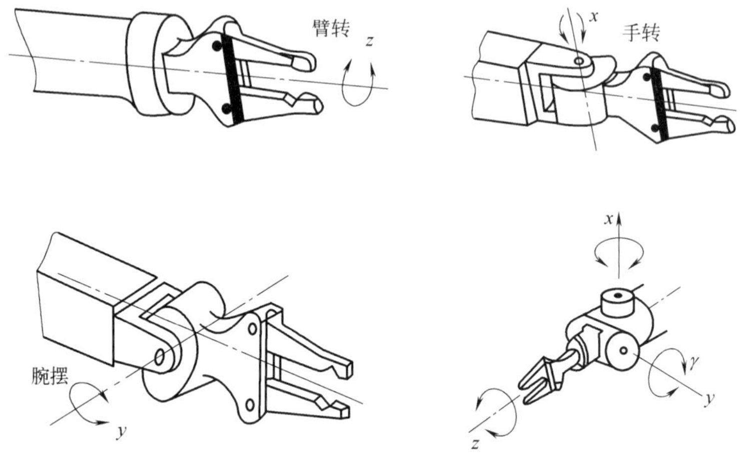

图 2-39　腕部的三种运动和坐标系

常用的腕部结构组合方式有臂转-腕摆-手转和臂转-双腕摆-手转等，如图 2-40 所示。

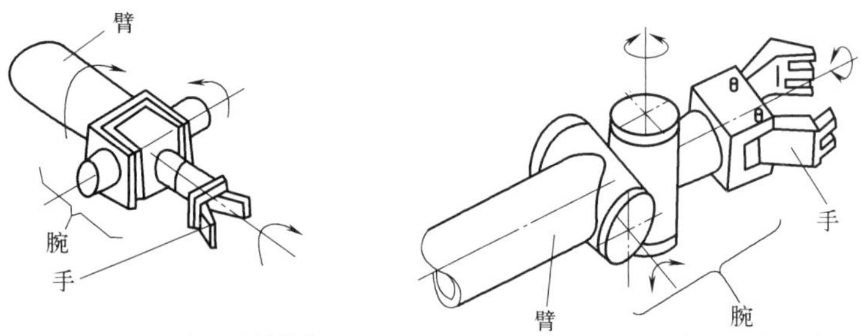

(a) 臂转 - 腕摆 - 手转结构　　(b) 臂转 - 双腕摆 - 手转结构

图 2-40　腕部的组合方式

2.1.2.2　分类

按自由度数可分为单自由度腕部、二自由度腕部和三自由度腕部。

(1) 单自由度腕部

图 2-41（a）所示是一种翻转（R）关节，臂部纵轴线和腕部关节轴线构成共轴形式，R 关节旋转角度大，可达到 360°以上。图 2-41（b）和图 2-41（c）所示是一种折曲（B）关

节，关节轴线与前、后两个连接件的轴线垂直，B关节因受到结构上的干涉，旋转角度小，大大限制了方向角。

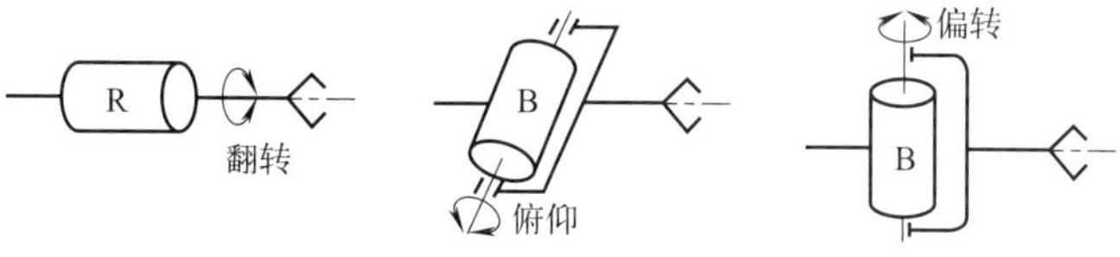

图 2-41　单自由度腕部

(2) 二自由度腕部

二自由度腕部可以由一个R关节和一个B关节组成BR腕部［图2-42（a）］，也可以由两个B关节组成BB腕部［图2-42（b）］。但是，不能由两个R关节组成RR腕部，因为两个R关节共轴线，退化了一个自由度，实际只构成了单自由度腕部［图2-42（c）］。

(3) 三自由度腕部

三自由度腕部可以由B关节和R关节组成许多种形式。图2-43（a）所示为通常见到的BBR腕部，使手部具有俯仰、偏转和翻转运动。图2-43（b）所示为一个B关节和两个R关节组成的BRR腕部，为了不使自由度退化，使手部获得俯仰、偏转和翻转运动，第一个R关节必须偏置。图2-43（c）所示为三个R关节组成的RRR腕部，它也可以实现手部俯仰、偏转和翻转运动。图2-43（d）所示为BBB腕部，很明显，它已经退化为二自由度腕部，只有俯仰和偏转运动，实际上它是不被采用的。此外，B关节和R关节排列的顺序不同，会产生不同的效果，也会产生其他形式的三自由度腕部。为了使腕部结构紧凑，通常把两个B关节安装在一个十字接头上，这可大大减小BBR腕部的纵向尺寸。

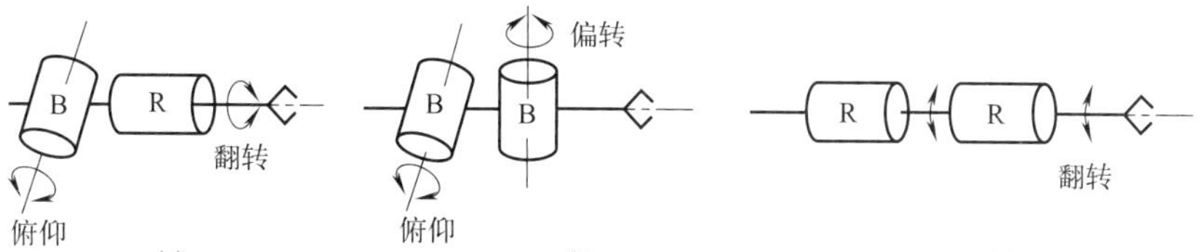

图 2-42　二自由度手腕

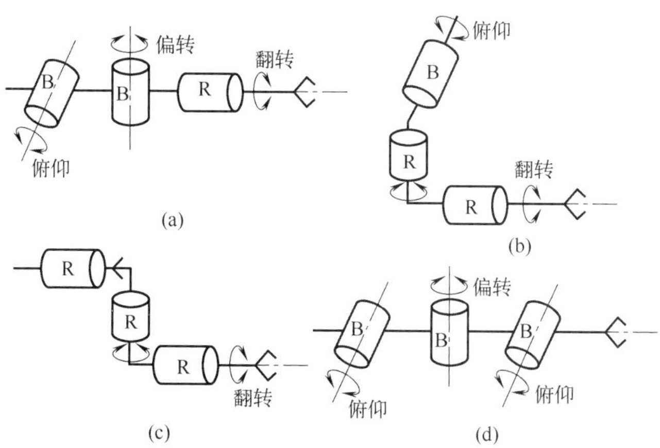

图 2-43　三自由度腕部

2.1.3 臂部

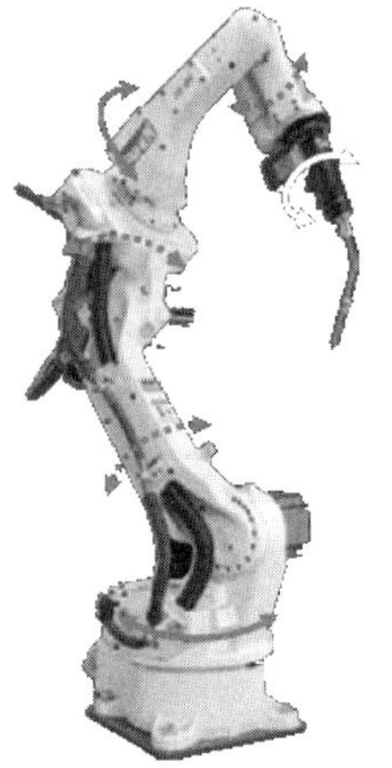

图 2-44 工业机器人

常见工业机器人如图 2-44 所示，图 2-45 与图 2-46 为其臂部结构。臂部不仅承受被抓取的工件重量，而且承受末端执行器、腕部和臂部自身的重量。臂部的结构、工作范围、灵活性、抓重大小（即臂力）和定位精度都直接影响机器人的工作性能，臂部的结构形式必须根据机器人的运动形式、抓取重量、动作自由度、运动精度等因素来确定。

臂部是机器人执行机构中重要的部件，它的作用是支承腕部和手部，并将被抓取的工件运送到给定的位置上。机器人的臂部主要包括臂杆以及与其运动有关的构件，包括传动机构、驱动装置、导向定位装置以及支承连接和位置检测元件等。

一般机器人臂部有三个自由度，即伸缩、左右回转和升降（或俯仰）。臂部回转和升降是通过机座的立柱实现的，立柱的横向移动即为臂部的横移。

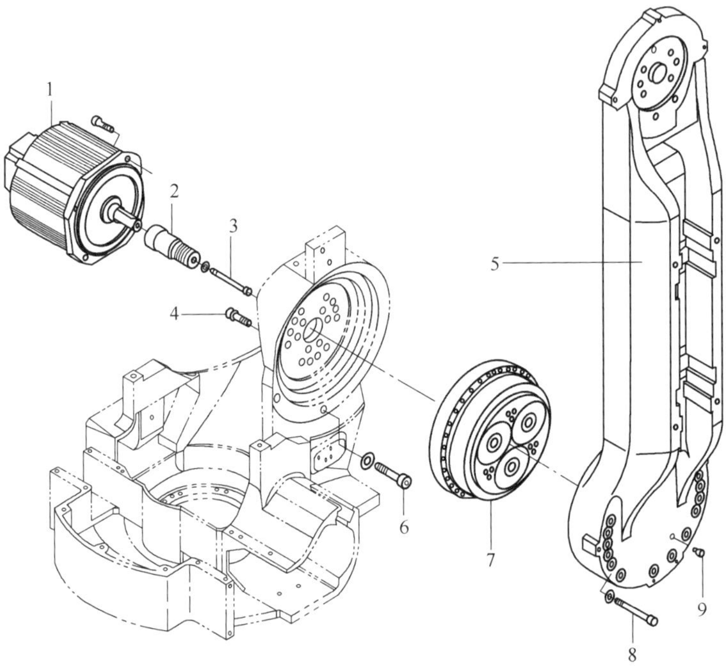

图 2-45 下臂（大臂）

1—驱动电机；2—减速器输入轴；3,4,6,8,9—螺钉；5—下臂体；7—RV 减速器

2.1.4 腰部

腰部是连接臂部和机座的部件，通常是回转部件。由于它的回转，再加上臂部的运动，就能使腕部作空间运动。腰部是执行机构的关键部件，它的制造误差、运动精度和平稳性对机器人的定位精度有决定性的影响。图 2-47 所示为机器人腰部测试。

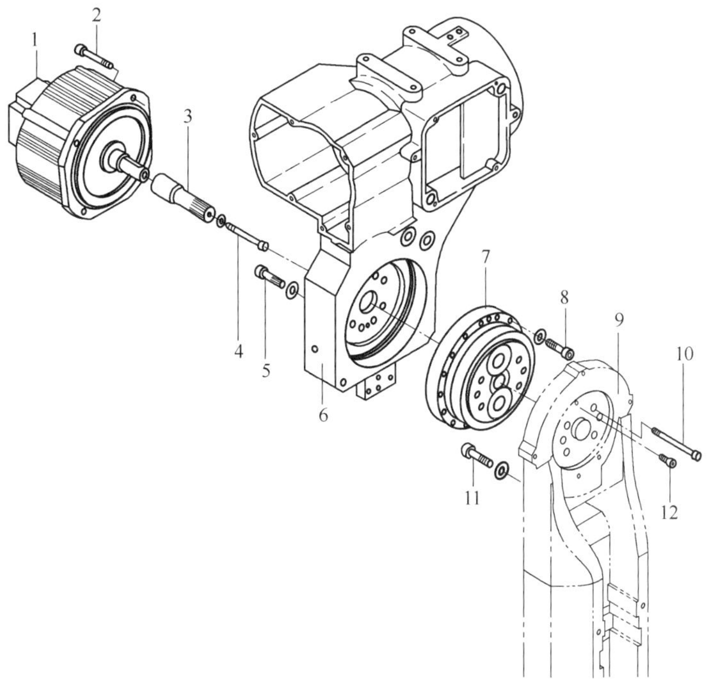

图 2-46　上臂（小臂）

1—驱动电机；2，4，5，8，10～12—螺钉；3—减速器输入轴；6—上臂；7—RV 减速器；9—上臂体

2.1.5 机座

机座是整个机器人的支持部分，有固定式和移动式两类，移动机座用来扩大机器人的活动范围（图 2-48～图 2-50）。机座必须有足够的刚度和稳定性。

图 2-47　机器人腰部测试

2.1.6 外部轴

机器人外部轴的作用是与机器人机械本体相配合，使工件变位（图 2-51）或移位（图 2-52），达到机器人的最佳作业位置。

图 2-48　机座

图 2-49　桁架工业机器人

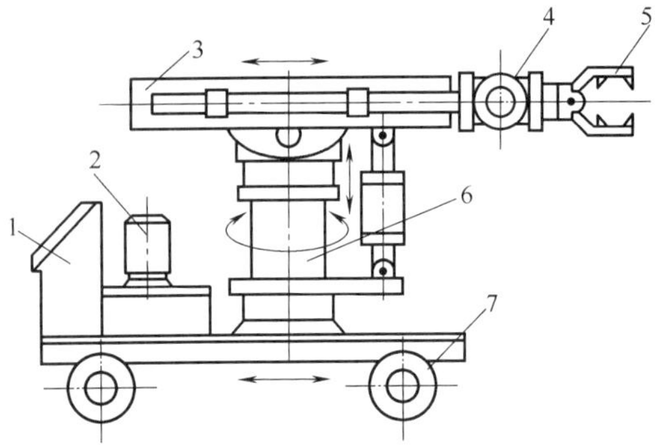

图 2-50　具有行走机构的工业机器人

1—控制部件；2—驱动部件；3—臂部；4—腕部；
5—手部；6—机身；7—行走机构

图 2-51　焊接机器人与变位机

图 2-52　工业机器人在导轨上移动

2.1.7 外围设施

(1) 安全防护装置

在实际生产中，工业机器人系统可以配备各种各样的安全防护装置。安全防护装置能有效地防止飞出物造成的危险，例如常见的安全门（防护栏）（图 2-53）；还能将工作人员与危险（如静电）隔离，例如安全垫（图 2-54）；还有的配备在危险区入口位置，例如安全光栅（图 2-55）、门互锁开关（通常安装于安全门上，如图 2-56 所示）；当机器人工作时，三色报警灯的颜色可以反馈出机器人当前运行状态，绿色、黄色和红色分别代表自动运行、手动运行和急停状态，如图 2-57 所示。

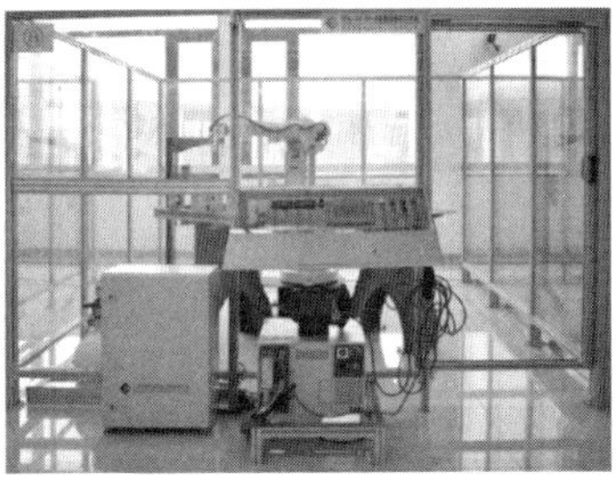

图 2-53　安全门

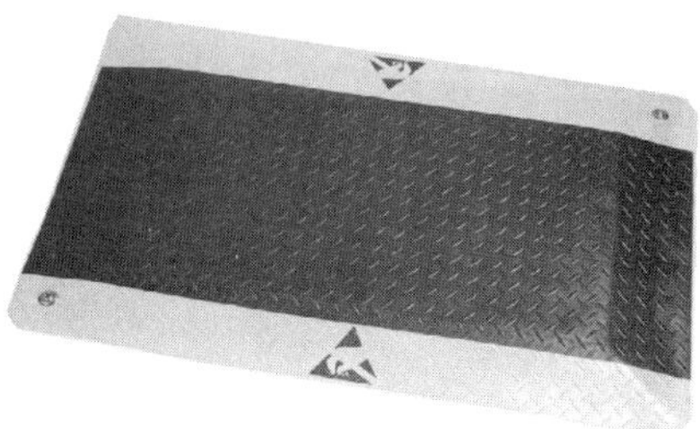

图 2-54　安全垫

图 2-55　安全光栅

图 2-56　门互锁开关

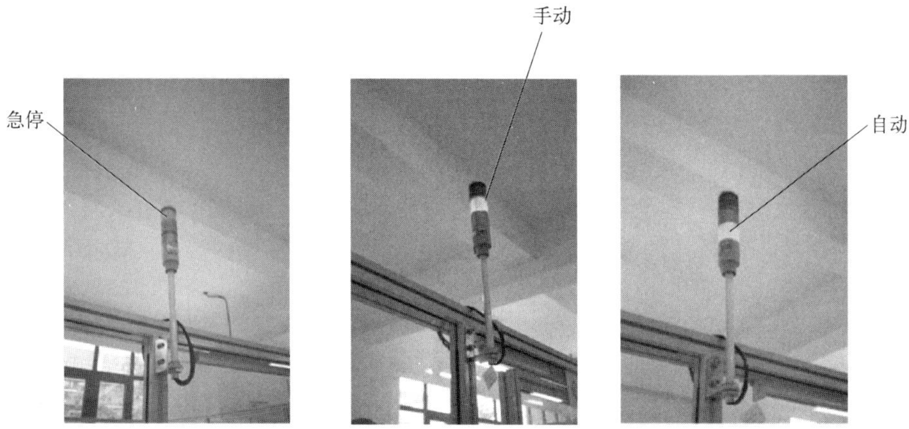

图 2-57　三色警报灯

(2) 电极修磨机

点焊机器人的焊钳在连续进行点焊作业时，电极顶端容易磨损，导致电流密度减小，影响焊接质量。因此，在点焊机器人系统中通常还会配备辅助设备——电极修磨机(图 2-58)，对电极顶端进行修整，以保持电极的正常工作状态。

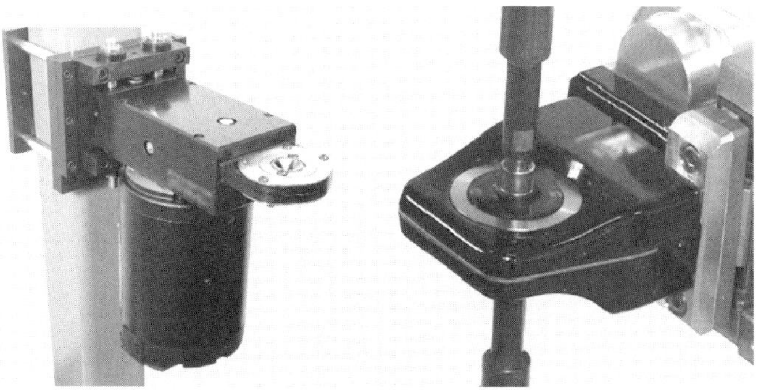

图 2-58　电极修磨机

(3) 输送装置

① 皮带输送线：是常见的一种生产设备，应用范围较广，在食品、电子、包装、化工等行业都有应用（图 2-59）。

② 滚筒输送线：可分为无动力和动力两种输送形式，在包装行业应用广泛，同时也会在一些其他生产设备中用于辅助输送（图 2-60）。

图 2-59 皮带输送线

图 2-60 滚筒输送线

③ 链板输送线：可以承载大宗、较重的物品，适用于重工业生产，如汽车制造、电视机生产等（图 2-61）。

④ 网带输送线：是以金属网为输送载体的流水线设备，常用于产品的烘干（图 2-62）。

⑤ 悬挂输送线：以悬挂的方式完成产品的输送，常与链板输送线一起应用于汽车制造等行业（图 2-63）。

图 2-61 链板输送线

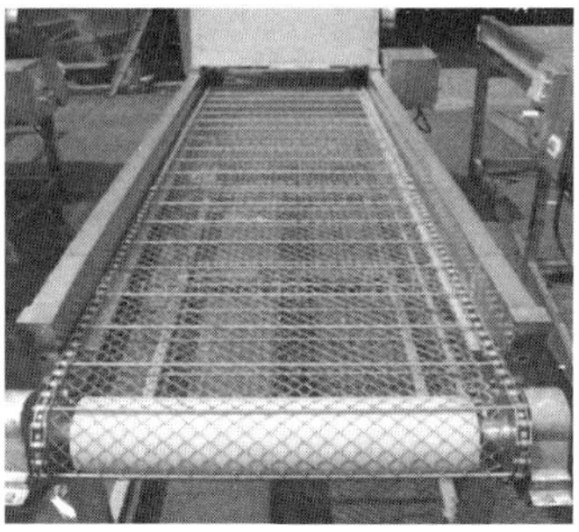

图 2-62 网带输送线

图 2-63 悬挂输送线

2.2 驱动系统

2.2.1 传动方式

工业机器人传动装置要求结构紧凑、重量轻、转动惯量和体积小，能够消除传动间隙，提高其运动和位置精度。工业机器人除采用齿轮传动、蜗杆传动、链传动外，还常用滚珠丝杠、钢丝绳、同步齿形带等传动。工业机器人常用传动方式见表 2-1。后面仅对几种传动方式适当展开讲解，有的未列在表 2-1 中。

表 2-1　工业机器人常用传动方式

传动方式	特点	传动距离	应用部件
圆柱齿轮传动	可为手臂第一转动轴提供大转矩	近	臂部
圆锥齿轮传动	转动轴方向垂直相交	近	臂部 腕部
蜗杆传动	大传动比,重量轻,有发热问题	近	臂部 腕部
行星齿轮传动	大传动比,价格高,重量轻	近	臂部 腕部
谐波齿轮传动	很大的传动比,尺寸小,重量轻	近	臂部 腕部
链传动	无间隙,重量轻	远	足部 腕部
同步齿形带传动	有间隙和振动,重量轻	远	腕部 手部
钢丝绳传动	可远距离传动,有轴向伸长问题	远	腕部 手部
四杆传动	远距离传动传力性能很好	远	臂部 手部
曲柄滑块机构传动	特殊应用场合	远	腕部 手部 臂部
丝杠螺母传动	高传动比,有摩擦与润滑问题	远	腕部 手部
滚珠丝杠螺母传动	很大的传动比,高精度,高可靠性,昂贵	远	臂部 腕部
齿轮齿条传动	精度高,价格低	远	腕部 手部 臂部
流体传动	液压和气动的各种变型形式	远	腕部 手部 臂部

2.2.1.1　带传动和链传动

机器人中的带传动和链传动分别通过带轮或链轮传递回转运动，有时还用来驱动平行轴之间的小齿轮。

同步齿形带简称同步带（图 2-64），其规格以节距表示。六轴工业机器人腕关节组件上的同步带机构，依靠同步带齿与同步带轮齿之间的啮合传递运动，带轮与同步带之间没有相对滑动，从而使圆周速度同步（图 2-65）。在桁架工业机器人上更是大量地应用同步齿形带来传动（图 2-66）。

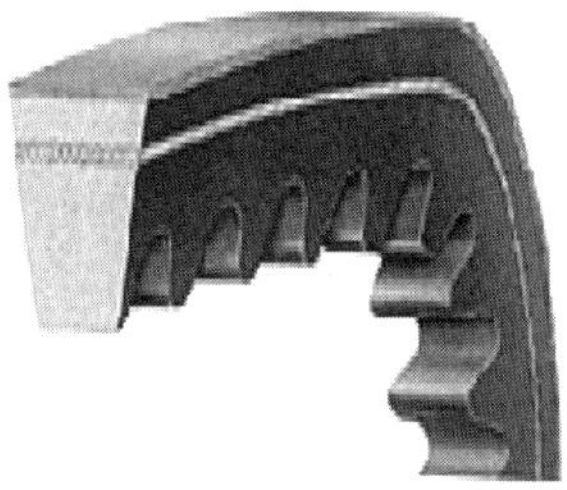

图 2-64　同步齿形带

滚子链传动属于比较完善的传动机构，由于噪声小，效率高，因此得到了广泛的应用。但是，高速运动时滚子与链轮之间的碰撞会产生较大的噪声和振动，只有在低速时才能达到满意的效果，即滚子链传动适合于低惯性负载的关节传动。链轮齿数少，摩擦力会增加，要得到平稳运动，链轮的齿数应大于17，并尽量采用奇数齿。

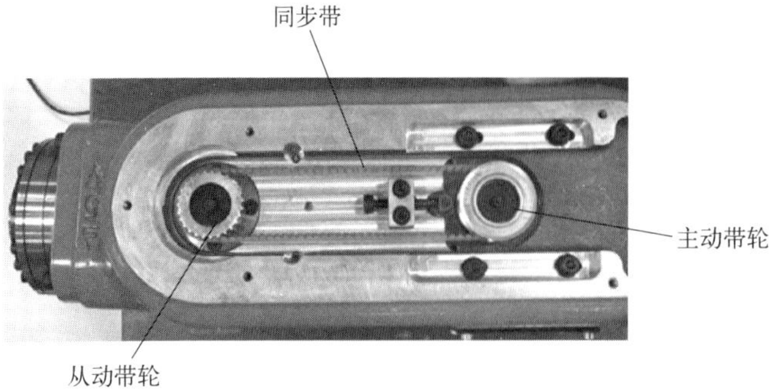

图 2-65 六轴工业机器人腕关节组件上的同步带机构

图 2-66 同步齿形带在桁架工业机器人中的应用

2.2.1.2 钢丝绳传动和钢带传动

钢丝绳传动广泛用于机器人的手爪开合，特别适合有限行程的运动传递。钢丝绳传动的主要优点是：钢丝绳强度大；各方向上的柔性好；尺寸小；预载后有可能消除传动间隙。绳传动的主要缺点是：不加预载时存在传动间隙；因为钢丝绳的蠕变和索夹的松弛使传动不稳定；多层缠绕后，在内层钢丝绳及支承中损耗能量；效率低；易积尘垢。

钢带传动的优点是传动比精确，传动件重量轻，惯量小，传动参数稳定，柔性好，不需要润滑，强度高。图 2-67 所示为钢带传动，钢带末端紧固在驱动轮和被驱动轮上，因此摩擦力不是传动的重要因素。钢带传动适于有限行程的传动。图 2-67（b）和图 2-67（d）所示为两种直线传动，而图 2-67（a）和图 2-67（c）所示为两种回转传动。

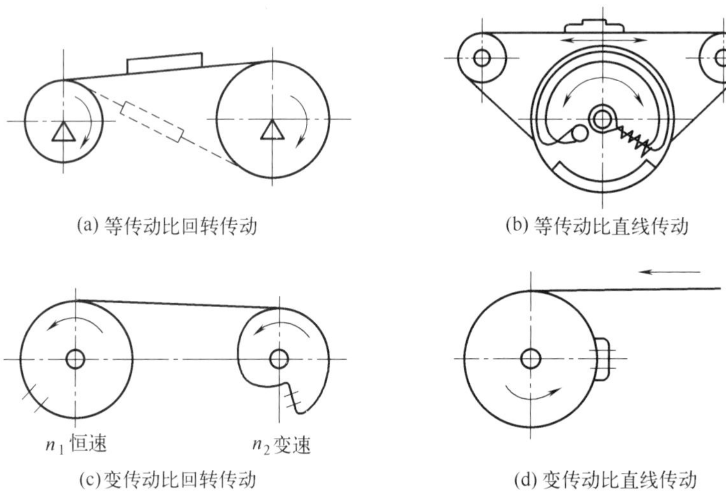

图 2-67 钢带传动

钢带传动已成功应用在 ADEPT 机器人上，其以 1：1 速比的直接驱动在立轴和小臂关节轴之间进行远距离传动，如图 2-68 所示。

2.2.1.3 连杆与凸轮传动

重复完成简单动作的搬运机器人（固定程序机器人）中广泛采用连杆机构与凸轮机构（图 2-69、图 2-70）。例如，从某位置抓取物体放在另一位置上的作业。连杆机构的特点是用简单的机构可得到较大的位移，而凸轮机构具有设计灵活、可靠性高和形式多样等特点。外凸轮机构是最常见的机构，它借助于弹簧可得到较好的高速性能。内凸轮驱动时要求有一定的间隙，其高速性能劣于前者。圆柱凸轮用于驱动摆杆，而摆杆在与凸轮回转方向平行的面内摆动。

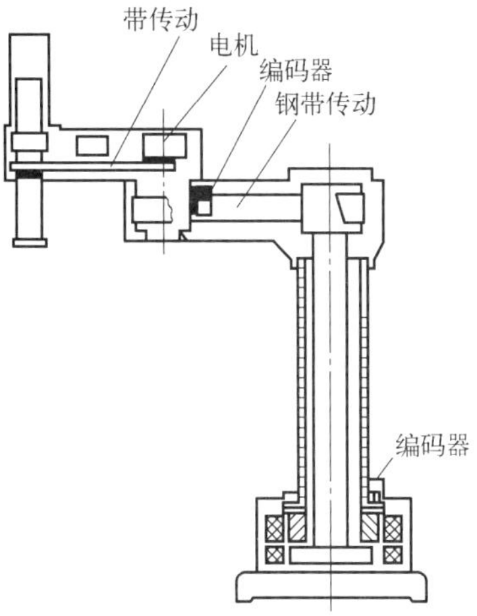

图 2-68　采用钢带传动的 ADEPT 机器人

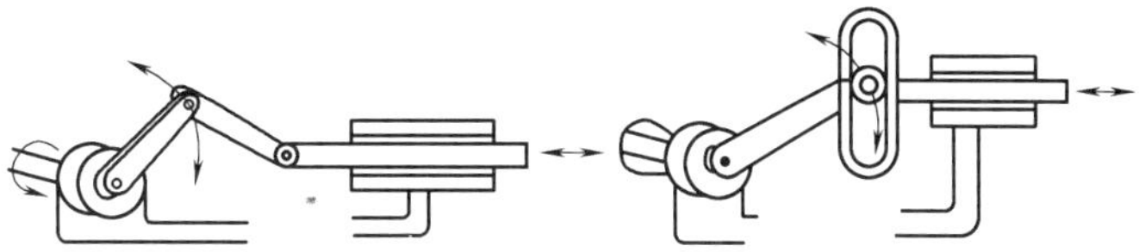

(a) 曲柄式　　(b) 拨叉式

图 2-69　连杆机构

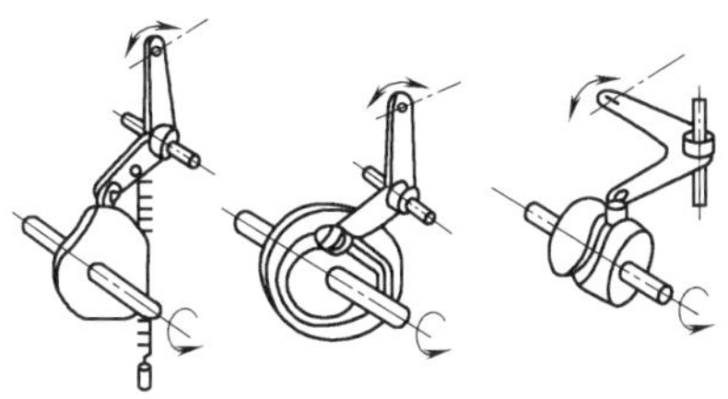

(a) 外凸轮　　(b) 内凸轮　　(c) 圆柱凸轮

图 2-70　凸轮机构

2.2.1.4　丝杠传动

（1）普通丝杠传动

普通丝杠传动是由一个旋转的精密丝杠驱动一个螺母沿丝杠轴向移动，其摩擦力较大，效率低，惯性大，在低速时容易产生爬行现象，而且精度低，回差大，因此在机器人上很少采用。图 2-71 为普通丝杠传动的几种形式。

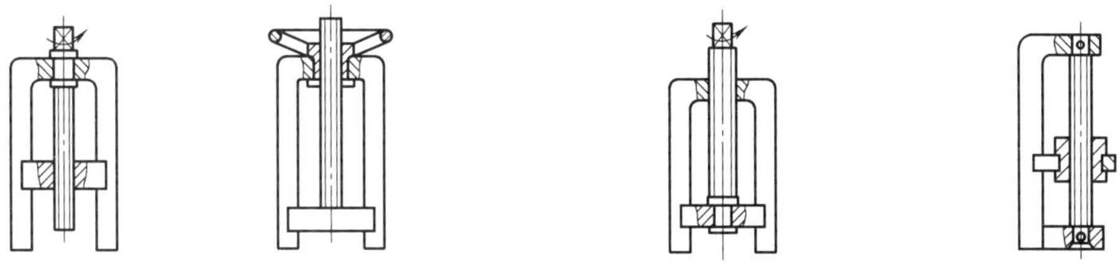

(a) 丝杆转动，螺母移动　　(b) 螺母转动，丝杆移动　　(c) 螺母固定，丝杆转动和移动　　(d) 丝杆固定，螺母转动和移动

图 2-71　普通丝杠传动的几种形式

图 2-72 所示为采用丝杠螺母传动的手臂升降机构。由电机 1 带动蜗杆 2 使蜗轮 5 回转，依靠蜗轮内孔的螺纹带动丝杠 4 作升降运动。为了防止丝杠的转动，在丝杠上端铣有花键，与固定在箱体 6 上的花键套 7 组成导向装置。

（2）滚珠丝杠传动

滚珠丝杠螺母副是一种在丝杠和螺母间装有滚珠作为中间元件的丝杠螺母副，其结构原理如图 2-73 所示。在丝杠 3 和螺母 1 上都有半圆弧形的螺旋槽，当它们套装在一起时便形成了滚珠的螺旋滚道。螺母上有滚珠回路通道 4，将几圈螺旋滚道的两端连接起来构成封闭的循环滚道，并在滚道内装满滚珠 2。当丝杠 3 旋转时，滚珠 2 在滚道内沿滚道循环转动即自转，迫使螺母（或丝杠）轴向移动。

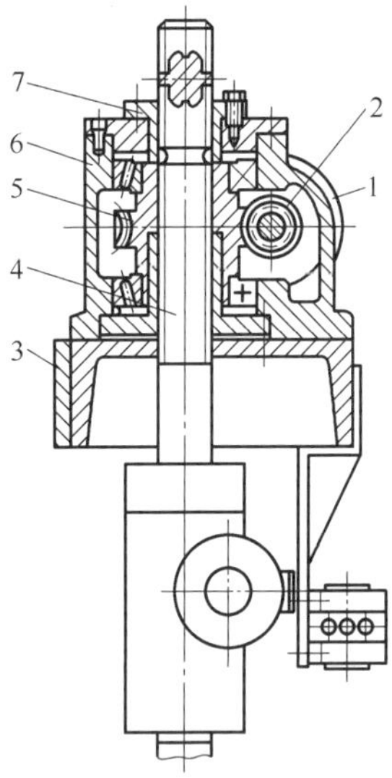

图 2-72　丝杠螺母传动的手臂升降机构

1—电机；2—蜗杆；3—臂架；4—丝杠；
5—蜗轮；6—箱体；7—花键套

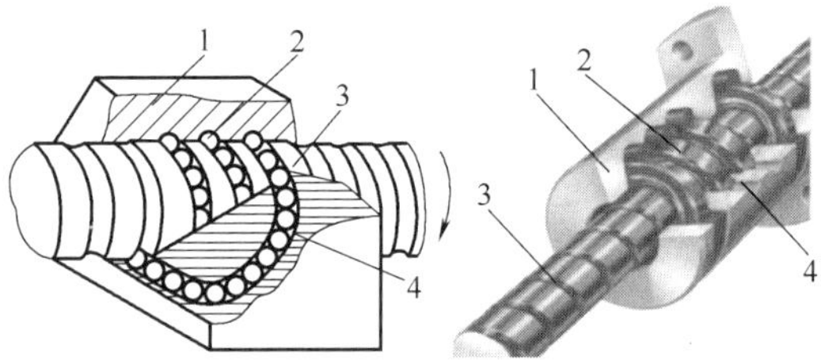

图 2-73　滚珠丝杠螺母副的结构原理

1—螺母；2—滚珠；3—丝杠；4—滚珠回路通道

滚珠丝杠机构虽然结构复杂，但是其兼具高精度、可逆性和高效率的特点，因此在工业机器人系统中得到了广泛应用（图 2-74）。

2.2.1.5　流体传动

流体传动分为液压传动和气压传动：液压传动可得到高转矩惯量比；气压传动比其他传动运动精度差，但由于容易达到高速，多数用在完成简易作业的搬运机器人上。液压、气压传动中，模块化和小型化的机构较易得到应用。例如，驱动机器人端部手爪的由多个伸缩动作气缸集成的内装式移动模块；气缸与机座或滑台一体化设计，并由滚动导轨引导移动支承在转动部分的机座和滑台内的后置式模块等。

图 2-75 所示为液压传动的齿轮齿条手臂机构。活塞缸两腔分别进压力油，推动齿条活

图 2-74　码垛机器人中滚珠丝杠的应用

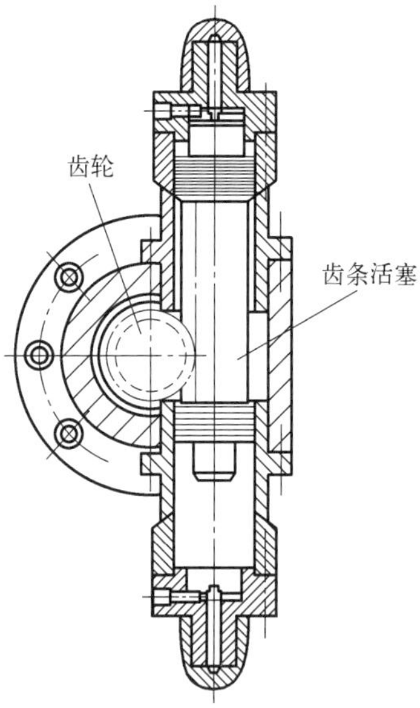

图 2-75　液压传动的齿轮齿条手臂机构

塞作往复移动，而与齿条啮合的齿轮即作往复回转。由于齿轮与手臂固连，从而实现手臂的回转运动。在手臂的伸缩运动中，为了使手臂移动的距离和速度有定值的增加，可以采用齿轮齿条传动的增倍机构。

图 2-76 所示为气压传动的齿轮齿条增倍手臂机构。活塞杆左移时，与活塞杆相连接的齿轮也左移，并使运动齿条一起左移。由于齿轮与固定齿条相啮合，因而齿轮在移动的同时，又迫使其在固定齿条上滚动，并将此运动传给运动齿条，从而使运动齿条又向左移动一段距离。因手臂固连于运动齿条上，所以手臂的行程和速度均为活塞杆的两倍。

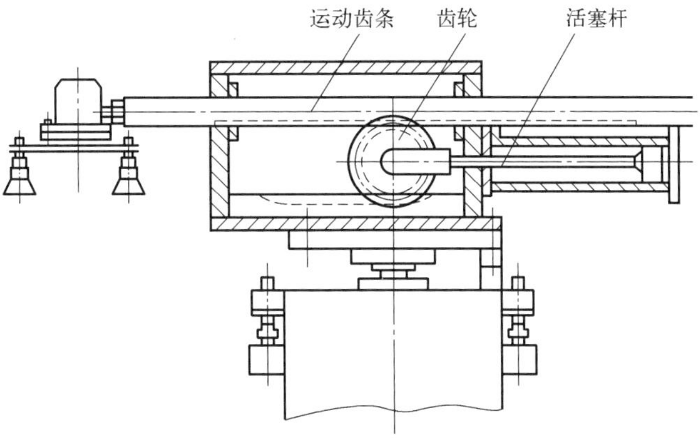

图 2-76 气压传动的齿轮齿条增倍手臂机构

2.2.1.6 导轨传动

滚动导轨分为直线滚动导轨、圆弧滚动导轨、圆形滚动导轨。直线滚动导轨如图 2-77 所示：图（a）所示滚动体为滚珠；图（b）所示滚动体为滚柱。滚动导轨在桁架工业机器人中的应用如图 2-78 所示。

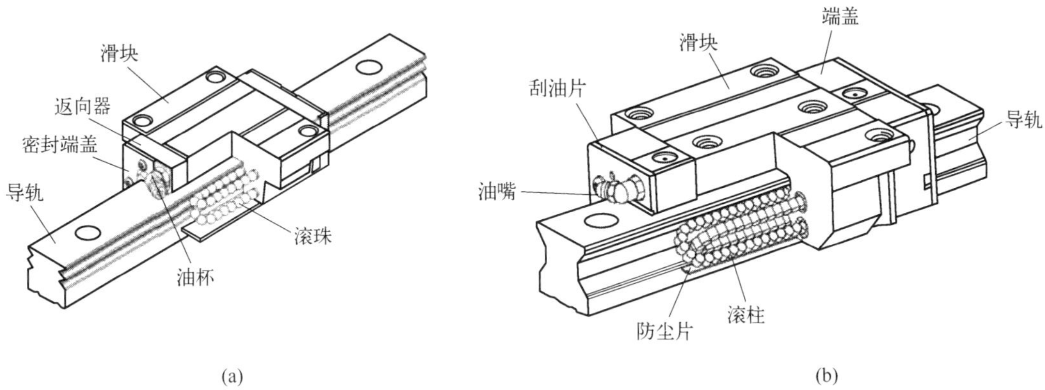

图 2-77 直线滚动导轨

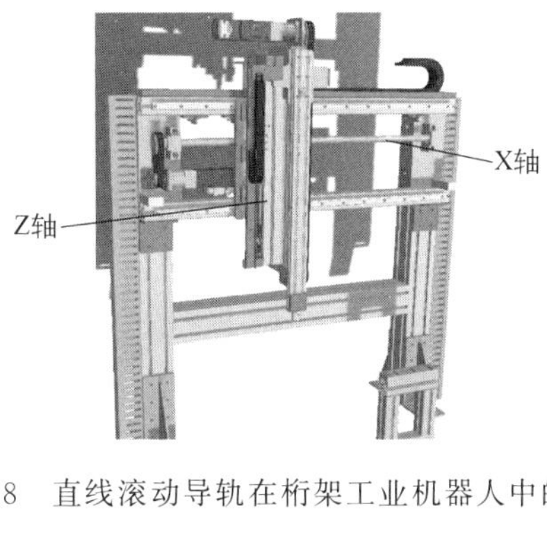

图 2-78 直线滚动导轨在桁架工业机器人中的应用

2.2.2 减速器

2.2.2.1 谐波齿轮减速器

(1) 工作原理

谐波齿轮减速器通常由刚性圆柱内齿轮（刚轮）1、柔性圆柱外齿轮（柔轮）2、波发生器3和柔性轴承等构成。柔性圆柱外齿轮和刚性圆柱内齿轮的齿形分为直线三角齿形和渐开线齿形两种，其中渐开线齿形应用得较多。

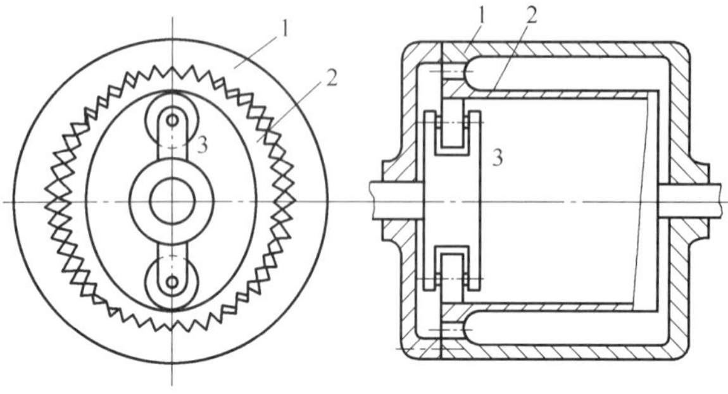

图 2-79 谐波齿轮减速器的构成

1—刚性圆柱内齿轮；2—柔性圆柱外齿轮；3—波发生器

柔轮、刚轮与波发生器三者任何一个均可固定，其余两个可分别作为主动轮和从动轮。这种结构传动比特别大，而且外形尺寸比较小，紧凑，零件数目少，传动效率也较高，可达到92%～96%，单级的传动比可达到50～4000。承载能力也较高，这是由于柔轮与刚轮之间属于面接触，且同时接触到的齿数也较多，这样一来，相对的滑动速度就比较小，齿面磨损得也均匀。多齿同时啮合的程度决定于波发生器的设计。柔轮和刚轮的齿侧间隙是可调节的，当柔轮的扭转刚度较高时，可实现无侧隙的高精度啮合。

(2) 应用

目前，谐波传动装置已在世界范围内得到了广泛的应用，工业机器人的旋转关节有60%～70%都用到谐波齿轮减速器。一般情况下，谐波齿轮减速器放置在工业机器人的前臂、腕部或手部位置，如图 2-80 所示。

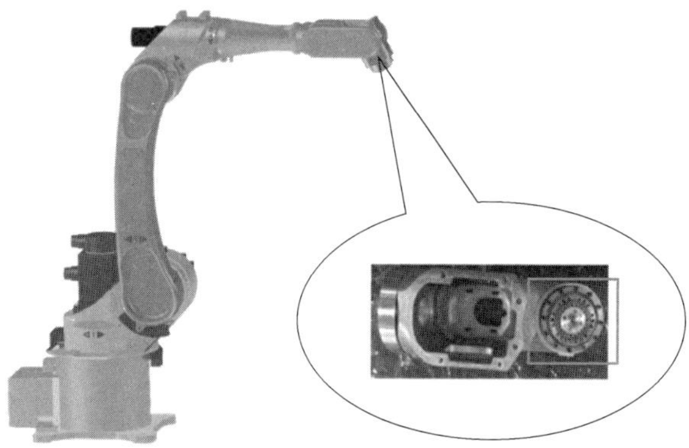

图 2-80 谐波齿轮减速器的应用

2.2.2.2 RV 减速器

(1) 工作原理

RV 减速器由一个行星齿轮减速器的前级和一个摆线针轮减速器的后级组成，是一种新兴的减速器，如图 2-81 所示。

如图 2-82 所示，RV 减速器的传动过程是由输入齿轮轴 1 将电机回转运动传递给直齿轮 2，并按齿数比进行减速，这是第一级减速部分；直齿轮的回转运动传给曲轴 3，使 RV 齿轮 4 作偏心运动，外壳 7 固定时，RV 齿轮公转，同时由于在公转过程中会受到固定于外壳上的针齿的作用力而形成与 RV 齿轮公转方向相反的力矩，形成了摆线轮的自转运动，最后通过轴承，将自转运动传给输出轴，这是第二级减速部分。

图 2-81 RV 减速器

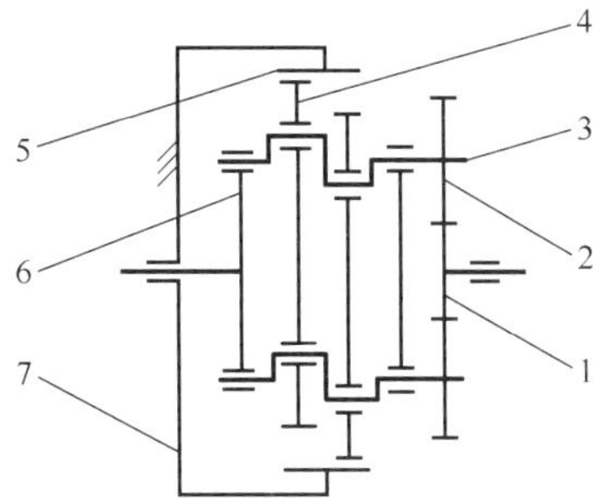

图 2-82 RV 减速器的工作原理

1—输入齿轮轴；2—直齿轮；3—曲轴；4—RV 齿轮；5—针轮；6—输出轴；7—外壳

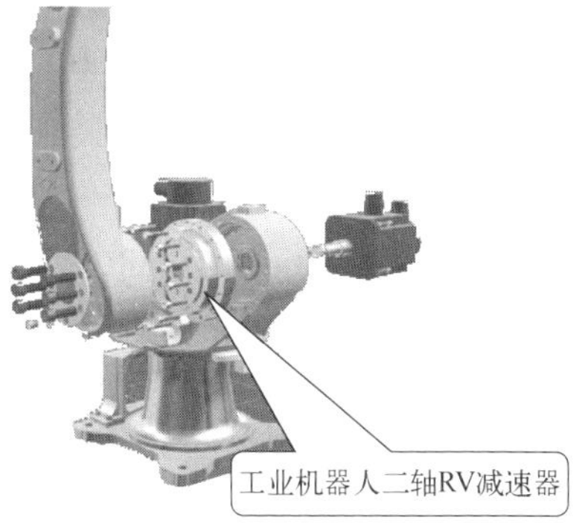

图 2-83 RV 减速器的应用

(2) 应用

机器人为交流伺服电机驱动，六个关节分别安装一个电机，电机分别配置减速装置，一轴至三轴电机搭配 RV 减速器（图 2-83），四轴至六轴电机搭配谐波齿轮减速器。RV 减速器主要用于 20kg 以上的机器人关节，而谐波齿轮减速器则用于 20kg 以下的机器人关节。

2.2.3 传动件的定位

工业机器人的重复定位精度要求较高，设计时应根据具体要求选择适当的定位方法。目前，常用的定位方法有电气开关定位、机械挡块定位和伺服定位。

(1) 电气开关定位

电气开关定位是利用电气开关（有触点或无触点）作行程检测元件，当机械手运行到定位点时，行程开关发出信号，切断动力源或接通制动器，从而使机械手获得定位。液压驱动的机械手运行至定位点时，行程开关发出信号，电控系统使电磁换向阀关闭油路而实现定位。电机驱动的机械手需要定位时，行程开关发出信号，电气系统激励电磁制动器进行制动而定位。使用电气开关定位的机械手，其结构简单、工作可靠、维修方便，但由于受惯性力、油温波动和电控系统误差等因素的影响，重复定位精度较低，一般为±(3～5) mm。

(2) 机械挡块定位

机械挡块定位是在行程终点设置机械挡块，当机械手减速运动到终点时，紧靠挡块而定位。若定位前缓冲较好，定位时驱动压力未撤除，在驱动压力下将运动件压在机械挡块上，就能达到较高的定位精度，最高可达±0.02mm。若定位时去掉驱动压力，机械手运动件不能紧靠在机械挡块上，定位精度就会降低，其降低的程度与定位前的缓冲效果和机械手的结构刚性等因素有关。

图 2-84 所示为利用插销定位的结构。机械手运行到定位点前，由行程节流阀实现减速，达到定位点时，定位液压缸将插销推入圆盘的定位孔中实现定位。这种方法的定位精度相当高。

(3) 伺服定位

电气开关定位与机械挡块定位只适用于两点或多点定位，而在任意点定位时，要采用伺服定位方式。伺服系统可以输入指令控制位移的变化，从而获得良好的运动特性。它不仅适用于点位控制，也适用于连续轨迹控制。

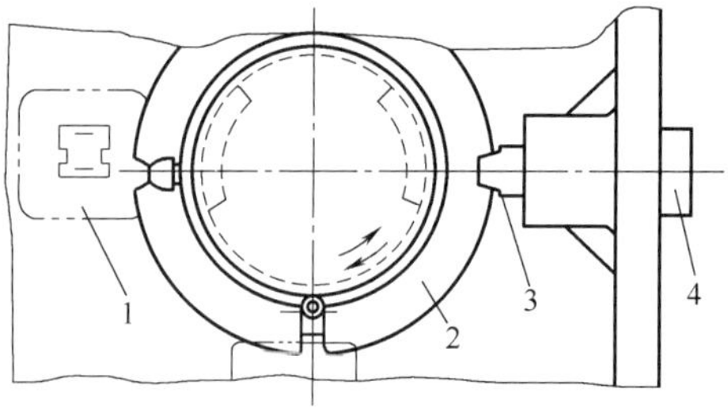

图 2-84 利用插销定位的结构

1—行程节流阀；2—定位圆盘；3—插销；4—定位液压缸

开环伺服定位系统没有行程检测及反馈，是一种直接用脉冲频率变化和脉冲数控制机器人速度和位移的定位方式。这种定位方式抗干扰能力差，定位精度较低。如果需要较高的定位精度(如±0.2mm)，则一定要降低机器人关节轴的平均速度。

闭环伺服定位系统具有反馈环节，其抗干扰能力强，反应速度快，容易实现任意点定位。图 2-85 所示为齿轮齿条反馈式电液闭环伺服定位系统框图。齿轮齿条将位移量反馈到电位器上，达到给定脉冲时，电机停止运转，机械手获得准确定位。

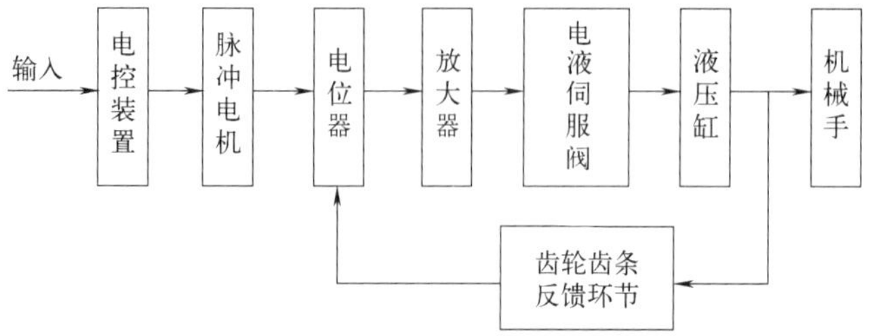

图 2-85 齿轮齿条反馈式电液闭环伺服定位系统框图

2.2.4 制动器

许多机器人的机械臂都需要在各关节处安装制动器，其作用是在机器人停止工作时，保持机械臂的位置不变，在电源发生故障时，保护机械臂与它周围的物体不发生碰撞。若齿轮、链条、谐波齿轮机构和滚珠丝杠等元件的质量较高，一般其摩擦力都很小，在驱动器停止工作时，它们是不能承受负载的。如果不采取相应措施，一旦电源关闭，机器人的各个部件就会在重力的作用下滑落。因此，机器人制动装置是十分重要的。

制动器通常是按失效抱闸方式工作的，即要放松制动器就必须接通电源，否则，各关节不能产生相对运动。它的主要功能是在电源出现故障时起保护作用。其缺点是在工作期间要不断消耗电能使制动器放松。也可以采用一种省电的方法，在需要各关节运动时，先接通电源，松开制动器，然后接通另一电源，驱动一个挡销将制动器锁在放松状态。这样所需的电力仅仅是把挡销放到位所消耗的电能。

为了使关节定位准确，制动器必须有足够的定位精度。制动器应尽可能地放在系统的驱动输入端，这样利用传动链速比，能够减小制动器的轻微滑动所引起的系统移动，保证在承载条件下仍具有较高的定位精度。在许多实际应用中机器人都采用了制动器。

图 2-86 所示为三菱装配机器人肩部制动闸安装图。

2.2.5 应用举例

(1) Movemaster EX RV-M1 机器人传动

图 2-87 所示为 Movemaster EX RV-M1 机器人传动简图。该机器人采用电动方式驱动，有五个自由度，分别为腰部的旋转、肩部的旋转、肘部的伸展、腕部的俯仰与翻转。各关节

均由直流伺服电机驱动，其中腰部的旋转与腕部的翻转为直接驱动。为了减小惯性矩，肩关节、肘关节的旋转和腕关节的俯仰都采用同步带传动。实验室常用的末端执行器（在零件装配时有开闭动作）采用直流电机驱动。

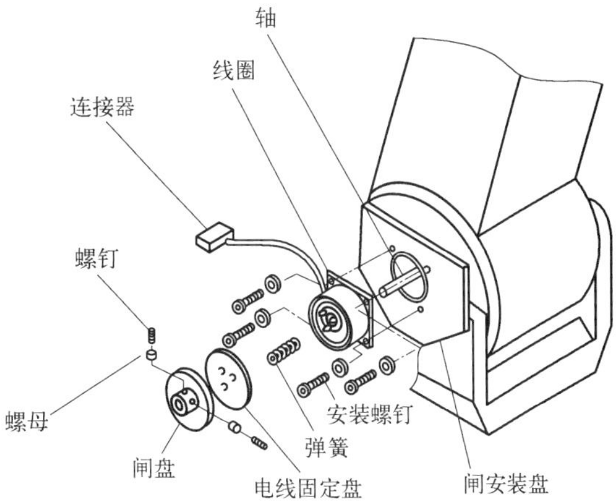

图 2-86　三菱装配机器人肩部制动闸安装图

① 腰部的旋转（J1 轴）

a. 腰部（J1 轴）由机座内的电机和谐波齿轮驱动。

b. J1 轴限位开关装在机座顶部。

② 肩部（J2 轴）的旋转

a. 肩部（J2 轴）由肩关节处的谐波齿轮驱动，由连接在 J2 轴电机上同步带带动旋转。

b. 电磁制动闸装在谐波齿轮的输入轴上，防止断电时，肩部由于自重而向下转动。

c. J2 轴限位开关装在肩壳内上臂处。

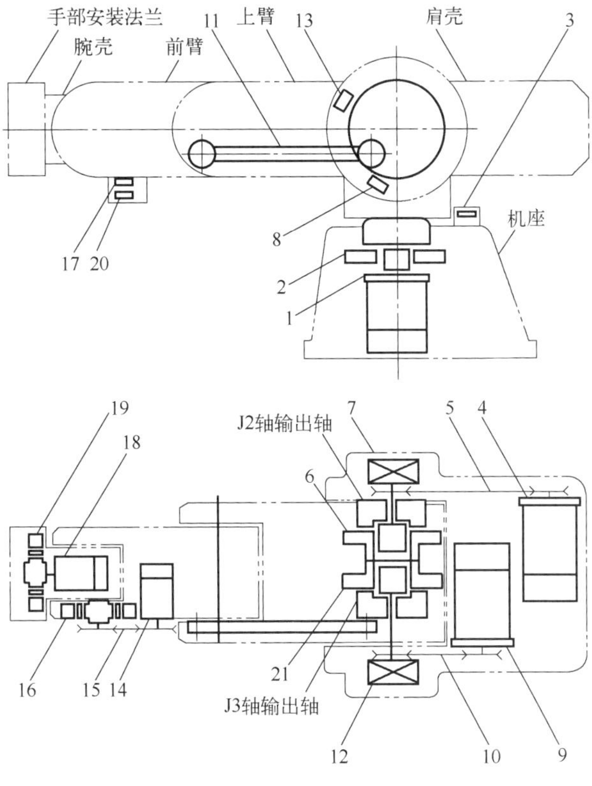

图 2-87　Movemaster EX RV-M1 机器人传动简图

1—J1 轴电机；2—J1 轴谐波减速器；3—J1 轴限位开关；4—J2 轴电机；5—J2 轴同步带；6—J2 轴谐波减速器；7—J2 轴制动闸；8—J2 轴限位开关；9—J3 轴电机；10—J3 轴同步带；11—J3 轴驱动杆；12—J3 轴制动闸；13—J3 轴限位开关；14—J4 轴电机；15—J4 轴同步带；16—J4 轴谐波减速器；17—J4 轴限位开关；18—J5 轴电机；19—J5 轴谐波减速器；20—J5 轴限位开关；21—J3 轴谐波减速器

③ 肘部伸展（J3 轴）

a. J3 轴电机的转动由同步带传送至谐波齿轮。

b. 谐波齿轮上 J3 轴输出轴的转动由 J3 轴的驱动连杆传送至肘部的轴上，从而带动前臂伸展。

c. 电磁制动闸装在谐波齿轮的输入轴上。

d. J3 轴限位开关安装在肩壳内上臂处。

④ 腕部俯仰（J4 轴）

a. J4 轴电机安装在前臂内。J4 轴同步带将该电机的转动传送到谐波齿轮上，从而带动腕壳旋转。

b. J4 轴限位开关安装在前臂下侧。

⑤ 腕部翻转（J5 轴）

a. J5 轴电机和 J5 轴谐波齿轮安装在腕壳内的同一轴上，由它们带动手部安装法兰旋转。

b. J5 轴限位开关安装在前臂下。

（2）PUMA562 机器人传动

该机器人有六个自由度，其传动简图如图 2-88 所示，可以看出：

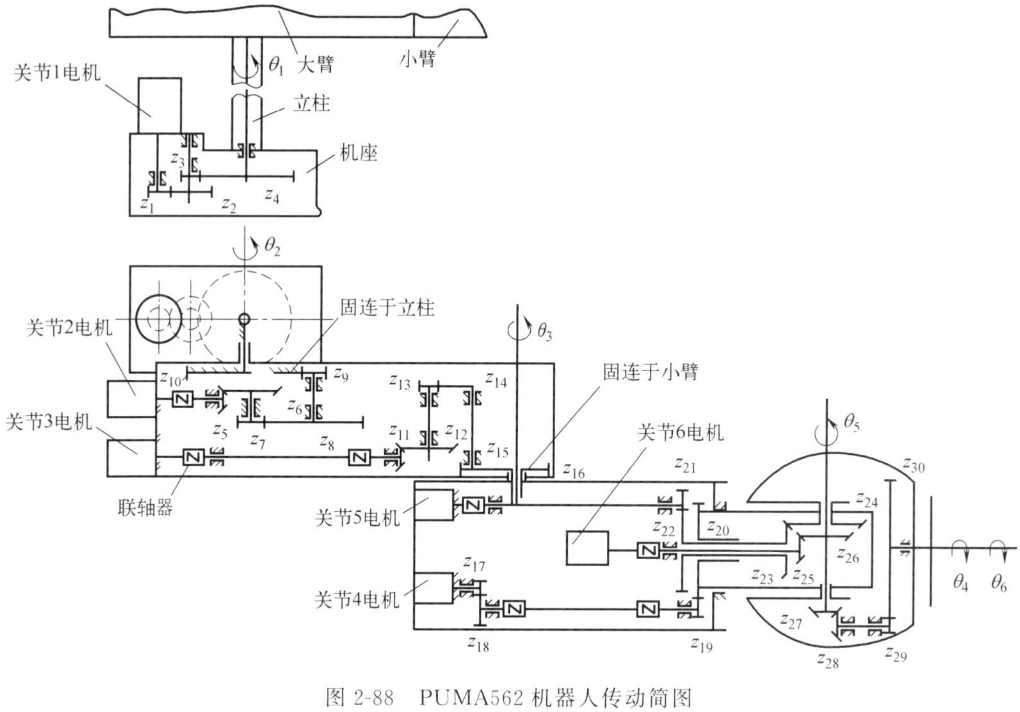

图 2-88 PUMA562 机器人传动简图

关节 1 电机通过两对齿轮传动带动立柱回转；关节 2 电机通过联轴器、一对圆锥齿轮和一对圆柱齿轮带动齿轮 z_9，齿轮 z_9 绕与立柱固连的齿轮 z_{10} 转动，于是形成了大臂相对于立柱的回转；关节 3 电机通过两个联轴器和一对圆锥齿轮、两对圆柱齿轮（z_{16} 固连于小臂上）驱动小臂相对于大臂回转；关节 4 电机先通过一对圆柱齿轮、两个联轴器和另一对圆柱齿轮（z_{20} 固连于手腕的套筒上）驱动手腕相对于小臂回转；关节 5 电机通过联轴器、一对圆柱齿轮、一对圆锥齿轮（z_{24} 固连于手腕的球壳上）驱动手腕相对于小臂（亦即相对于手腕的套筒）摆动；关节 6 电机通过联轴器、两对圆锥齿轮和一对圆柱齿轮驱动机器人的机械接口（法兰）相对于手腕的球壳回转。

总之，六个电机通过一系列的联轴器和齿轮副，形成了六条传动链，得到了六个转动自由度，从而形成了一定的工作空间并使工具有各式各样的运动姿态。

2.2.6 驱动方式

按动力源工业机器人有液压、气动和电动三种基本驱动方式，它们的主要特点见表 2-2。

表 2-2 工业机器人三种基本驱动方式的主要特点

内容	驱动方式		
	液压	气动	电动
输出功率	很大	大	较大
控制性能	控制精度较高，可无级调速，可实现连续轨迹控制	气体压缩性大，精度低，阻尼效果差，低速不易控制，难以实现伺服控制	控制精度高，能精确定位，可实现高速、高精度的连续轨迹控制，伺服特性好，控制系统复杂
响应速度	很高	较高	很高
结构性能	结构适当，执行机构可标准化、模块化，易实现直接驱动。功率质量比大，体积小，结构紧凑，密封问题较大	结构适当，执行机构可标准化、模块化，易实现直接驱动。功率质量比较大，体积小，结构紧凑，密封问题较小	伺服电机易于标准化。结构性能好，噪声低。电机一般配置减速装置，除 DD 电机外，难以进行直接驱动，结构紧凑，无密封问题
安全性	防爆性能较好，用液压油作传动介质，在一定条件下有火灾危险	防爆性能好，高于 1000kPa（10 个大气压）时应注意设备的抗压性	设备本身无爆炸和火灾危险。直流有刷电机换向有火花，对环境的防爆性能差
对环境的影响	液压系统易漏油	排气时有噪声	无
在工业机器人中应用范围	适用于重载、低速驱动，电液伺服系统适用于喷涂机器人、重载点焊机器人和搬运机器人	适用于中小负载、快速驱动、精度要求较低的有限点位程序控制机器人，如冲压机器人	适用于中小负载、要求具有较高的位置控制精度和轨迹控制精度、速度较高的机器人，如 AC 伺服喷涂机器人、点焊机器人、弧焊机器人、装配机器人等
成本	成本较高	成本低	成本高
维修及使用	方便，但液压油对环境温度有一定要求	方便	较复杂

（1）电液伺服驱动

电液伺服驱动综合了电气和液压两方面的优点，具有控制精度高、响应速度快、输出功率大、结构紧凑、功率质量比大等特点，在机器人中得到了较为广泛的应用。采用电液伺服驱动的工业机器人，具有点位控制和连续轨迹控制功能，并具有防爆能力。图 2-89 所示为一种机器人的电液伺服系统原理图。

在采用电液伺服驱动的工业机器人设计中，应使伺服阀与其相连的驱动器之间的管线距离最短，按照承载能力设计要求，使驱动器体积达到最小。

（2）气动

气动多应用于两位式或有限点位控制的工业机器人（如冲压机器人）中，或作为装配机器人的气动夹具及应用于点焊等较大型通用机器人的气动平衡中。一种机器人的气动系统原理图如图 2-90 所示。

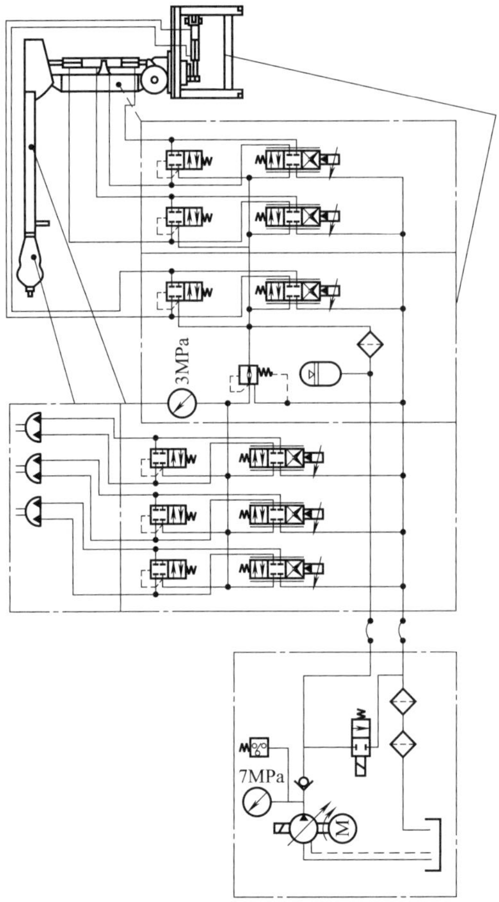

图 2-89　一种机器人的电液伺服系统原理图

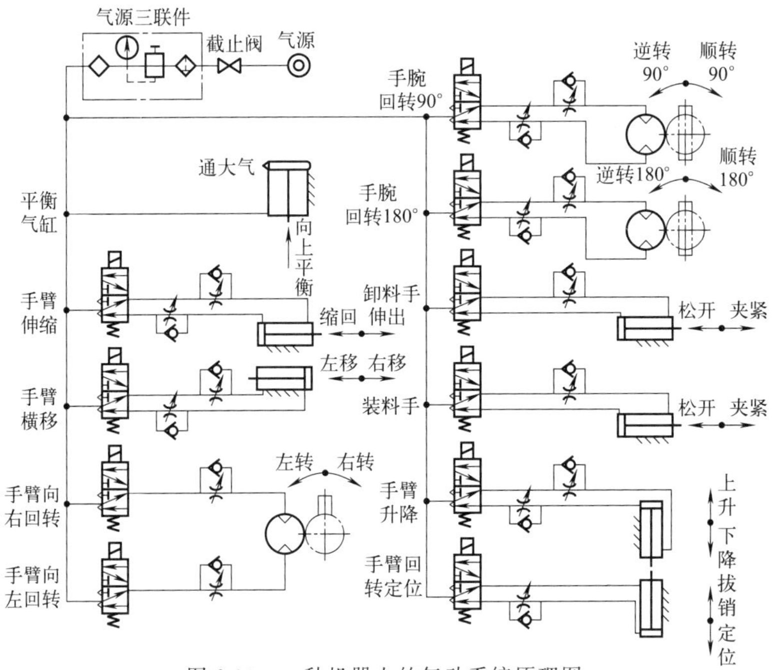

图 2-90　一种机器人的气动系统原理图

（3）电动

利用电机产生的力矩和力直接或间接地由机器人的传动机构驱动其执行机构，以获得机器人的各种运动。图 2-91 所示为一种机器人电动伺服系统框图。

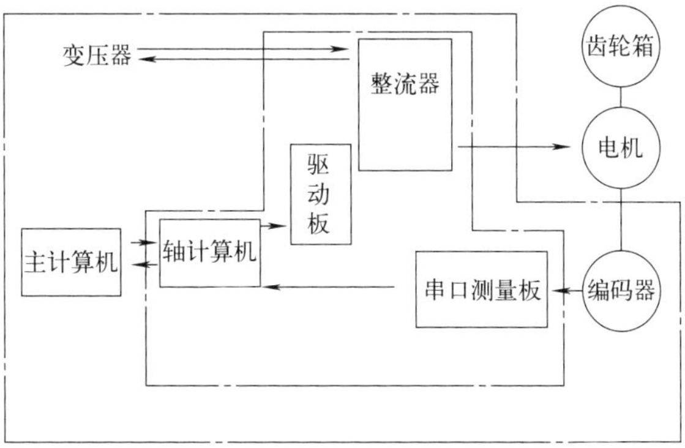

图 2-91　一种机器人电动伺服系统框图

2.3　控制系统

控制系统是工业机器人的主要组成部分，机器人要与外围设备协调动作，共同完成作业任务，就必须具备一个功能完善、灵敏可靠的控制系统。工业机器人控制系统的功能：对其自身运动的控制；机器人与周边设备的协调控制。

图 2-92 所示为工业机器人控制系统的基本组成。可以看出，工业机器人控制系统应包括以下部分。

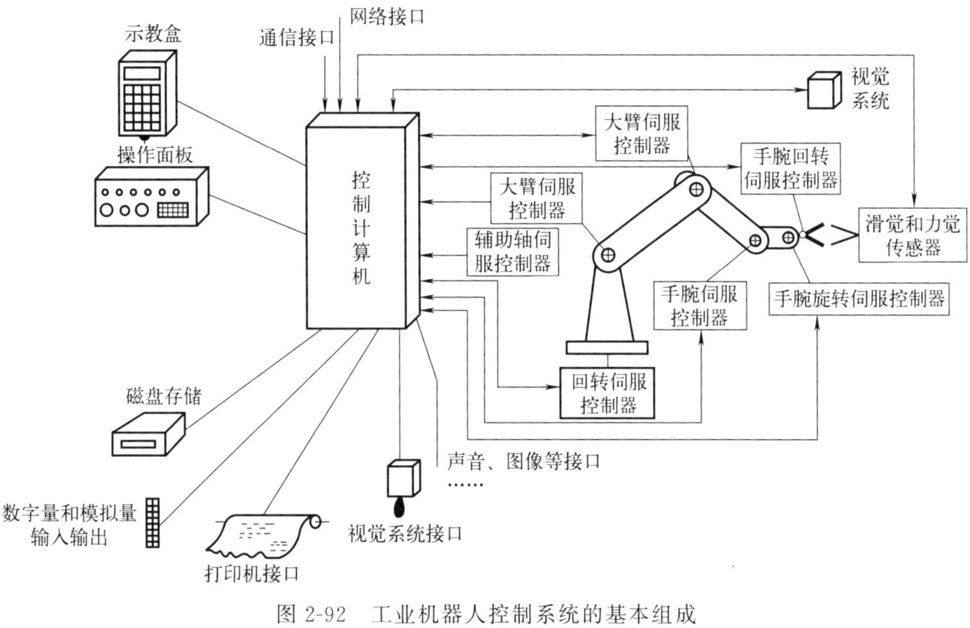

图 2-92　工业机器人控制系统的基本组成

① 控制计算机：它是控制系统的调度指挥机构，一般为微处理器（有 32 位、64 位等），也有的机器人用可编程控制器。

② 示教盒：用来示教机器人的工作轨迹和参数设定，以及一些人机交互操作，拥有自己独立的 CPU 以及存储单元，与控制计算机之间以串行通信方式或并行通信方式实现信息交互。

③ 操作面板：由各种操作按键、状态指示灯构成，只完成基本功能操作。

④ 硬盘和软盘存储器：存储机器人工作程序的外部存储器。

⑤ 数字量和模拟量输入输出：各种状态和控制命令的输入或输出。

⑥ 打印机接口：记录需要输出的各种信息。

⑦ 传感器接口：用于信息的自动检测，实现机器人柔顺控制，一般为力觉、触觉和视觉传感器。

⑧ 轴控制器：包括各关节的伺服控制器，完成机器人各关节位置、速度和加速度控制。

⑨ 辅助设备控制：用于和机器人配合的辅助设备控制，如手爪变位器等。

⑩ 通信接口：实现机器人和其他设备的信息交换，一般有串行接口、并行接口等。

一般计算机系统的软、硬件任务分配明确，而对于工业机器人控制系统，由于安全及运行过程的需要，控制系统必须具有实时控制功能。因此，工业机器人控制系统除了有明确的软、硬件分工外，更重要的是应具有实时操作系统。另外，工业机器人的许多任务既可用硬件完成，也可用软件完成。这些任务的实现手段（采用硬件还是软件完成）主要取决于执行速度、精度要求及实现方式的难易程度（结构、成本及维护等）。一般工业机器人的速度平滑控制、自动加减速控制及防振控制采用专用软件处理。硬件系统应配合其他软件完成以下模块功能：系统控制；示教操作、编程与 CRT 显示；多轴位置、速度协调控制（再现）；I/O 通信与接口控制；各种安全与联锁控制。

2.3.1 控制系统硬件

2.3.1.1 控制系统硬件构成

机器人控制系统的控制器多采用工业控制计算机、PLC、单片机或单板机等。近年来，正逐渐向开放数控系统发展。接口串行化能简化设备之间的连接，将接口的物理条件或协议标准化，那么接口的利用价值就会大幅度提高。目前，基本上仅采用 LAN 方式，如图 2-93 所示，借助于存储器进行 LAN 之间的信息交换，能方便地实现不同方式的 LAN 之间的连接（智能连接器）。

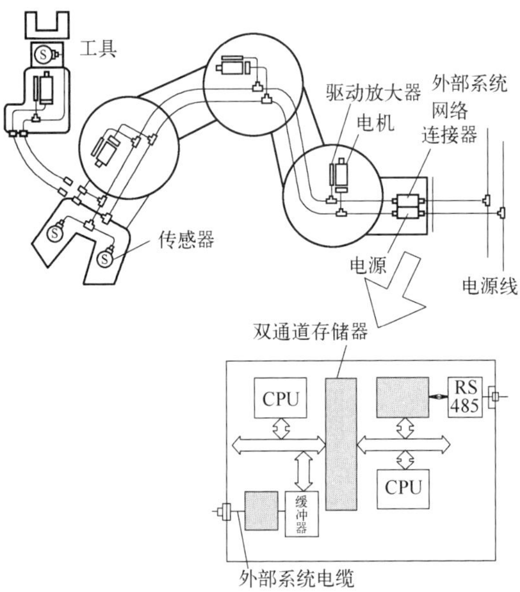

图 2-93　机械手的开放式 I/O 接口与配线

现以 PUMA560 机器人为例，介绍其控制系统硬件结构，如图 2-94 所示。PUMA560 机器人控制系统原理框图如图 2-95 所示。

2.3.1.2 控制系统硬件分类

(1) 按照硬件结构划分

按照控制系统的硬件组成结构划分，机器人的控制系统一般分为集中式控制、主从式控制和分层递阶式控制，如图 2-96 所示。

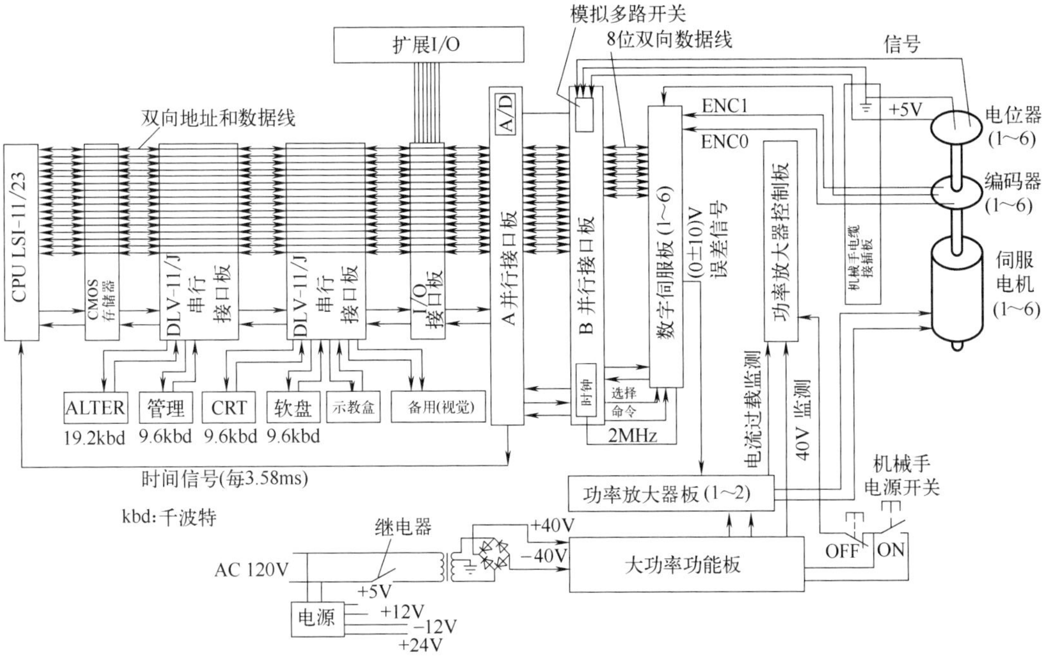

图 2-94　PUMA560 机器人控制系统结构框图

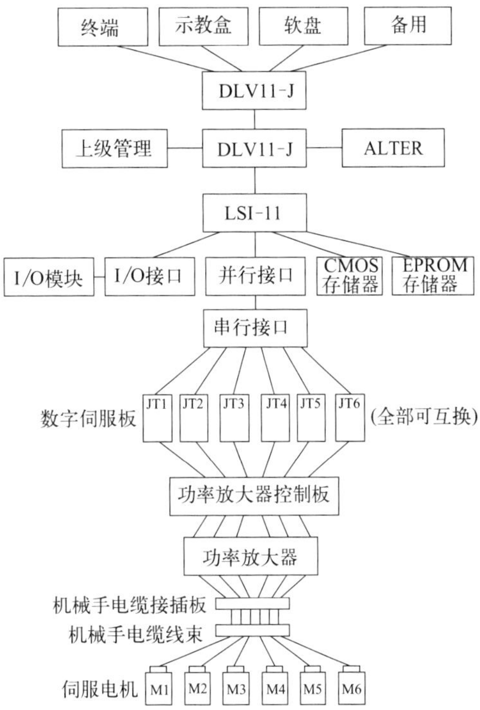

图 2-95　PUMA560 机器人控制系统原理框图

① 集中式控制　在早期的机器人中常采用这种结构（图 2-97）。基于计算机的集中控制系统里，充分利用了计算机资源开放性的特点，可以实现很好的开放性，多种控制卡、传感器设备等都可以通过标准 PCI 插槽或通过标准串口、并口集成到控制系统中。集中式控制的优点是：硬件成本较低，便于信息的采集和分析，易于实现系统的最优控制，整体性与协调性较好。其缺点也显而易见：系统控制缺乏灵活性，控制危险容易集中，一旦出现故障，其影响面广，后果严重；由于工业机器人的实时性要求很高，当系统进行大量数据计算时，会降低系统实时性，系统对多任务的响应能力也会与系统的实时性相冲突；此外，系统连线复杂，会降低系统的可靠性。

② 主从式控制　主 CPU 实现管理、坐标变换、轨迹生成和系统自诊断等；从 CPU 实现所有关节的动作控制（图 2-98）。主从式控制实时性较好，适用于高精度、高速度控制，但其系统扩展性较差，维修困难。

③ 分层递阶式控制　将控制系统分成若干层级，使不同层级上的模块具有不同的工作性能和操作方式。在分层递阶式控制中，最广泛遵循的原则是依据时间和功能来划分体系结构中的层次和模块（图 2-99）。

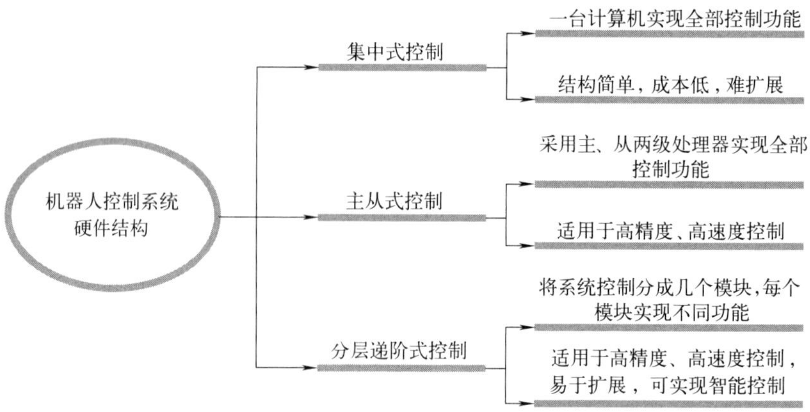

图 2-96　按照硬件结构划分机器人控制系统

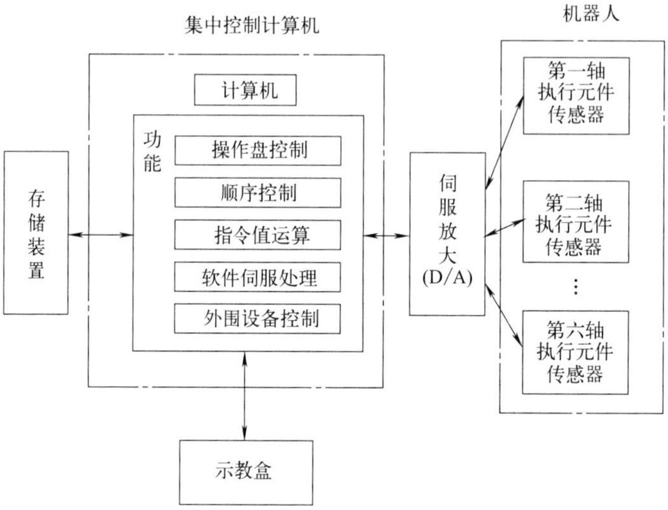

图 2-97　集中式控制框图

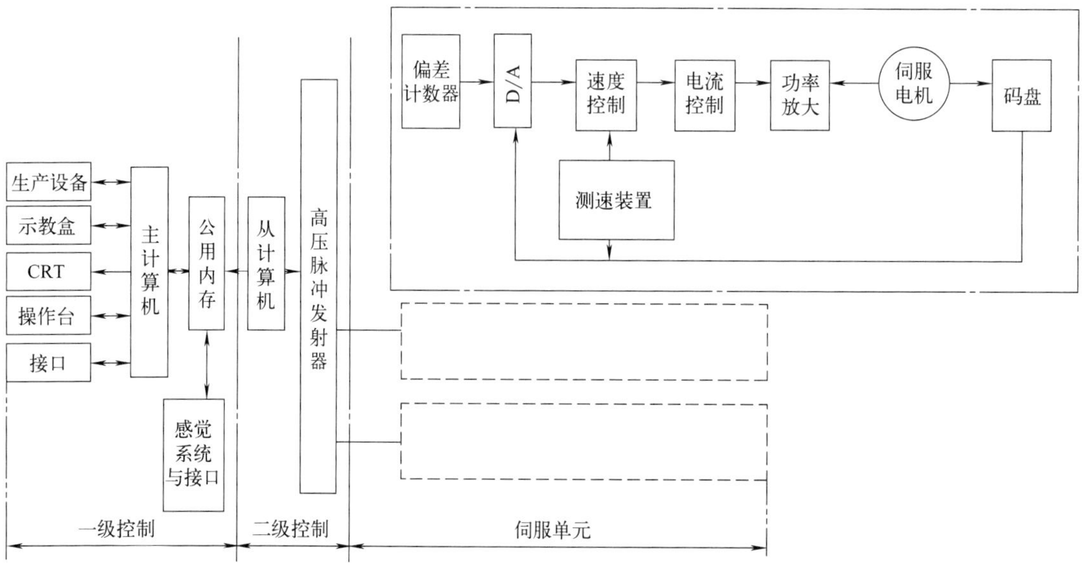

图 2-98　主从式控制框图

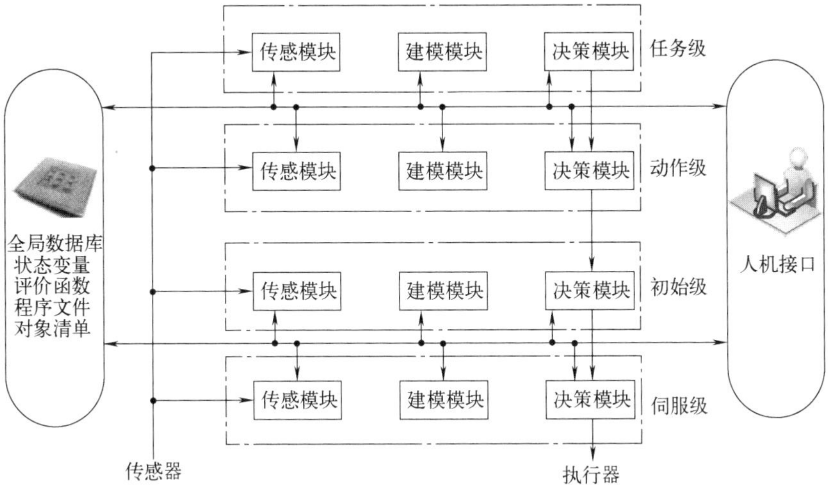

图 2-99　分层递阶式控制框图

在这种结构中，工业机器人的控制系统可以简化为彼此关联、又各具独立性的四级递阶控制层级，每一层级负责不同功能的任务，形成工业机器人控制系统的分层递阶控制结构。四个层级由高到低分别为：任务级，动作级，初始级和伺服级。分层递阶控制结构中较低级别的伺服级主要进行物理动作的执行，处于较高级别的任务级和动作级负责动作所需的逻辑行为规划。为实现不同层级间信息的交换，系统配置了共享全局数据库，该数据库包含整个系统和使用环境状态的最新数据。每个控制层级都包含人机操作接口，从而实现操作者对控制系统的监控与干预。

分层递阶控制结构的功能如何分解，时间关系如何确定，空间资源如何分配等问题，都直接影响整个系统的控制能力。同时为了保证控制系统的扩展性以及技术的更新和各种新算法的采用，要求系统的结构具有一定的开放性，从而保证机器人功能不断增强。

(2) 按照开放程度划分

按照控制系统的开放程度，工业机器人的控制系统可分为封闭型、开放型和混合型，如图 2-100 所示。开放型控制系统的用户和生产厂家可以很方便对其硬件和软件结构集成外部传感及开发控制算法和用户界面等，混合型控制系统目前应用得较为广泛。

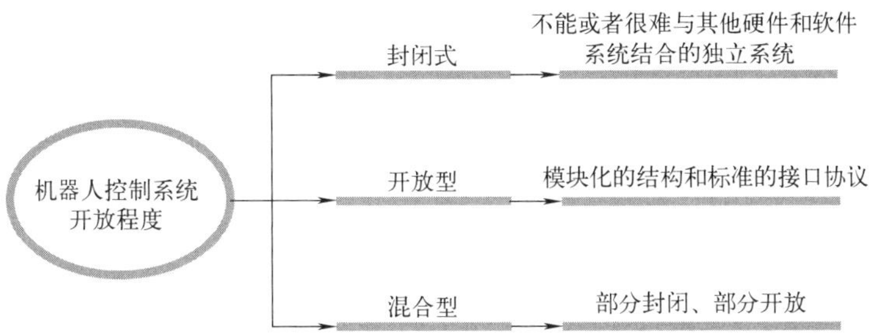

图 2-100　按照开放程度划分机器人控制系统

2.3.2 控制系统软件

2.3.2.1　控制系统软件构成

控制系统软件由下述三部分构成。

(1) 操作系统

操作系统是与硬件系统相关的程序集合，用于协调控制器内部任务，也是同外部通信的媒介。其任务同计算机操作系统相类似，包括主存储器处理、接收和发送数据以及输入输出单元、外围设备、传感器输入设备和对其他通信要求的响应。机器人操作系统应快速响应实时产生的信号，可以扩展服务于更复杂的用户要求。

(2) 专用程序模块

机器人专用程序模块包括坐标变换，为操作机传递应用的特殊命令，提供轨迹生成、运动学和动力学的限制条件，处理力反馈、速度控制、视觉输入和其他传感器输入信息，处理输出数据和面向机器级的 I/O 错误。

(3) 机器人语言

机器人语言是软件接口，编程者通过它可直接操纵机器人执行需要的动作。这种语言应具有与用户友好的界面，提供简单的编辑功能，可使用宏指令或子程序解决应用的具体任务。

2.3.2.2 控制系统软件功能

机器人控制系统软件功能是由机器人的应用过程决定的。控制系统软件一般由实时操作系统进行调度管理。对于一般的机器人控制系统，其软件功能见图 2-101 和表 2-3。

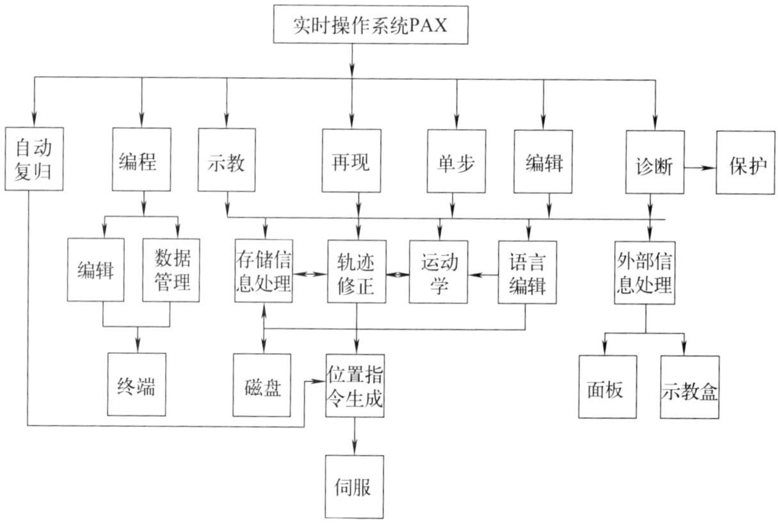

图 2-101 机器人控制系统软件功能

表 2-3 机器人控制系统软件各部分功能简介

PAX 系统初始化	在 PAX 系统初始化过程中，首先将初始化任务投入运行，要完成实时中断矢量的设置，串行通信口的初始化，创建示教任务、再现任务、监控任务、单步任务、诊断任务、编辑任务、编程任务	
主控	主控任务完成与示教盒或面板的通信，根据控制命令进行各应用任务的启动与挂起。另外，进行通信队列的创建与管理以及特殊命令的处理	
示教	PTP 示教	操作者通过示教盒控制机器人在直角坐标系或工具坐标系或关节坐标系内运动，只采样轨迹的起止点。在直角坐标系和关节坐标系中可进行位置的调整，在工具坐标系和关节坐标系中可进行姿态的调整。在运动过程中步长可任意调整。PTP 示教是机器人运动学的实际应用，它包括机器人手臂端部的轨迹规划和腕部的姿态规划
	CP 示教	完成示教者手把手示教机器人时的连续轨迹记录，每 50ms 采样一次，并将结果记录下来，同时记录末端执行器的状态

续表

再现	PTP 再现	根据机器人语言程序中轨迹的规划进行实时运动学计算。机器人语言程序在编程任务中的全屏幕编辑环境下编制，规划的轨迹运动方式有直线运动、圆弧运动、关节运动。在运动过程中还包括两条轨迹交接处的平滑计算及机构的解耦计算。对各关节的运动控制由数字伺服单元来完成，它提供了一个程序库，用户只要使用它提供的函数，就可进行采样、定位、运动等操作
	CP 再现	根据 CP 示教的记录数据进行均值插补，每两点之间是定时插补。每 10ms 发送一点，为保证位置同步，两点之间插四个点
单步与编辑	单步功能是为检验 PTP 示教数据的正确性，通过手动控制走三种轨迹——直线、圆弧、关节。在单步测试过程中，如发现某点位置不适应则进行编辑任务，对原来示教的位置数据进行编辑修改，通过示教盒把机器人运动到指定位置，进行插点和删点操作	
编程	编程任务是机器人语言的编辑环境，有全屏幕编辑功能，可进行各种文件操作	
故障诊断	对控制系统的故障进行实时监测，可进行电机运行状态以及串口和开关口的诊断等	

2.3.2.3 控制系统软件分类

(1) 基于 PLC 的控制

基于 PLC 的控制有两种：利用 PLC 的某些输出端口使用脉冲输出指令来产生脉冲驱动电机，同时使用通用 I/O 或者计数部件来实现电机的闭环位置控制；利用 PLC 外部扩展的位置模块来进行电机的闭环位置控制。

(2) 基于 PC 和运动控制卡的控制

运动控制器以运动控制卡为主，工控 PC 只提供插补运算和运动指令。运动控制卡完成速度控制和位置控制，如图 2-102 所示。

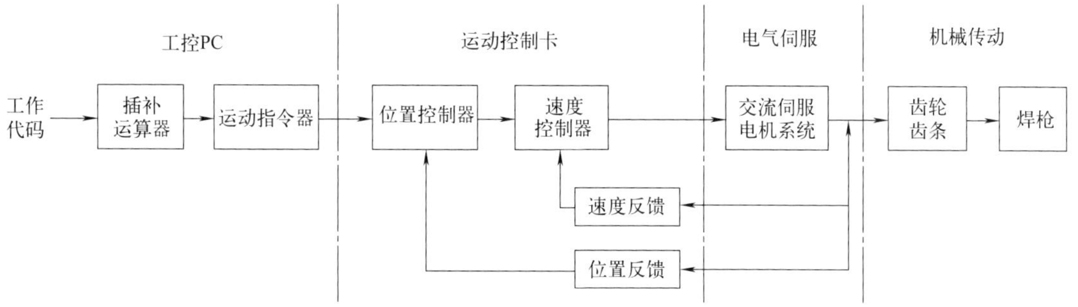

图 2-102　基于 PC 和运动控制卡的控制

(3) 纯 PC 的控制

图 2-103 所示为完全采用 PC 控制的全软件形式的机器人系统。在高性能工业 PC 和嵌入式 PC（配备专为工业应用而开发的主板）的硬件平台上，可通过软件程序实现机器人需要的逻辑控制和运动控制。

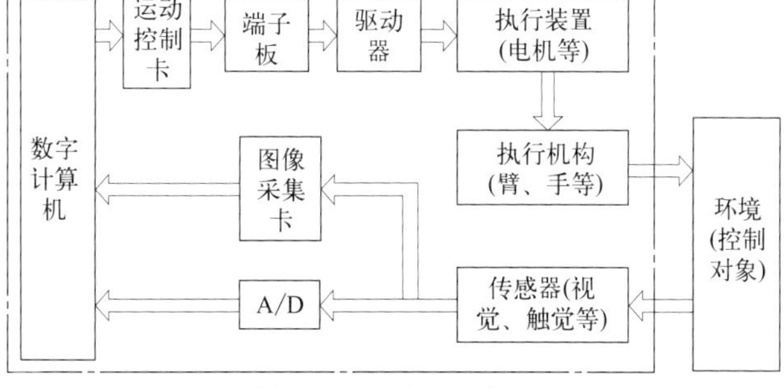

图 2-103　纯 PC 控制

通过高速的工业总线进行 PC 与驱动器的实时通信，能显著地提高机器人的生产效率和灵活性。不过，在提供灵活的应用平台的同时，也大大提高了开发难度和延长了开发周期。由于其结构的先进性，这种结构代表了未来机器人控制结构的发展方向。

（4）基于 DSP 处理器的控制

自 20 世纪 90 年代以来，数字信号处理（DSP）技术在运动控制器中得到广泛应用。这主要是由于 DSP 芯片的高速运算能力能够使很多复杂的控制算法和功能得以实现，而且集成度高，利用控制器本身独特的硬件结构可以实现执行机构的快速捕捉功能。但是，由于 DSP 技术更新的速度快、数学知识要求高，开发和调试工具还不完善，所以对于轨迹控制和多轴联动参数匹配等需通过编写程序来实现，使用者熟练掌握对工业机器人的控制还比较困难。

（5）基于 ARM 处理器的控制

ARM（Advanced RISC Machine）是对一类处理器的通称，ARM 处理器采用 RISC（精简指令集计算机）结构，与传统的 CISC（复杂指令集计算机）相比具有以下特点：RISC 指令集的种类少，指令格式规范，通常只使用一种或几种格式，并且在字边界对齐；利用流水线和超标量技术，实现处理器在一个时钟周期可以完成一条或多条指令；几乎所有的指令都使用寄存器寻址方式的简化寻址方式；多数的操作都是寄存器到寄存器的操作，只以简单的 Load 和 Store 访问内存。

2.3.2.4 机器人网络控制

（1）控制原理

工业机器人网络控制原理如图 2-104 所示。在通信协议的选择上采用 TCP 和 UDP 相结合的模式，远程控制端传给服务器端的控制命令采用 TCP 协议，而服务器端返回远程控制端的视频图像采用 UDP 协议进行传输，并采用 WinSocket 进行通信。客户端和服务器端既有自己独立的功能，又可通过建立网络通信连接实现远程控制；系统还通过状态反馈、安全检测以及模式切换来增强实时性和安全性。

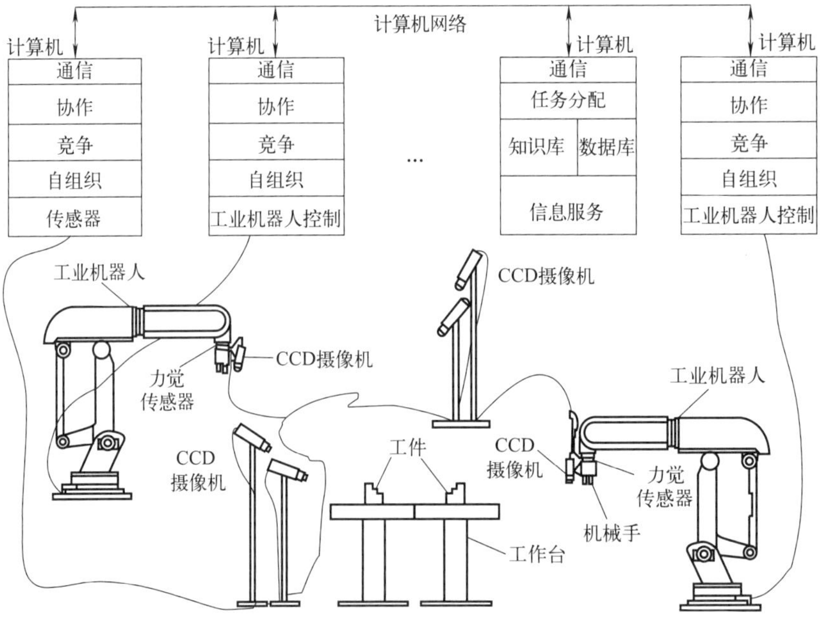

图 2-104　工业机器人网络控制原理

(2) 总体架构

工业机器人网络控制系统总体架构如图 2-105 所示。

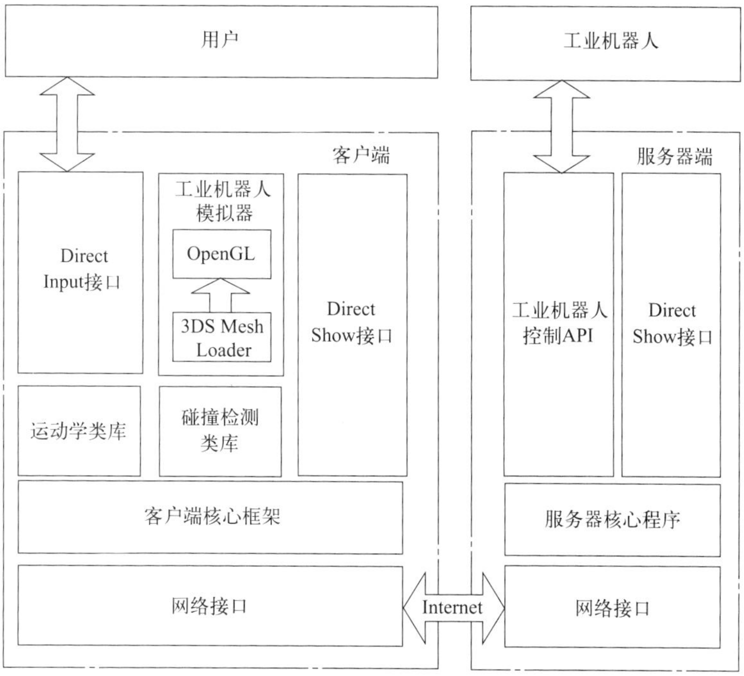

图 2-105 工业机器人网络控制系统总体架构

控制系统的各个层次分别介绍如下。

① 终端接口层。该层用来向客户端的操作者和服务器端的工业机器人提供人机界面和调用接口。客户端的终端接口层主要包括界面显示、3D 仿真、手柄输入处理等功能；服务器端的终端接口层主要负责服务器端界面显示，以及对工业机器人控制指令进行封装以提供友好的调用接口。

② 核心功能层。该层用来完成与工业机器人有关的各种计算和系统核心功能，如运动学计算、碰撞检测、各模块之间的协调等功能，是系统的核心部分。

③ 网络接口层。该层用来向客户机和服务器提供网络数据交换调用接口，以及协调客户机和服务器之间的网络通信，包括提供一致的通信协议，以及对 UDP 和 TCP 协议进行轻量级封装。

(3) 控制系统中的模块

控制系统中各独立的功能采用模块化封装，以便于维护和扩展。

① 仿真模块。该模块用来对实体工业机器人进行精确仿真，并能接收和处理与工业机器人控制模块相似的参数。通过对实体工业机器人进行精确的建模，仿真模块能够处理从服务器端工业机器人控制板中读取的实时状态信息，并同步地在客户端显示出来。

② 输入模块。该模块对 Direct Input 类库进行了封装并提供简单易用的调用接口，用来接收用户通过手柄发送的控制指令。

③ 视频模块。该模块用来实现客户机和服务器之间的视频信息传输功能，主要是将连接于服务器端的摄像头采集到的视频信息通过网络实时地传送至客户端。

④ 运动学模块。该模块实现了工业机器人的正向运动学和逆向运动学计算功能，并向

其他模块提供调用接口。

⑤ 碰撞检测模块。该模块用于实现对碰撞检测类库的封装，并提供易于调用的接口，以实现系统的碰撞检测功能。

⑥ 网络通信模块。该模块由客户端和服务器端共用，主要用于实现客户端和服务器端的网络通信并提供一致的通信协议。

⑦ 工业机器人控制模块。

2.3.2.5 多机器人协作控制

现以基于多智能体概念实现的多机器人协作装配系统为例介绍，MRCAS（Multi-Robot Cooperative Assmbly System）由组织级计算机、三台工业机器人和一台全方位移动小车（ODV）组成，采用分层递阶体系结构，在ODV装配平台上，合作装配一个大型桁架式工件。图2-106所示为MRCAS系统体系结构。它具有两层，顶层是合作组织级，底层是协调作业级。

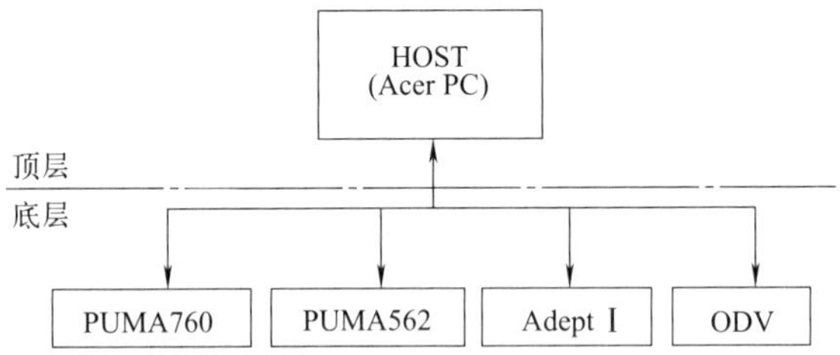

图2-106 MRCAS系统体系结构

（1）硬件结构

MRCAS的合作组织级由一个组织智能体（HOST）构成，其硬件是一台AcerPower PT100PC。该机CPU采用100MHz奔腾芯片。协调作业级由一台PUMA760机器人、一台PUMA562机器人、一台Adept Ⅰ机器人和一台全方位移动小车（ODV）成。底层的体系结构是一个分散式结构，每台机器人由自己的控制器控制。Adept Ⅰ由V+系统控制，PUMA760、PUMA562和ODV分别由SVAL系统控制。五个智能体之间的相互通信采用串行通信方式，其中ODV与HOST、Adept Ⅰ通信是通过无线串口进行的。

（2）软件结构

对于具有两层的MRCAS系统来说，HOST是一个中心智能体。它负责整个系统的任务组织、确定机器人间的合作关系以及进行任务的规划与调度等。基于Windows平台和C++语言，开发了MRCAS系统合作组织级的软件系统。该系统包括图形用户接口（GUI）、系统模型、任务规划器、作业规划器和任务监控器等模块。合作组织级软件系统结构如图2-107所示。

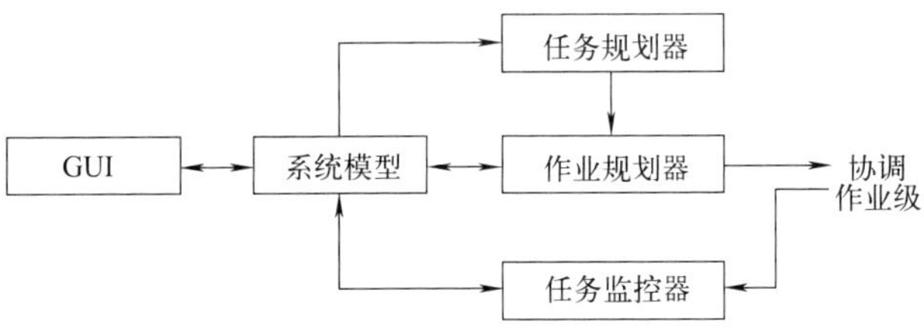

图2-107 合作组织级软件系统结构

其中，图形用户接口GUI在Windows环境下运行，提供了以图形方式代替文字方式对装配任务进行建模的手段。在屏幕上，操作者通过图形的拖放操作可指定工件的最终装配构型。系统模型包括机器人能力及状态模型、环境模型和装配规则等。任务规划器用于自动产生装配序列。值得指出的是，装配序列的规划是面向被装配工件，而不是面向机器人的，因此其规划是独立于机器人的。作业规划器根据机器人能力及状态模型将装配序列分解为一系列的命令代码，并将它们送往各个机器人。命令代码不是文本程序，而是一系列内部代码。这样，实现了任务级形式描述的装配作业。通过任务监控器，HOST实施对装配过程的实时监控，并以图形和文本两种方式显示每个装配步骤的状态。如果发生异常，HOST能迅速停止装配，并检查装配能否继续进行。如果能进行，HOST 将重新规划后续的装配序列，并再次启动装配过程。反之，HOST 将在屏幕上显示故障原因。

协调作业级采用分散式体系结构，每个机器人受自身控制器的控制。协调作业级的作业编程是面向内部命令代码的。系统工作时，各机器人接收来自顶层 HOST 的装配操作命令代码，然后将命令代码变换为自身语言形式的运动程序。装配操作是并行进行的。当某台机器人不能独立完成一个操作时，将与其他机器人进行通信联系，请求帮助。如果有机器人响应请求，它们将协调运动。由于底层采用分散式体系结构，当系统中机器人数量发生变化时，系统的结构不受影响。此外，由于控制算法是并行运行的，当系统机器人数量增加时整个计算时间不会显著增加。因此，MRCAS 系统具有较大的灵活性。

2.4 传感系统

工业机器人根据所完成任务的不同，配置的传感器类型和规格也不尽相同，一般分为内部传感器和外部传感器。工业机器人传感器分类如图 2-108 所示，内部传感器主要用来采集机器人本体、关节和手爪的位移、速度、加速度等来自机器人内部的信息；外部传感器用来采集机器人和外部环境以及检测对象之间相互作用的信息。工业机器人传感器的应用见表 2-4。

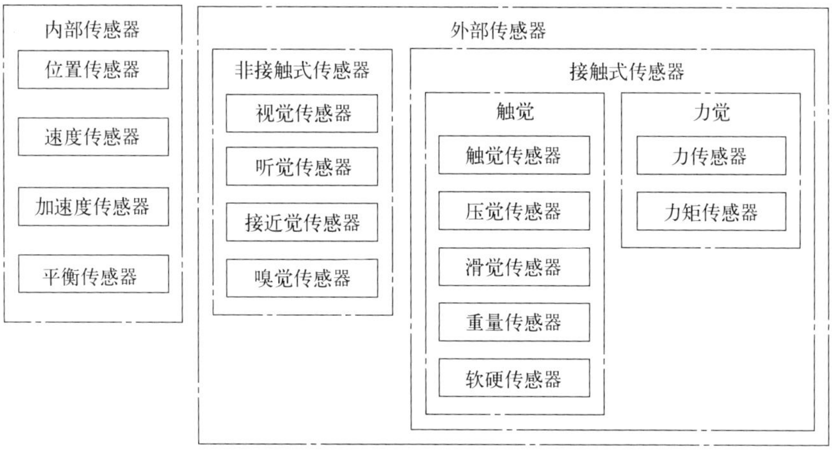

图 2-108 工业机器人传感器分类

表 2-4 工业机器人传感器的应用

传感器	检测对象	装置	应用
视觉	空间形状	面阵 CCD、SSPD、TV 摄像机	物体识别、判断
	距离	激光、超声测距	移动控制
	物体位置	PSD、线阵 CCD	位置决定、控制
	表面形态	面阵 CCD	检查,异常检测
	光亮度	光电管、光敏电阻	判断对象有无
	物体颜色	色敏传感器、彩色 TV 摄像机	物料识别,颜色选择
触觉	接触	微型开关、光电传感器	控制速度、位置,姿态确定
	握力	应变片、半导体压力元件	控制握力,识别握持物体
	负载	应变片、负载单元	张力控制,指压控制
	压力大小	导电橡胶、高分子感压元件	姿态、开关判别
	压力分布	应变片、半导体感压元件	装配力控制
	力矩	压阻元件、转矩传感器	控制手腕,伺服控制双向力
	滑动	光电编码器、光纤	修正握力,测量质量或表面特征

续表

传感器	检测对象	装置	应用
接近觉	接近程度	光敏元件、激光	作业程序控制
	接近距离	光敏元件	路径搜索、控制，避障
	倾斜度	超声换能器、电感式传感器	平衡，位置控制
听觉	声音	麦克风	语音识别、人机对话
	超声	超声波换能器	移动控制
嗅觉	气体成分	气体传感器、射线传感器	化学成分分析
	气体浓度		

2.4.1 内部传感器

（1）光电编码器

光电编码器有绝对式和增量式两种，增量式编码器是一种旋转式脉冲发生器，能把机械转角转变成电脉冲，是工业机器人上使用广泛的位置检测装置，其工作原理如图 2-109 所示，图 2-110 所示为其结构。

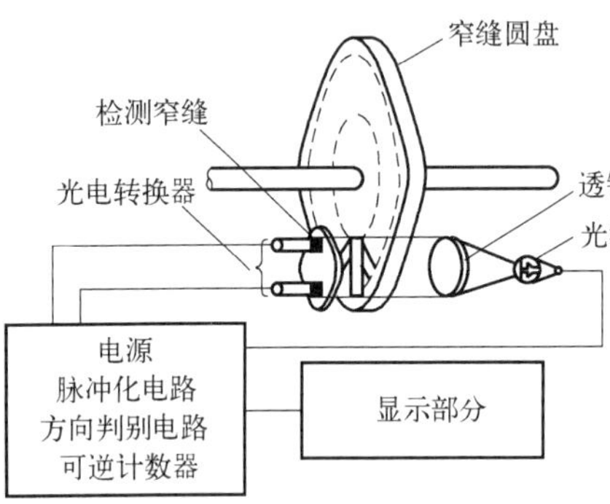

图 2-109　光电编码器工作原理

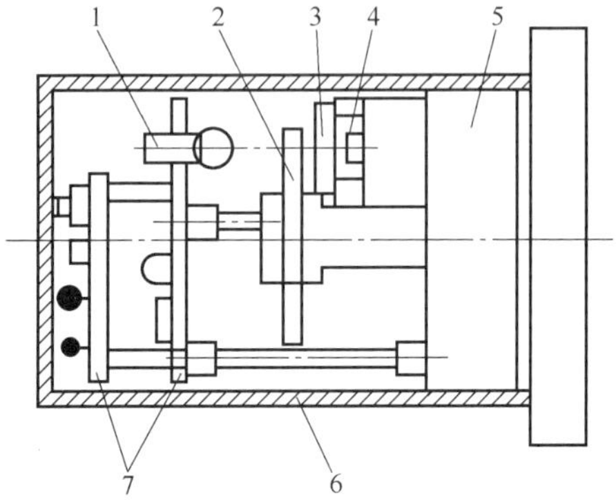

图 2-110　光电编码器结构

1—光源；2—圆光栅；3—指示光栅；4—光电池组；5—机械部件；6—护罩；7—印制电路板

（2）测速发电机

测速发电机（图 2-111）是一种旋转式速度检测元件，可将输入的机械转速转换为电压信号输出。测速发电机检测伺服电机的实际转速，转换为电压信号后反馈到速度控制单元中，与给定电压进行比较，发出速度控制信号，调节伺服电机的转速。为了准确反映伺服电机的转速，要求测速发电机的输出电压与转速严格成正比。

图 2-111　测速发电机

（3）加速度传感器

加速度传感器需安装在机器人的关节上来测量关节的加速度。

① 电容式加速度传感器　这是一种利用振子作为电容的由一个电极制成的传感器，其基本结构如图 2-112 所示。因电容的极板间距随惯性质量的相对运动而变化，因此传感器中的电容量也将随之变化。这种传感器具有体积小、重量轻的特点，可以测量从静态加速度至

几百赫兹的动态加速度。

② 金属应变片式加速度传感器　这是一种在振子上安装金属应变片构成惠斯通电桥的传感器，其基本结构如图 2-113 所示。金属应变片能够将振子弯曲产生的应变量以阻抗变化的形式输出。这种传感器具有体积小、重量轻、可测量静态加速度等特点，但因其灵敏度较低，近来已很少使用。

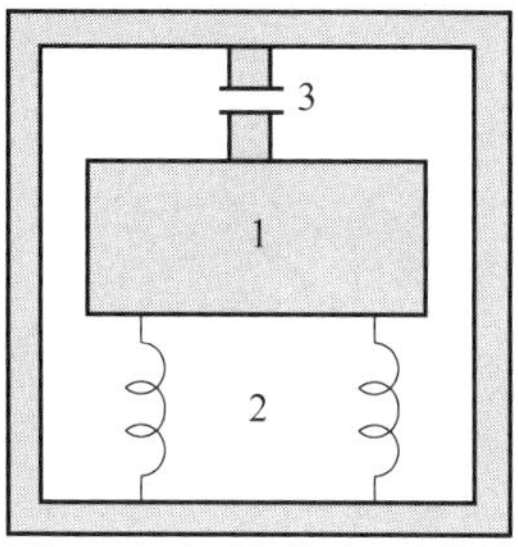

图 2-112　电容式加速度传感器结构

1—惯性质量；2—弹簧；3—电容器；4—壳体

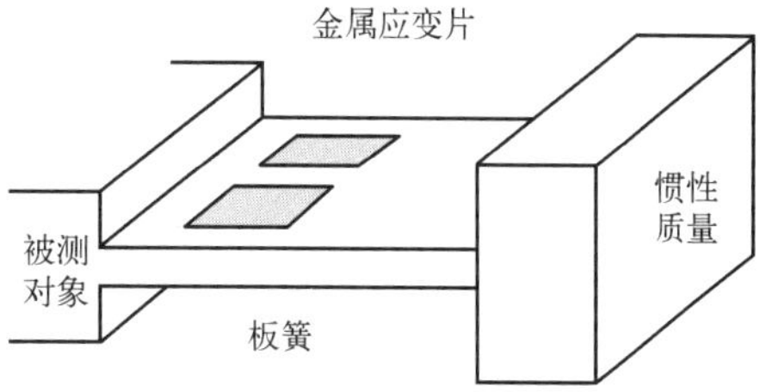

图 2-113　金属应变片式加速度传感器结构

③ 半导体应变片式加速度传感器　其基本原理与金属应变片式加速度传感器基本相同。它是利用半导体材料的压阻效应，采用半导体应变片替代金属应变片制成的一种传感器。半导体应变片式加速度传感器的灵敏度较高，可广泛用于各种领域，正在逐步取代金属应变片式加速度传感器，逐渐得到普及。由于其灵敏度随温度的升高几乎是成正比地减小，因此在使用此类传感器时需要采取温度补偿措施才能正常工作。

④ 电磁感应式与压电式加速度传感器　图 2-114 所示分别为两种加速度传感器结构。其中，图 2-114（a）所示为应用电磁感应原理的加速度传感器，当可动线圈随物体振动而使切割磁通量发生变化时，将在此线圈两端产生电压，把此电压加至一定负载，就能测出与电磁力有关的电流。图 2-114（b）所示为应用压电原理的加速度传感器，在压电材料中将产生与外加应变成正比的电势，因而也可以通过对电势或电流的测量来测定加速度。

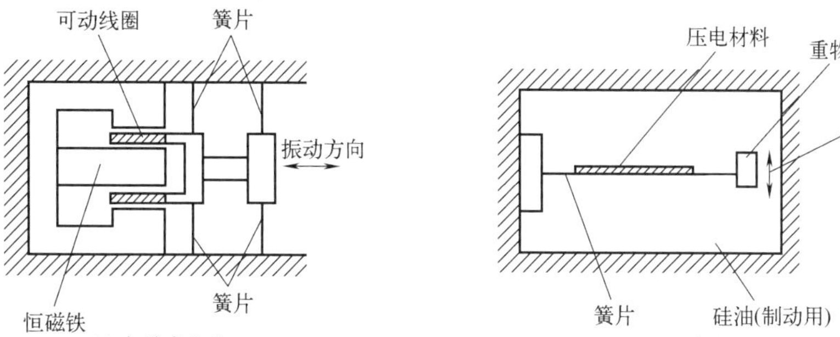

(a) 电磁感应式　(b) 压电式

图 2-114　两种振动式加速度传感器结构

2.4.2 外部传感器

机器人作业是一个其与周围环境的交互过程，作业过程有两类：一类是非接触式的，如弧焊、喷涂等，基本不涉及力；另一类是通过接触才能完成的，如拧螺钉、点焊、装配、抛光等。

2.4.2.1 接触式传感器

(1) 触觉传感器

触觉传感器阵列电极与柔性导电材料保持电气接触，导电材料的电阻随压力而变化，当物体压在其表面时，将引起局部变形，测出连续的电压变化，就可测量局部变形。电阻的改变很容易转换成电信号，其幅值正比于施加在材料表面上某一点的力（图 2-115、图 2-116）。

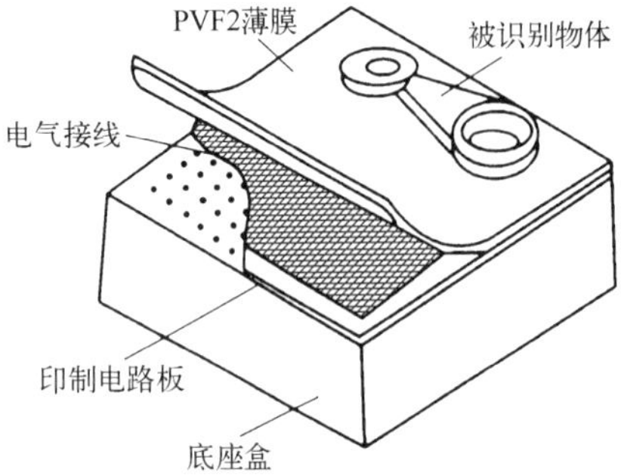

图 2-115 阵列式触觉传感器

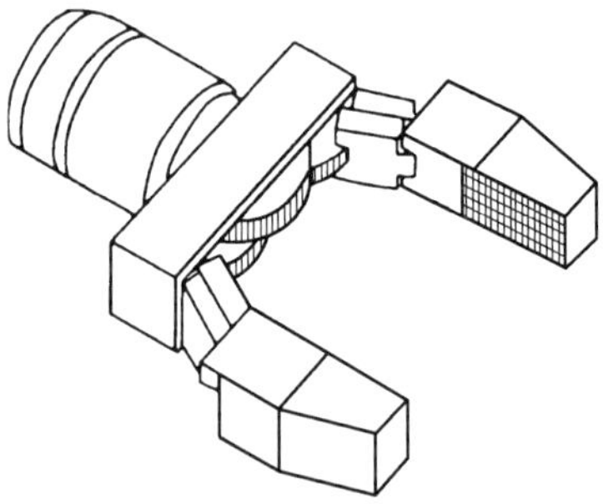

图 2-116 装有触觉传感器阵列的手爪

(2) 压觉传感器

压觉传感器实际是触觉传感器的延伸，用来检测机器人手指握持面上承受的压力大小及分布。压觉传感器的类型很多，如压阻型、光电型、压电型、压敏型等。

① 压阻型压觉传感器　利用某些材料的内阻随压力变化而变化的压阻效应制成压阻器件，将其密集配置成阵列，即可检测压力的分布。图 2-117 所示为压阻型压觉传感器结构。

② 光电型压觉传感器　图 2-118 所示为光电型压觉传感器结构。当弹性触头受压时，触杆下伸，发光二极管射向光敏二极管的部分光线被遮挡，于是光敏二极管输出随压力变化而变化的电信号。通过多路模拟开关依次选通阵列中的感知单元，并经 A/D 转换器转换为数字信号，即可感知物体的形状。

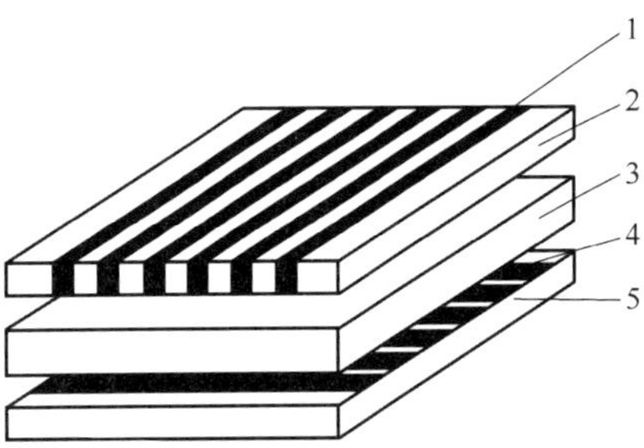

图 2-117 压阻型压觉传感器结构

1—导电橡胶；2—硅橡胶；3—感压膜；4—条形电极；5—印制电路板

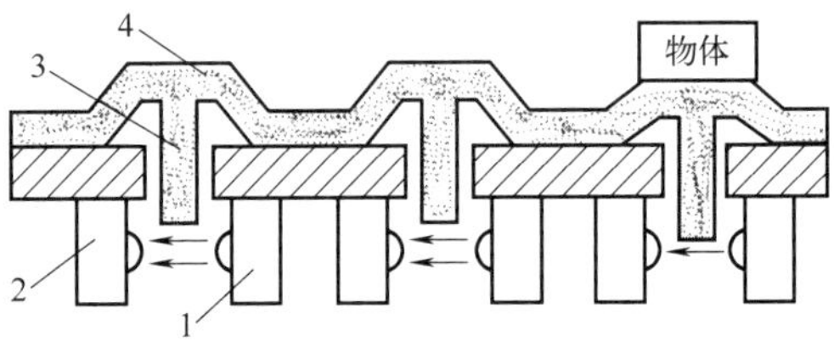

图 2-118 光电型压觉传感器的结构

1—发光二极管；2—光敏二极管；3—触杆；4—弹性触头

③ 压电型压觉传感器　利用压电晶体等压电效应器件，可制成类似于人类皮肤的压电薄膜来感知外界压力。其优点是耐腐蚀、频带宽和灵敏度高等，缺点是无直流响应，不能直接检测静态信号。

④ 压敏型压觉传感器　利用半导体力敏器件与信号调理电路可构成压敏型压觉传感器。其优点是体积小、成本低、便于与计算机连接，缺点是耐压负载差、不柔软。

(3) 滑觉传感器

① 振动式滑觉传感器 图 2-119 所示为一种振动式滑觉传感器。传感器尖端用一个钢球接触被握物体，振动通过杠杆传向磁铁，磁铁的振动在线圈中感应出交变电流并输出。在传感器中设有橡胶阻尼圈和油阻尼器。滑动信号能清楚地从噪声中被分离出来。但其检测头需直接与物体接触，在握持类似于圆柱体的物体时，必须准确选择握持位置，否则就不能起到检测滑觉的作用，而且其接触为点接触，可能因接触压力过大而损坏物体表面。

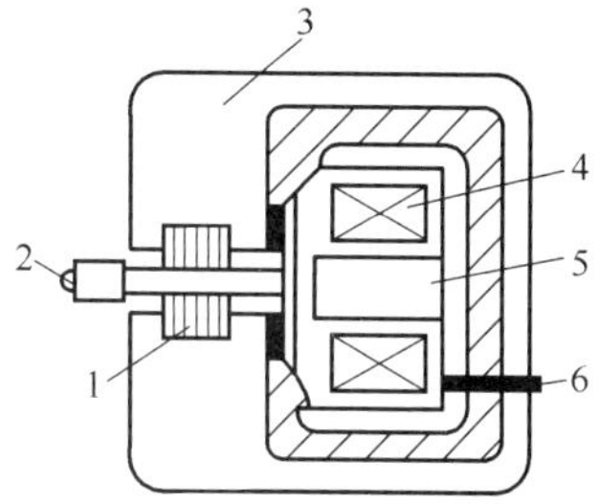

图 2-119 振动式滑觉传感器

1—橡胶阻尼圈；2—钢球；3—油阻尼器；4—线圈；5—磁铁；6—输出端

② 滚轮式滑觉传感器 图 2-120 所示为滚轮式滑觉传感器。小型滚轮安装在机器人手指上［图 2-120 (a)］，其表面稍凸出手指表面。滚轮表面贴有高摩擦因数的弹性物质，一般为橡胶薄膜。用板型弹簧将滚轮固定，可以使滚轮与物体紧密接触，并使滚轮不产生纵向位移。滚轮内部装有发光二极管和光电三极管，通过圆盘形光栅把光信号转变为脉冲信号［图 2-120 (b)］。

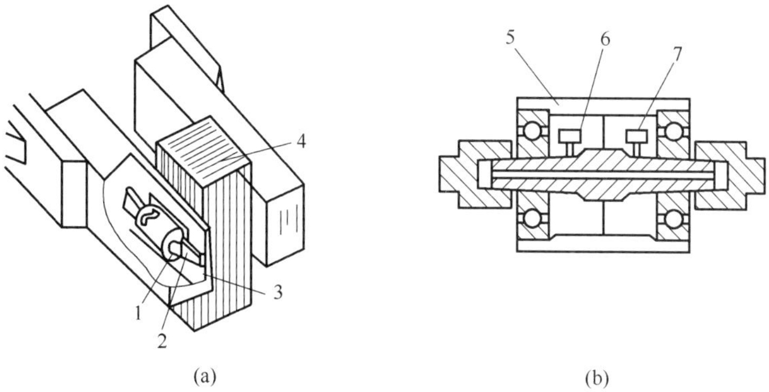

图 2-120 滚轮式滑觉传感器

1—滚轮；2—弹簧；3—夹持器；4—物体；5—橡胶薄膜；6—发光二极管；7—光电三极管

③ 球式滑觉传感器 图 2-121 所示为球式滑觉传感器，它主要由金属球和触针组成。金属球表面分成许多个相间排列的导电和绝缘小格。触针头很细，每次只能触及一格。当工件滑动时，金属球也随之转动，在触针上输出脉冲信号。脉冲信号的频率反映了滑移速度，脉冲信号的个数对应滑移的距离。触针头面积小于球面上露出的导体面积，提高了检测灵敏度。球与被握物体接触，无论滑动方向如何，只要球转动，传感器就会产生脉冲输出。球在冲击力作用下不转动，因此抗干扰能力强。

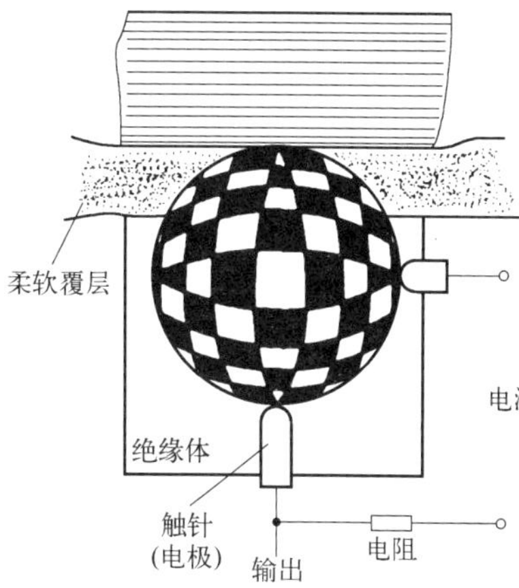

图 2-121 球式滑觉传感器

(4) 力觉传感器

① 分布型力觉传感器 对于力控制机器人，当对来自外界的力进行检测时，根据力的作用部位和

作用力的情况，传感器的安装位置和构造会有所不同。

例如当希望检测来自所有方向的接触力时，需要用传感器覆盖全部表面，把许多微小的传感器进行排列，这样组成的传感器称为分布型力觉传感器。

虽然目前还没有对全部表面进行完全覆盖的分布型力觉传感器，但是已经开发出来能为手指和手掌等重要部位设置的小规模分布型力觉传感器。因为分布型传感器是许多微小传感器的集合体，所以在输出信号的采集和数据处理中，需要采用特殊信号处理技术。

② 多维力传感器　这是一种能够同时测量两个方向以上的力及力矩分量的力觉传感器。在笛卡儿坐标系中力和力矩可以各自分解为三个分量，因此多维力最完整的形式是六维力-力矩传感器，即能够同时测量三个力分量和三个力矩分量的传感器。目前广泛使用的多维力传感器就是这种传感器。在某些场合，不需要测量全部力和力矩分量，而只需测量其中某几个分量，因此就有了二维、三维、四维、五维的多维力传感器。

多维力传感器广泛用于机器人手指和手爪研究、机器人外科手术研究、指力研究、牙齿研究、力反馈、制动检测、精密装配、切削、复原研究、整形外科研究、产品测试、触觉反馈和示教学习。图 2-122 所示为六维力传感器结构。

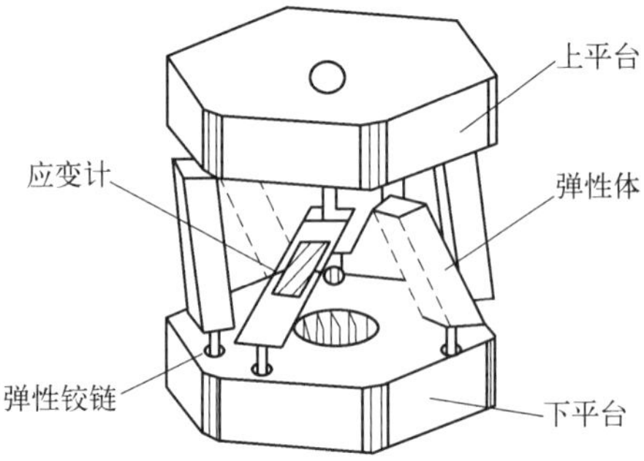

图 2-122　六维力传感器结构

2.4.2.2　非接触式传感器

（1）接近觉传感器

接近觉传感器是指机器人手接近物体的距离为几毫米到十几厘米时，就能检测出与物体表面的距离、斜度和表面状态的传感器。接近觉一般用非接触式测量元件，如电磁式、光电式作为感知元件。

① 电磁式接近觉传感器　在一个线圈中通入高频电流，就会产生磁场，这个磁场接近金属物体时，会在金属物体中产生感应电流，亦即涡流。涡流大小随金属物体表面与线圈的距离而变化，这个变化反过来又影响线圈内磁场强度。磁场强度可用另一组线圈检测出来，也可以根据励磁线圈本身电感的变化或励磁电流的变化来检测。图 2-123 所示为其工作原理。这种传感器的精度较高，且可在高温下使用。由于工业机器人的工作对象大多是金属部件，因此电磁式接近觉传感器应用较广，在焊接机器人中可用它来探测焊缝。

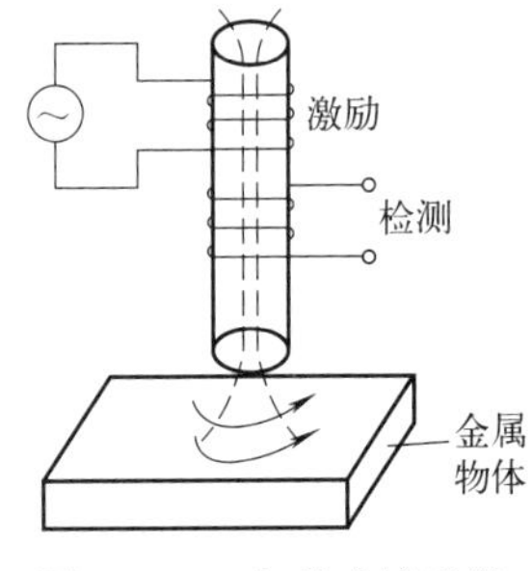

图 2-123　电磁式接近觉传感器工作原理

② 光电式接近觉传感器　光源发出的光经发射透镜射到物体，经物体反射并由接收透镜汇聚到光电器件上。若物体不在感知范围内，光电器件无输出。光电式接近觉传感器的应答性好，维修方便，测量精度高，目前应用较多，但其信号处理较复杂，使用环境也受到一定限制（如环境光度偏低或污浊）。

光电式接近觉传感工作原理如图 2-124 所示。光电式接近觉传感器一般由发射器、接收器和检测电路三部分构成。发射器对准目标发射光束，发射的光束一般来自半导体光源，如发光二极管、激光二极管及红外发射二极管。工作时发射器不间断地发射光束，或者改变脉冲宽度。接收器由光电二极管、光电三极管、光电池组成，在接收器的前面装有光学元件如透镜和光圈等。

(2) 接近开关

这是一种在一定的距离（几毫米至十几毫米）内检测有无物体的传感器。它给出的是高电平或低电平的开关信号，有的还具有较大的负载能力，可直接驱动断电器工作。接近开关具有灵敏度高、频率响应快、重复定位精度高、工作稳定可靠、使用寿命长等优点。许多接近开关将检测头与测量转换电路及信号处理电路做在一个壳体内，壳体上多带有螺纹，以便安装和调整距离，同时在外部有指示灯，以指示传感器的通断状态。常用的接近开关有电感式、电容式、磁感应式、光电式、霍尔式等。

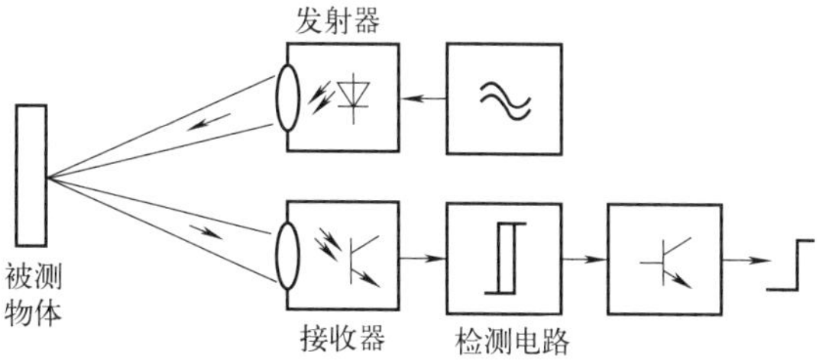

图 2-124　光电式接近觉传感器工作原理

① 电感式接近开关　其大多由一个高频振荡器和一个整形放大器组成。振荡器振荡后，在开关的感应面上产生交变磁场，当金属物体接近感应面时，其内部产生涡流，吸收了振荡能量，使振荡减弱以致停振。振荡和停振两种不同的状态，由整形放大器转换成开关信号，从而达到检测位置的目的。在实际位置控制中，如果感应块和开关之间的间隙变大，就会使接近开关的灵敏度下降甚至无信号输出，因此间隙的调整和检查在日常维护中是很重要的（图 2-125）。

② 电容式接近开关　其外形与电感式接近开关类似，除了可对金属材料进行非接触式检测外，还可对非导电性材料进行非接触式检测。

③ 磁感应式接近开关　又称磁敏开关，主要对气缸内活塞位置进行非接触式检测。固定在活塞上的永久磁铁由于其磁场的作用，使振荡线圈的电流发生变化，内部放大器将电流转换成输出开关信号，根据气缸形式的不同，磁感应式接近开关有绑带式安装、支架式安装等类型（图 2-126）。

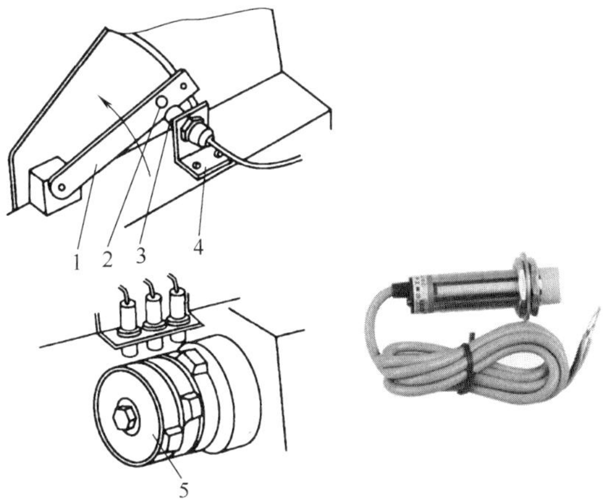

(a) 安装位置　(b) 实物

图 2-125　电感式接近开关安装位置与实物

1—运动部件；2—感应块；3—电感式接近开关；4—安装支架；5—轮轴感应盘

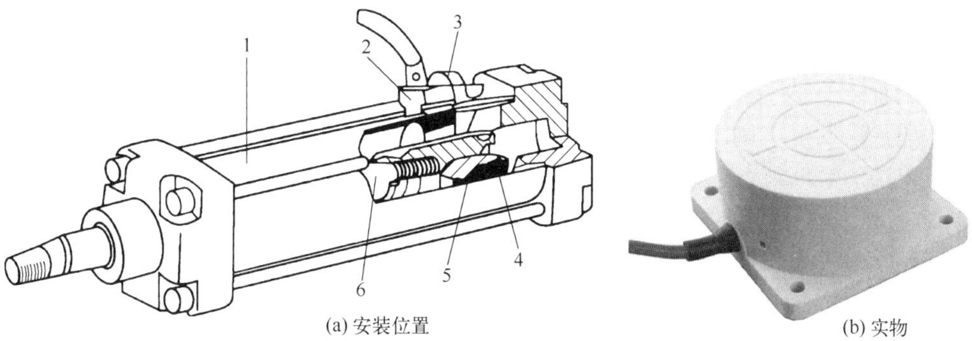

(a) 安装位置　(b) 实物

图 2-126　磁感应式接近开关安装位置与实物

1—气缸；2—磁感应式接近开关；3—安装支架；4—活塞；5—磁性环；6—活塞杆

④ 光电式接近开关　图 2-127（a）所示的光电式接近开关是一种遮断型的光电开关，当被测物 4 从发光二极管 1 和光敏元件 3 中间槽通过时，红外光 2 被遮断，接收器接收不到红外光，而产生一个电脉冲信号。有些遮断型光电开关的发射器和接收器制成两个独立的器件，如图 2-127（b）所示，这种开关除了方形外观外，还有圆柱形的螺纹安装形式。图 2-127（c）所示为反射型光电开关。当被测物 4 通过光电开关时，发射器 5 发射的红外光 2 通过被测物上的黑白标记反射到光敏元件 3，从而产生一个电脉冲信号。

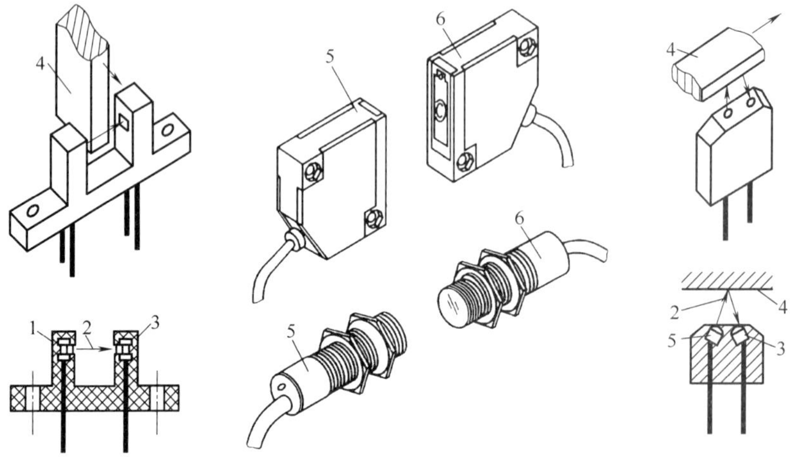

(a)　(b)　(c)

图 2-127　光电式接近开关

1—发光二极管；2—红外光；3—光敏元件；4—被测物；5—发射器；6—接收器

⑤ 霍尔式接近开关　是将霍尔元件、稳压器、放大器、施密特触发器和 OC 门等做在同一个芯片上的集成电路（图 2-128）。当外加磁场强度超过规定的工作点时，OC 门由高电阻态变为导电状态，输出低电平；当外加磁场强度低于释放点时，OC 门重新变为高阻态，输出高电平。

图 2-128　霍尔式接近开关

（3）视觉传感器

① 结构光视觉传感器　图 2-129 所示为焊枪一体式的结构光视觉传感器结构原理。激光束经过柱面镜形成单条纹结构光。由于 CCD 摄像机与焊枪存在合适的位置关系，避开了弧光直射的干扰。实际应用中所遇到的困难主要是：当结构光照射在经过钢丝刷去除氧化膜或磨削过的金属板表面时，会产生强烈的二次反射，往往会使后续的处理失败；投射光纹的光强分布不均，获取的图像需要经过较复杂的后续处理，精度会降低。

② 激光扫描视觉传感器　激光扫描和 CCD 器件接收的视觉传感器结构原理如图 2-130 所示，采用转镜进行扫描，扫描速度较高，可以测出轮廓尺寸。

（4）听觉传感器

听觉传感器可将声信号转换为电信号，通常也称传声器。常用的听觉传感器有动圈式和电容式两种。

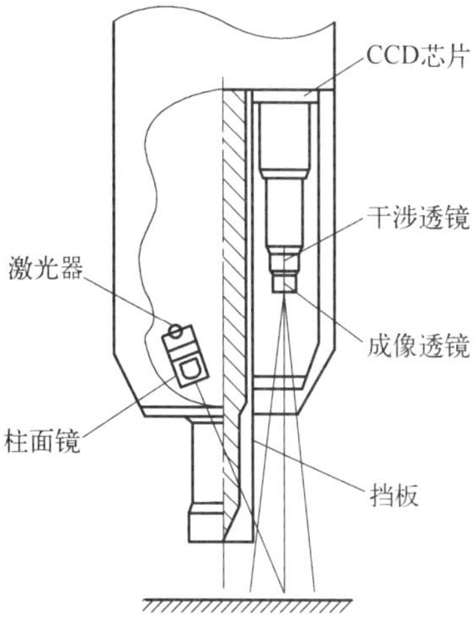

图 2-129 焊枪一体式的结构光视觉传感器结构原理

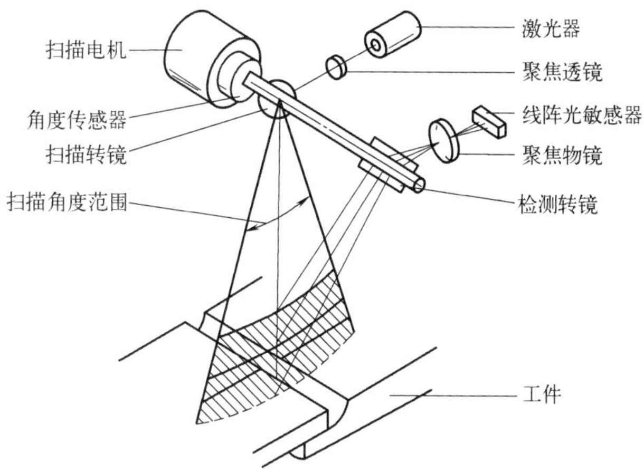

图 2-130 激光扫描和 CCD 器件接收的视觉传感器结构原理

① 动圈式传声器 图 2-131 所示为动圈式传声器的结构原理。传声器的振膜非常轻薄，可随声音振动。动圈同振膜粘在一起，可随振膜的振动而运动。动圈浮在磁隙的磁场中，当动圈在磁场中运动时，动圈中可产生感应电动势。此电动势与振膜和频率相对应，因而动圈输出的电信号与声音的强弱、频率的高低相对应。通过此过程，这种传声器就将声音转换成了音频电信号输出。

② 电容式传声器 图 2-132 所示为电容式传声器的结构原理，由固定电极和振膜构成一个电容，U_p 经过电阻 R_L 将一个极化电压加到电容的固定电极上。当声音传入时，振膜可随时间产生振动，此时振膜与固定电极间电容量也随声音而发生变化，此电容的阻抗也随之变化；与其串联的负载电阻 R_L 的阻值是固定的，电容的阻抗变化就表现为 a 点电位的变化。经过耦合电容 C 将 a 点电阻变化的信号输入到前置放大器 A，经放大后输出音频信号。

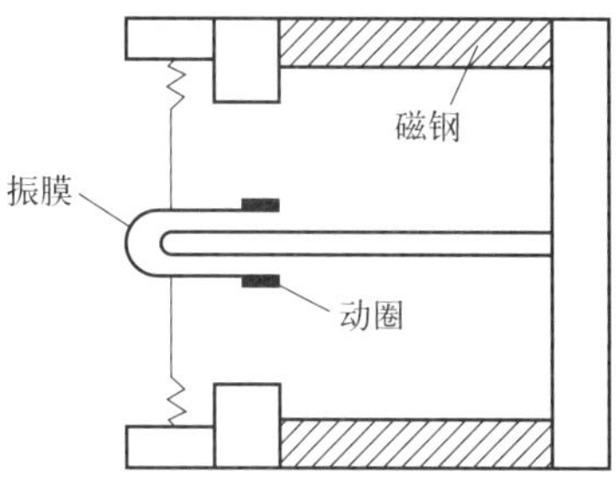

图 2-131 动圈式传声器的结构原理

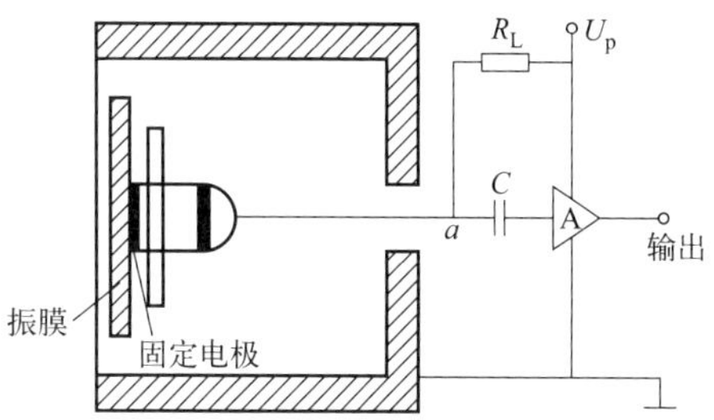

图 2-132 电容式传声器的结构原理

(5) 嗅觉传感器

工业机器人应用范围广泛，在某些领域应用的机器人需要接触易燃易爆的物质(气体、粉末等)，当这些物质达到一定浓度时，只要接触到电火花、助燃剂或者温度升高到一定程度时，就会爆炸。在工业生产中，这类环境下工作的机器人通常会配置一种嗅觉传感器——防爆传感器

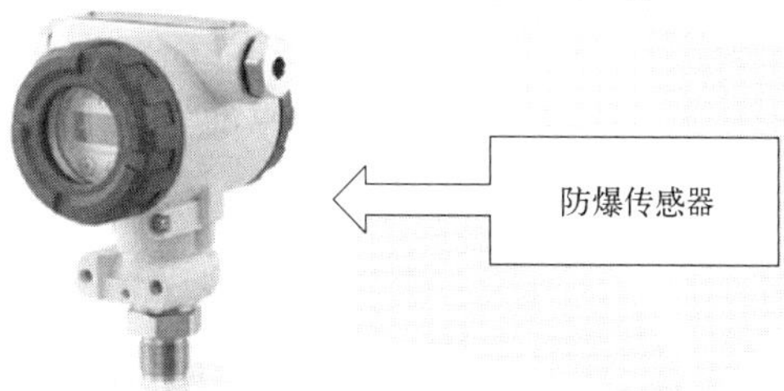

图 2-133 防爆传感器

（图 2-133），保障机器人的正常工作和生产安全。

防爆传感器在机器人工作过程中，实时监测空气中易燃易爆物质的浓度，当检测到浓度超标时，传感器将给出电信号，断开电源，从而达到防爆的目的。

2.4.3 多传感器信息融合

（1）融合原理

多传感器信息融合又称数据融合，是对多种信息的获取、表示及其内在联系进行综合处理和优化的技术。多传感器信息融合技术从多信息的视角进行处理及综合，得到各种信息的内在联系和规律，从而剔除无用的和错误的信息，保留正确的和有用的成分，最终实现信息的优化。它也为智能信息处理技术的研究提供了新的观念。图 2-134 所示为典型的多传感器信息融合过程框图。

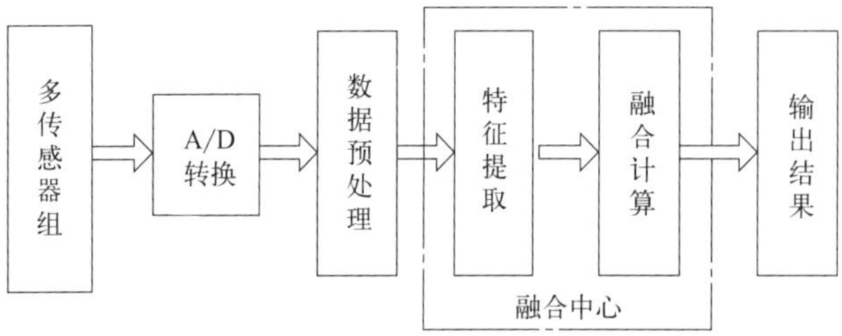

图 2-134　多传感器信息融合过程框图

多功能复合传感器常见的是仿生皮肤，仿生皮肤是集触觉、压觉、滑觉和热觉传感于一体的多功能复合传感器，具有类似于人体皮肤的多种感觉功能。仿生皮肤采用具有压电效应和热释电效应的 PVDF 敏感材料，具有温度范围宽、体电阻高、重量轻、柔顺性好、机械强度高和频率响应宽等特点。

（2）典型应用

① 机器人多传感器手爪系统　如图 2-135 所示，该系统获取信息的四个阶段如图 2-136 所示。

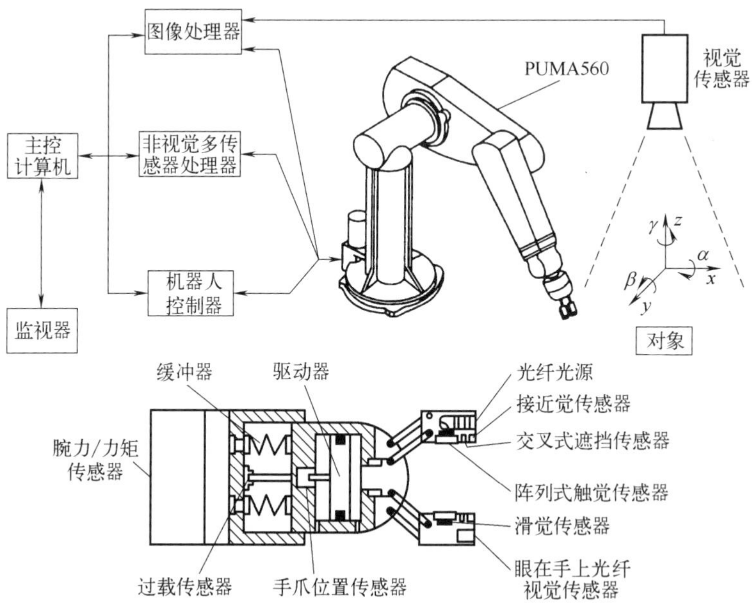

图 2-135　机器人多传感器手爪系统

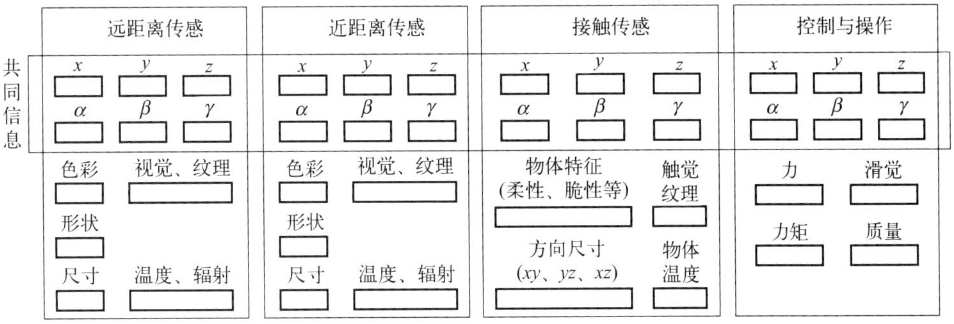

图 2-136　获取信息的四个阶段

② 上下料工业机器人　将多传感器信息融合技术应用于机器人系统，既提高了机器人的认知水平，又扩大了机器人的应用范围。下面以七感觉智能机器人为例，介绍多传感器信息融合技术在机器人上的应用。

七感觉上下料智能机器人系统如图 2-137 所示。它由机器人本体、控制及驱动器、多传感器系统、计算机系统和机器人示教盒组成，其工作环境为固定工作平台。控制柜内包含各传感器的信号调理电路、主控制器及下级控制单元、驱动电路、电源等。

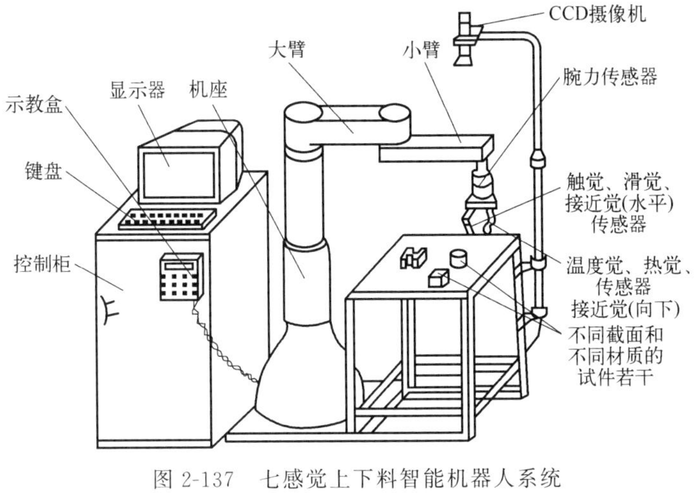

图 2-137　七感觉上下料智能机器人系统

多传感器系统共有接近觉、触觉、滑觉、温度觉、热觉、力觉、视觉七种感觉。其中，水平接近觉、触觉和滑觉为一体化的传感器，外形为手指形状，便于直接安装到手爪上，温度觉和热觉传感器装于机器人的另一手指上，该手指的端部装有向下接近觉传感器。力传感器装于机械手的腕部。装有六种传感器的机械手爪如图 2-138 所示。

机器人多传感器系统中除上述六种非视觉传感器以外，在机器人的上方固定安装了视觉传感器（CCD 摄像机），对准机器人的作业台面。摄像机采集的模拟视频信号通过插在计算机扩展槽中的 PC Video 图像处理卡转换成一定格式的数字信息，送入计算机。

七感觉上下料智能机器人的控制分三层，控制系统硬件框图如图 2-139 所示，包括主控制单元、示教盒、三个结构相同的下级控制单元（主要控制各电机的运转，一个单元控制两个电机）、向各控制单元提供机器人内部信号的接口（如极限位置、零位等）以及完成人机交互界面和进行多信息融合计算与控制的计算机。

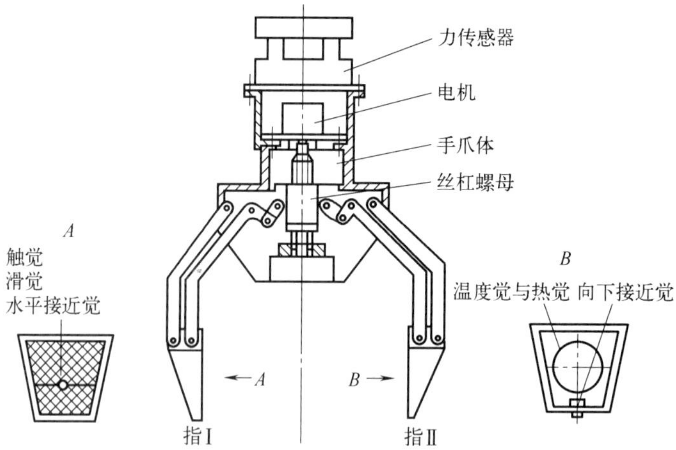

图 2-138 装有六种传感器的机械手爪

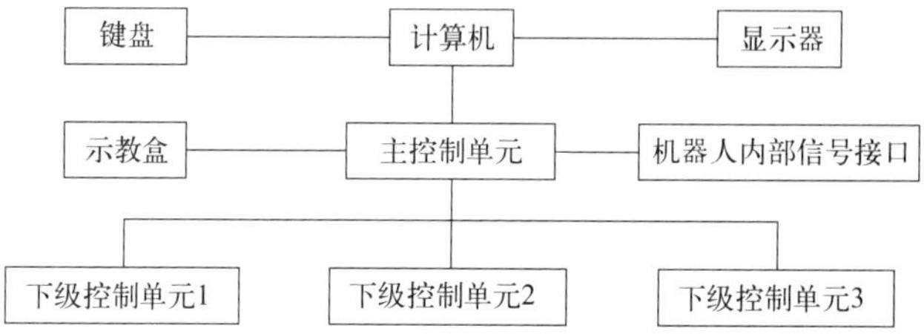

图 2-139 控制系统硬件框图

计算机通过人机界面（鼠标操作）接受用户输入的宏观作业任务，由融合控制体系将任务逐步分解为指令，控制机器人并对传感器数据进行采集和融合。

主控制单元连接计算机、示教盒、机器人及下级控制单元，其任务是系统自检、资源管理、作业规划、交互信息管理及通信等。

第3章 六轴工业机器人拆装、校准与维护

3.1 工业机器人安装

3.1.1 开箱

（1）工业机器人拆包装的操作

① 如图 3-1 所示，机器人运达现场后，第一时间检查箱体外观是否有破损，是否有进水等等异常情况。如果有问题马上联系厂家及物流公司进行处理。

② 如图 3-2 所示，使用合适的工具剪断箱体上的钢扎带，将剪断的钢扎带取走。

图 3-1 检查箱体外观

图 3-2 剪断钢扎带

③ 如图 3-3 所示，需要两人根据箭头方向，将箱体向上抬起放置到一边，与包装底座分离。尽量保证箱体的完成以便日后重复使用。

（2）清点标准装箱物品

① 以 ABB 机器人 IRB1200 为例，包括四个主要物品：机器人本体、示教器、线缆配件及控制柜，如图 3-4 所示。

图 3-3 取箱

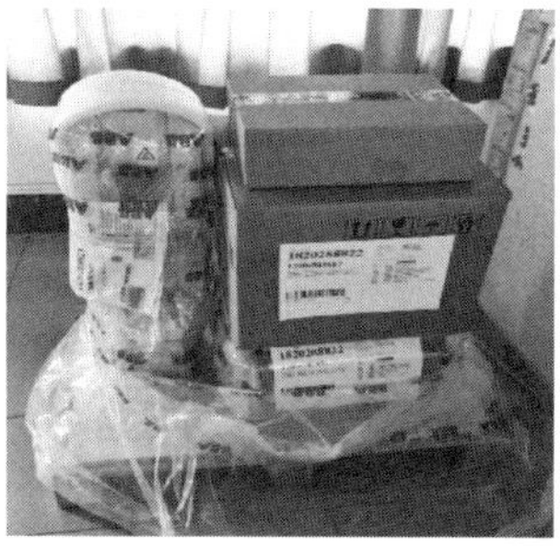

图 3-4 清点

② 打开两个纸箱后，随机的文档有：SMB 电池安全说明、出厂清单、基本操作说明书和装箱单，如图 3-5 所示。

3.1.2 工业机器人装运姿态

现以 IRB460 工业机器人为例进行介绍。如图 3-6 所示，这是推荐的装运姿态，各轴角度见表 3-1。

图 3-5 随机的文档

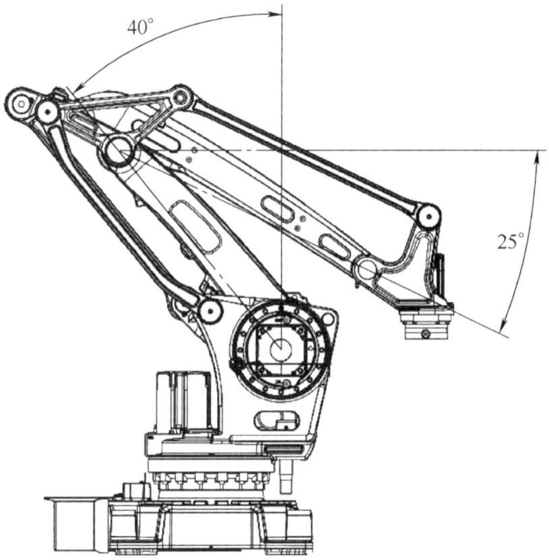

图 3-6 装运姿态

表 3-1 装运时各轴角度

轴号	角度
1	0°
2	−40°
3	+25°

(1) 用叉车抬升机器人

叉举设备组件与机器人的配合方式如图 3-7 所示。

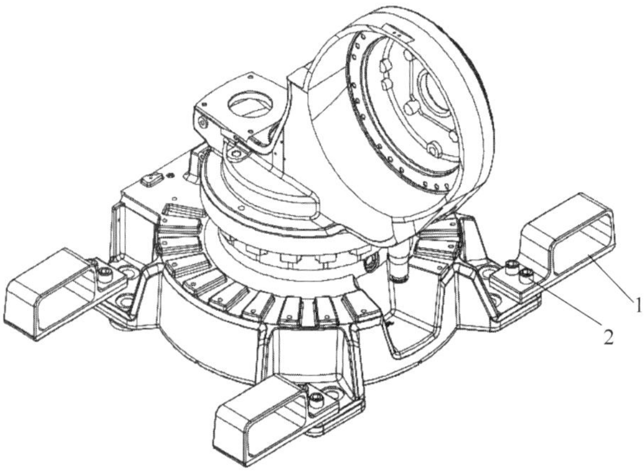

图 3-7 叉举设备组件与机器人的配合

1—叉举套；2—连接螺钉

操作步骤如下。

① 将机器人调整到装运姿态，如图 3-6 所示。

② 关闭连接到机器人的电源、液压源、气压源。

③ 用连接螺钉将四个叉举套固定在机器人的机座上，如图 3-7 所示。

④ 检验所有叉举套都已正确固定后，再进行抬升。

⑤ 将叉车叉插入套中，如图 3-8 所示。

⑥小心谨慎地抬起机器人并将其移动至安装现场，移动机器人时保持低速。

注意：在任何情况下，人员均不得出现在悬挂载荷的下方；若有必要，应使用相应尺寸的起吊附件。

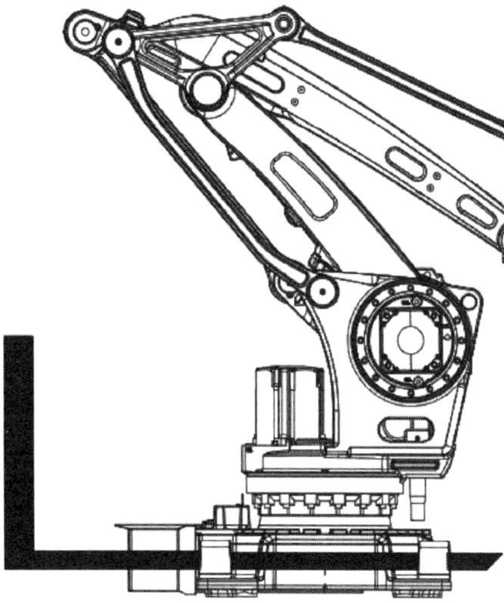

图 3-8 将叉车叉插入套中

(2) 用圆形吊带吊升机器人

吊升组件如图 3-9 所示。

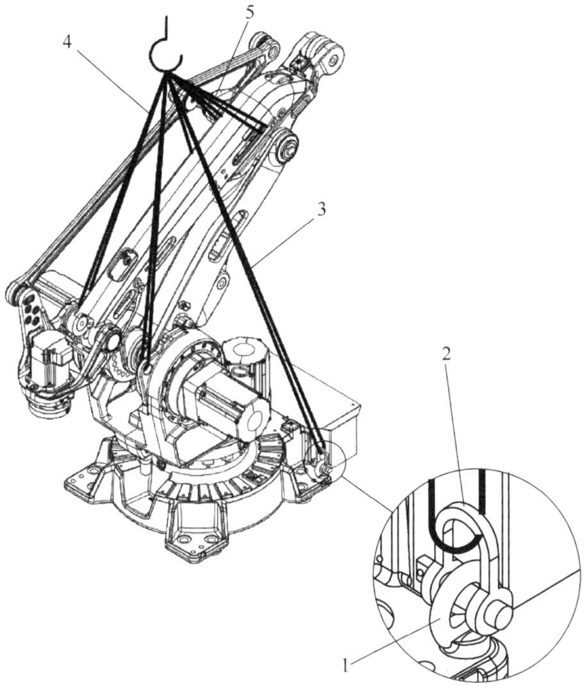

图 3-9 吊升组件

1—吊环螺栓；2—钩环；3～5—圆形吊带

操作步骤如下。

① 将机器人调整到装运姿态，如图 3-6 所示。

② 在背面的螺孔中装入吊环螺栓。

③ 将圆形吊带与机器人相连，如图 3-9 所示。

④ 确保圆形吊带上方没有易受损的部件，如线束等。

注意：IRB460 机器人质量为 925kg，必须使用相应尺寸的起吊附件。

(3) 手动释放制动闸

内部制动闸释放装置安装位置如图 3-10 所示。

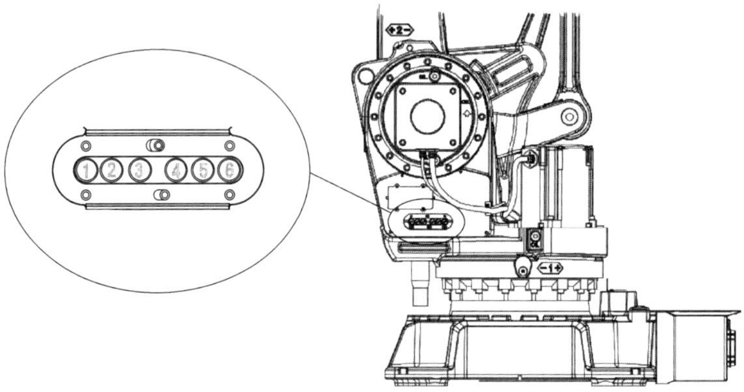

图 3-10　内部制动闸释放装置安装位置

注意：内部制动闸释放装置带有按钮。

操作步骤如下。

① 如果机器人未与控制器相连，则必须向机器人上的 R1. MP 连接器供电，以启动制动闸释放按钮。给端子 12 加上 0V 电压，给端子 11 加上 24V 电压，如图 3-11 所示。内部制动闸释放单元包含六个用于控制轴闸的按钮，按钮的数量与轴的数量一致。必须确保机器人手臂附近或下方没有人。

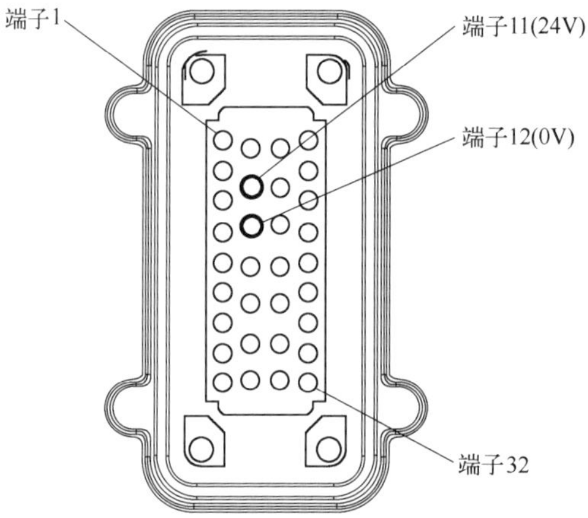

图 3-11　向 R1. MP 连接器供电

② 按下内部制动闸释放装置上的对应按钮，即可释放特定机器人轴的制动闸。

③ 释放该按钮后，制动闸将恢复工作。

3.1.3 工业机器人本体在地面上安装

(1) 将机座固定到底板上

底板如图 3-12 所示，机座如图 3-13 所示。固定方法如下（图 3-14）。

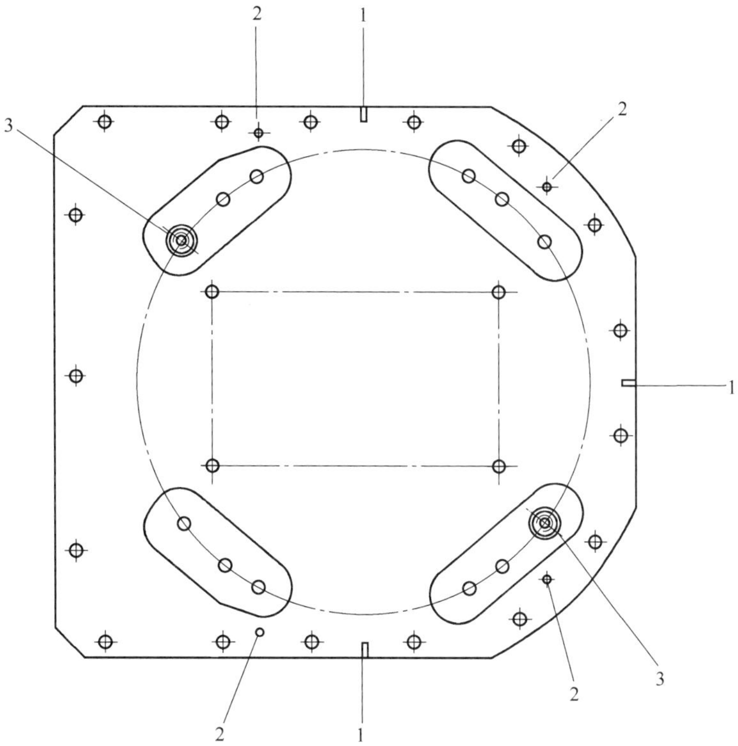

图 3-12　底板

1—定向凹槽；2—调平螺钉连接点；3—导向套连接点

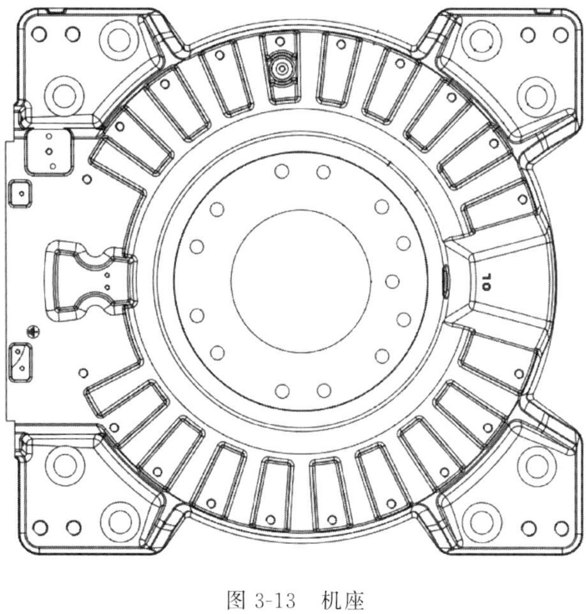

图 3-13　机座

① 若有必要使用相应规格的吊升设备。

② 确保底板水平。

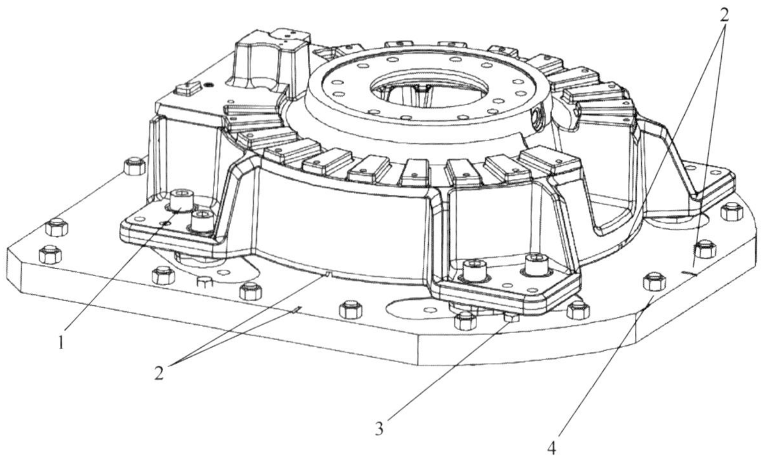

图 3-14 将机座固定到底板上

1—机器人连接螺栓和垫圈；2—机器人机座和底板上的定向凹槽；
3—调平螺钉（需在安装机座前卸下）；4—底板连接螺钉

③ 利用定向凹槽，参照机器人的工作位置定位底板。

④ 安装底板，并用调平螺钉调平底板。

⑤ 如有需要，在底板下填塞条状钢片，以填满所有间隙。

⑥ 将机座吊至其安装位置。

⑦ 用螺钉和套筒将机座固定到底板上。

⑧ 检查四个机器人接触表面，确保它们水平。如未达到水平要求，需要使用钢片或类似的物品调平。

(2) 确定方位并固定机器人

① 吊起机器人。

② 将机器人移至其安装位置附近。

③ 将两个导向套安装到导向套孔中。

④ 在将机器人降下放入其安装位置时，使用两个螺栓引导机器人。

⑤ 在机座的连接螺孔中安装螺栓和垫圈。组装前，需先轻微润滑螺栓。

⑥ 以十字交叉方式拧紧螺栓以确保机座不被扭曲。

(3) 安装上臂信号灯

信号灯可作为选装件安装到机器人上。当控制器处于“电机打开”状态时，信号灯将被激活。

① 上臂信号灯的位置　如图 3-15 所示，信号灯套件（IRB760 上的信号灯套件）如图 3-16 所示。

② 信号灯的安装步骤

a. 用两个连接螺钉将信号灯支架安装到倾斜机壳上。

b. 用两个连接螺钉将信号灯安装到支架上。

c. 如果尚未连接，将信号灯连接到电机。

d. 在信号灯支架上用两条电缆带将信号电缆绕成圈。

③ 信号灯电气安装

a. 关闭连接到机器人的所有电源、液压源、气压源，然后再进入机器人工作区域。

b. 拧松四个连接螺钉，卸下电机盖。

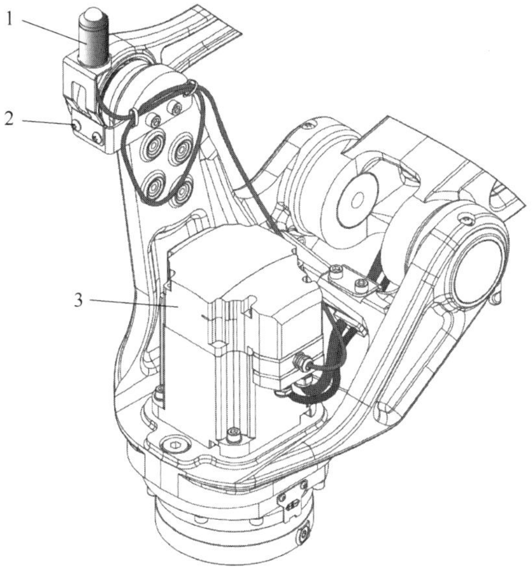

图 3-15　上臂信号灯的位置

1—信号灯；2—连接螺钉；3—电机盖

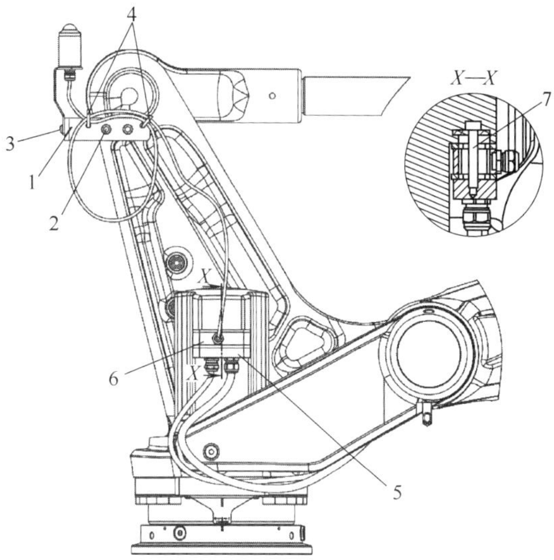

图 3-16　信号灯套件

1—信号灯支架；2—支架连接螺钉；3—信号灯连接螺钉；4—电缆带；5—电缆接头盖；6—电机适配器（包括垫圈）；7—连接螺钉

c. 断开电机连接器的连接。

d. 取下连接螺钉，卸下电缆出口处的电缆密封套盖，如图 3-17 所示。

e. 将垫圈安装到适配器侧面，以保护适配器的配合面及电缆密封套盖。

f. 将垫圈和电机适配器置于电缆密封套盖上，然后将整个组件重新安装到电机上。用信号灯套件中的连接螺钉进行固定。除了套件中提供的安装到适配器的垫圈，电机上也有垫圈。确保垫圈未受损。如有损坏，将其更换。

g. 推动信号电缆，使其穿过适配器的孔，然后连接到电机内部的连接器上。

h. 从密封套盖处松开电机电缆，然后通过调整电缆长度使其增加 20mm 在电机内部。

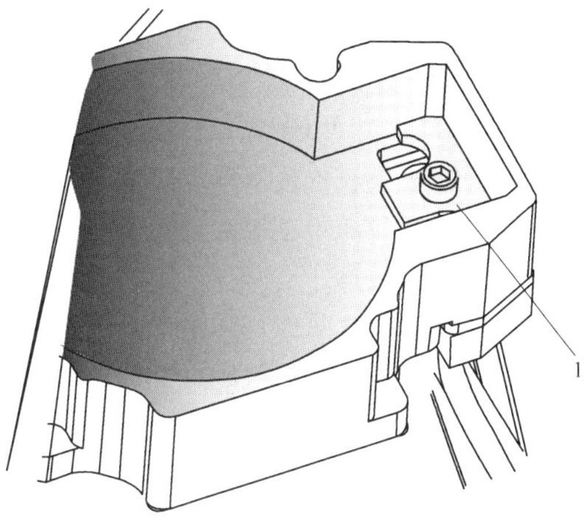

图 3-17　电缆密封套盖

1—连接螺钉

i. 在电机内部连接电机电缆。

j. 重新将电机电缆固定到电缆密封套盖上。

k. 用连接螺钉安装电机盖。在重新安装电机盖时，确保正确布线，不存在卡线的情况。

（4）限制工作范围

安装机器人时，确保其可在整个工作范围内自由移动。如有与其他物体碰撞的风险，则应限制其工作范围。

以 1 轴为例，作为标准配置，1 轴可在 ±165°范围内活动。通过机械止动装置（图 3-18）

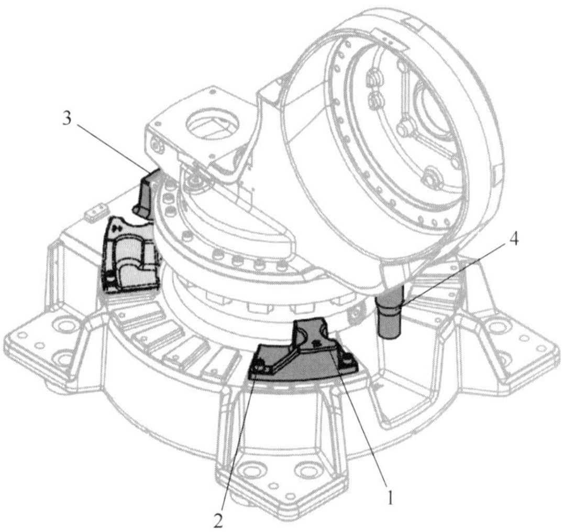

图 3-18 机械止动装置

1—可移动的机械止动装置；2—连接螺钉和垫圈；3—固定的机械止动装置；4— 机械停止销

和调节系统参数配置可限制 1 轴的工作范围，在两个方向上均减少 22.5°。

安装步骤：关闭连接到机器人的电源、液压源、气压源；将机械止动装置安装到机座处；调节软件工作范围（系统参数配置），使之与机械止动装置相对应。

注意：刚性碰撞后变形的零件必须更换。

3.1.4 工业机器人在墙壁上安装

在墙壁上安装机器人时，必须将其固定在吊具上，安装完毕后必须移除吊具。

安装好固定装置，确保起重机或叉车可接近安装地点，拆下会妨碍工作的工具和其他设备部件，机器人处于运输位置，需要 2 名接受过指导的人员操作。

① 将机器人用起重机运至安装地点并放下。

② 将吊具从前部小心地推到机器人的机座上（图 3-19）。

③ 拆下运输吊具。

④ 用两个螺栓（前部）和垫片将机器人固定到吊具上。

⑤ 将摆动支架定位在机座上（图 3-20）。

⑥ 用两个螺栓（后部）和垫片将摆动支架固定到机座上。

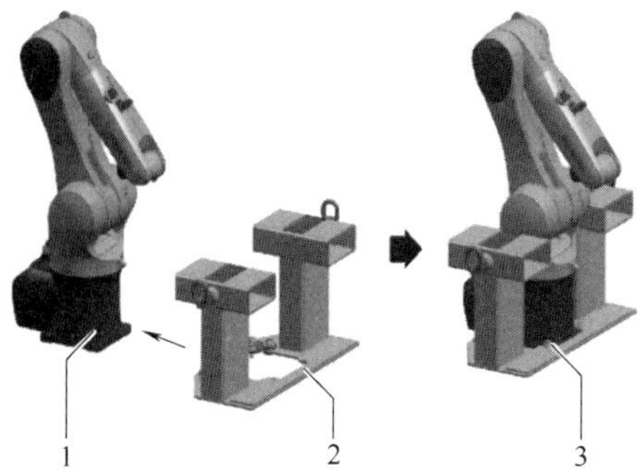

图 3-19 装上吊具并固定

1—机座 2—吊具；3—(后部) 螺栓（前部）

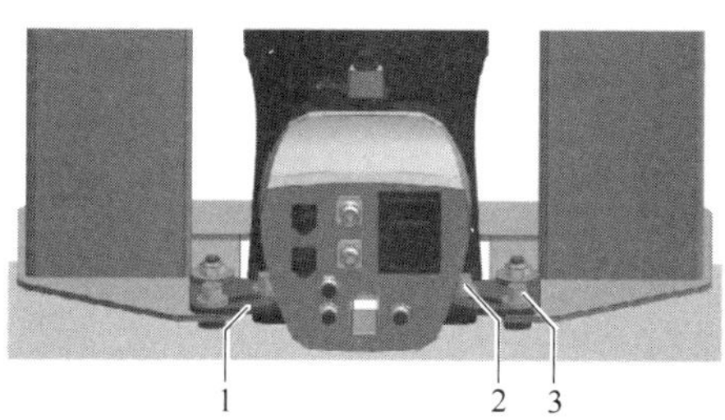

图 3-20 将摆动支架定位并固定

1—摆动支架；2—螺栓（后部）；3—螺栓（安全防护）

⑦ 用两个螺栓（安全防护）和垫片将摆动支架固定到吊具上。

⑧ 将运输吊具悬挂到吊具上的两个钩环和起重机上。

⑨ 第一个人用起重机将机器人缓慢地向上提升，第二个人在提升过程中防止机器人倾覆。

注意：在提升过程中确保机器人不要发生倾覆，否则会造成重伤和财产损失。

⑩ 将机器人缓慢旋转 90°，小臂必须朝下。

⑪ 用叉车提起吊具（图 3-21）。叉车叉在安装过程中必须留在吊具的叉孔中，以防滑动。

注意：用叉车叉托起吊具时，必须注意叉孔宽度，否则会造成财产损失。

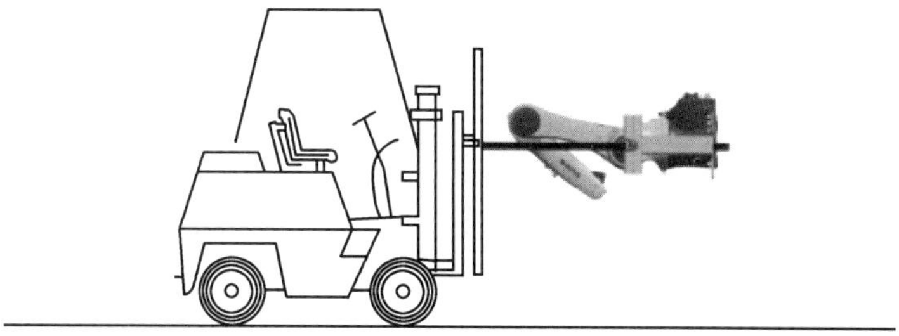

图 3-21 叉车提起吊具

⑫ 借助叉车将机器人定位到墙壁上，注意保持水平。

⑬ 将两个螺栓（后部）和垫片从机座上取下（图 3-22）。

⑭ 将两个螺栓（安全防护）和垫片从吊具上松开。

⑮ 将摆动支架向外旋转（图 3-23）。

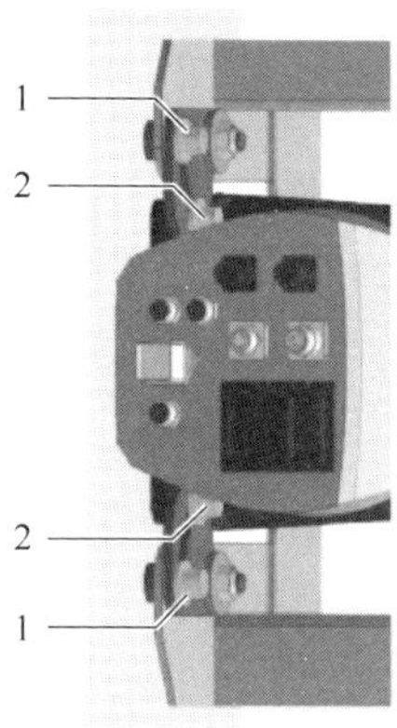

图 3-22 将后部螺栓拧出

1—螺栓（安全防护）；2—螺栓（后部）

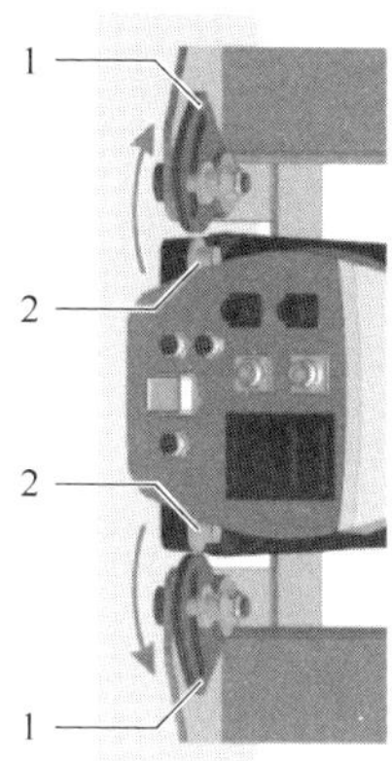

图 3-23 将摆动支架向外旋转

1—摆动支架；2—六角螺栓（后部）

⑯ 用两个螺栓（后部）和垫片将后部机器人固定在墙壁上。用扭力扳手交替拧紧螺栓，分几次将拧紧，力矩增加至 45N・m。

⑰ 将两个螺栓（前部）和垫片从机座上取下。

⑱ 用叉车小心地将吊具从机座上向下松开。

⑲ 用两个螺栓（前部）和垫片将前部机器人固定在墙壁上。用扭力扳手交替拧紧螺栓，分几次将拧紧，力矩增加至 45N・m。

⑳ 连接电机电缆和数据线（图 3-24）。

㉑ 将接地线（机器人控制系统-机器人）连接到接地安全引线上。

㉒ 按照 VDE 0100 和 EN 60204-1 检查电位均衡导线。

㉓ 将接地线（系统部件-机器人）连接到接地安全引线上。

㉔ 如果有，安装工具。

㉕ 运行 100h 后，用扭力扳手将四个螺栓再次拧紧。

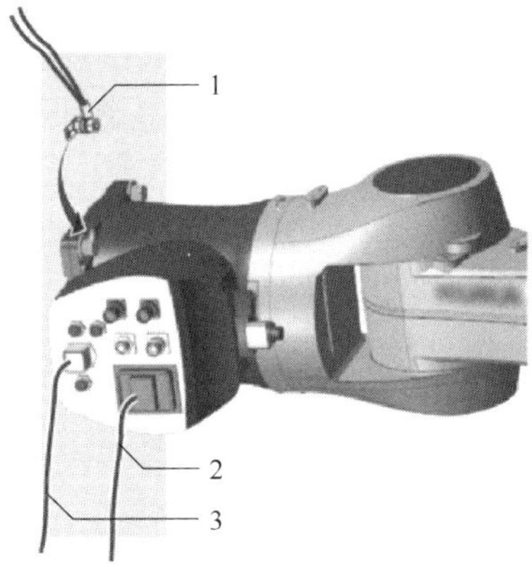

图 3-24　连接导线

1—接地线；2—电机电缆；3—数据线

3.1.5 工业机器人在天花板上安装

在天花板上安装时，必须将机器人固定在吊具上，借助吊具机器人被固定在天花板上，然后移除吊具。

安装好固定装置，确保起重机或叉车可接近安装地点，拆下会妨碍工作的工具和其他设备部件，机器人处于运输位置，需要 2 名接受过指导的人员操作。

① 将机器人用起重机运至安装地点并放下。

② 将吊具从前部小心地推至机器人的机座上（图 3-19）。

③ 拆下运输吊具。

④ 用两个螺栓和垫片（前部）将前部机器人固定到吊具上。

⑤ 将摆动支架定位在机座上（图 3-20）。

⑥ 用两个螺栓（后部）和垫片将摆动支架固定到机座上。

⑦ 用两个螺栓（安全防护）和垫片将摆动支架固定到吊具上。

⑧ 将运输吊具悬挂到吊具上的两个钩环和起重机上。

⑨ 第一个人用起重机将机器人缓慢地向上提升，第二个人在提升过程中防止机器人倾覆。

⑩ 将机器人缓慢旋转 180°，并将其降下。

⑪ 用叉车提起吊具（图 3-25）。叉车叉在安装过程中必须留在吊具的叉孔中，以防滑动。

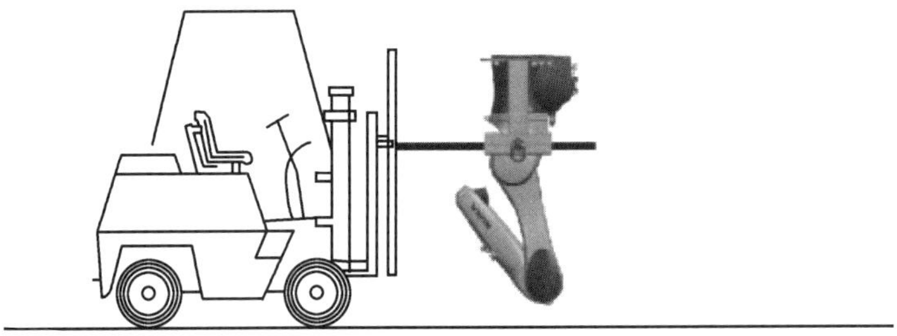

图 3-25　叉车提起吊具

⑫ 借助叉车将机器人定位到天花板上，注意保持垂直。

⑬ 将两个螺栓（后部）和垫片从机座上取下（图 3-26）。

⑭ 将两个螺栓（安全防护）和垫片从吊具上松开。

⑮ 将摆动支架向外旋转（图 3-27）。

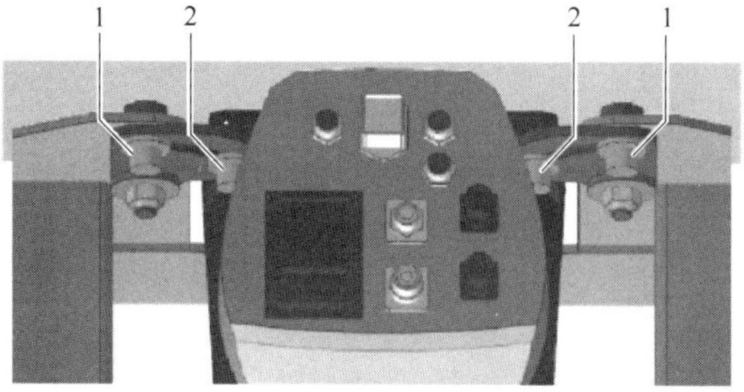

图 3-26 将后部螺栓拧出

1—螺栓（安全防护）；2—螺栓（后部）

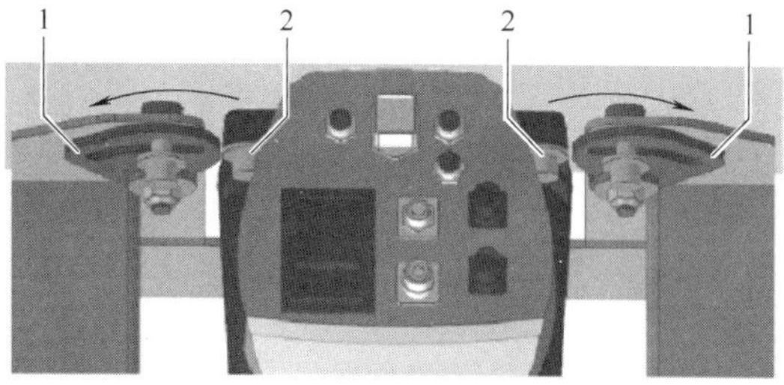

图 3-27 将摆动支架向外旋转

1—摆动支架；2—螺栓（后部）

⑯ 用两个螺栓（后部）和垫片将后部机器人固定在天花板上。用扭力扳手交替拧紧螺栓，分几次将拧紧，力矩增加至 45N·m。

⑰ 将两个螺栓（前部）和垫片从机座上取下。

⑱ 用叉车小心地将吊具从机座上向后下推。

⑲ 用两个螺栓（前部）和垫片将前部的机器人固定在天花板上。用扭力扳手交替拧紧螺栓，分几次将拧紧，力矩增加至 45N·m。

⑳ 连接电机电缆和数据线（图 3-28）。

㉑ 将接地线（机器人控制系统-机器人）连接到接地安全引线上。

㉒ 按照 VDE 0100 和 EN 60204-1 检查电位均衡导线。

㉓ 将接地线（系统部件-机器人）连接到接地安全引线上。

㉔ 如果有，安装工具。

㉕ 运行 100h 后，用扭力扳手将四个螺栓再次拧紧。

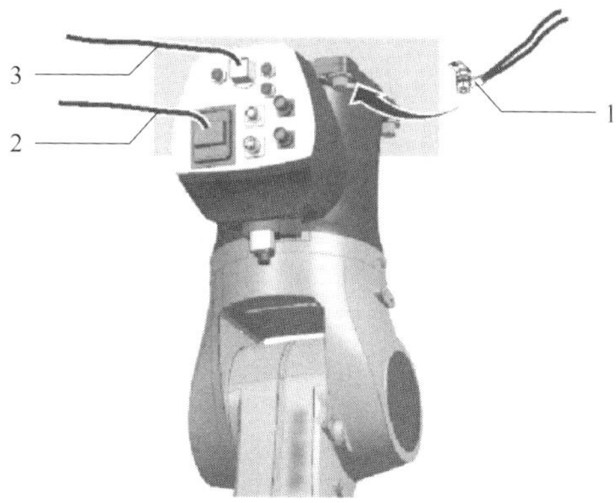

图 3-28 连接导线

1—接地线；2—电机电缆；3—数据线

3.1.6 工业机器人控制柜安装

(1) 运输吊具运输

机器人控制柜必须处于关断状态，不得在机器人控制柜上连接任何线缆，机器人控制柜的门必须保持关闭状态，机器人控制柜必须竖直放置，防翻倒架必须固定在机器人控制柜上。

操作步骤如下。

① 将吊环螺栓拧入机器人控制柜中。吊环螺栓必须完全拧入并且完全位于支承面上。

② 将带或不带运输十字固定件的运输吊具悬挂在机器人控制柜的四个吊环螺栓上。

③ 将运输吊具悬挂在载重吊车上。

④ 缓慢地抬起并运输机器人控制柜。

⑤ 在目标地点缓慢放下机器人控制柜。

⑥ 卸下机器人控制柜的运输吊具。

(2) 叉车运输

如图 3-29～图 3-31 所示。

图 3-29　用叉车运输带变压器安装组件的机器人控制柜

图 3-30　用叉车运输带滚轮附件组的机器人控制柜

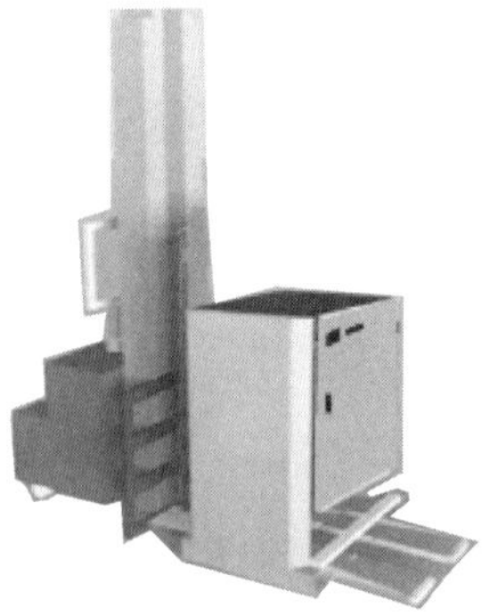

图 3-31　用电动叉车运输机器人控制柜

(3) 脚轮套件安装

如图 3-32 所示，脚轮套件装在机器人控制柜支座或叉孔处，借助脚轮套件可方便地推拉机器人控制柜。

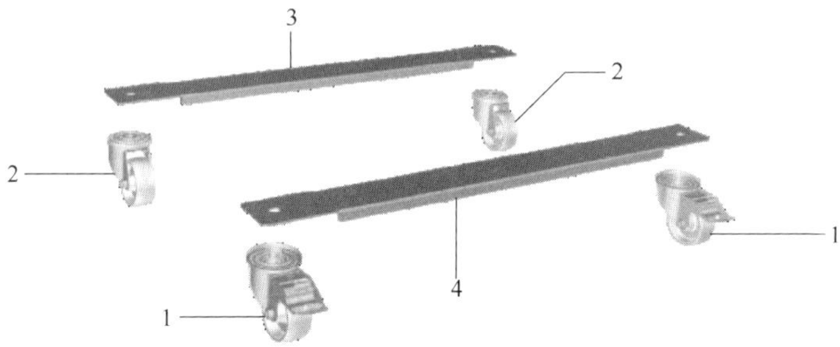

图 3-32　脚轮套件

1—带制动装置的万向脚轮；2—不带制动装置的万向脚轮；3—后横向支撑梁；4—前横向支撑梁

如果重物固定不充分或者起重装置失灵，则重物可能坠落并由此造成人员受伤或财产损失：检查吊具是否正确固定并仅使用具备足够承载力的起重装置；禁止在悬挂重物下停留。脚轮套件安装操作步骤如下。

① 用起重机或叉车将机器人控制柜至少升起 40cm。

② 在机器人控制柜的正面放置一个横向支撑梁，横向支撑梁上的侧板朝下。

③ 将一个内六角螺栓由下穿过带制动装置的万向脚轮、横向支撑梁和机器人控制柜。

④ 从上面用螺母将内六角螺栓连同平垫圈和弹簧垫圈一起拧紧（图 3-33），拧紧力矩为

86N·m。

⑤ 以同样的方式将第二个带制动装置的万向脚轮安装在机器人控制柜正面的另一侧。

⑥ 以同样的方式将两个不带制动装置的万向脚轮安装在机器人控制柜的背面（图 3-34）。

⑦ 将机器人控制柜重新置于地面上。

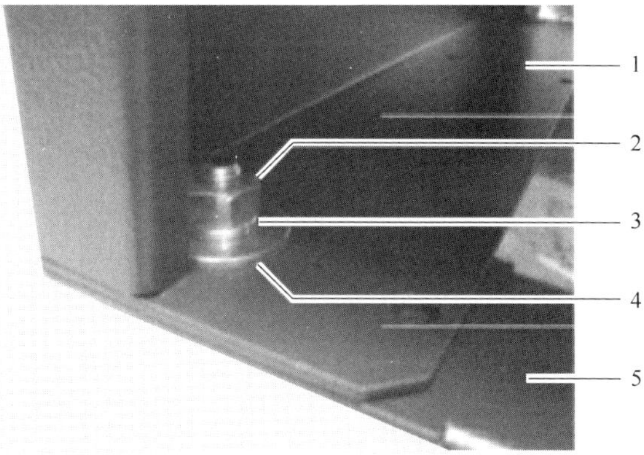

图 3-33 脚轮的螺栓连接

1—机器人控制柜；2—螺母；3—弹簧垫圈；4—平垫圈；5—横向支撑梁

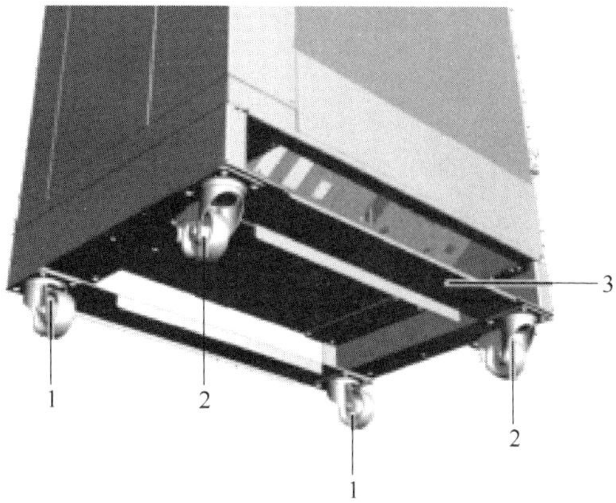

图 3-34 脚轮套件

1—不带制动装置的万向脚轮；2—带制动装置的万向脚轮；3—横向支撑梁

3.1.7 工业机器人电气连接

机器人本体与控制柜之间的连接主要包括电机动力电缆、转数计数器电缆和用户电缆的连接，如图 3-35 所示。

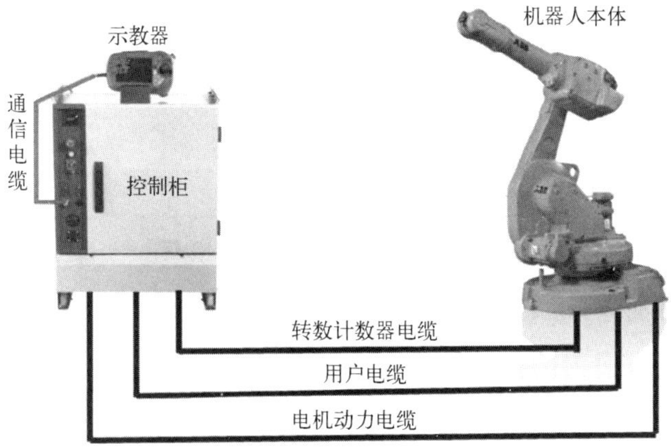

图 3-35 机器人本体与控制柜连接

（1）重载连接器的安装

重载连接器（图 3-36）又称重载插座，广泛用于建筑机械、纺织机械、包装印刷机械、烟草机械、电力机车等需要进行电气和信号连接的设备中。重载连接器由重载连接器母插针、重载连接器母插芯和重载连接器外壳组成。

① 重载连接器母插针　工业机器人本体伺服电机的动力电缆、编码器电缆终端插入重

图 3-36　重载连接器

载连接器母插针（图 3-37）。

② 重载连接器母插芯　动力电缆和编码器电缆采用的重载连接器的插芯是不同的，拆装时根据重载连接器的插芯进行区分。将重载连接器母插针依照重载接线表插入重载连接器母插芯（图 3-38）。

③ 重载连接器外壳　将集成好的重载连接器母插芯装入重载连接器外壳（图 3-39）。

(2) 电机动力电缆的连接

动力电缆的连接如图 3-40 所示，动力电缆用卡扣固定，拆装时需用力将卡扣安装好。

图 3-37　重载连接器母插针

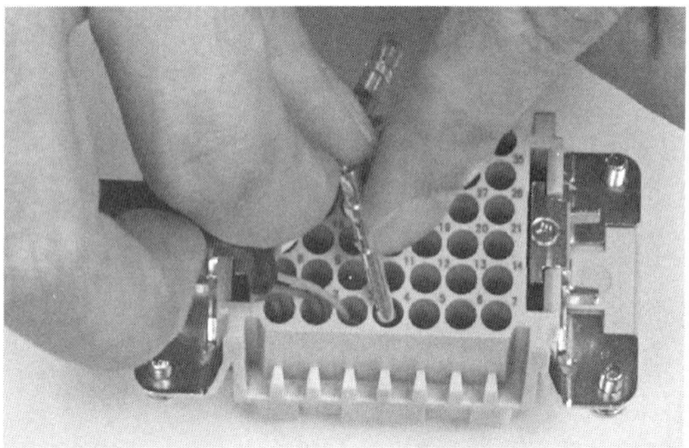

图 3-38　重载连接器母插芯

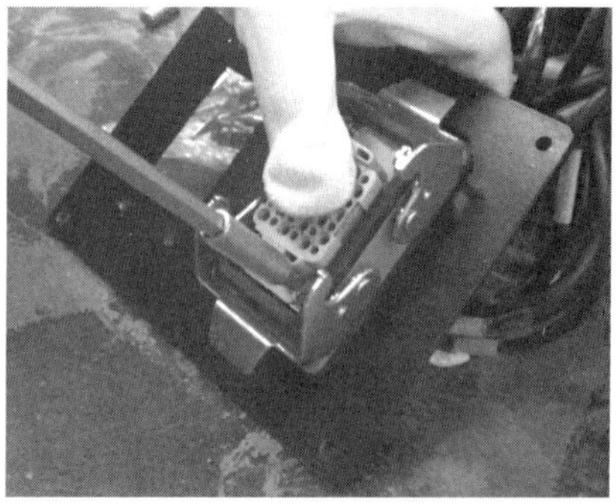

图 3-39　重载连接器外壳

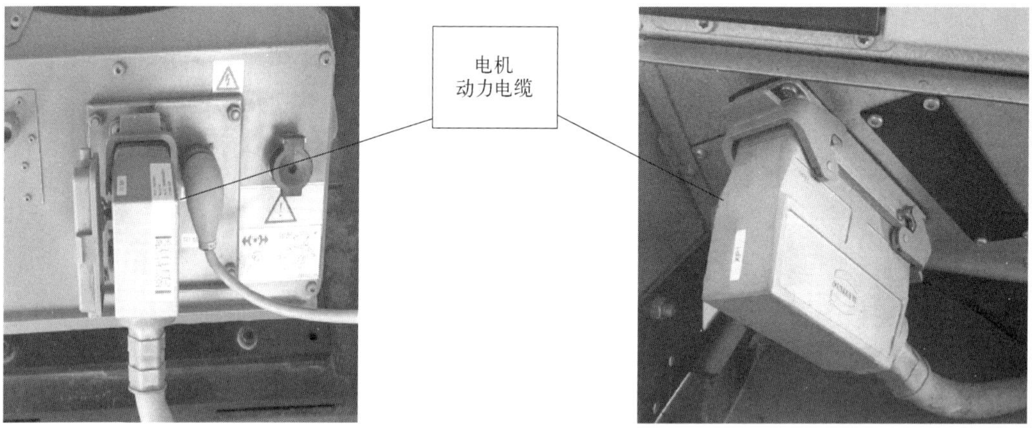

图 3-40　电机动力电缆的连接

（3）转数计数器电缆的连接

转数计数器电缆的连接如图 3-41 所示。

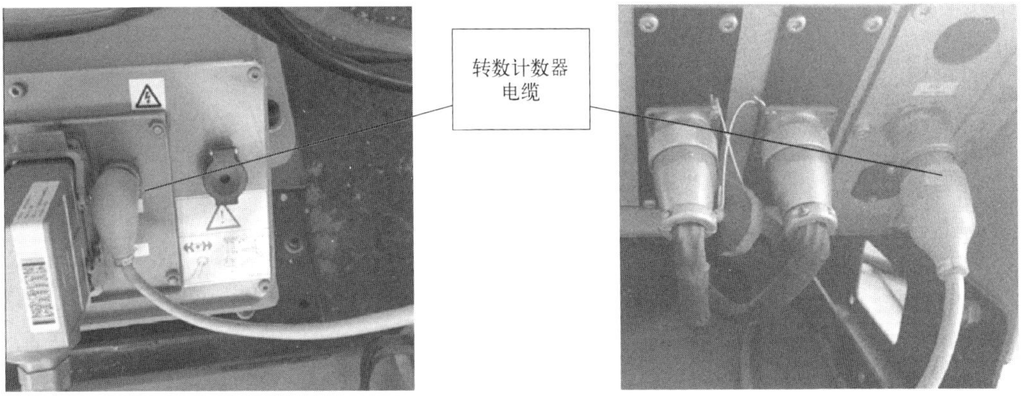

图 3-41　转数计数器电缆的连接

（4）用户电缆的连接

服务器信息块（SMB）协议是一种 IBM 协议，用于在计算机间共享文件、打印机、串口等。一旦连接成功，客户机可通过用户电缆发送 SMB 命令到服务器上，从而客户机能够访问共享目录、打开文件、读写文件等。工业机器人在本体及控制柜上都有用户电缆接口，如图 3-42 所示。

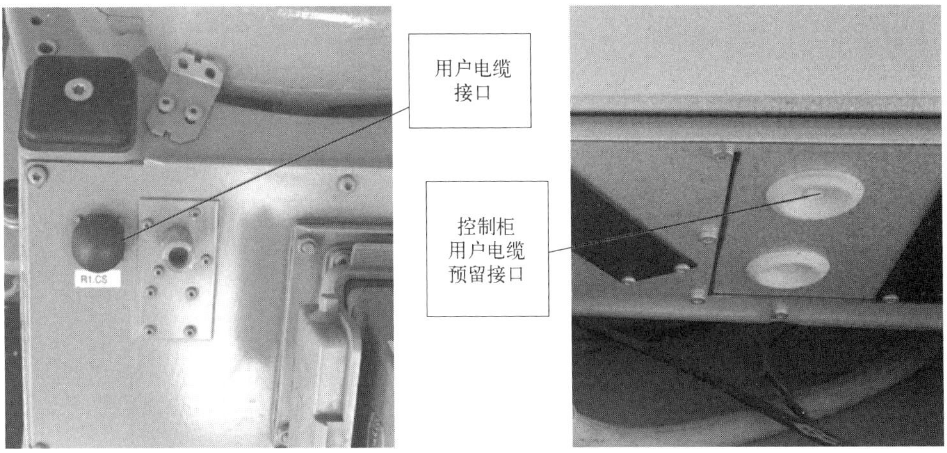

图 3-42　用户电缆的连接

3.2　工业机器人校准

工业机器人的机械原点如图 3-43 所示，用久了可能会变动，应实时进行校准，否则会出现误差。

3.2.1　摆锤校准

摆锤如图 3-44 所示。

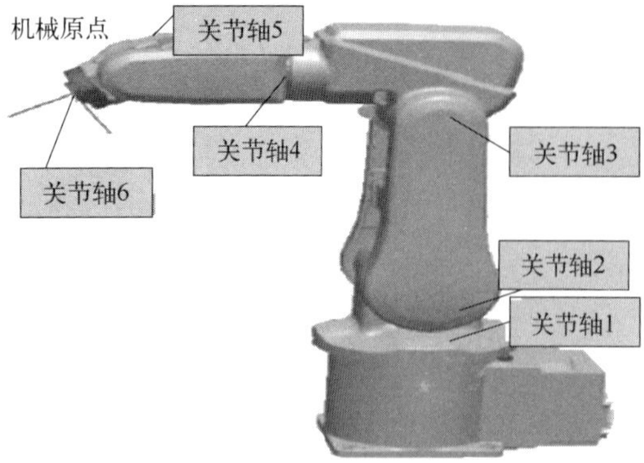

图 3-43　工业机器人的机械原点

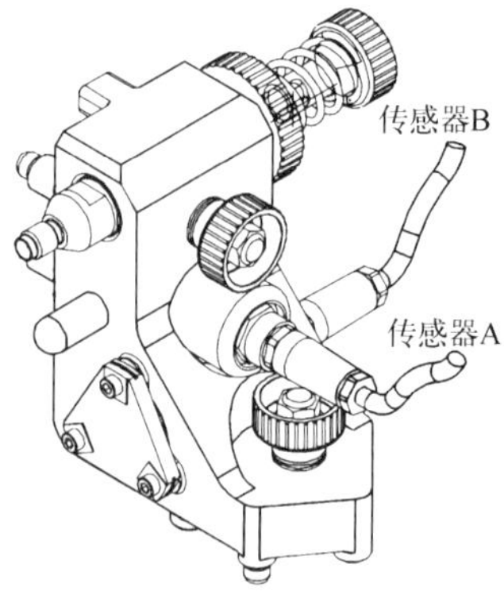

图 3-44　摆锤

(1) 准备步骤

ABB 机器人摆锤校准准备步骤如下。

① 确认工业机器人正确的安装位置。

② 确认工业机器人已准备好运行，即所有维修、安装类操作已完成。

③ 从工业机器人的上臂取下所有外围设备（如工具、电缆）。

④ 取下用于安装校准和参照传感器表面上的保护盖，并用异丙醇清洁这些表面。注意：同一校准摆锤既可用作校准传感器，也可用作参照传感器。

⑤ 用异丙醇清洁导销孔。

⑥ 连接校准设备和工业机器人控制器，准备完成。

(2) 校准流程

ABB 机器人摆锤校准流程见表 3-2。

表 3-2　ABB 机器人摆锤校准流程

步骤	操作	图示
1	连接好水平仪（LEVELMETER 2000），该仪表为双通道，有电源数据接口（最右侧）	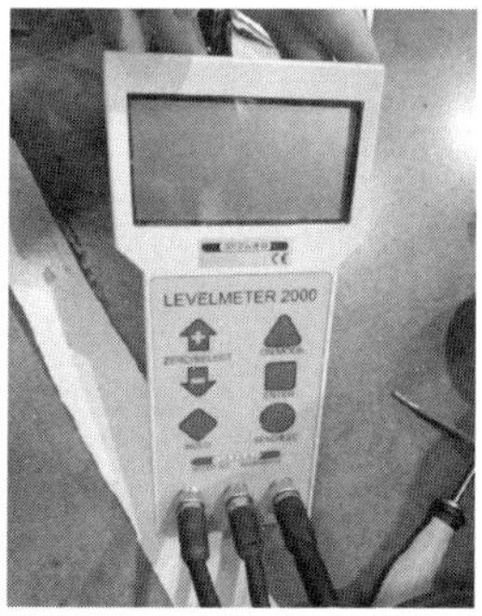
2	从控制柜内取 24V 电源为水平仪供电	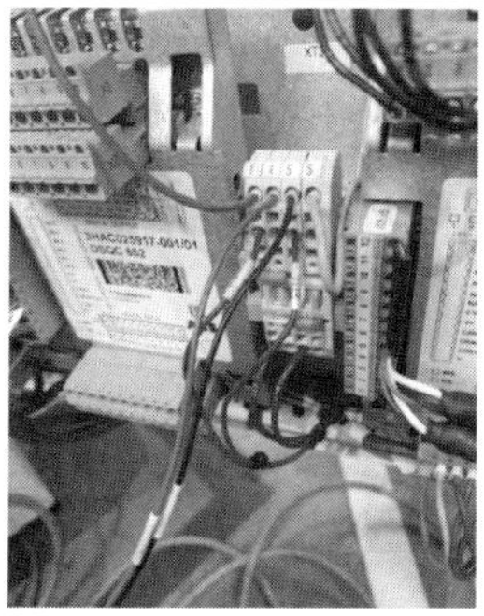

续表

步骤	操作	图示
3	将数据线连接到X9网口。连接好仪表后开始准备传感器，通常3～6轴可以同时校准，1、2轴需单独校准	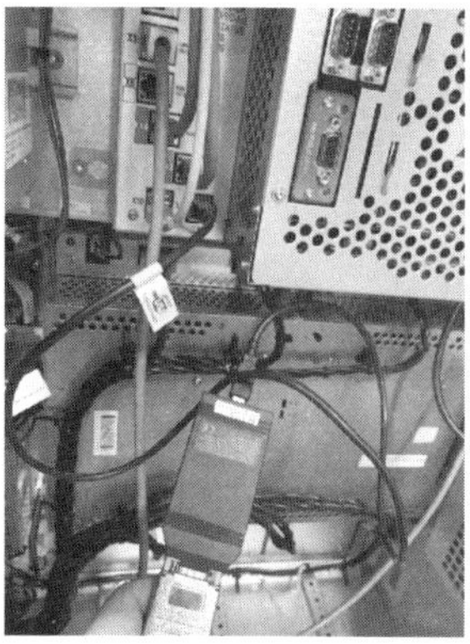
4	进入精校准程序，选择摆锤校准程序	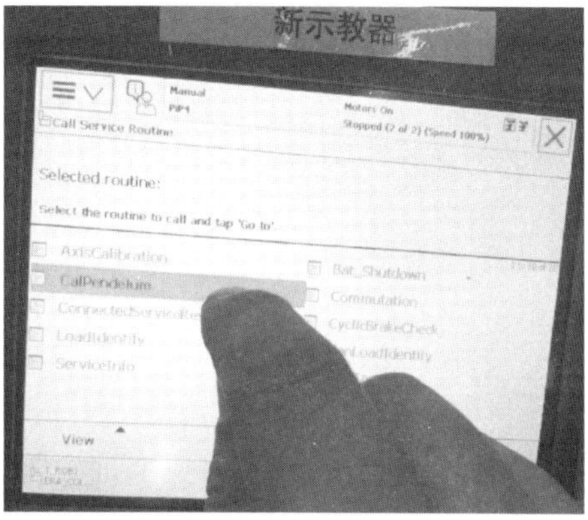
5	运行校准程序	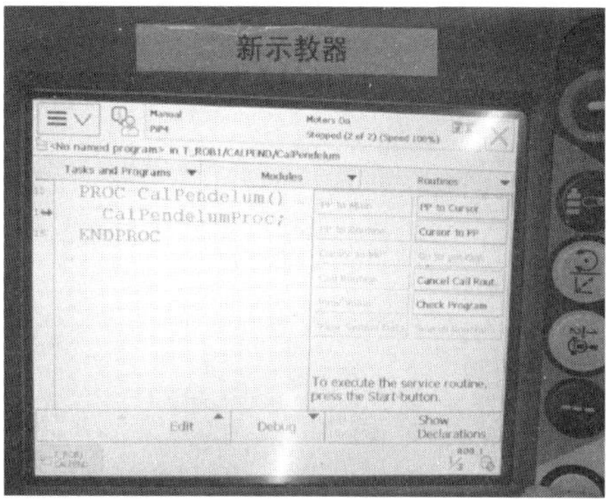
6	进入程序，进入摆锤校准界面，点击OK，继续	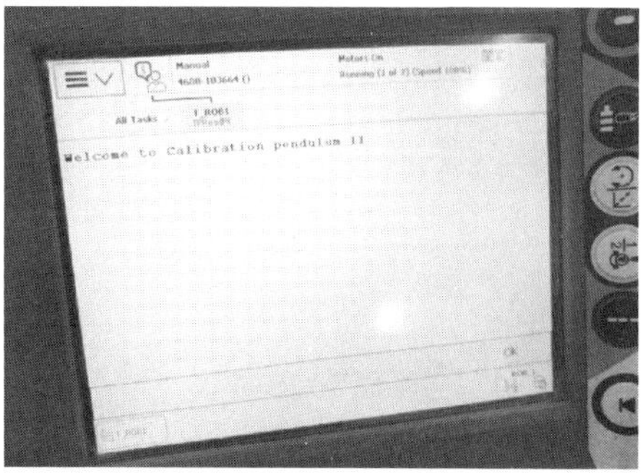

续表

步骤	操作	图示
7	点击 Accept	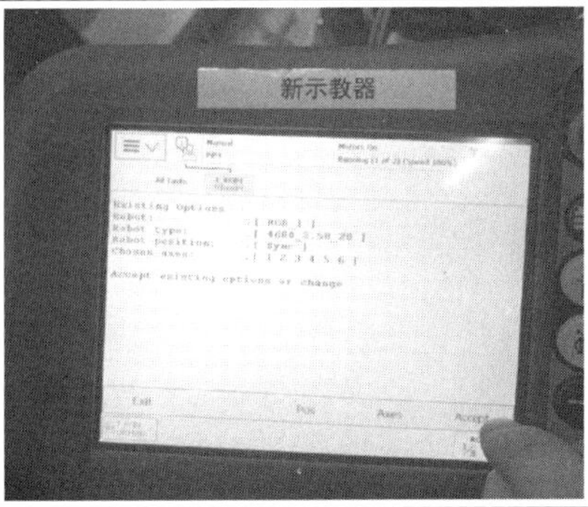
8	程序提示先校准基准点	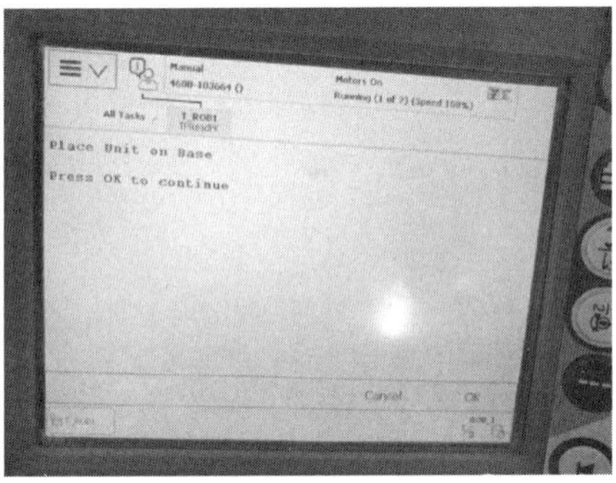
9	拆除保护块	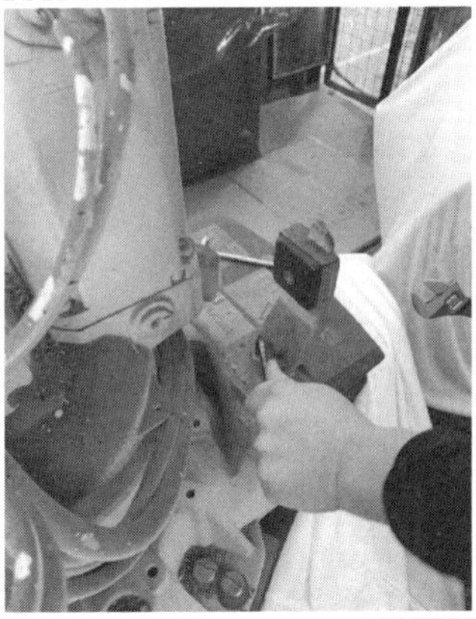
10	安装基准点校准传感器	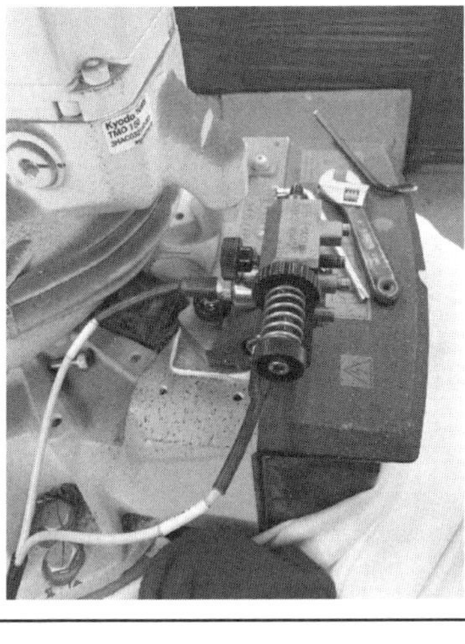

续表

步骤	操作	图示
11	点击 OK 运行校准程序，完成后会弹出下一步校准 1 轴	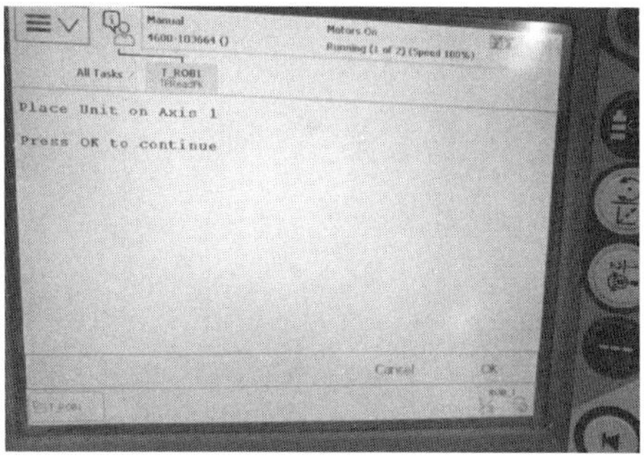
12	拆除 1 轴保护块	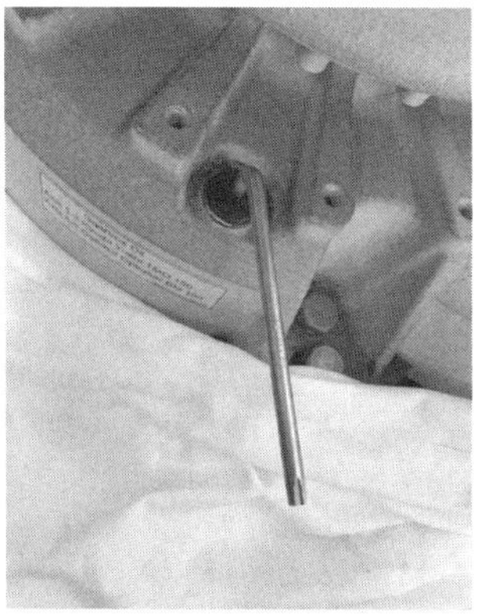
13	安装传感器	
14	点击 OK 运行程序，会直接算出偏移值	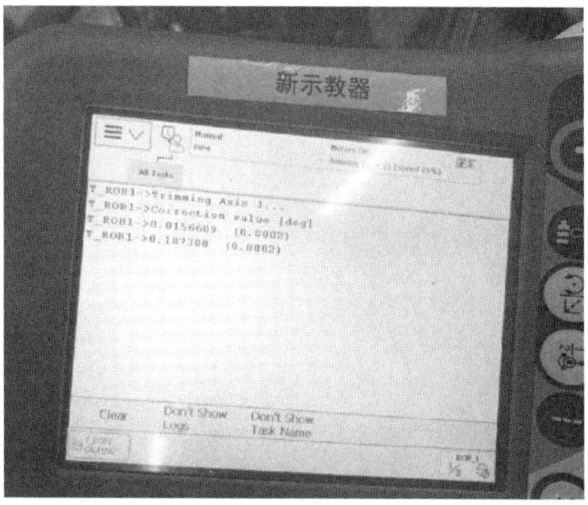

续表

步骤	操作	图示
15	完成后跳转到校准 2 轴界面	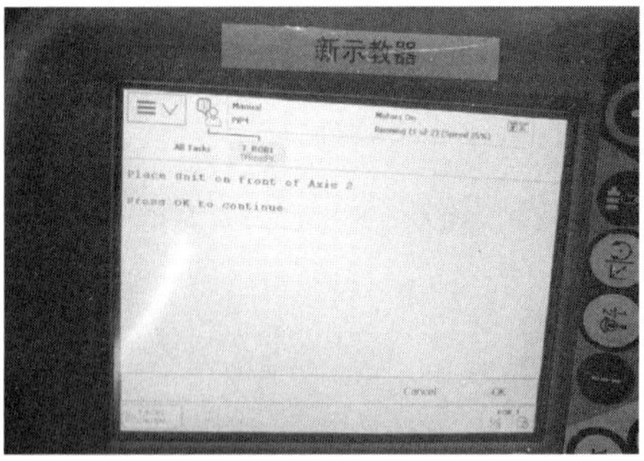
16	安装传感器到 2 轴指定的传感器安装位置	
17	点击 OK 继续运行程序，完成后跳转到校准 4、5、3、6 轴	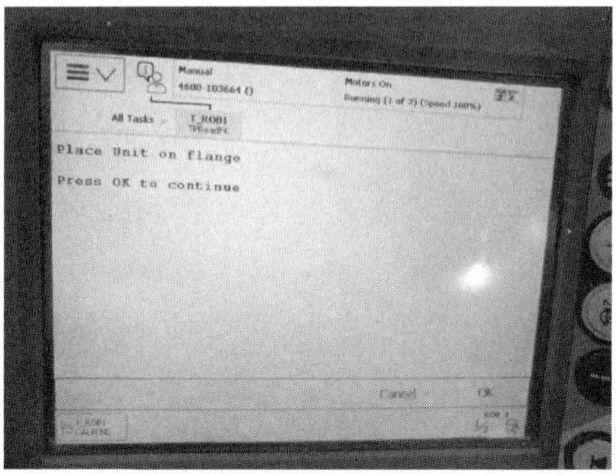
18	需要先将机器人手臂上的工具拆掉	

续表

步骤	操作	图示
19	法兰也拆掉	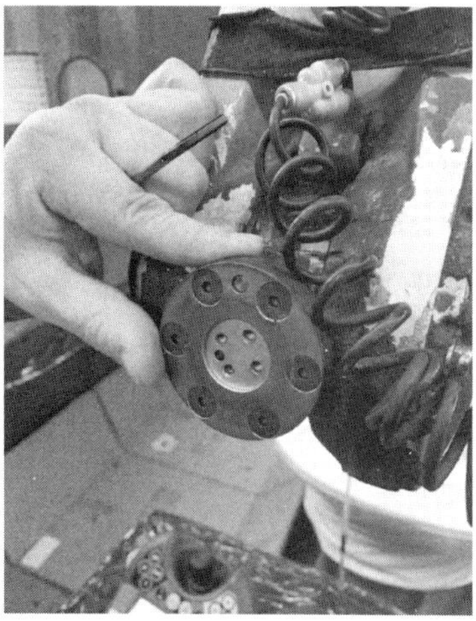
20	将摆锤支架安装到6轴的法兰上	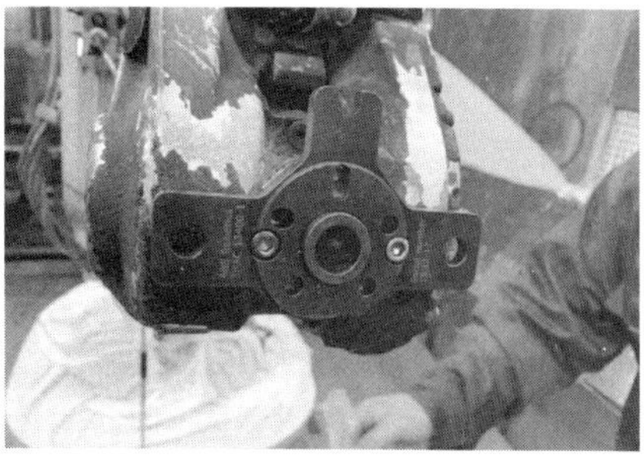
21	将摆锤固定到支架上	
22	运行程序，机器人会自动回零位开始校准，点击OK继续	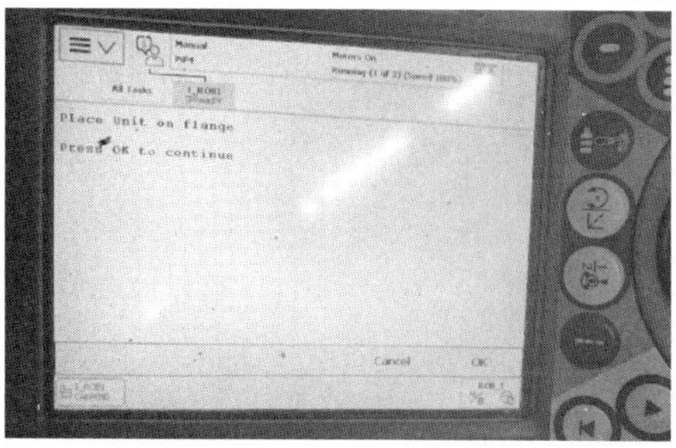

步骤	操作	图示
23	点击 Auto 自动回零位	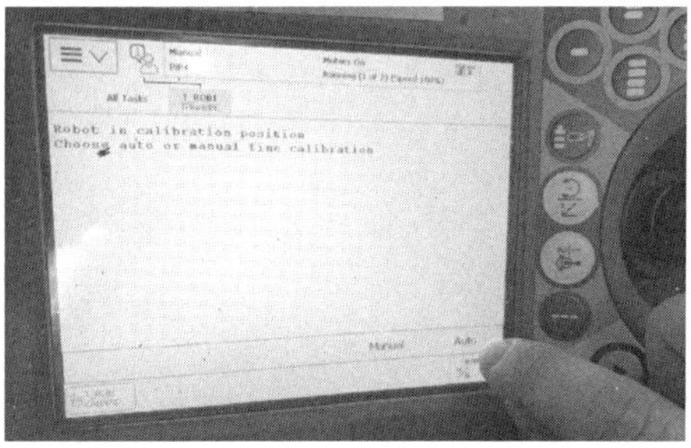
24	机器人会提示将要移动(校准过程机器人会动)	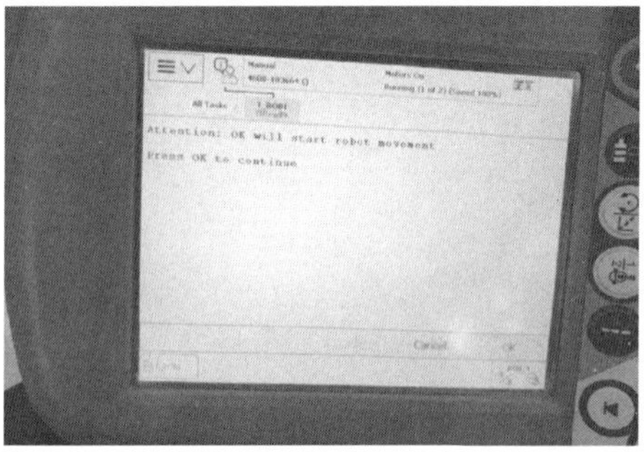
25	点击 OK 继续运行程序,机器人将到校准位置,点击 Auto 继续运行程序	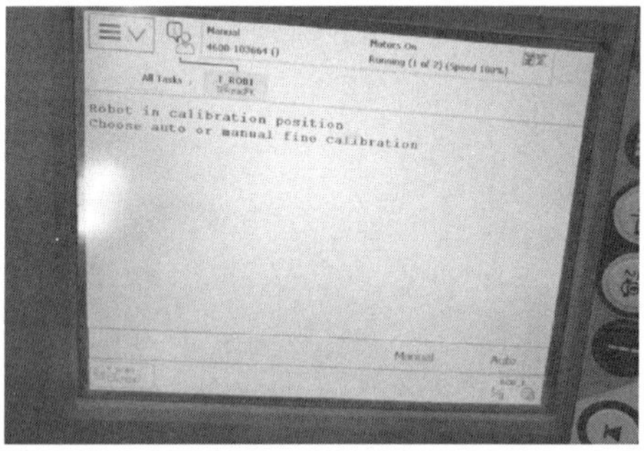
26	运行完程序后会提示精校准完成,选择 Yes 保存校准参数	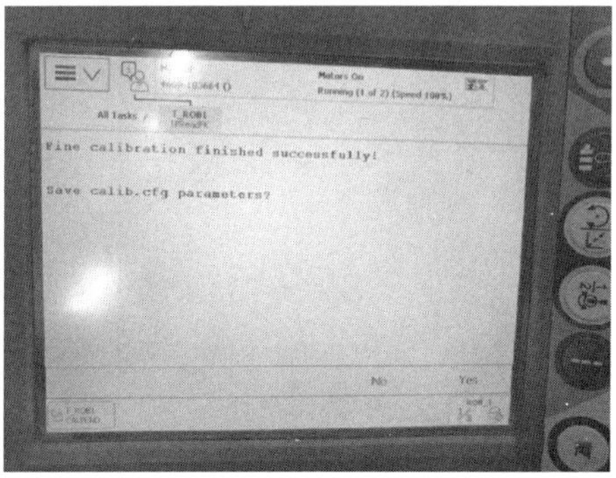
27	点击 HOME,机器人会自动更新到主计算机和 SMB 板卡里,跳出程序完成整个精校准,恢复工具及保护块等到最初状态	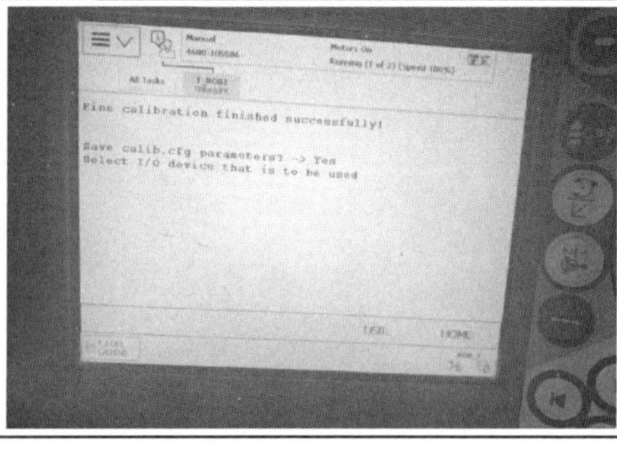

校准后轴配置数据偏差较大会对原始程序有影响，安全起见需手动运行以避免不必要的损失。必要时需修改程序，以保证生产线运行稳定。

3.2.2 测量筒校准

测量筒如图 3-45 所示，校准流程见表 3-3。

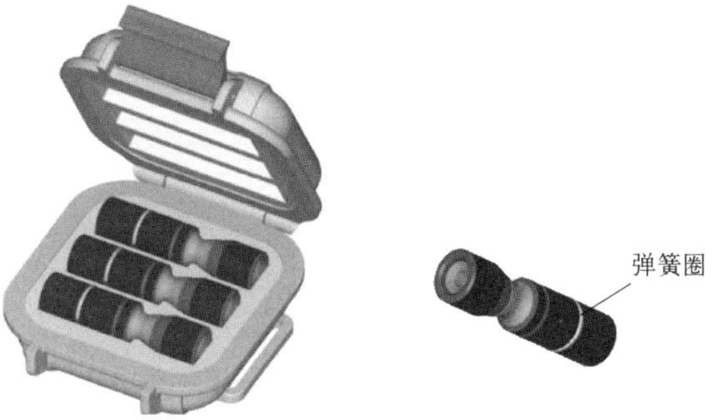

图 3-45 测量筒

表 3-3 应用测量筒校准流程

步骤	操作	图示
1	机器人运动到校准位置，进入校准程序	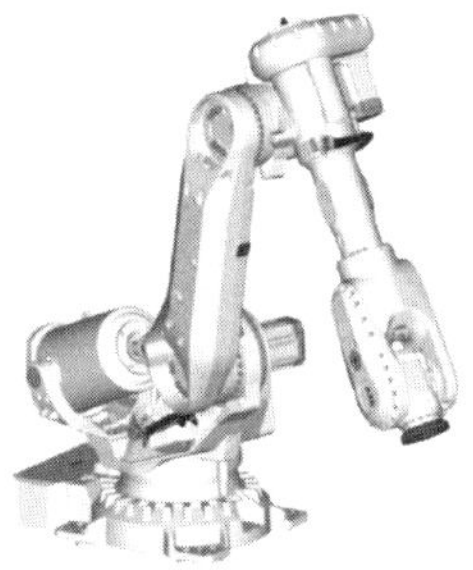
2	点击 Call Calibration Method	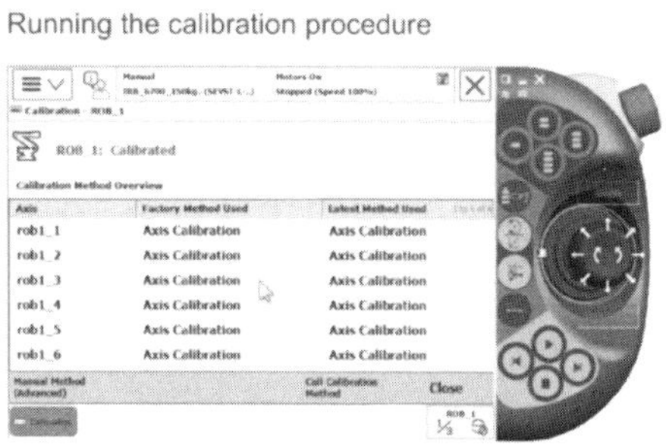
3	选择 Fine	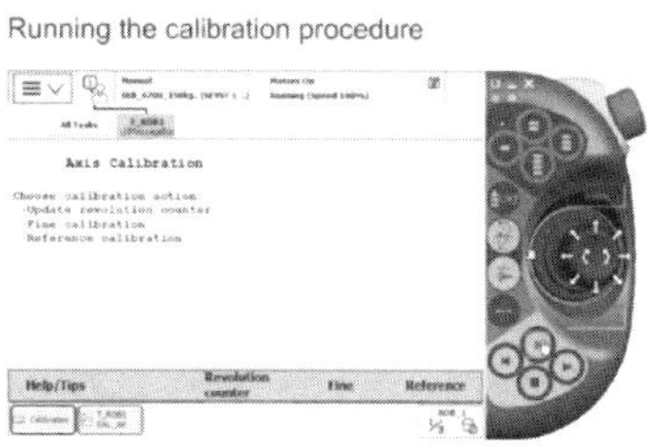

续表

步骤	操作	图示
4	点击 Calibrate	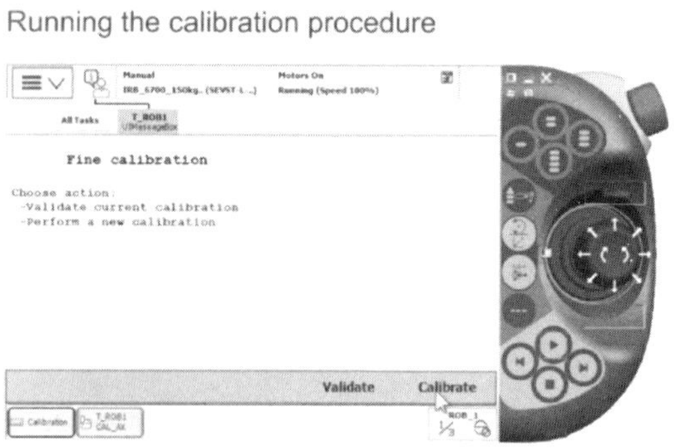
5	选择要精校准的轴，例如 1 轴	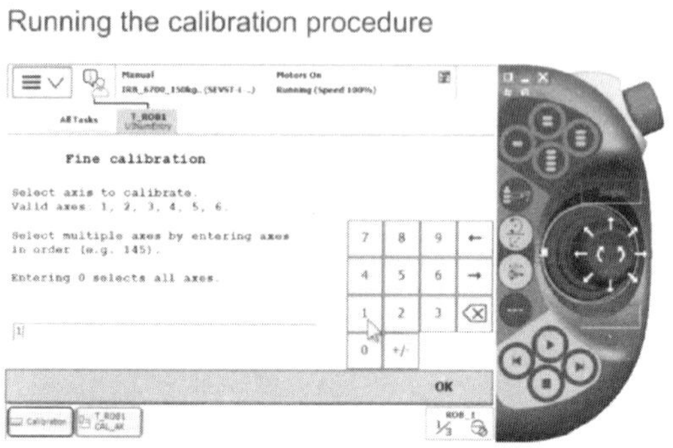
6	机器人运动到基准位	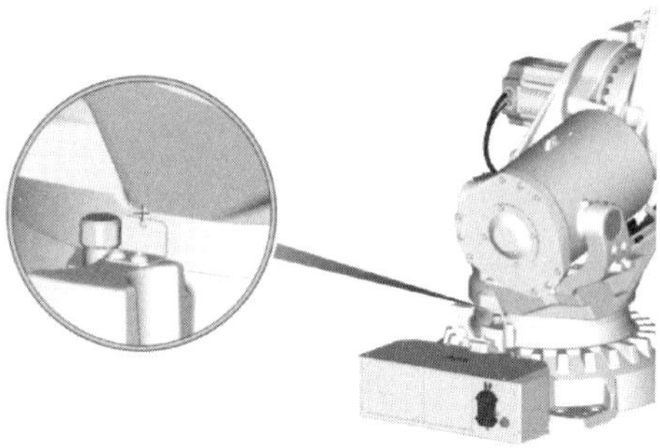
7	拆下机器人机座上的保护帽	

续表

步骤	操作	图示
8	拆下安装精校准工具的螺栓	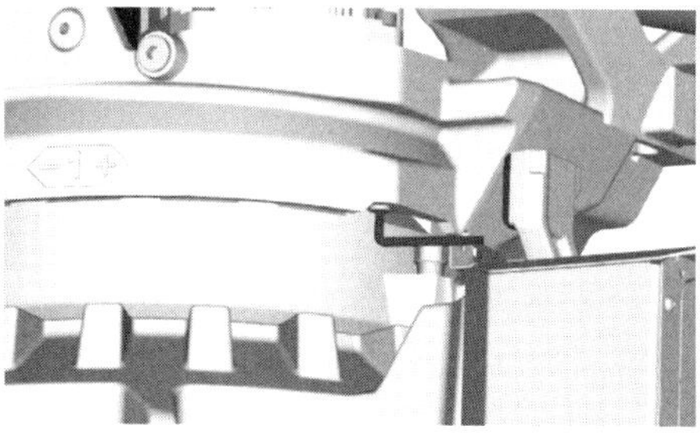
9	安装测量筒到1轴校准的孔内，弹簧圈侧朝上	
10	点击Move，上电	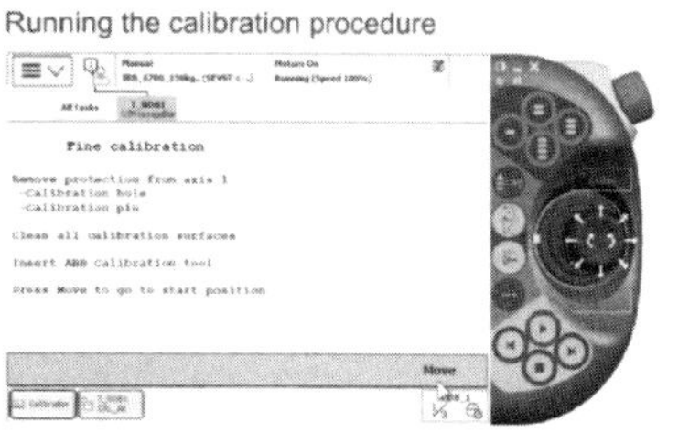
11	机器人自动运行校准程序	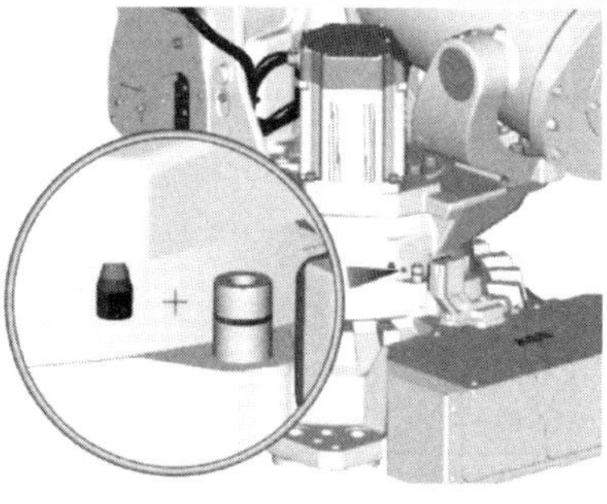 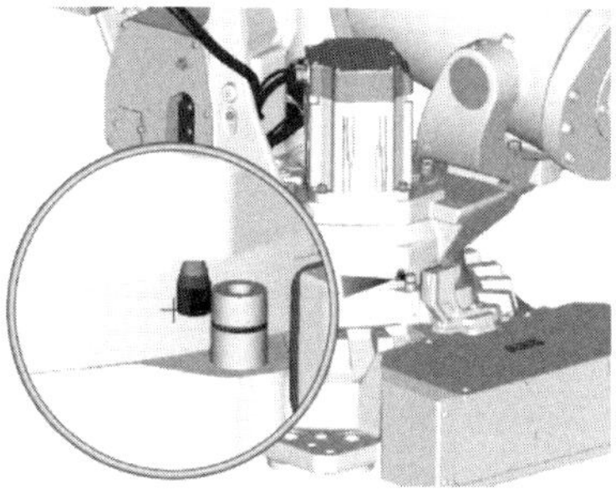

续表

步骤	操作	图示
12	运行三次后自动停止	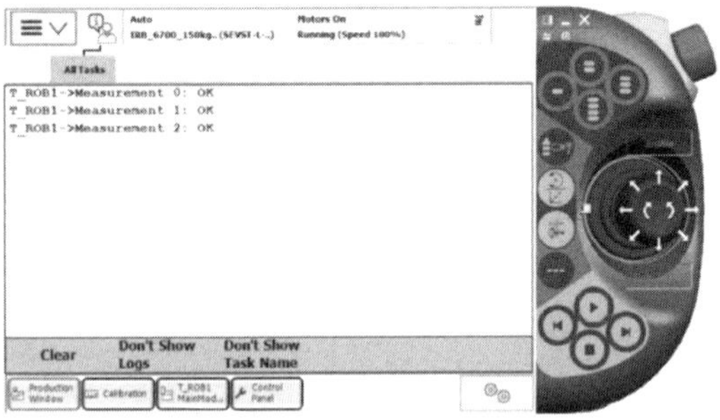
13	点击 Finish	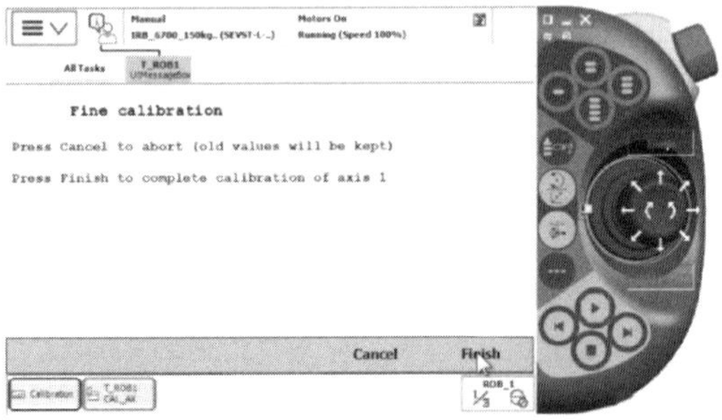
14	取出测量筒，再将螺栓和保护帽全部安装回去，完成精校准	

3.2.3 异常处理

校准过程中的异常情况处理见表 3-4 和表 3-5。

表 3-4　校准过程中的异常情况处理

序号	错误代码	说明	解决方案
1	50032，不允许该命令	在电机上电（Motors ON）状态尝试校准	更改为电机下电（Motors OFF）状态
2	50198，校准失败	由于未知的原点切换，校准时出现内部错误	①向 ABB 报告此问题 ②重新执行校准
3	50241，缺少函数	未购买"绝对精度"功能	将机器人系统参数"使用机器人校准"更改为 uncalib
4	50244，AbsAcc 校准失败	无法执行机器人 arg 的 AbsAcc 校准，返回状态 arg	①重新启动控制器 ②检查确保硬盘未满 ③安装更多存储器
5	50268，校准失败	不允许校准伺服工具：arg 位置为负	校准前调整伺服工具

续表

序号	错误代码	说明	解决方案
6	50370，向工业机器人存储器传输数据失败	由于SMB板卡断开，机械单元arg不允许从控制器向工业机器人存储器传输数据或传输中断。SMB板卡在校准或手动移动数据到工业机器人存储器之前或之中被断开	SMB板卡重新连接后，重试校准或手动将数据从控制器移到工业机器人存储器
7	50427，校准后关节未同步	在对使用备用校准位置的关节arg进行微调后，关节未移动至更新转数计数器的正常同步位置。系统将在下次重新启动或上电时取消同步关节	在用于清除转数计数器的正常位置清除转数计数器
8	50477，轴校准数据缺失	机械单元arg使用轴校准来校准，但控制器缺少配置参数，无法执行轴校准服务例行程序	确保轴校准配置已加载到控制器存储器，确认数据存在于备份中

表3-5　其他与校准相关的异常情况处理

序号	错误代码	说明	解决方案
1	20269，SC arg电机校准数据错误	尚未将任何校准数据下载到驱动模块arg上的安全控制器(SC)中，或者数据错误	将电机校准数据下载到安全控制器(SC)
2	20462，SC arg未找到校准偏移	检索安全控制器(SC)arg的电机校准偏移失败	下载新的校准偏移到安全控制器(SC)中
3	38101，SMB通信故障	系统进入“系统故障”状态并丢失校准消息。原因包括接触不良或电缆(屏蔽)损坏，特别是采用非ABB专用附加轴电缆时。也可能是因为串行测量电路板或轴计算机出现故障	①参阅工业机器人产品手册中的详细说明，重新设置工业机器人的转数计数器 ②确保串行测量电路板和轴计算机之间的电缆正确连接且符合ABB设定的规格 ③确保电缆屏蔽两端正确连接 ④确保工业机器人接线附近无极度电磁干扰辐射 ⑤更换故障单元，确保串行测量电路板和轴计算机正常工作
4	38102，内部故障	系统进入“系统故障”状态并丢失校准消息。这可能是由于工业机器人单元的某些短暂干扰或者轴计算机错误导致的	①重新启动系统 ②按工业机器人产品手册中的说明重置工业机器人的转数计数器 ③确保靠近工业机器人接线的区域没有强电磁干扰 ④更换故障部件，确保轴计算机工作正常
5	50053，转数计数器的差异过大	接点arg的转数计数器差异过大。系统检测到串行测量电路板上的转数计数器实际值与系统预期值相差过大。工业机器人未校准，并可手动微动控制，但无法执行自动操作。可能是电源关闭时手动更改了工业机器人手臂的位置。另外，也可能是串行测量电路板、分解器或电缆故障	①更新转数计数器 ②检查分解器和电缆 ③检查串行测量电路板，判定其是否存在故障，更换有故障的单元
6	50242，由于cfg数据的原因而未同步	控制柜与关节数据(校准偏移或校准位置)不匹配，或者校准偏移的标记有效，或者cfg中的换向偏移不为真	①更新转数计数器 ②重新校准关节 ③更改cfg数据

3.3 工业机器人维护

3.3.1 本体维护

3.3.1.1 注意事项

① 任何负责安装和维护工业机器人的人员务必阅读并遵循这些安全说明。只有熟悉工业机器人并且经过操作和处理工业机器人方面培训的人员才允许维护工业机器人。相关人员在饮酒、服用药品而受到影响后，不得维护、检修或使用工业机器人。

② 始终根据工业机器人的风险评估情况使用合适的个人防护装备。当操作人员在系统上操作时，需确保没有其他人可以打开控制柜和工业机器人的电源，建议始终用安全锁将主开关锁在控制柜中。

③ 工业机器人中存储的用于平衡某些轴的电量可能在拆卸工业机器人或其部件时释放，需注意防护。

④ 拆装机械单元时，需提防掉落的物体。

⑤ 切勿将工业机器人当作梯子使用，也就是说在检修过程中切勿攀爬工业机器人电机或其他部件。由于电机可能产生高温或工业机器人可能发生漏油，所以攀爬会有严重的灼伤和滑倒风险。工业机器人某些部件周围的温度也会很高，触碰可能会造成不同程度的灼伤。环境温度越高，工业机器人的表面越容易变热，从而可能造成灼伤。如果要拆卸可能会发热的组件，需等到其冷却，或者采用其他方式处理。

⑥ 采取任何必要的措施，确保卸除部件时工业机器人不会倒塌。

⑦ 线缆易受机械损坏，必须小心处理线缆，尤其是接插件，以避免损坏线缆。

⑧ 无论何时拆卸或装配电机和减速器，施加的压力过大都可能会损坏齿轮。

⑨ 对于所有在断电后仍将保持加压状态的组件，必须提供清晰可辨的泄放装置和标志，指明在对工业机器人系统进行调整或实施任何维护之前需要先进行减压操作。这些组件中可能存在残留电能，关机后需特别小心。

⑩ 开始维修前，必须释放整个气动或液压系统内的压力。操作液压设备的人员必须具备液压方面的专业知识和相关经验。必须检查所有管道、软管和连接是否有泄漏和损坏。如有损坏，必须立即修复。溅出的油料可能会引起人员伤害或火灾。

3.3.1.2 维护计划

（1）间隔说明

不同的工业机器人维护时间间隔是有差异的，表 3-6 对某工业机器人所需的维护活动和时间间隔进行了明确说明。

表 3-6 维护间隔

维护活动	部位	时间间隔
清洁	机器人	随时
检查	齿轮箱,油位	6 个月
检查	机器人线束	12 个月①
检查	信息标签	12 个月

续表

维护活动	部位	时间间隔
检查	轴 1 机械止动装置	12 个月
检查	阻尼器	12 个月
更换	齿轮油	当 DTC② 读数达 6000h 进行第一次更换；当 DTC② 读数达到 20000h 进行第二次更换；随后的更换时间间隔为 20000h
大修	机器人	30000h
更换	SMB 电池组	低电量警告③
检查	信号灯	12 个月
更换	电缆线束	30000h④（不包括选装上臂线束）
更换	齿轮箱⑤	30000h

① 检测到组件损坏或泄漏，或发现其接近预期组件使用寿命时，更换组件。

② DTC 为运行计时器，显示机器人的运行时间。

③ 电池的剩余后备容量（机器人电源关闭）不足 2 个月时，将显示低电量警告（38213 电池电量低）。对于较长的生产中断，通过电池关闭服务例行程序可延长使用寿命。

④ 严苛的化学或热环境，或类似的环境可导致预期使用寿命缩短。

⑤ 根据应用的不同，使用寿命也可能不同。为单个机器人规划齿轮箱维修时，机器人可能会暴露在化学物质、高温或湿气中，这些都会对齿轮箱的使用寿命造成影响。

（2）清洁机器人

清洁机器人时必须注意和遵守规定的指令，以免造成损坏。这些指令仅针对机器人。清洁设备部件、工具以及机器人控制系统时，必须遵守相应的清洁说明。

使用清洁剂和进行清洁作业时，必须注意以下事项。

① 仅限使用不含溶剂的水溶性清洁剂。

② 切勿使用可燃性清洁剂。

③ 切勿使用强力清洁剂。

④ 切勿使用蒸汽和冷却剂进行清洁。

⑤ 不得使用高压清洁装置清洁。

⑥ 清洁剂不得进入电气或机械设备部件中。

⑦ 注意人员保护。

操作步骤如下。

① 停止运行机器人。

② 必要时停止并锁住邻近的设备部件。

③ 如果为了便于进行清洁作业而需要拆下罩板，则将其拆下。

④ 对机器人进行清洁。

⑤ 从机器人上完全去除清洁剂。

⑥ 清洁生锈部位，然后涂上新的防锈材料。

⑦ 从机器人的工作区中去除清洁剂。

⑧ 更换已损坏、不能辨认的标牌和盖板。

⑨ 重新装上拆下的罩板。

⑩ 仅将功能正常的机器人和系统重新投入运行。

3.3.1.3 检查

(1) 检查齿轮箱油位

① 关闭连接到机器人的电源、液压源、气压源，然后再进入机器人工作区域。

② 打开检查油塞。

③ 检查所需的油位。

④ 根据需要加油。

⑤ 重新装上检查油塞。

(2) 检查电缆线束

机器人电缆线束位置如图 3-46 所示。

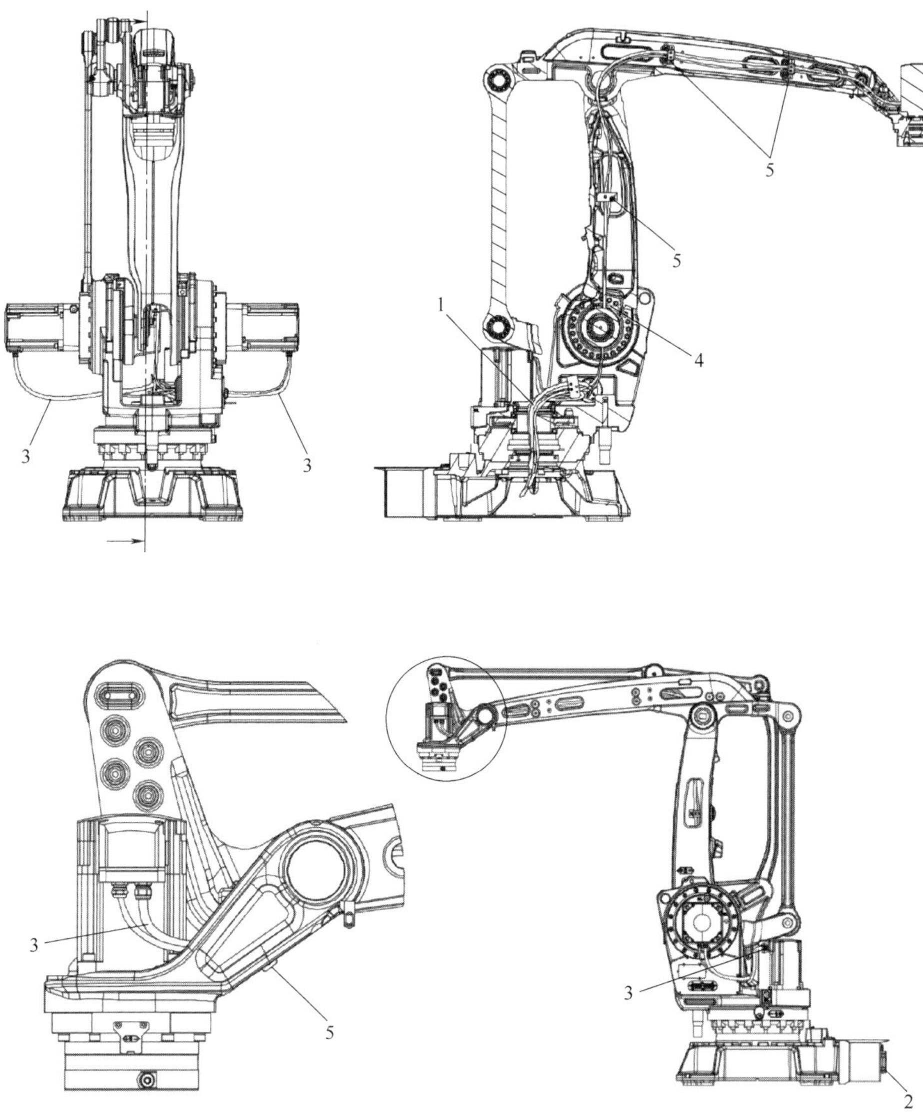

图 3-46 机器人电缆线束位置

1—机器人电缆线束（1～6 轴）；2—机座上的连接器；3—电机电缆；4—电缆导向装置（2 轴）；5—金属夹具

检查电缆线束步骤如下。

① 关闭连接到机器人的电源、液压源、气压源，然后再进入机器人工作区域。

② 对电缆线束进行全面检查，检测磨损和损坏情况。

③ 检查机座上的连接器。

④ 检查电机电缆。

⑤ 检查电缆导向装置（2 轴）如有损坏，将其更换。

⑥ 检查下臂上的金属夹具。

⑦ 检查上臂内部固定电缆线束的金属夹具（图 3-47）。

⑧ 检查 6 轴上固定电机电缆的金属夹具。

⑨ 如果检测到磨损或损坏，则更换电缆线束。

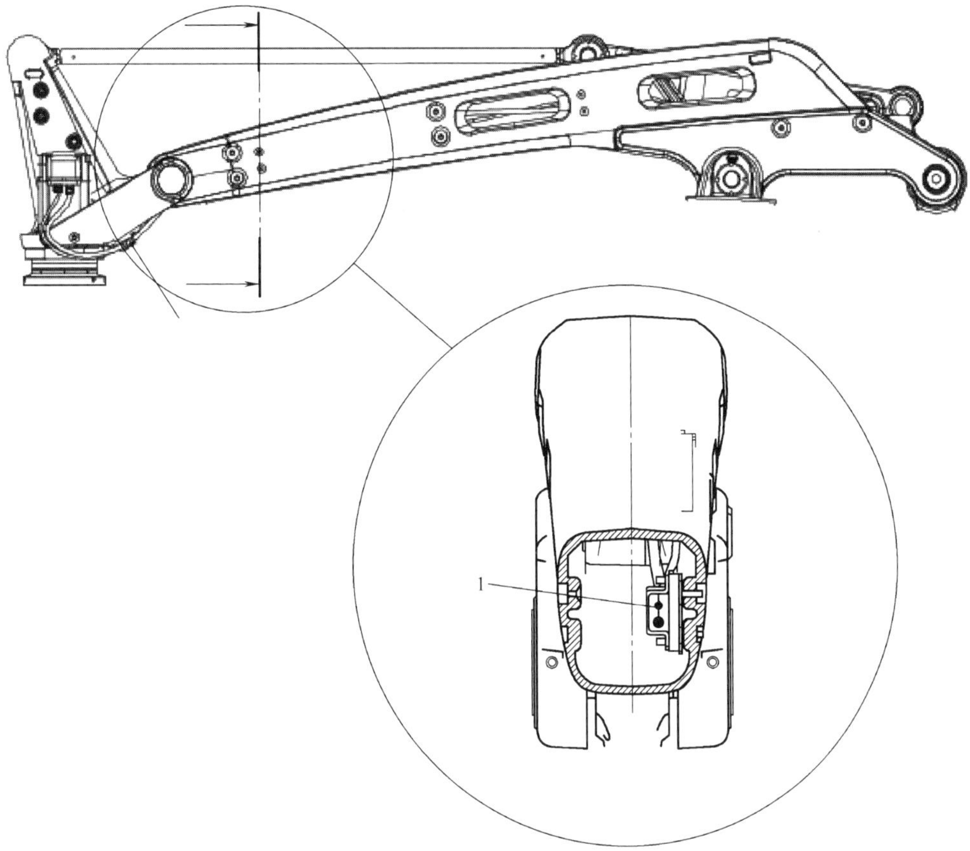

图 3-47 上臂内部固定电缆线束的金属夹具

1—上臂内部的金属夹具

(3) 检查信息标签

标签位置如图 3-48 所示。

检查标签步骤如下。

① 关闭连接到机器人的电源、液压源、气压源，然后再进入机器人工作区域。

② 检查各标签。

③ 更换所有丢失或受损的标签。

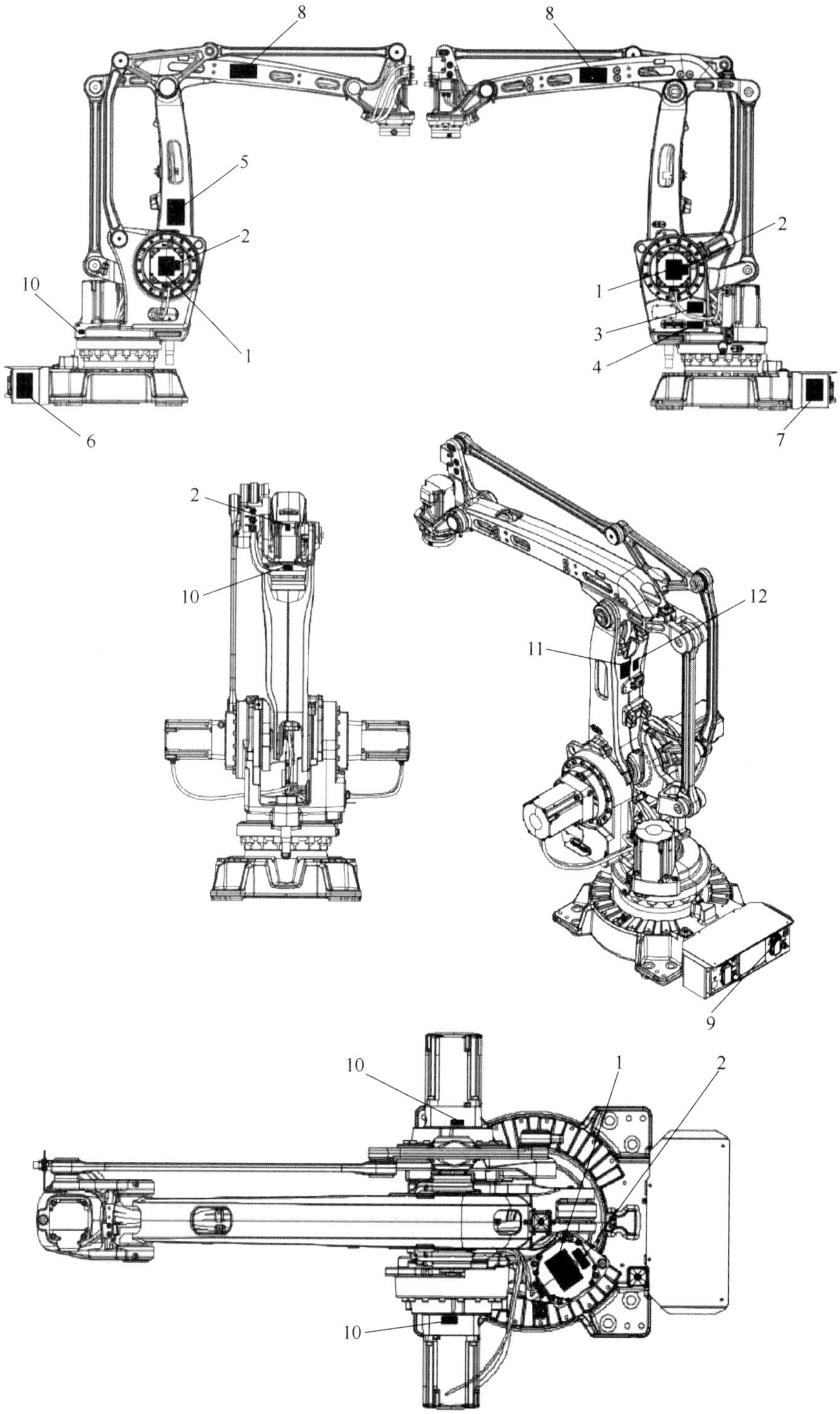

图 3-48　标签位置

1—警告标签“高温”（位于电机盖上）；2—警告标签，闪电符号（位于电机盖上）；3—组合警告标签“移动机器人”“用手柄关闭”和“拆卸前参阅产品手册”；4—组合警告标签，“制动闸释放”“制动闸释放按钮”和“移动机器人”；5—起吊机器人的说明标签；6—警告标签，“拧松螺栓时的翻倒风险”；7—规定了向齿轮箱注入哪种油的信息标签；8—ABB 标识；9—UL 标签；10—每个齿轮箱旁边，规定齿轮箱使用哪种油的信息标签；11—序列号标签；12—校准标签

(4) 检查机械止动装置

图 3-49 所示为 1 轴机械止动装置位置。

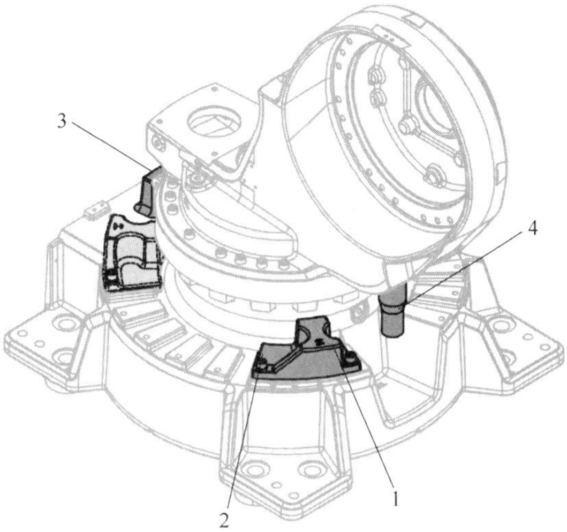

图 3-49 1 轴机械止动装置位置

1—可移动的机械止动装置（1 轴）；2—连接螺钉和垫圈；3—固定的机械止动装置；4—机械停止销（1 轴）

检查机械止动装置步骤如下。

① 关闭连接到机器人的电源、液压源、气压源，然后再进入机器人工作区域。

② 检查 1 轴机械止动装置是否受损。

③ 确保机械止动装置安装正确。1 轴机械止动装置的正确拧紧力矩为 115N·m。

④ 如果检测到任何损伤，则必须更换机械止动装置。

(5) 检查阻尼器

图 3-50 显示阻尼器位置。检查阻尼器的步骤如下。

① 关闭连接到机器人的电源、液压源、气压源，然后再进入机器人工作区域。

② 检查所有阻尼器是否受损、破裂或存在大于 1mm 的印痕。

③ 检查连接螺钉是否变形。

④ 如果检测到任何损伤，必须用新的阻尼器更换受损的阻尼器。

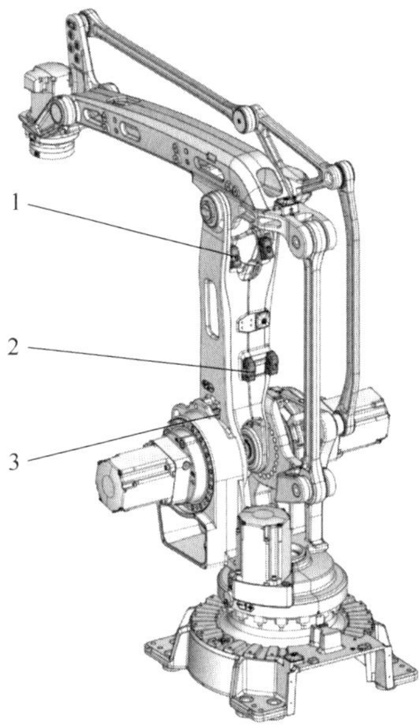

图 3-50 阻尼器位置

1—阻尼器（下臂上部）；2—阻尼器（下臂下部）；3—阻尼器（2 轴）

(6) 检查信号灯（选装件）

信号灯位置如图 3-51 所示。

检查信号灯步骤如下。

① 当电机运行时（Motors ON），检查信号灯是否常亮。

② 如果信号灯未常亮，通过以下方式查找故障。

a. 关闭连接到机器人的电源、液压源、气压源，然后再进入机器人工作区域。

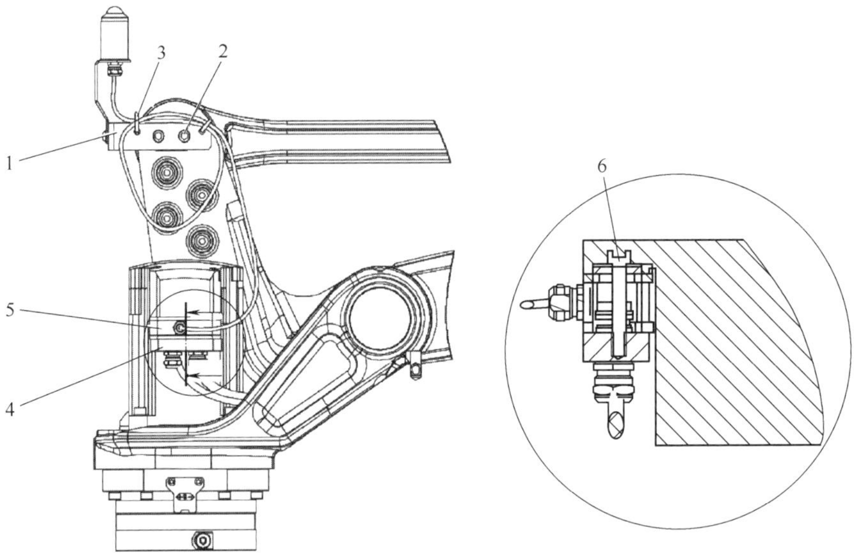

图 3-51　信号灯位置

1—信号灯支架；2,6—连接螺钉；3—电缆带；4—电缆接头盖；5—电机适配器（包括垫圈）

b. 检查信号灯是否损坏。如已损坏，更换该信号灯。

c. 检查电缆连接。

d. 测量在 6 轴电机连接器处的电压，查看该电压是否等于 24V。

e. 检查布线。如果检测到故障，更换线缆。

3.3.1.4　换油

机器人机座处的标签显示所有齿轮箱用油的类型，如图 3-52 所示。各轴齿轮箱位置如图 3-53～图 3-56 所示。

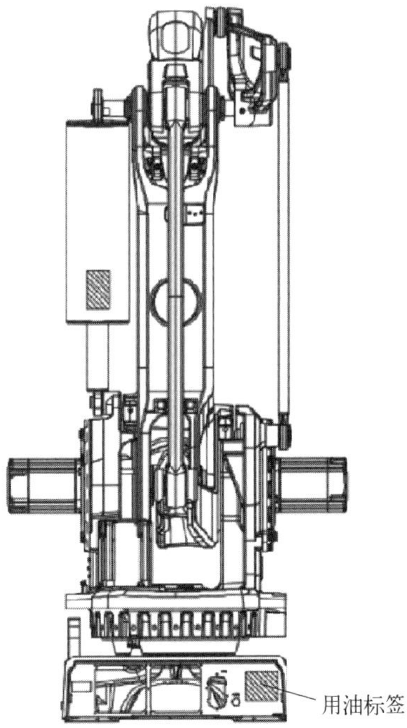

图 3-52　机器人机座处的标签

(1) 排油步骤

① 关闭连接到机器人的电源、液压源、气压源，然后再进入机器人工作区域。

② 对于 1 轴和 6 轴，卸下注油塞，对于 2 轴和 3 轴，卸下通风孔塞，可让排油速度加快。

③ 卸下排油塞并用带油嘴和集油箱的软管排出齿轮箱中的油。

④ 重新装上各堵塞。

(2) 注油步骤

① 关闭连接到机器人的电源、液压源、气压源，然后再进入机器人工作区域。

② 对于 1 轴和 6 轴，打开注油塞；对于 2 轴和 3 轴，同时拆下通风孔塞。

③ 向齿轮箱重新注入润滑油。需重新注入的润滑油量取决于之前排出的润滑油量。

④ 对于 1 轴和 6 轴，重新装上注油塞；对于 2 轴和 3 轴，重新装上注油塞和通风孔塞。

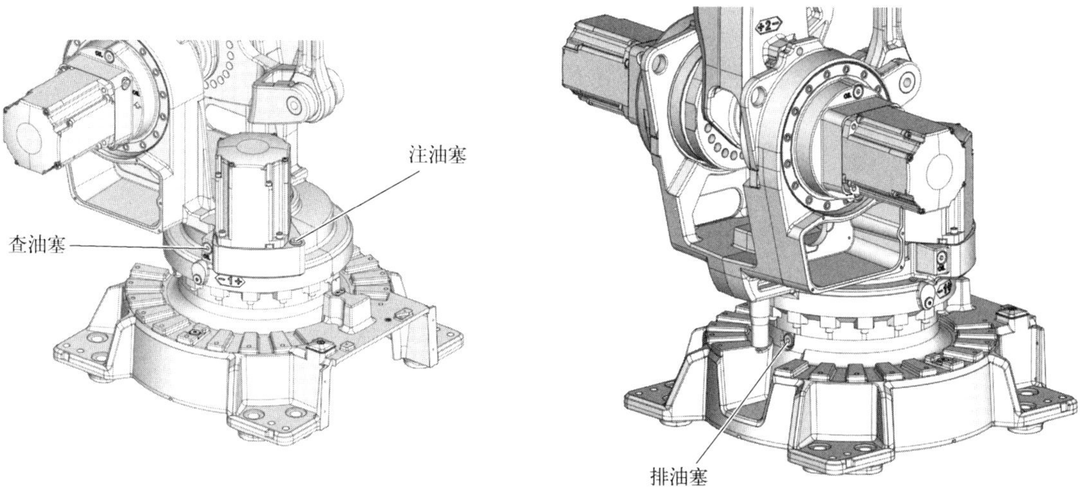

图 3-53　1 轴齿轮箱位置

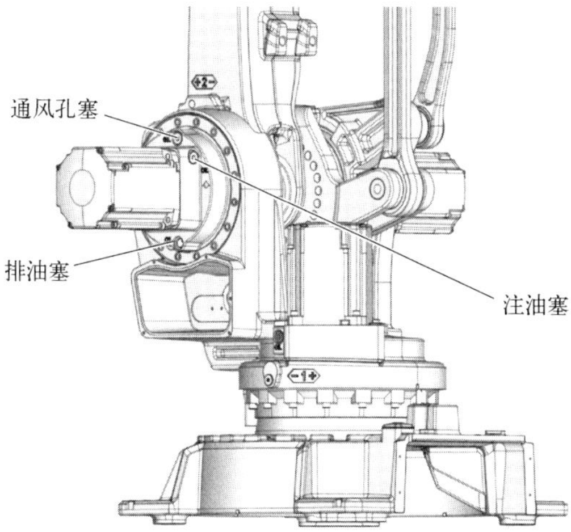

图 3-54　2 轴齿轮箱位置

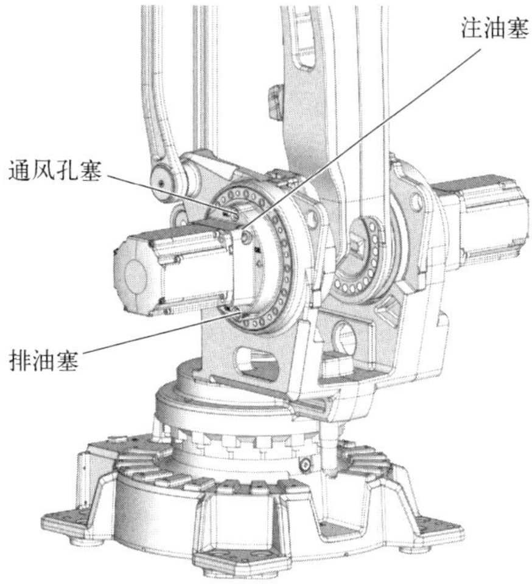

图 3-55　3 轴齿轮箱位置

3.3.2 控制柜维护

3.3.2.1　控制柜的清洁

为保证较长的正常运行时间，务必定期清洁控制柜。清洁的时间间隔取决于工作环境。根据不同的防护类型，可采用不同的清洁方法。控制柜的定期清洁需要使用真空吸尘器，注意静电放电保护。如果需要，需使用受 ESD（静电放电）保护的真空吸尘器来清洁控制柜内部。

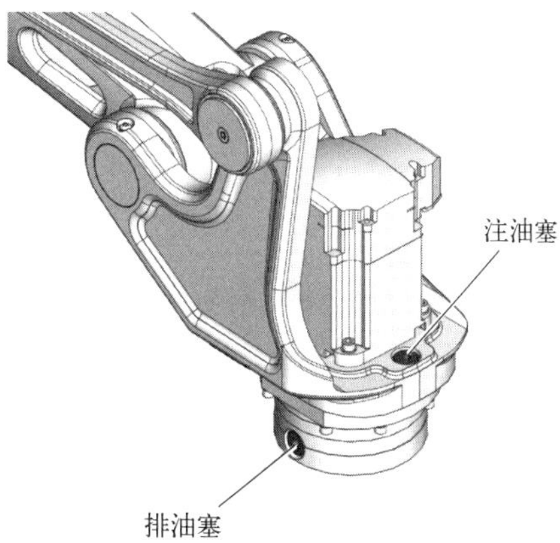

图 3-56　6 轴齿轮箱位置

注意事项如下。

① 使用 ESD 保护。

② 清洁前，先检查是否所有保护盖都已安装

到控制柜。

③ 清洁控制柜外部时，切勿卸除任何保护盖或其他保护装置。

④ 切勿使用压缩空气或使用高压清洁器进行喷洒。

⑤ 可用真空吸尘器清洁，Standard 防护时可用少量清洁剂清洁；Cleanroom 防护时，可用少量清洁剂、酒精或异丙醇清洁。不可使用水或蒸汽清洁，清洁后需确保没有液体流入工业机器人或滞留在缝隙或表面。

3.3.2.2 控制柜的维护计划

工业机器人控制柜必须进行定期维护才能确保其功能。维护计划明确规定了维护活动及相应间隔，时间间隔取决于设备的工作环境，较为清洁的环境可以延长维护间隔（表 3-7）。

表 3-7 维护间隔

设备	维护活动	时间间隔
完整的控制柜	检查	12 个月
系统风扇	检查	6 个月
示教器	清洁	随时
紧急停止(示教器和操作面板)	功能测试	12 个月
模式开关	功能测试	12 个月
使能装置	功能测试	12 个月
电机接触器	功能测试	12 个月
制动接触器	功能测试	12 个月
自动停止(如果使用则测试)	功能测试	12 个月
常规停止(如果使用则测试)	功能测试	12 个月
安全部件	翻新	20 年

3.3.2.3 控制柜的检查

(1) 日常检查

① 在控制柜内进行任何作业之前，首先确保主电源已经关闭，断开输入电源线缆与墙壁插座的连接。

② 控制柜容易受 ESD 影响 ，所以在进行控制柜日常检查之前需排除静电危险。通常使用手腕带、ESD 保护地垫和防静电桌垫来排除静电放电危险。

③ 检查控制柜上布线以确认接线准确 ，并且布线没有损坏。

④ 检查系统风扇和控制柜表面的通风孔以确保其清洁。

⑤ 清洁后暂时打开控制柜电源，确保其正常工作后，关闭电源。

(2) 散热风扇检查

图 3-57 所示为系统风扇的位置 ，计算机风扇位于控制柜上盖的下面 ，如图 3-58 所示，

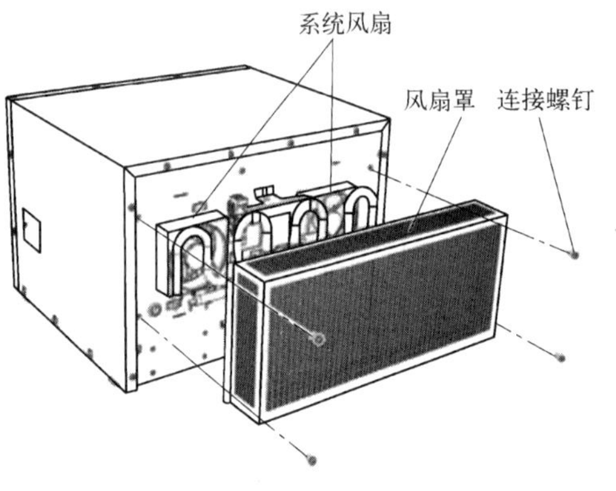

图 3-57 系统风扇位置

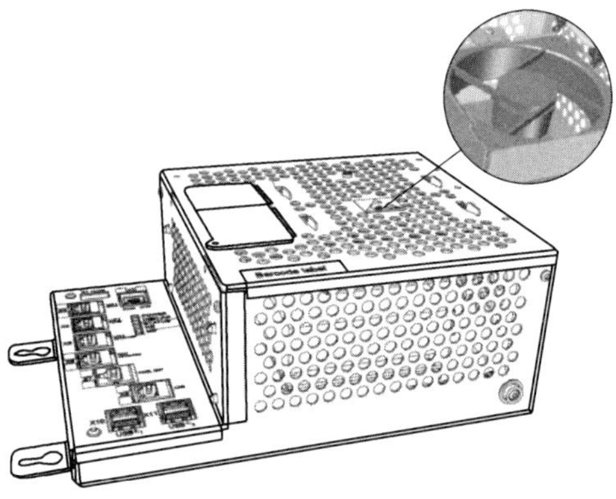

图 3-58 计算机风扇位置

需定期检查风扇的散热状态并清洁。

3.3.2.4 散热风扇的清洁

(1) 系统风扇的清洁

① 关闭控制柜上的主电源开关（图 3-59）。断开输入电源线缆与外部电源插座的连接。

② 卸除风扇罩上的四个连接螺钉。

③ 将风扇罩推到左边，然后将其卸除。注意：泄流器顶部为热表面，直接接触有灼伤危险，卸除装置时应小心谨慎。

④ 露出风扇，采用产品手册中介绍的清洁方法与工具，小心清理系统风扇，完成清理后参照上述步骤重新装回系统风扇罩。

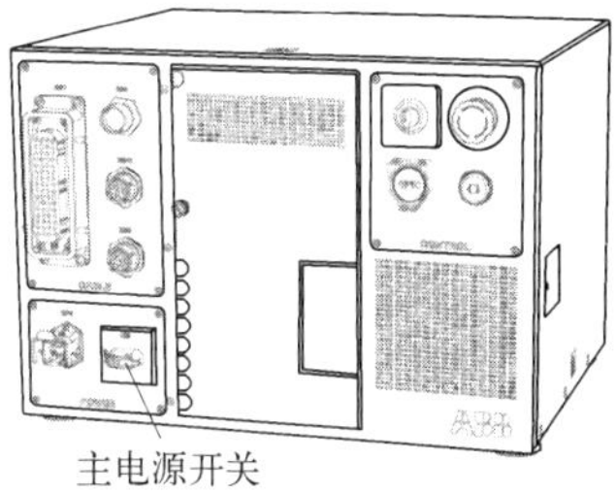

图 3-59 系统风扇的清洁

(2) 计算机风扇的清洁

① 关闭控制柜上的主电源开关。断开输入电源线缆与外部电源插座的连接。该装置易受 ESD 影响，所以操作前需选择使用手腕带、ESD 保护地垫和防静电桌垫来排除静电放电危险。

② 卸除盖板上的固定螺钉，向控制柜的背部方向推动盖板，以便它从前面板的弯曲处松开，然后向上拉将其卸除（图 3-60）。

③ 卸下固定螺钉并拉开上盖，打开计算机单元，如图 3-61 所示。露出风扇，采用产品手册中介绍的清洁方法与工具，小心清理风扇，完成清理后需参照上述步骤重新装回部件即可。

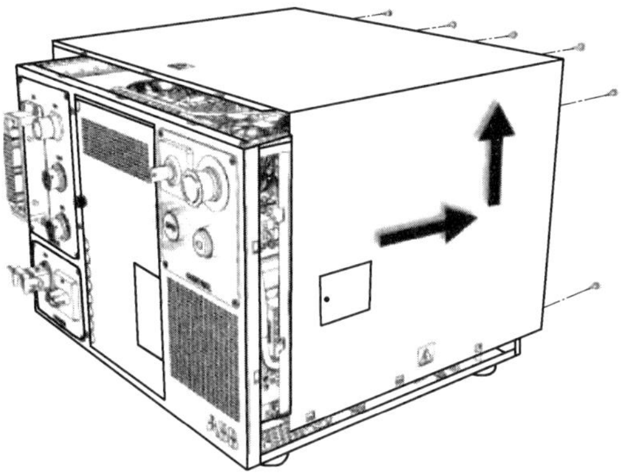

图 3-60 卸除盖板

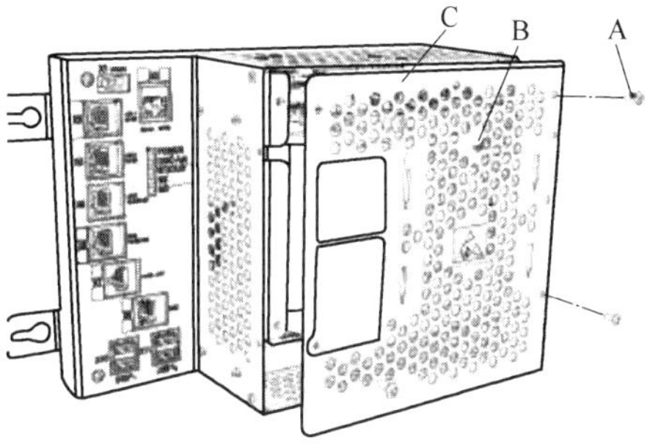

图 3-61 卸除上盖

A—上盖固定螺钉；B—风扇固定螺钉；C—上盖

3.3.2.5 示教器的清洁

示教器需要清洁的表面如图 3-62 所示。

(1) 清洁步骤

① 关闭控制柜上的主电源开关。断开输入电源线缆与外部电源插座的连接。该装置易受 ESD 影响，所以操作前需选择使用手腕带、ESD 保护地垫和防静电桌垫来排除静电放电危险。

② 使用软布和水或温和的清洁剂来清洁触摸屏和按键。

（2）注意事项

① 清洁前，先检查是否所有保护盖都已安装到示教器，确保没有异物或液体能够渗透到示教器内部。

② 切勿用高压清洁器进行喷洒。

③ 切勿用压缩空气、溶剂、洗涤剂或擦洗海绵来清洁示教器。

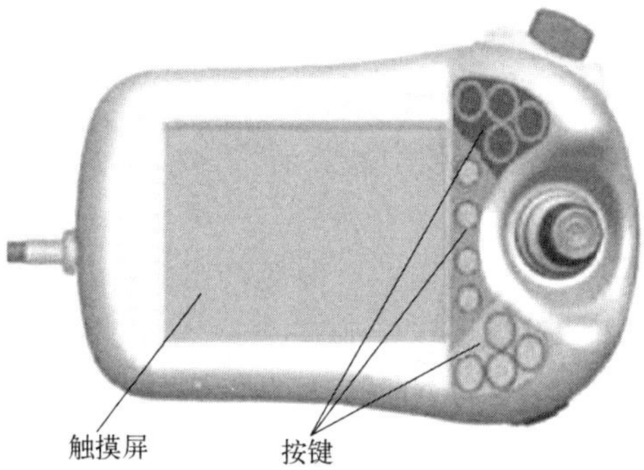

图 3-62　示教器需要清洁的表面

3.4 工业机器人拆卸

注意：在执行以下作业时机器人必须在各个工作步骤之间多次移动，作业时必须始终通过按下紧急停止装置锁定机器人；机器人意外运动可能会导致人员受伤及设备损坏，若要在一个接通的、有运行能力的机器人上作业，则只允许机器人以运行方式 T1（慢速）运行，必要时可通过按下紧急停止装置使该机器人停住；运行必须限制在最为必要的范围内；在投入运行和移动机器人前应向参与工作的相关人员发出警示。

3.4.1 拆卸地面安装型机器人

注意：拆卸地点可以通行用于运输的起重机，不会因其他设备部件而产生危险。

① 锁止机器人。

② 拆下工具和加装件。

③ 运行机器人，将其移动至装运姿态。

④ 通过按下紧急停止装置锁定机器人，使机器人停止运行。

⑤ 松开并拔下外围设备接口。

⑥ 松开电机电缆插头和数据线插头，并将其拔下（图 3-63）。

⑦ 松开接地线，并将其拔下。

⑧ 悬挂运输吊具。

⑨ 取下四个螺栓及垫圈。

⑩ 用起重机将机器人从固定面上垂直吊起，然后运走。吊起时切勿损伤两根销钉。

注意：机器人可能会因绊在固定面上而突然松开，从而导致伤及人员或材料，机器人必须松松地位于固定面上，除去全部的固定材料并事先松开粘接件。

⑪ 准备仓储机器人。

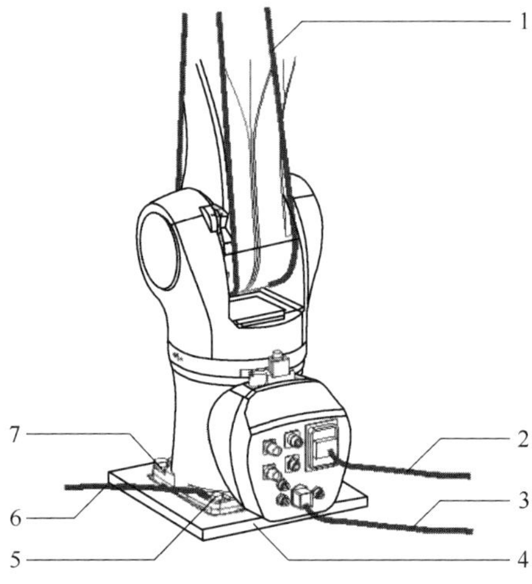

图 3-63　拆卸地面机器人

1—运输吊具；2—电机电缆；3—数据线；4—固定面；5—螺栓；6—接地线；7—销钉

3.4.2 拆卸墙壁安装型机器人

注意：从系统中拆下机器人控制器时，停止

运行机器人控制器所必需的所有工作。

① 锁止机器人。

② 拆下工具和加装件。

③ 运行机器人并将其移动至装运姿态。

④ 通过按下紧急停止装置锁定机器人，使机器人停止运行。

⑤ 松开并拔下外围设备接口。

⑥ 松开电机电缆插头和数据线插头，并将其拔下。

⑦ 松开接地线，并将其拔下。

⑧ 旋转吊具，将其拧紧在墙壁安装型机器人上。

⑨ 叉车提起吊具，叉车叉在拆卸过程中必须留在吊具的叉孔中，以防滑动。

注意：用叉车提起吊具时，必须留意叉孔宽度（140mm），否则会造成财产损失。

⑩ 将两个螺栓（前部）和垫片从机座上取下。

⑪ 将吊具小心地推至机器人的机座上。

⑫ 用两个螺栓（前部）和垫片将前部机器人紧固在吊具上。

⑬ 将两个螺栓（后部）和垫片从机座上取下。

⑭ 将摆动支架定位在机座上。

⑮ 用两个螺栓（后部）和垫片将摆动支架固定在机座上。

⑯ 用两个螺栓（安全防护）和垫片将摆动支架固定在吊具上。

⑰ 用叉车将机器人从墙壁上缓慢地移开。

⑱ 将运输吊具悬挂到吊具上的两个钩环和起重机上。

⑲ 将叉车叉从吊具叉孔中缓慢且小心地移出。

⑳ 第一个人用起重机将机器人缓慢地降下，第二个人在降下过程中防止机器人倾覆。

注意：在降下过程中确保机器人不要发生倾覆，否则会造成重伤和财产损失。

㉑ 将机器人缓慢旋转 90°，并将其小心地放下。

㉒ 将四个螺栓（前部和后部）和垫片从吊具上取下。

㉓ 将两个螺栓（安全防护）和垫片从摆动支架上取下。

㉔ 将摆动支架向外旋转。

㉕ 将吊具从机座上小心地向后下推。

㉖ 准备仓储机器人。

3.4.3 拆卸天花板安装型机器人

注意：从系统中拆下机器人控制器时，停止运行机器人控制器所必需的所有工作。

① 锁止机器人。

② 拆下工具和加装件。

③ 运行机器人并将其移动至装运姿态。

④ 通过按下紧急停止装置锁定机器人，使机器人停止运行。

⑤ 松开并拔下外围设备接口。

⑥ 松开电机电缆插头和数据线插头，并将其拔下。

⑦ 松开接地线，并将其拔下。

⑧ 旋转吊具，将其拧紧在天花板安装型机器人上。

⑨ 叉车提起吊具，叉车叉在拆卸过程中必须留在吊具的叉孔中，以防滑动。

⑩ 将两个螺栓（前部）和垫片从机座上取下。
⑪ 将吊具小心地推至机器人的机座上。
⑫ 用两个螺栓（前部）和垫片，将前部机器人紧固在吊具上。
⑬ 将两个螺栓（后部）和垫片从机座上取下。
⑭ 将摆动支架定位在机座上。
⑮ 用两个螺栓（后部）和垫片将后部摆动支架固定在机座上。
⑯ 用两个螺栓（安全防护）和垫片将摆动支架固定在吊具上。
⑰ 用叉车将机器人缓慢降下。
⑱ 将运输吊具悬挂到吊具上的两个钩环和起重机上。
⑲ 将叉车叉从吊具叉孔中小心地移出。
⑳ 第一个人用起重机将机器人缓慢地向上提升，第二个人在提升过程中防止机器人倾覆。
㉑ 将机器人缓慢旋转 180°，并将其小心地放下。
㉒ 将四个螺栓（前部和后部）和垫片从吊具上取下。
㉓ 将两个螺栓（安全防护）和垫片从摆动支架上取下。
㉔ 将摆动支架向外旋转。
㉕ 将吊具从机座上小心地向后下推。
㉖ 准备仓储机器人。

3.5 工业机器人仓储

（1）注意事项

长时间存放机器人时必须注意如下事项。
① 仓储地点必须尽可能干燥、无灰尘。
② 避免温度波动。
③ 避免风吹和穿堂风。
④ 避免形成冷凝水。
⑤ 选择盖板，使其不会自行松动并能不受环境影响。
⑥ 机器人上不得留有松动的部件。
⑦ 在仓储期间，机器人不得被阳光直射。
⑧ 注意并保持仓储温度范围。
⑨ 仓储地点的选择应注意不会使薄膜受损。

（2）操作步骤

① 拆卸机器人。
② 拆下工具和装备。
③ 清洁并擦干机器人。机器人上或机器人中不得留有污迹和残留的清洁剂。
④ 对机器人进行目检。
⑤ 清除异物。
⑥ 按专业要求清除可能的锈蚀点。
⑦ 装上机器人的所有盖板，并确认密封件功能完好。
⑧ 用合适的盖子封闭电气接口。
⑨ 用合适的堵头封住软管接头。
⑩ 用薄膜盖住机器人，并在机座上将薄膜密封防尘。需要时可在薄膜下再放入干燥剂。

第4章 桁架工业机器人安装与调试

4.1 圆柱坐标机器人安装与调试

根据图样要求，完成华数 HSR-HL403 圆柱坐标机器人的安装与调试。

4.1.1 机械部分安装

根据机械部分总装图（图 4-1），完成华数 HSR-HL403 圆柱坐标机器人机械部分的安装。按图样要求，备齐相关零部件和工具、量具。

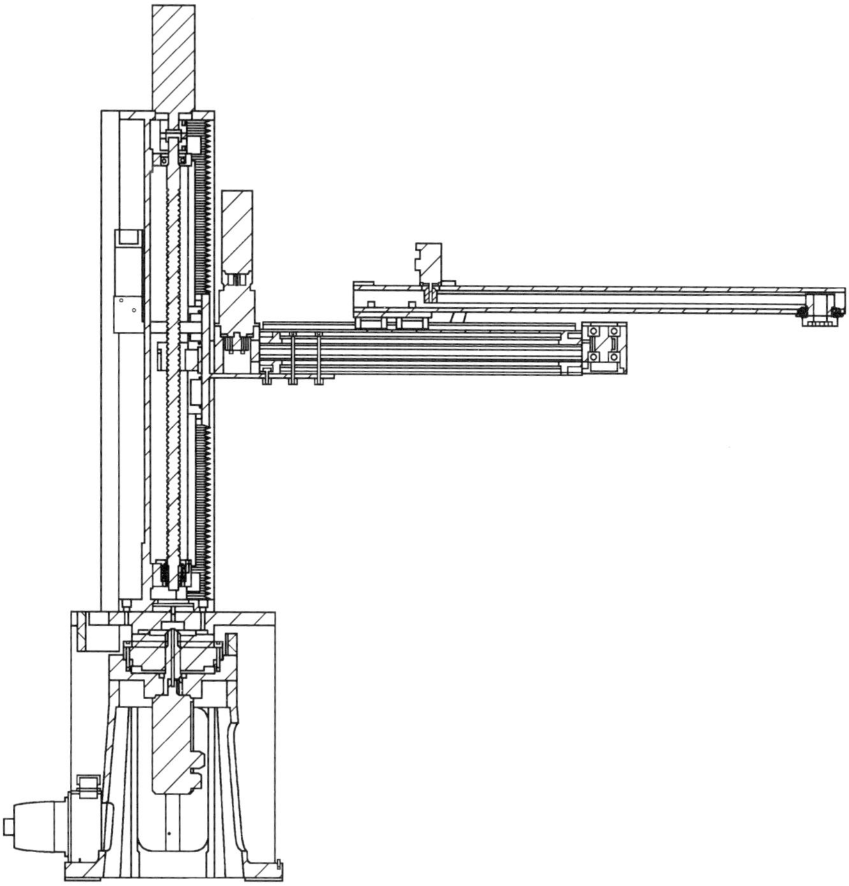

图 4-1 HSR-HL403 圆柱坐标机器人安装图

（1）底座的安装

底座作为机器人的基础部分，其稳定程度对搬运的精度有着极其重要的影响，它能吸收有害的振动，是起支承和固定作用的重要部件。底座装配图如图 4-2 所示，安装步骤与要求见表 4-1。

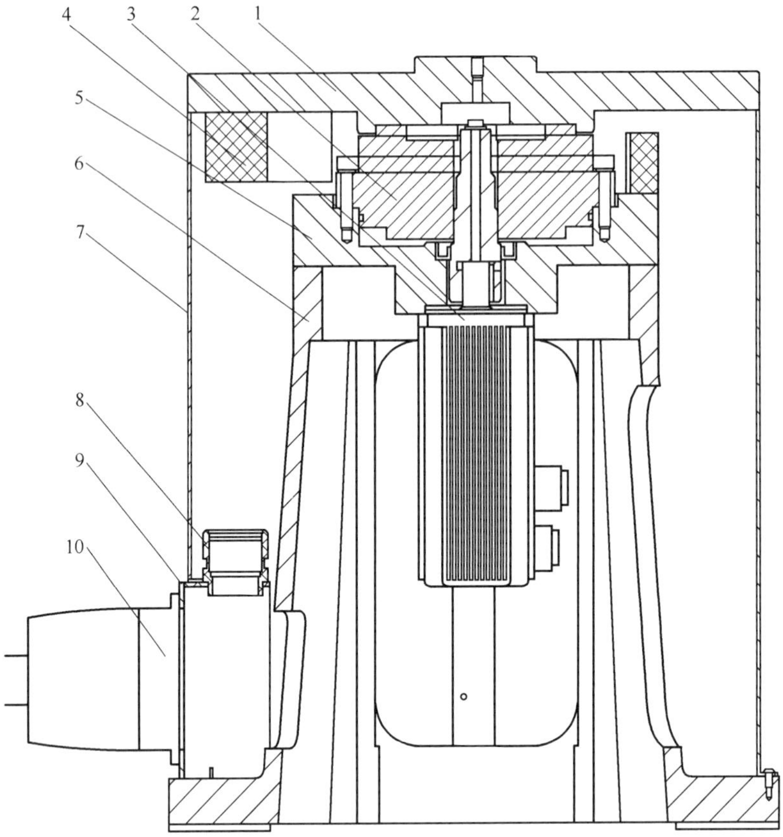

图 4-2　HSR-HL403 圆柱坐标机器人底座装配图

1—RV40E 旋转台；2—RV40E 减速器；3—伺服电机；4—上防撞块；5—RV40E 连接法兰；6—底部支承筒；7—底座防护罩；8—波纹管接头；9—航空插座安装板；10—重载连接器

表 4-1　底座的安装步骤与要求

步骤	装配内容	连接方法	装配要求
1	伺服电机 3 与 RV40E 减速器输入轴装配	间隙孔轴配合	配合间隙同轴度 ϕ0.01mm
2	伺服电机 3 与 RV40E 连接法兰 5 装配	螺钉连接	垂直度 0.02mm,牢固性
3	RV40E 连接法兰 5 与底部支承筒 6 装配	螺钉连接	同轴度 ϕ0.01mm,牢固性
4	上防撞块 4 的安装	螺钉连接	牢固性
5	RV40E 减速器 2 与 RV40E 连接法兰 5 装配	螺钉连接	同轴度 ϕ0.01mm,牢固性
6	RV40E 旋转台 1 与 RV40E 减速器 2 装配	螺钉连接	同轴度 ϕ0.01mm,牢固性
7	重载连接器 10、波纹管接头 8 与航空插座安装板 9 装配	螺钉连接	可靠性
8	航空插座安装板 9 的安装	螺钉连接	可靠性

（2）立柱的安装

立柱是机器人手臂的一部分，手臂的回转运动与上下移动都与立柱相关，立柱起着支承作用，如图 4-3 所示。本部分的难点为线性滑轨和滚珠的安装。立柱的安装步骤与要求见表 4-2。

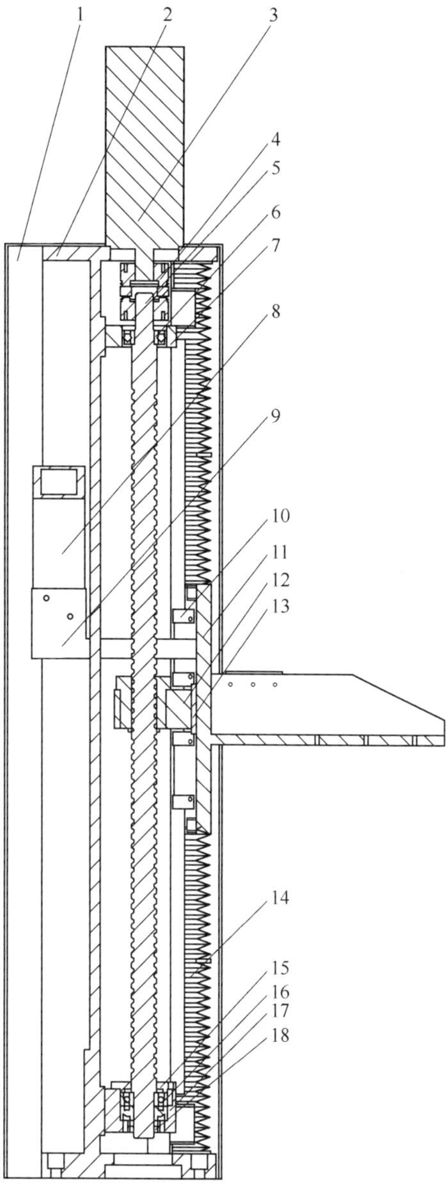

图 4-3　HSR-HL403 圆柱坐标机器人立柱装配图

1—外壳；2—立柱；3—伺服电机；4—双膜片弹性联轴器；5—滚珠丝杠；6—深沟球轴承；7—上支承座；8—拖链；9—拖链固定接头；10—导轨；11—支承架；12—丝杠螺母安装座；13—丝杠螺母调整片；14—风琴罩；15—下支座端盖；16—角接触球轴承；17—小圆螺母；18—下支承座

表 4-2　立柱的安装步骤与要求

步骤	装配内容	连接方法	装配要求
1	导轨 10 与立柱 2 的安装	螺钉连接	可靠性
2	滚珠丝杠 5 与下支承座 18 装配	螺钉连接	丝杠与下支承座转动灵活
3	滚珠丝杠 5 与上支承座 7 装配	螺钉连接	丝杠与上支承座转动灵活
4	上支承座 7、下支承座 18 与立柱 2 的安装	螺钉连接	导轨的平行度 0.02mm 可靠性
5	支承架 11 与导轨 10 的连接	螺钉连接	可靠性
6	支承架 11 与丝杠螺母安装座 12 的连接	螺钉连接	可靠性
7	伺服电机 3 的安装	联轴器连接	轴偏心、角度、轴向位置允许存在适当误差，但应确保在所选定联轴器补偿能力范围内

(3) 悬臂的安装

悬臂是支承被抓物件的重要部件，华数 HSR-HL403 机器人的悬臂执行直线运动，如图 4-4 所示。本部分的重点为导轨安装和传动带张紧力的调整。悬臂的安装步骤与要求见表 4-3。

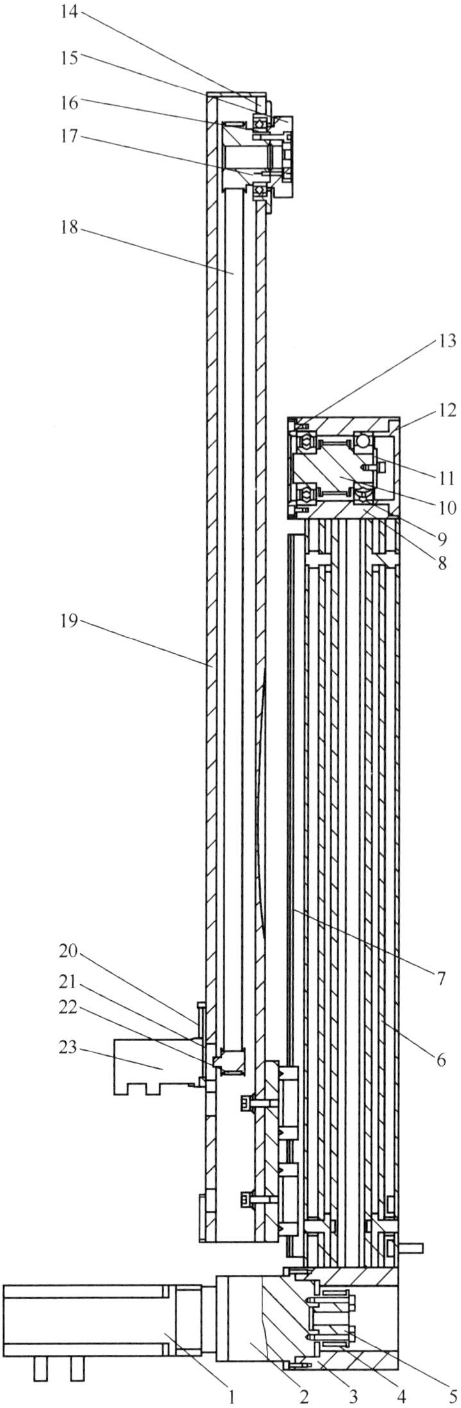

图 4-4　HSR-HL403 圆柱坐标机器人悬臂装配图

1,23—伺服电机；2—RV40E 减速器；3—轴承座 A；4,18—同步带；5,22—主动同步带轮；6—悬臂；7—导轨；8—轴承座 B；9,16—深沟球轴承；10,17—从动同步带轮；11—轴用挡圈；12—轴承端盖 A；13—轴承端盖 B；14—法兰；15—悬臂末端轴承座；19—悬臂梁；20—传动带调整块；21—电机法兰

表 4-3 悬臂的安装步骤与要求

步骤	装配内容	连接方法	装配要求
1	导轨 7 安装在悬臂 6 上	螺钉连接	平行度 0.02mm，可靠性
2	装配件 8～13 并安装在悬臂 6 上	螺钉连接及过盈配合	从动带轮转动灵活
3	装配件 3～5 并安装的悬臂 6 上	螺钉连接	主动带轮转动灵活
4	RV40E 减速器 2 与主动同步带轮 5 装配	螺钉连接	同轴度 ϕ0.01mm
5	伺服电机 1 与 RV40E 减速器 2 装配	间隙孔轴配合	同轴度 ϕ0.01mm
6	悬臂梁 19 与导轨 7 装配	螺钉连接	滑动灵活

(4) 机械部分总装

总装的安装步骤与要求见表 4-4。

表 4-4 总装的安装步骤

步骤	装配内容	连接方法	装配要求
1	底座与立柱装配	螺钉连接	可靠性
2	立柱与悬臂梁装配	螺钉连接	可靠性
3	根据需求安装末端执行器	按需求安装	根据不同执行器确定

检测机器人本体各传动部分运行是否正常。

4.1.2 电气部分安装

根据图样要求，完成华数 HSR-HL403 圆柱坐标机器人电气部分的安装。

4.1.2.1 接线工艺

根据 GB 7251.12—2013、JB/DQ 6142—1986、GB 50171—2012、GB 50256—2014 等标准，并结合设备实际情况制定的，适用于电气控制设备安装及接线，目的是使设备既满足设计控制要求又整齐美观和方便检查。

(1) 电气控制柜检查

在电气控制柜开始安装前，按照屏柜结构与开孔图进行外形尺寸、面板开孔、柜体/面板标识丝印及物料清单的检查，确认无误后方可进行安装。

(2) 电气元件及安装器材准备

① 备齐电气控制柜安装底板、面板、电气元件及所需的安装辅材（线槽、导线、接地铜排、安装螺钉等）。

② 准备好工具包（含大号十字旋具、中号十字旋具，小一字旋具、剥线钳、斜口钳、万用表、内六角扳手、呆扳手、ϕ2.5mm 钻头、ϕ3.2mm 钻头、ϕ4.2mm 钻头、M3 丝锥、M4 丝锥、丝锥铰杠、粗齿锉一套)、手电钻等，将所有工具整齐地放在指定区域内。

(3) 电气元件安装

① 根据底板布置图量好线槽与导轨的长度，用相应的工具截断（线槽、导轨断缝应平直）。

② 两个线槽如果搭在一起，其中一个线槽的一端应切成 45°斜角。

③ 用手电钻在线槽、导轨的两端打固定孔（用 ϕ4.2mm 钻头）。

④ 将线槽、导轨按照底板布置图放置在安装底板上，用黑色记号笔将定位孔的位置画

在安装底板上。

⑤ 首先在安装底板上用样冲打样冲眼，然后用手电钻在样冲眼上打孔（用 ϕ4.2mm 钻头）。

⑥ 用 M4 螺钉、螺母将线槽、导轨固定在安装底板上。

⑦ 将微型空开、继电器、接触器、信号线端子、动力电源端子等按底板布置图安装在导轨上。

⑧ PLC、开关电源等不需要导轨安装的电气元件都要进行打孔、攻螺纹（用 ϕ2.5mm 钻头打孔，然后用 M3 丝锥攻螺纹），再直接装在安装底板上。

⑨ 软启动器、变频器等用 ϕ3.2mm 钻头打孔，然后用 M4 的丝锥攻螺纹，再直接装在安装底板上。

⑩ 电气元件的安装方式符合该元件产品说明书的安装规定，以保证电气元件正常工作。布局应整体美观，并考虑控制元件之间的电磁干扰和热干扰。元件的布置应横平竖直，整齐排列。

⑪ 所有元件的安装方式应便于操作、检修、更换；工控机等重要元件及液晶显示器、指示灯等有角度视觉要求的元件应尽量保持在离地 1.60m 高度视线范围内，以便于观察操作。

⑫ 所有元件应紧固，保证不致因运输振动使元件受损，对某些有防振要求的元件应采取相应的防振措施。

⑬ 元件安装位置附近均需贴有与接线图对应的表示该元件种类代号的标签，标签采用打印方式。

⑭ 底部接地铜排应有明显的接地标识。

（4）配线

① 采用以下两种方法配线。

方法一：放线→布线→扎线束→接线。

方法二：固定行线槽→放线→布线→接线。

② 三相电路主回路按照接线图中设计要求的铜芯电缆（或铜排）进行连接。A、B、C 三相应分别使用黄、绿、红电缆（若使用铜排应在对应铜排上套黄、绿、红套管），并在每相接线端子处粘贴 A、B、C 标识。

③ 电气控制柜中控制电机回路接线及 AC220V 控制电源主线采用 0.75mm^2 的多股铜芯线，电流回路采用 2.5mm^2 绝缘铜芯线，保护接地线使用 2.5mm^2 全长黄绿相间的双色绝缘铜芯线，信号线（如输入至 PLC 的信号、面板指示灯信号、继电器信号、上送信号）采用 0.5mm^2 多股铜芯线。

④ 传感器信号、仪表通信、计算机通信、模拟量板卡输入等信号线采用屏蔽双绞线。

⑤ 一般剥线长度为 5～7mm，不应剥太长，更不可以用斜口钳剥线，否则容易造成损伤。

⑥ 继电器、空气开关等使用 U 形接线柄或 IT 裸端头，接线端子、PLC、软启动器、变频器采用 ϕ2.5mm 的针形接线柄。

⑦ 所有控制信号导线必须使用规定的颜色：DC24V＋（棕色）、DC24V－（蓝色）、AC220VL（红色）、AC220VN（淡蓝色），其他信号线为黑色，接地线为红绿双色。

⑧ 标号头的加工及安装要求如下。

a. 设备中辅助电路的连接线，均应在两端套装标号头。

b. 标号头应根据接线图所注明的数字，将其输入电脑印字机，打印在专用套管上（一般不得手写），套管直径应与套装的导线粗细配合。

c. 标号头的长度一般根据线号由电脑自行输出，标号头套装时数字排列方向应统一。如是水平套装，数字顺序从左到右，如是垂直套装，数字顺序从下到上，要求字迹清晰、正确。

⑨ 当导线两端分别连接可动与固定部分时，如跨门的连接线，必须采用多股铜导线，并要留有足够长的余量，以免因弯曲产生过度张力使导线受到机械损伤，并在靠近端子处用线夹卡紧固定线束，如图 4-5 所示。

⑩ 一般一个接线端子（含端子排和元件接线端）只连接一根导线，必要时允许连接两根导线。当需要连接两根以上导线时，应采取相应措施，以保证导线的可靠连接。两个端子间的连线不得有中间接头，导线芯线应无损伤。

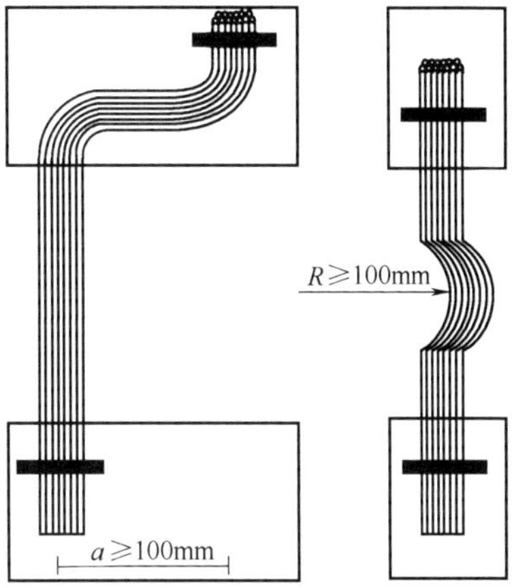

图 4-5 两端分别连接可动与固定部分的导线

⑪ 绝缘导线不得直接在导电部位上敷设，布线应固定在骨架或支架上，也可装入线槽内。导线束与带电体在 380V 额定电压下时，间隙不得小于 6mm。

⑫ 强、弱电回路不应使用同一根电缆，并应分别成束分开排列。

⑬ 双屏蔽层的电缆，为避免形成感应电位差，常采用两层屏蔽层在同一端相连并接地。

⑭ 接线应美观，对所接的开关要分清极性，开关要对号入座。正极与负极信号线不要混淆，标号头要正确清晰，套的方向要正确。接线要牢固，避免虚接。备用线要包扎好。如果现场有改动，一定要通知设计者修改图样。

(5) 自检

① 装配完毕后应自检。自检要求：认真对照接线图，按照相关要求对设备进行自检，若有不符之处，进行纠正。无误后将柜内打扫干净。

② 测试设备的绝缘性是否合格，并填写相关记录表格。

③ 所有项目检查合格后方可交项目组进行调试。

4.1.2.2 安装

(1) 工具和材料准备

按照图样，备齐相关工具（参见 4.1.2.1），和材料（表 4-5）。

表 4-5 材料清单

序号	品　名	规格型号	单位	数量
1	伺服驱动器	HSV-160U-020	个	6
2	伺服驱动器	HSV-160U-010	个	2
3	IPC 控制器及配件		套	2
4	手操器及配件		套	2
5	总线式 I/O 单元 6 槽底板	HIO-1006	个	2
6	总线式 I/O 单元 NCUC 通信模块	HIO-1061	个	2
7	总线式 I/O 单元 NPN 输出模块(16 位)	HIO-1021N	个	4
8	总线式 I/O 单元 NPN 输入模块(16 位)	HIO-1011N	个	4
9	干式隔离变压器	输入 380V,输出 220V,功率 4kV・A	个	2

续表

序号	品　名	规格型号	单位	数量
10	开关电源	NES-100-24	个	2
11	数控装置电源电缆 0.6m	HCB-0008-1000-000.6	根	2
12	总线电缆 0.4m	HCB-0000-2102-000.4	根	10
13	总线电缆 1m	HCB-0000-2102-001	根	4
14	J1 轴电机编码器线 8m (GK6031-8AF31-J29B)	HCB-9160-0021-8DB	根	2
15	J2 轴电机编码器线 8m (GK6042-6AF31-J29B)	HCB-9160-0021-8DB	根	2
16	J3 轴电机编码器线 10m (GK60258AF31-J29B)	HCB-9160-0021-10DB	根	2
17	J4 轴电机编码器线 12m (TS4607N2190E200)	电机编码器线 12m (TS4607N2190E200)	根	2
18	J1/J2/J3 轴电机抱闸线 10m	HCB-9160-4000-10CD	根	6
19	J1/J2/J3/J4 轴高柔性电机动力线 (拖链专用线)	4G1.5 屏蔽	m	40
20	信号线(和 J4 轴一起埋线)	CF240 PUR0 3.04(14 芯 0.34 屏蔽)	m	26
21	电气控制柜	600mm×400mm×1000mm	个	1
22	电气控制柜风扇	轴流风扇/KA12038HAZ (S+FU9803A)	套	2
23	风机网罩	风机罩体/S+FU9803A	套	4
24	柜内灯	灯泡/T4-16W	套	2
25	柜门内开关	微动开关/AZ7311	套	2
26	电源指示灯	XB2BVB1LC(带底座)24V 白色	套	2
27	红色警示灯	XB2BVB4LC(带底座)24V 红色	套	2
28	急停按钮	ZB2BS54C 红色(带底座)	套	2
29	面板电源开关	旋转开关/LW39-16A/APT 西门子/YS-9AC-04,A70	套	2
30	空气开关	C65N-C32/3P	套	4
31	三相维修插座	AC3P-16A	套	2
32	继电器	RXM2LB2BD 带指示灯 DC24V (带底座)	套	32
33	交流接触器(DC24V)	LC1DT40BDC	套	2
34	信号线接线端子	UKJ-2.5	个	220
35	电源接线端子	UKJ-6	个	6
36	地线接线端子	UKJ-6GD	个	2
37	接线端子附件	端板 UKJ-G(DUK)	个	20
38	接线端子附件	终端固定件 UKJ-2G2	个	20
39	接线端子附件	端子标记夹 UKJ-BJ	个	10
40	接线端子附件	快速标记条 UZB5-10 横	条	8
41	接线端子附件	快速标记条 UZB5-10 横	条	6
42	接线端子附件	快速标记条 UZB5-10 横	条	6
43	接线端子附件	快速标记条 UZB5-10 横	条	4
44	接线端子附件	快速标记条 UZB5-10 横	条	4
45	接线端子附件	快速标记条 UZB8-10 横	条	4
46	接线端子附件	固定式桥接件 10 位 UFBI 10-5	条	10
47	线槽	UXCI50mm×30mm	m	12
48	标准导轨	35mm	m	6
49	耐磨编制管	723025-8(黑色)	m	4
50	波纹管接头	电缆连接头/MB-10BF	个	4
51	F08 防水尼龙软管	波纹管/PB-10	m	20
52	线缆固定头	PF-21K	个	4
53	线缆固定头	PF-33	个	4
54	扎线带	扎带/GT-150M	包	2
55	扎线带	扎带/GT-250M	包	2
56	扎线带	扎带/GT-350M	包	2

续表

序号	品　名	规格型号	单位	数量
57	G11 自由绝缘保护套	YG-20	m	1
58	黏块	WB-101	包	4
59	缠绕管	卷式结束带/YS-12	m	4
60	欧式冷压端子	C0.5-10-橘	包	2
61	欧式冷压端子	C0.75-10-蓝	包	6
62	欧式冷压端子	C1.0-10-红	包	4
63	欧式冷压端子	C1.5-10-黑	包	4
64	Y 形开口压接端子	V1.25-S3Y	包	2
65	Y 形开口压接端子	V1.25-4Y	包	2
66	Y 形开口压接端子	V2-4Y	包	2
67	对接压接端子	0.5M/F(公/母)	包	2
68	线缆-黑	单芯信号线/RBV-0.75/黑	m	200
69	线缆-黑	单芯信号线/RBV-0.5/黑	m	100
70	信号线	RVV15×0.75mm^2	m	26
71	动力电缆	BVR4mm^2 黑色	m	50
72	动力电缆	BVR2.5mm^2 黑色	m	50
73	动力电缆	BVR1.5mm^2 黑色	m	50
74	电气控制柜与本体连接动力电缆	RVV4×2.5mm^2	m	50
75	继电器端子用线	BVR1.0mm^2 黑色	m	100
76	工业水晶头	工业水晶头	个	4
77	标号头用号码管	ϕ1.0mm(0.5mm^2 信号线用)	卷	2
78	标号头用号码管	ϕ1.5mm(0.75mm^2 信号线用)	卷	2
79	标签纸	线号机用打印标签纸(黄色)	卷	2
80	坦克链	内腔 25mm×30mm	m	2
81	重载连接器(侧出线单扣)带接头	HDD-040-F/M H16B-SEH-2B-PG29 H16B-BK-1L-MCV-T	套	2
82	重载连接器(后出线双扣)带接头	HDD-040-F/M H16B-TEH-4B-PG29 H16B-BK-2L/T	套	2

(2) 电气控制柜线路安装

第一步：根据电气控制柜电气布置图进行元件布置（图 4-6）。

第二步：按主回路电气控制接线图进行接线（图 4-7）。

第三步：按控制回路电气控制接线图进行接线（图 4-8）。

第四步：按 PLC 输入回路接线图接线（图 4-9）。

第五步：按 PLC 输出回路接线图接线（图 4-10）。

第六步：按端子排接线图接线（图 4-11）。

第七步：按系统网络接线图接线（图 4-12）。

第八步：按重载连接器接线图接线（图 4-13）。

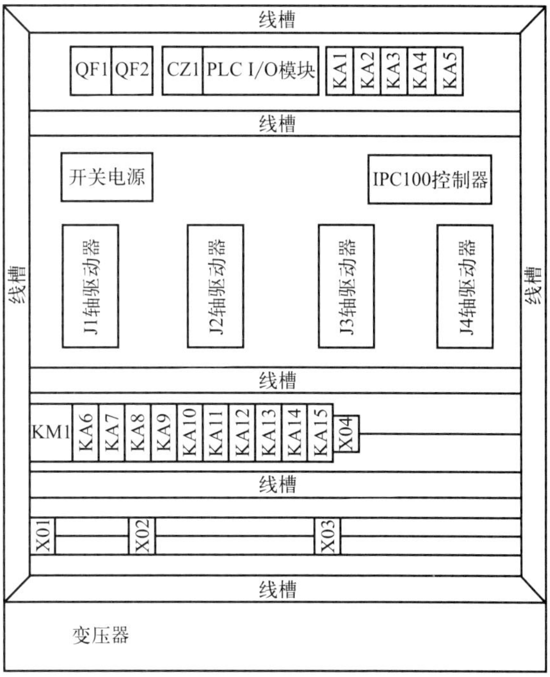

图 4-6　电气控制柜电气布置图

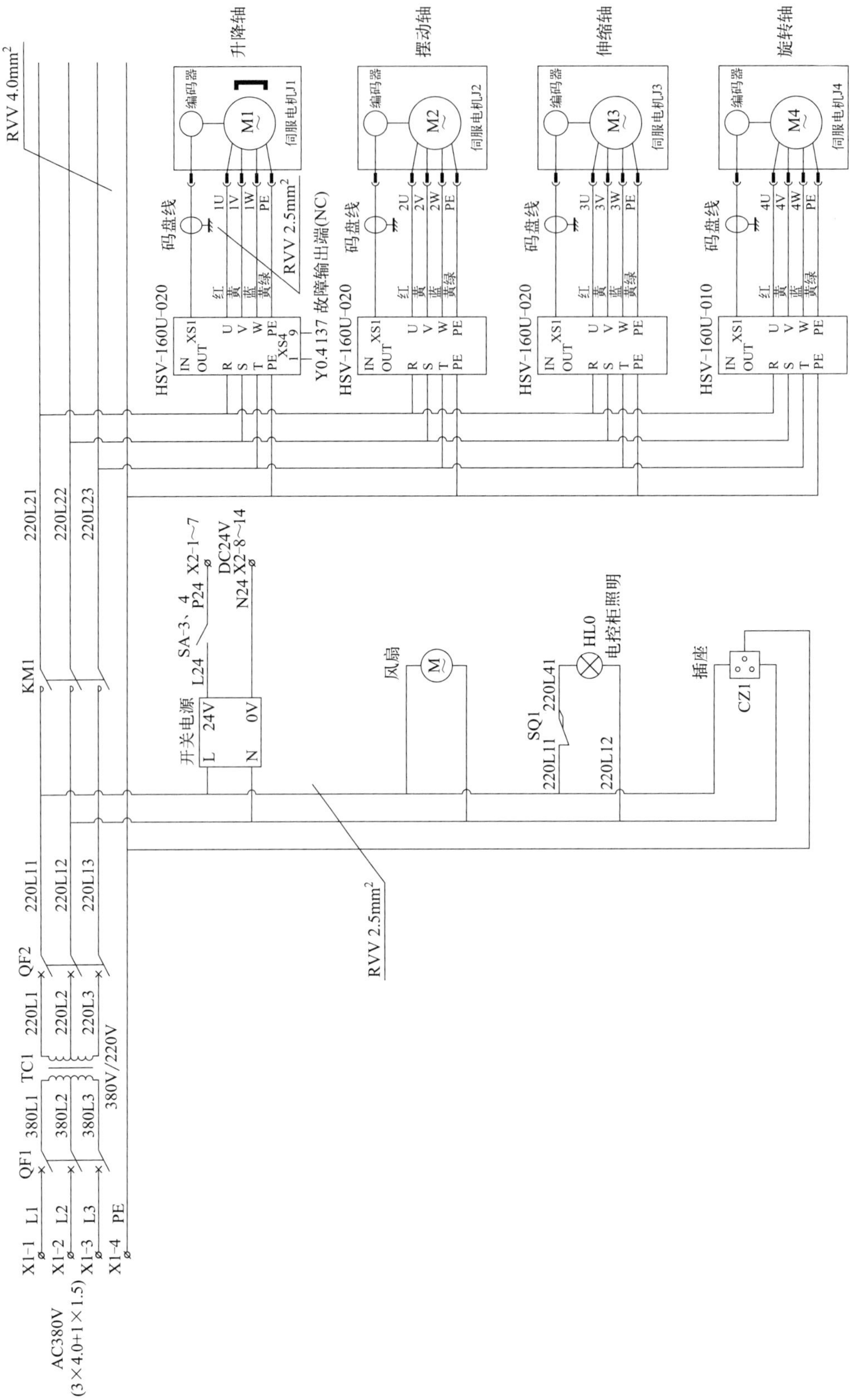

图 4-7　主回路电气控制接线图

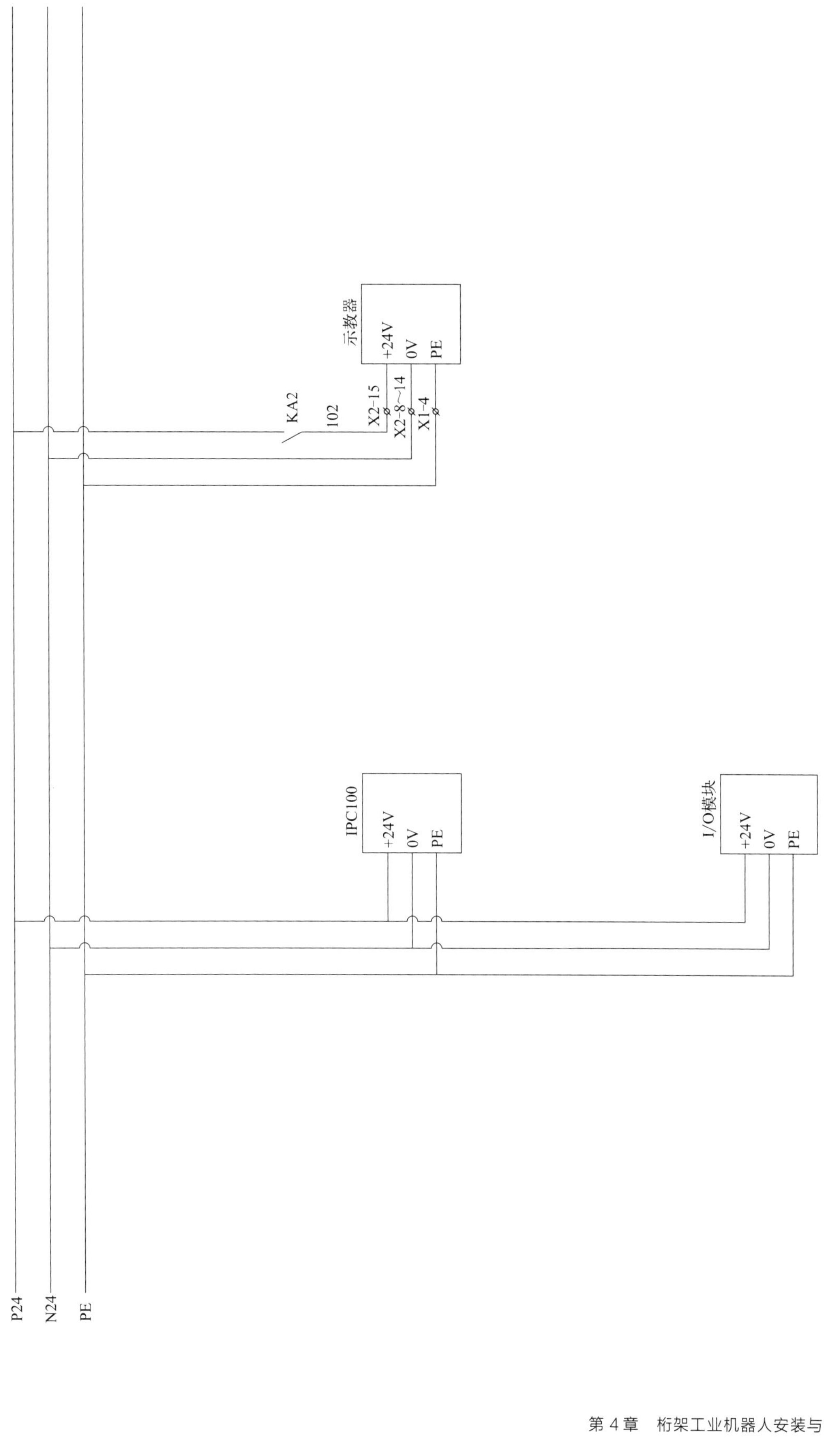

图 4-8　控制回路电气控制接线图

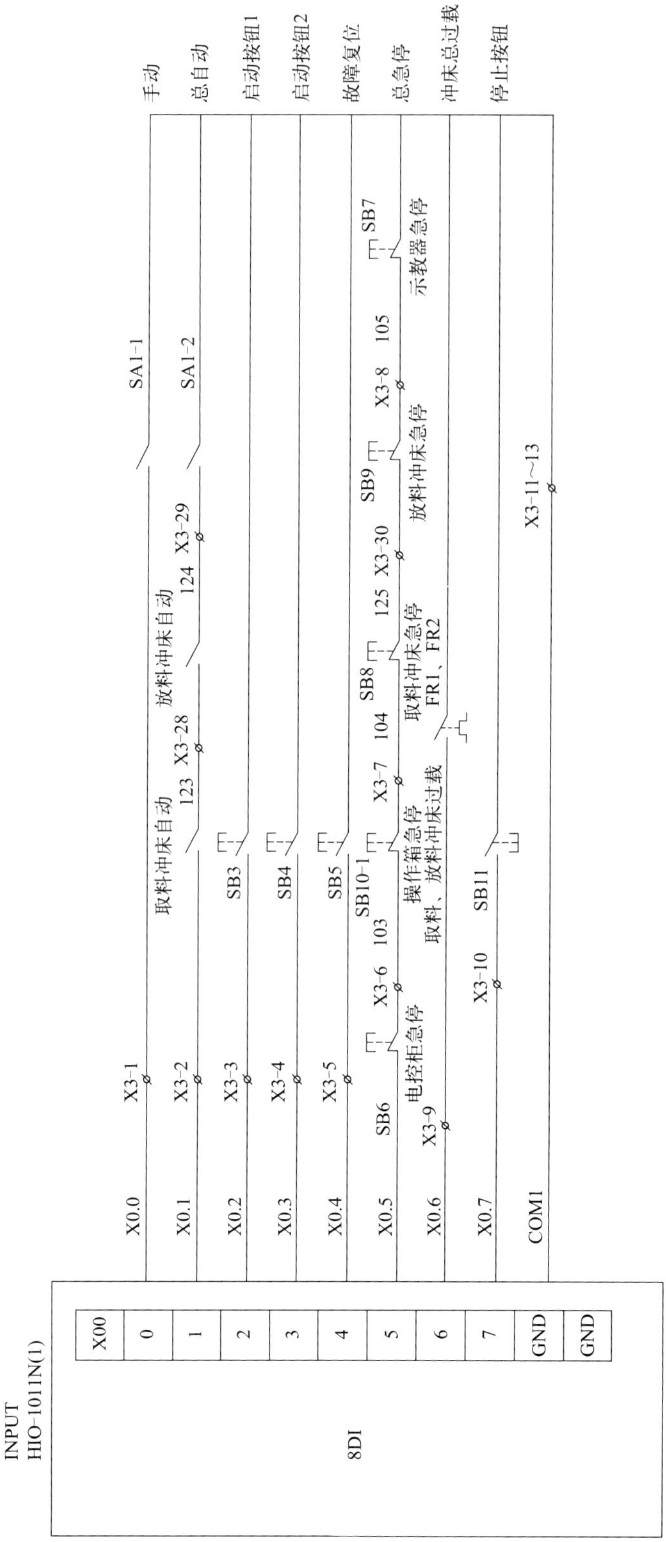

图 4-9　PLC 输入回路接线图

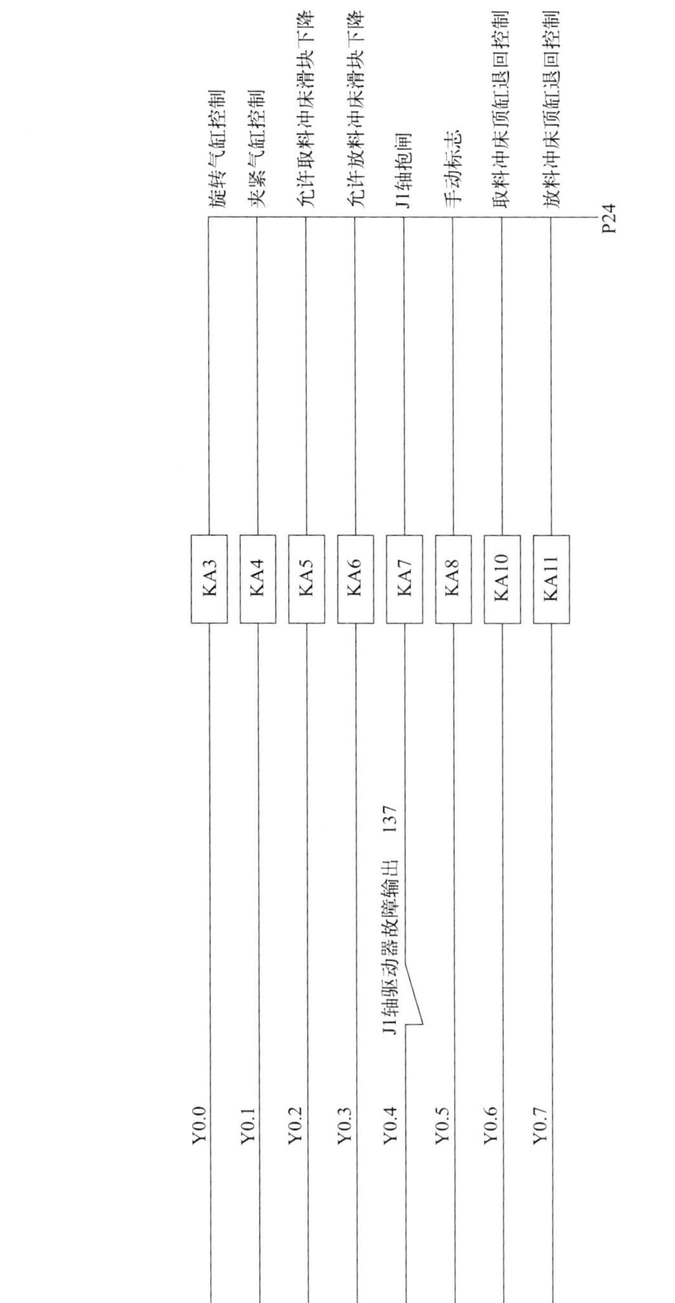

图 4-10 PLC 输出回路接线图

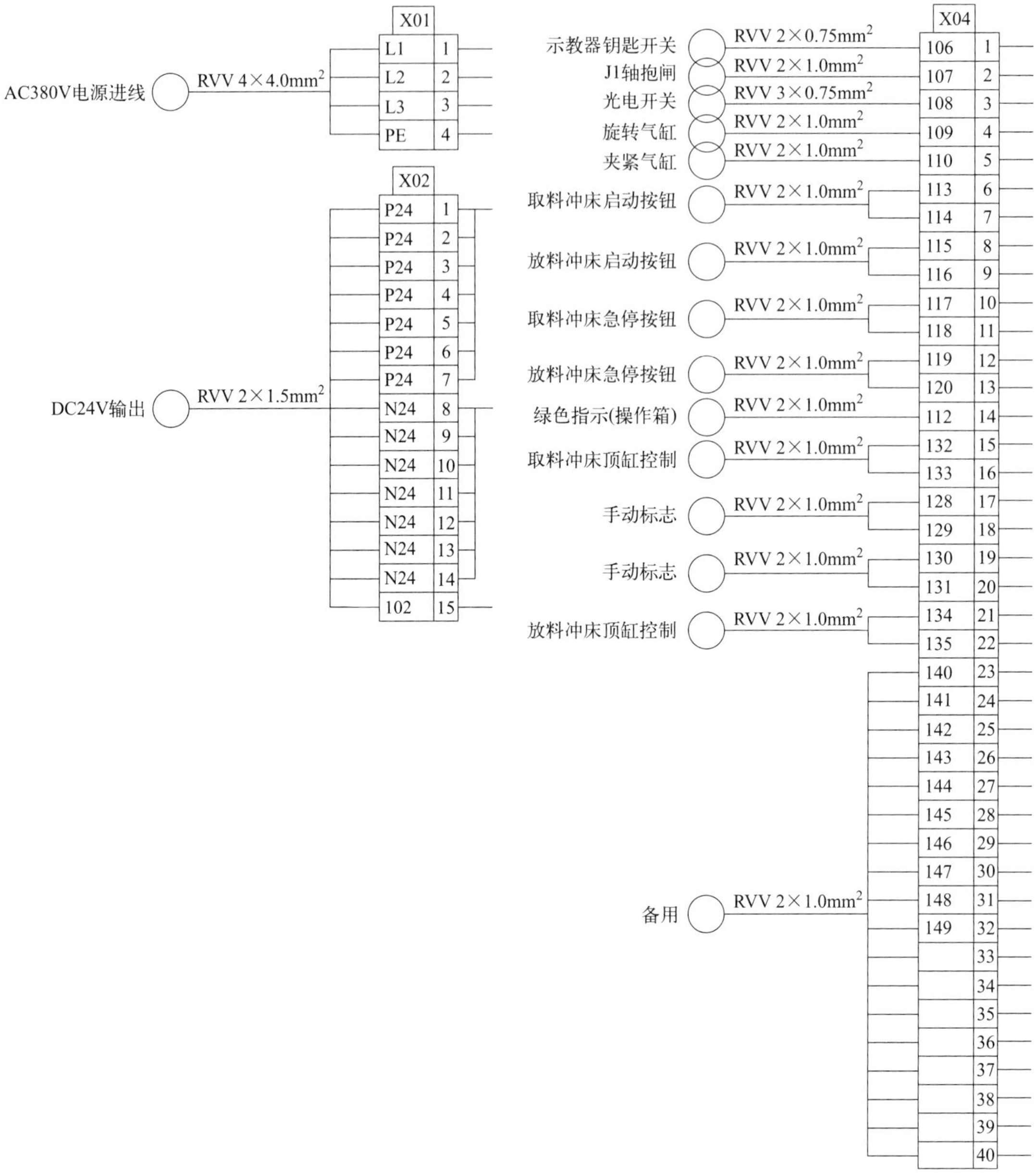
X01
AC380V电源进线
RVV 4×4.0mm2
L1 1
L2 2
L3 3
PE 4
X02
DC24V输出
RVV 2×1.5mm2
P24 1
P24 2
P24 3
P24 4
P24 5
P24 6
P24 7
N24 8
N24 9
N24 10
N24 11
N24 12
N24 13
N24 14
102 15
X04
示教器钥匙开关 RVV 2×0.75mm2 106 1
J1轴抱闸 RVV 2×1.0mm2 107 2
光电开关 RVV 3×0.75mm2 108 3
旋转气缸 RVV 2×1.0mm2 109 4
夹紧气缸 RVV 2×1.0mm2 110 5
取料冲床启动按钮 RVV 2×1.0mm2 113 6 114 7
放料冲床启动按钮 RVV 2×1.0mm2 115 8 116 9
取料冲床急停按钮 RVV 2×1.0mm2 117 10 118 11
放料冲床急停按钮 RVV 2×1.0mm2 119 12 120 13
绿色指示(操作箱) RVV 2×1.0mm2 112 14
取料冲床顶缸控制 RVV 2×1.0mm2 132 15 133 16
手动标志 RVV 2×1.0mm2 128 17 129 18
手动标志 RVV 2×1.0mm2 130 19 131 20
放料冲床顶缸控制 RVV 2×1.0mm2 134 21 135 22
备用 RVV 2×1.0mm2
140 23
141 24
142 25
143 26
144 27
145 28
146 29
147 30
148 31
149 32
33
34
35
36
37
38
39
40

图 4-11 端子排接线图

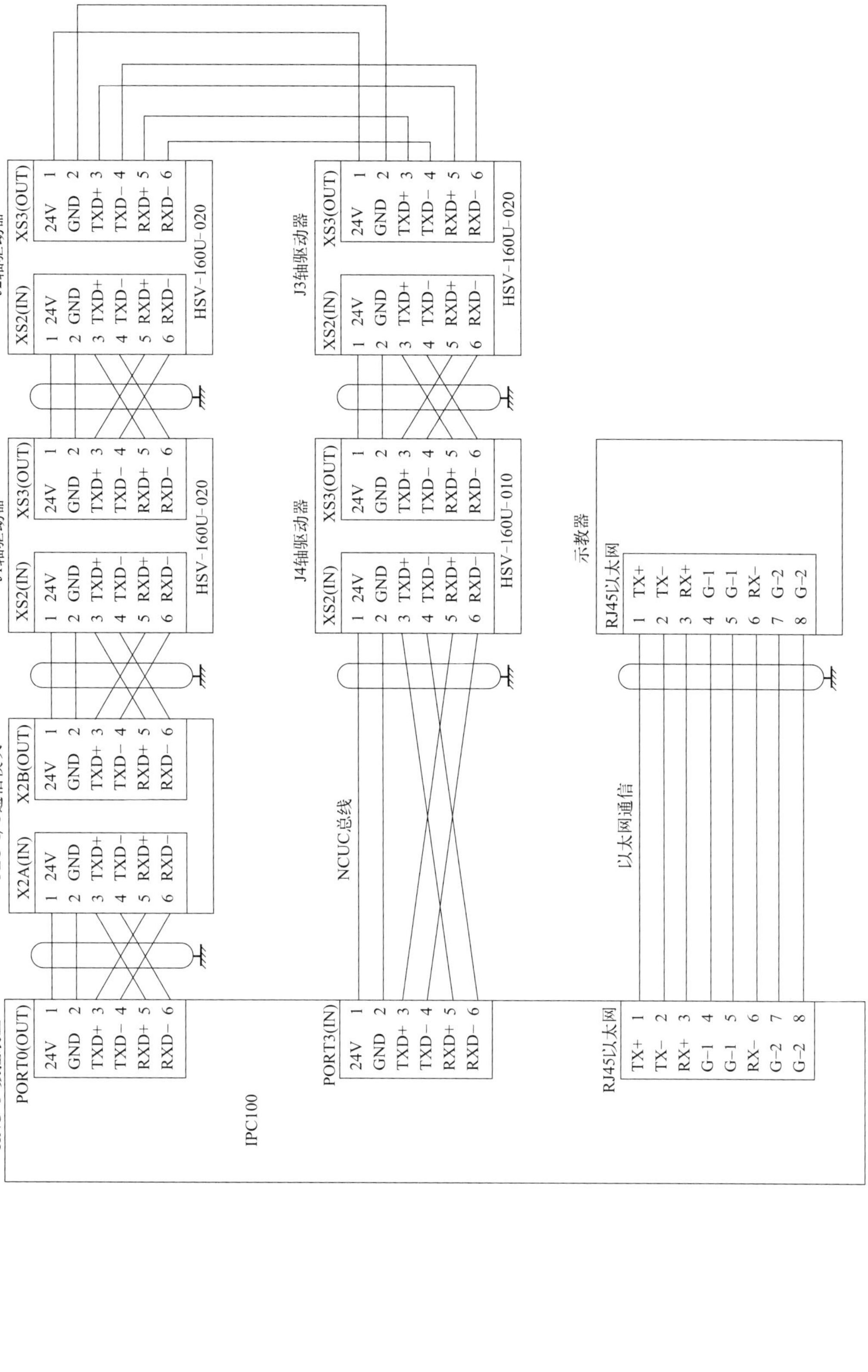

图 4-12 系统网络接线图

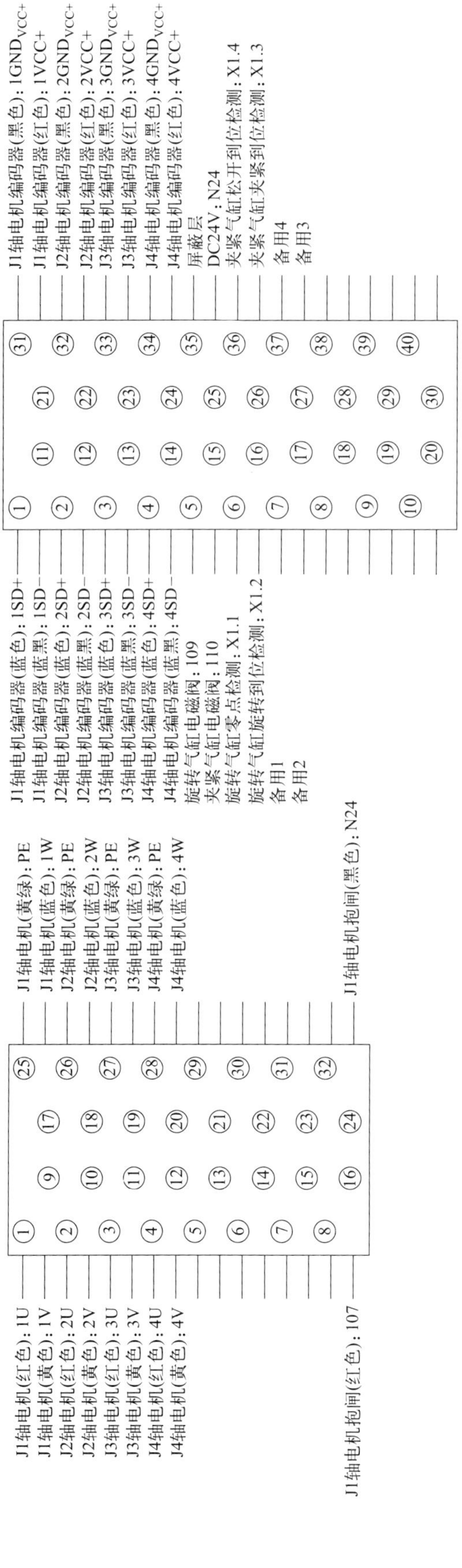

图 4-13　重载连接器接线图

（3）机器人本体气路安装

根据气路接线要求，完成机器人本体气路安装。

4.1.3 调试

（1）电气系统调试

完成机器人本体与电气控制柜的总线连接，并对各电机逐一通电测试，主要检测电气系统是否正常运行和各传动机构运行是否流畅。

（2）整机调试

在示教器中录入表 4-6 中的调试数据，并运行。

表 4-6 示教器调试数据

项目	J1	J2	J3	J4	M	速度
当前位置	100	100	100	100		
动作 X	500	－50	30	0		1000
J1 单独行走	100					500
真空吸					12	
J1 单独行走	500					2000
J2 单独行走		50				2000
J3 单独行走			200			2000
J4 单独行走				－100		2000
J1 单独行走	200					500
真空放					13	
J1 单独行走	500					2000

（3）检测

机器人测试标定包含的内容非常多，在有测试设备（如激光跟踪仪）的情况下可进行完整的机器人测试工作，基本能够测试机器人的十六种性能指标，如位姿准确度、位姿重复性、距离准确度和距离重复性等。但限于需求设备和试验成本问题，目前即使是专业的厂家和研究机构都很少能够独立完成所有测试工作，这里只介绍简单实用的机器人测试方法，测试机器人的重复定位精度，能够简单地检验拆装后的机器人定位能力以检验拆装的正确性。

① 机器人整体运动演示安全事项

a. 在拆装前后进行机器人演示时，操作人员应经过简单培训方可进行。具体机器人控制操作可参考华数配套相关教程。

b. 在机器人运行演示过程中，所有人员均站在护栏外，以免发生事故。

c. 机器人设备运行过程中，即使在中途机器人看上去已经停止时，也有可能机器人正在等待启动信号处在即将运动状态，故此时也视为机器人正在运动，人员也应站在护栏外。

d. 机器人演示运动时，运行速度尽量调低，确定末端运动轨迹正确时方可进一步增大运行速度。

② 检测项目

a. 定位精度：使用绝对激光跟踪仪，检测机器人定位精度。

b. 重复定位精度：使用绝对激光跟踪仪，检测机器人重复定位精度，重复定位精度检测应运行调试任务多于 10 次。

c. 速度：根据用户说明书，检测机器人最大和最小运行速度。

d. 摇臂长度行程：根据用户说明书，检测机器人摇臂长度行程。

4.2 直角坐标机器人安装与调试

4.2.1 机械部分安装

根据机械部总装图（图 4-14），完成华数 ARA-1000D 直角坐标机器人机械部分的安装。按图样要求，备齐相关零部件和工具、量具。

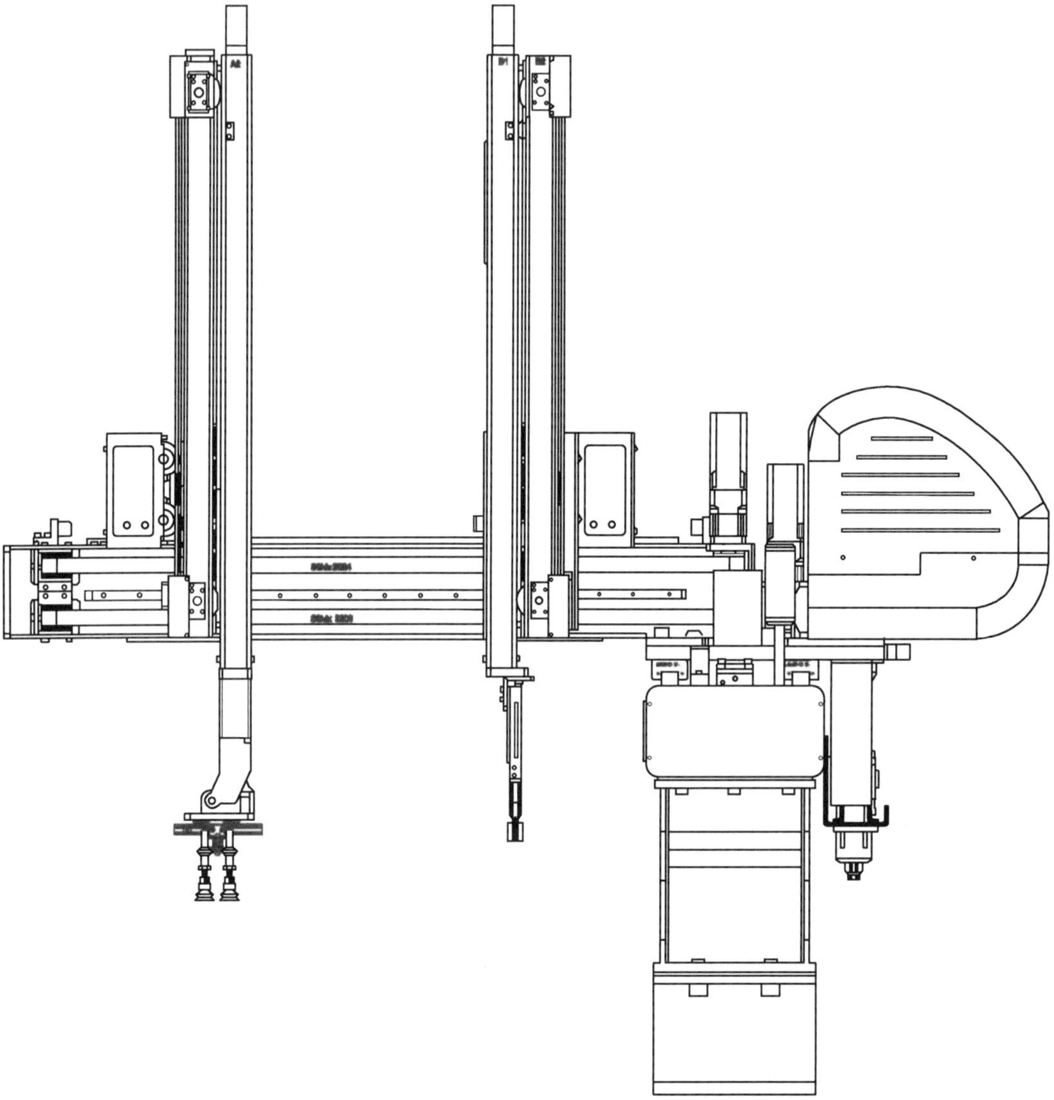

图 4-14 华数 ARA-1000D 直角坐标机器人总装图

（1） W 轴安装

W 轴的装配图如图 4-15 所示，安装步骤与要求见表 4-7。

（2） U、 V 轴的安装

U、V 轴的装配图如图 4-16 所示，安装步骤与要求见表 4-8。

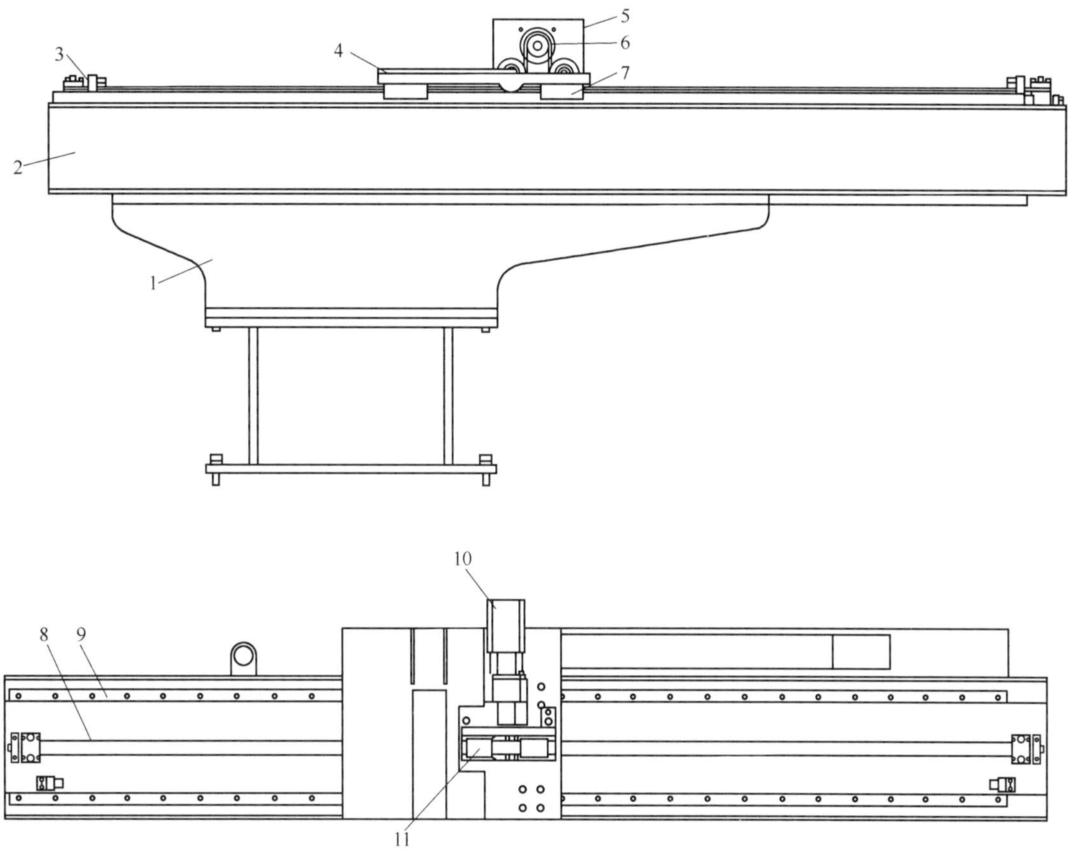

图 4-15　ARA-1000D 桁架机器人 W 轴装配图

1—底座；2—主臂；3—防撞块；4—连接板；5—电机连接座；6—同步带轮；7—滑块；
8—同步带；9—线性滑轨；10—伺服电机；11—张紧轮

表 4-7　W 轴的安装步骤与要求

步骤	装配内容	连接方法	装配要求
1	底座安装与主臂安装	螺钉连接	连接牢固
2	线性滑轨及滑块与主臂安装	螺钉连接	导轨平行度 0.02mm
3	同步带固定座与主臂安装	螺钉连接	传动带顺利运动
4	防撞块与主臂安装	螺钉连接	连接牢固
5	减速器与同步带轮安装	孔轴配合，键连接	同轴度 ϕ0.01mm
6	伺服电机与减速器安装	螺钉连接	同轴度 ϕ0.01mm
7	连接板与减速器安装	螺钉连接	连接牢固
8	张紧轮与主臂安装	螺钉连接	连接牢固
9	同步带安装	螺钉连接	连接牢固

表 4-8　U、V 轴的安装步骤与要求

步骤	装配内容	连接方法	装配要求
1	主臂安装到 W 轴上	螺钉连接	垂直度 0.02mm
2	线性滑轨及滑块与主臂安装	螺钉连接	导轨平行度 0.02mm
3	同步带轮固定座与主臂安装	螺钉连接	皮带顺利运动
4	防撞块与主臂安装	螺钉连接	连接牢固
5	减速器与同步带轮安装	孔轴配合，键连接	同轴度 ϕ0.01mm

续表

步骤	装配内容	连接方法	装配要求
6	伺服电机与减速器安装	螺钉连接	同轴度 ϕ0.01mm
7	主臂与减速器安装	螺钉连接	连接牢固
8	张紧轮与主臂安装	螺钉连接	连接牢固
9	同步带安装	螺钉连接	连接牢固
10	盖板安装	螺钉连接	连接牢固

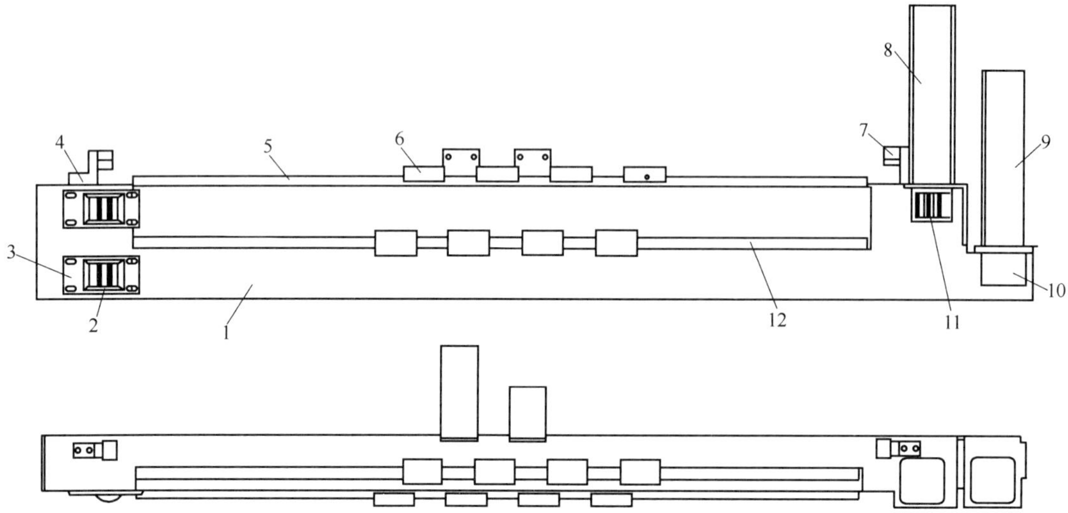

图 4-16 ARA-1000D 桁架机器人 U、V 轴装配图

1—主臂；2—同步带轮；3—同步带轮固定座；4,7—防撞块；5,12—线性滑轨；6—滑块；8,9—伺服电机；10,11—减速器

(3) A 轴的安装

A 轴的装配图如图 4-17 所示，安装步骤与要求见表 4-9。

表 4-9 A 轴安装步骤与要求

步骤	装配内容	连接方法	装配要求
1	导轨连接板安装到 U 轴上	螺钉连接	连接牢固
2	导轨连接板与支承座安装	螺钉连接	连接牢固
3	主动臂安装到支承座上	螺钉连接	垂直度 0.02mm
4	线性滑轨及滑块安装到主动臂上	螺钉连接	导轨平行度 0.02mm
5	同步带固定座与主动臂安装	螺钉连接	传动带顺利运动
6	同步带固定座与从动臂安装	螺钉连接	传动带顺利运动
7	从动臂与主动臂安装	螺钉连接	传动带顺利运动
8	防撞块与主动臂安装	螺钉连接	连接牢固
9	减速器与同步带轮安装	孔轴配合，键连接	同轴度 ϕ0.01mm
10	伺服电机与减速器安装	螺钉连接	同轴度 ϕ0.01mm
11	主动臂与减速器安装	螺钉连接	连接牢固
12	张紧轮与主动臂安装	螺钉连接	连接牢固
13	同步带安装	螺钉连接	连接牢固
14	盖板安装	螺钉连接	连接牢固
15	执行机构连接板与主动臂安装	螺钉连接	连接牢固
16	气缸与执行机构连接板安装	螺钉连接	连接牢固
17	气缸与执行机构安装	螺钉连接	连接牢固

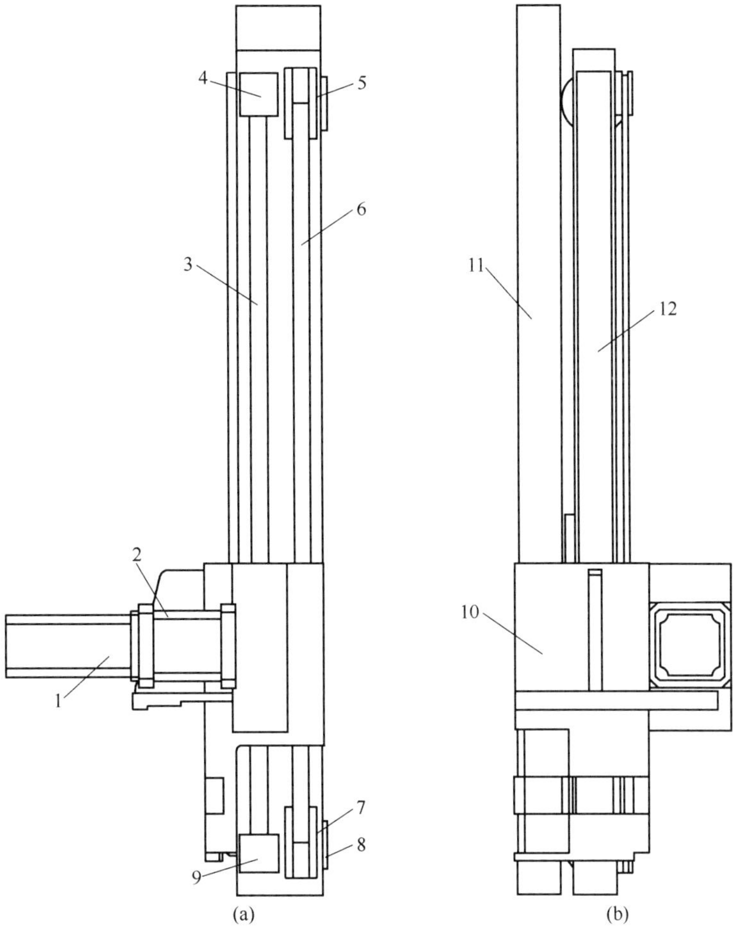

图 4-17 ARA-1000D 桁架机器人 A 轴装配图

1—伺服电机；2—减速器；3,6—同步带；4,9—盖板；5,7—同步带轮；8—传动轴；10—导轨连接板；11—主动臂；12—从动臂

(4) B 轴的安装

B 轴的装配图如图 4-18 所示，安装步骤与要求见表 4-10。

表 4-10 B 轴的安装步骤与要求

步骤	装配内容	连接方法	装配要求
1	导轨连接板安装到 U 轴上	螺钉连接	连接牢固
2	导轨连接板与支承座安装	螺钉连接	连接牢固
3	主动臂安装到支承座上	螺钉连接	垂直度 0.02mm
4	线性滑轨及滑块安装到主臂上	螺钉连接	导轨平行度 0.02mm
5	同步带固定座与主动臂安装	螺钉连接	传动带顺利运动
6	同步带固定座与从动臂安装	螺钉连接	传动带顺利运动
7	从动臂与主动臂安装	螺钉连接	传动带顺利运动
8	防撞块与主动臂安装	螺钉连接	连接牢固
9	减速器与同步带轮安装	孔轴配合，键连接	同轴度 ϕ0.01mm
10	伺服电机与减速器安装	螺钉连接	同轴度 ϕ0.01mm
11	主动臂与减速器安装	螺钉连接	连接牢固
12	张紧轮与主动臂安装	螺钉连接	连接牢固

续表

步骤	装配内容	连接方法	装配要求
13	同步带安装	螺钉连接	连接牢固
14	盖板安装	螺钉连接	连接牢固
15	执行机构连接板与主动臂安装	螺钉连接	连接牢固
16	执行机构与执行机构连接板安装	螺钉连接	连接牢固

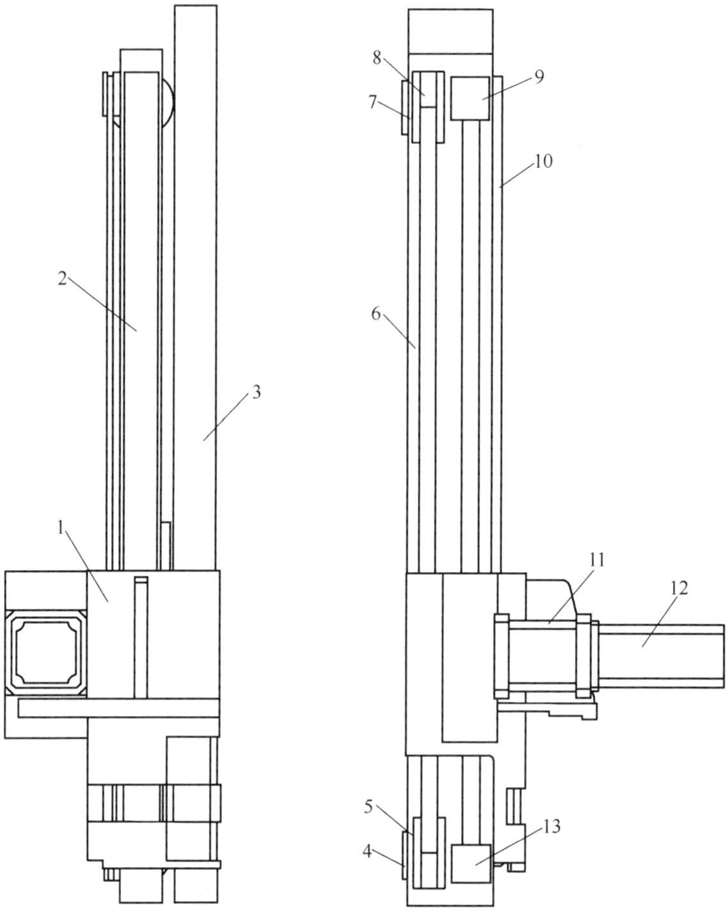

图 4-18 ARA-1000D 桁架工业机器人 B 轴装配图

1—导轨连接板；2—从动臂；3—主动臂；4,7—传动轴；5,8—同步带轮；6,10—同步带；9,13—盖板；11—减速器；12—伺服电机

4.2.2 电气部分安装

根据图样要求，完成华数 ARA—1000D 直角坐标机器人电气部分的安装。

(1) 材料与工具准备

按照图样，备齐相关工具（参见 4.1.2.1）和材料（表 4-11）。

表 4-11 装配材料清单

序号	品名	规格型号	单位	数量
1	伺服驱动器	HSV-160U-0_0	个	10
2	IPC 控制器及配件		套	2

续表

序号	品名	规格型号	单位	数量
3	手操器及配件		套	2
4	总线式 I/O 单元 6 槽底板	HIO_1006	个	2
5	总线式 I/O 单元 NCUC 通信模块	HIO-1061	个	2
6	总线式 I/O 单元 NPN 输出模块(16 位)	HIO-1021N	个	4
7	总线式 I/O 单元 NPN 输入模块(16 位)	HIO-1011N	个	4
8	干式隔离变压器	输入 380V,输出 220V,功率 4kV·A	个	2
9	开关电源	NES-100-24	个	4
10	数控装置电源电缆 0.6m	HCB-0008-1000-000.6	根	2
11	总线电缆 0.4m	HCB0000-2102-000.4	根	10
12	总线电缆 1m	HCB-0000-2102-001	根	4
13	J1/J2 轴电机编码器线 8m (GK6031-8AF31-J29B)	HCB-9160-0021-8DB	根	8
14	J3/J4 轴电机编码器线 10m (GK60258AF31-J29B)	HCB-9160-0021-10DB	根	8
15	J5 轴电机编码器线 12m (TS4607N2190E200)	电机编码器线 12m (TS4607N2190E200)	根	2
16	J1/J2/J3/J4 轴电机抱闸线 10m	HCB-9160-4000-10CD	根	8
17	J1/J2/J3/J4/J5 轴高柔性电机动力线(拖链专用线)	4G1.5 屏蔽	m	60
18	信号线(和 J5 轴一起埋线)	CF240 PUR 03.04(14 芯 0.34 屏蔽)	m	30
19	电气控制柜	600mm×400mm×1000mm	个	1
20	电气控制柜风扇	轴流风扇/KA12038HAZ(S+FU9803A)	套	2
21	风机网罩	风机罩体/S+FU9803A	套	4
22	柜内灯	灯泡/T4-16W	套	2
23	柜门内开关	微动开关/AZ7311	套	2
24	电源指示灯	XB2BVB1LC(带底座)24V 白色	套	2
25	红色警示灯	XB2BVB4LC(带底座)24V 红色	套	2
26	急停按钮	ZB2BS54C 红色(带底座)	套	2
27	面板电源开关	旋转开关/LW39-16A/APT 西门子/YS-9AC-04,A70	套	2
28	空气开关	C65N-C32/3P	套	4
29	三相维修插座	AC3P-16A	套	2
30	继电器	RXM2LB2BD 带指示灯 DC24V(带底座)	套	40
31	交流接触器(DC24V)	LC1DT40BDC	套	2
32	磁性开关	SMCD-IZ73	个	20
33	单向电磁阀	SY3120-1GZI-M5	个	12
34	双向电磁阀	SY3120-2LOZD-C6	个	8
35	电磁气缸	CDUK6-30D	个	20
36	空气过滤器	SMC AW2000-01	个	若干
37	气动接头	KQ2U06-00	个	若干
38	信号线接线端子	UKJ-2.5	个	250
39	电源接线端子	UKJ-6	个	8
40	地线接线端子	UKJ-6GD	个	2
41	接线端子附件	端板 UKJ-G(DUK)	个	20
42	接线端子附件	终端固定件 UKJ-2G2	个	20
43	接线端子附件	端子标记夹 UKJ-BJ	个	10
44	接线端子附件	快速标记条 UZB 5-10 横	条	8
45	接线端子附件	快速标记条 UZB 5-10 横	条	6
46	接线端子附件	快速标记条 UZB 5-10 横	条	6
47	接线端子附件	快速标记条 UZB 5-10 横	条	4
48	接线端子附件	快速标记条 UZB 5-10 横	条	4
49	接线端子附件	快速标记条 UZB 8-10 横	条	4

续表

序号	品名	规格型号	单位	数量
50	接线端子附件	固定式桥接件 10 位 UFBI 10-5	条	10
51	线槽	UXCI 50mm×30mm	m	15
52	标准导轨	35mm	m	8
53	耐磨编制管	723025-8(黑色)	m	4
54	波纹管接头	电缆连接头/MB-10BF	个	4
55	F08 防水尼龙软管	PB-10/波纹管	m	20
56	线缆固定头	PF-21K	个	4
57	线缆固定头	PF-33	个	4
58	扎线带	扎带/GT—150M	包	2
59	扎线带	扎带/GT-250M	包	2
60	扎线带	扎带/GT-350M	包	2
61	G11 自由绝缘保护套	YG-20	m	1
62	黏块	WB-101	包	4
63	缠绕管	卷式结束带/YS-12	m	4
64	欧式冷压端子	C0. 5-10-橘	包	2
65	欧式冷压端子	C0. 75-10-蓝	包	6
66	欧式冷压端子	C1. 0-10-红	包	4
67	欧式冷压端子	C1. 5-10-黑	包	4
68	Y 形开口压接端子	V1. 25-S3Y	包	2
69	Y 形开口压接端子	V1. 25-4Y	包	2
70	Y 形开口压接端子	V2-4Y	包	2
71	对接压接端子	0. 5M/F(公/母)	包	2
72	线缆-黑	单芯信号线/RBV-0. 75/黑	m	200
73	线缆-黑	单芯信号线/RBV-0. 5/黑	m	100
74	信号线	RVV 15×0. 75mm^2	m	26
75	动力电缆	BVR 4mm^2 黑色	m	50
76	动力电缆	BVR 2. 5mm^2 黑色	m	50
77	动力电缆	BVR 1. 5mm^2 黑色	m	50
78	电气控制柜与本体连接动力电缆	RVV 4×2. 5mm^2	m	50
79	继电器端子用线	BVR 1. 0mm^2 黑色	m	100
80	工业水晶头	工业水晶头	个	4
81	标号头用号码管	ϕ1. 0mm(0. 5 信号线用)	卷	2
82	标号头用号码管	ϕ1. 5mm(0. 75 信号线用)	卷	2
83	标签纸	线号机用打印标签纸(黄色)	卷	2
84	坦克链	内腔 25mm×30mm	m	2
85	重载连接器(侧出线单扣)带接头	HDD-040-F/M H16B-SEH-2B-PG29 H16B-BK-1L-MCV-T	套	2
86	重载连接器(后出线双扣)带接头	HDD-040-F/M H16B-TEH-4B-PG29 H16B-BK-2L/T	套	2

(2) 电气控制柜线路安装

第一步：根据电气控制柜电气布置图进行元件布置。布局与圆柱坐标机器人电气控制柜基本相似。

第二步：根据强电回路控制接线图接线（图 4-19）。

第三步：根据机械手 PLC 的输入回路接线图接线（图 4-20）。

第四步：根据注塑机 PLC 的输入回路接线图接线（图 4-21）。

第五步：根据机械手 PLC 的输出回路接线图接线（图 4-22）。

第六步：根据电磁阀控制回路接线图接线（图 4-23）。

第七步：根据继电器接线图接线（图 4-24）。

第八步：根据检测开关接线图接线（图 4-25）。

第九步：根据系统网络接线图接线（图 4-26）。

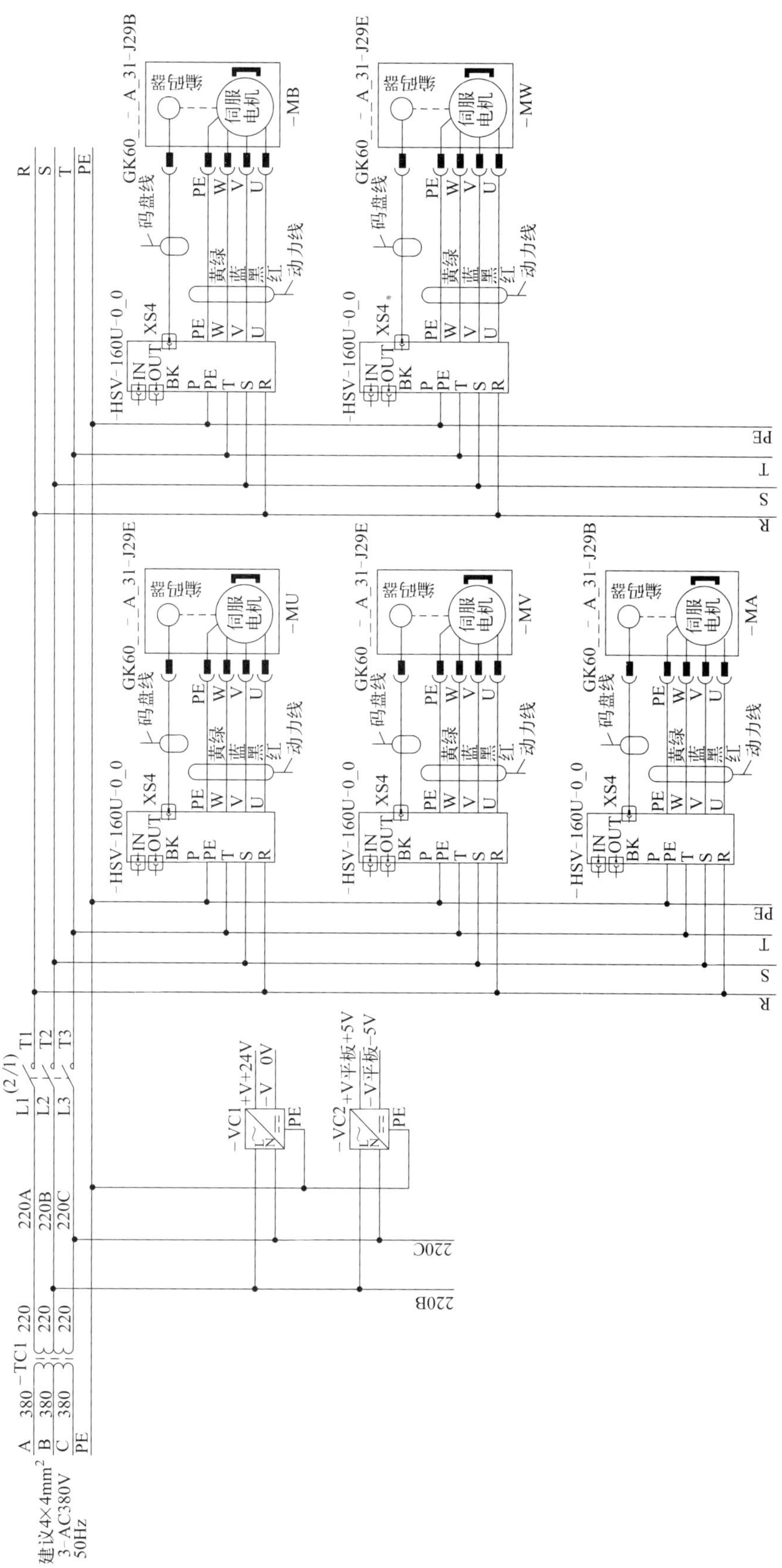

图 4-19 强电回路控制接线图

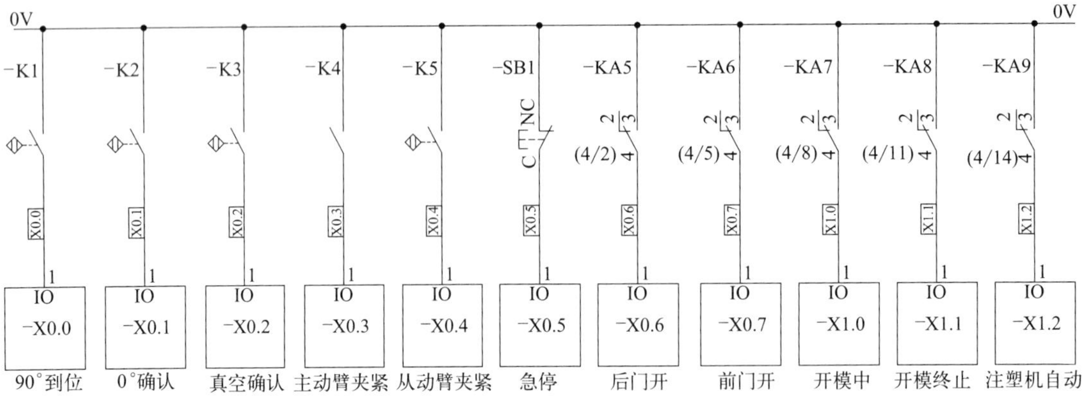

图 4-20　机械手 PLC 的输入回路接线图

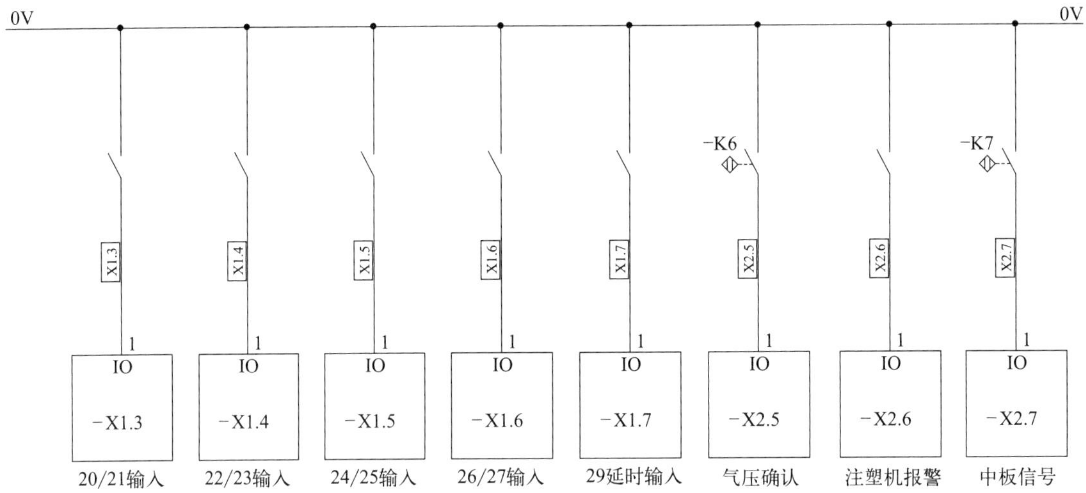

图 4-21　注塑机 PLC 的输入回路接线图

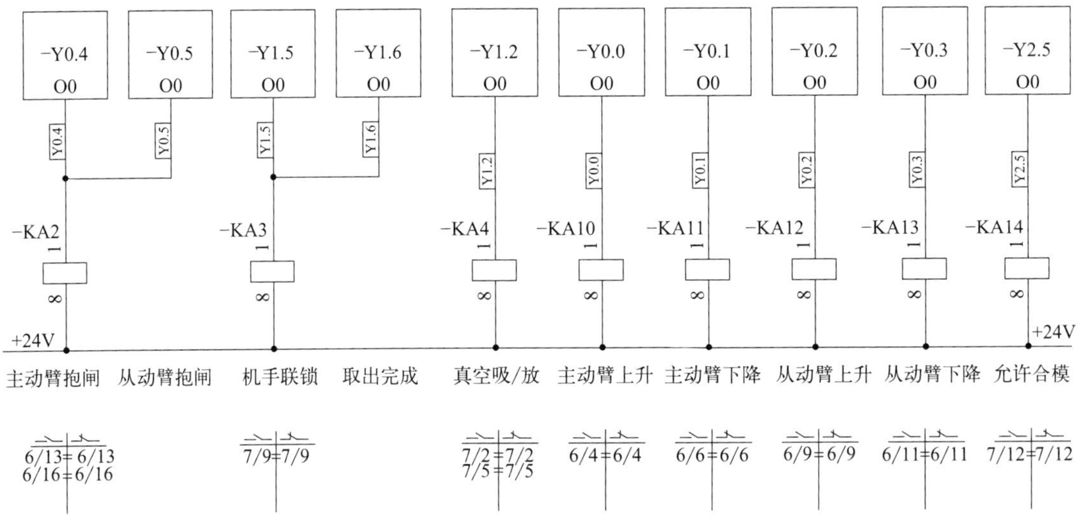

图 4-22　机械手 PLC 的输出回路接线图

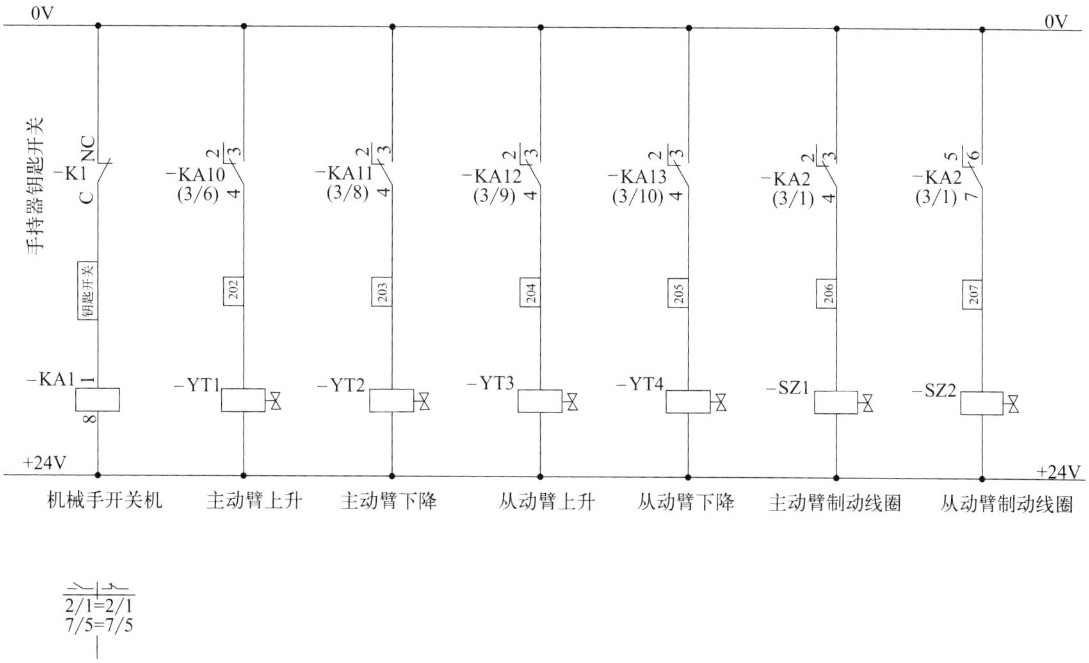

图 4-23　电磁阀控制回路接线图

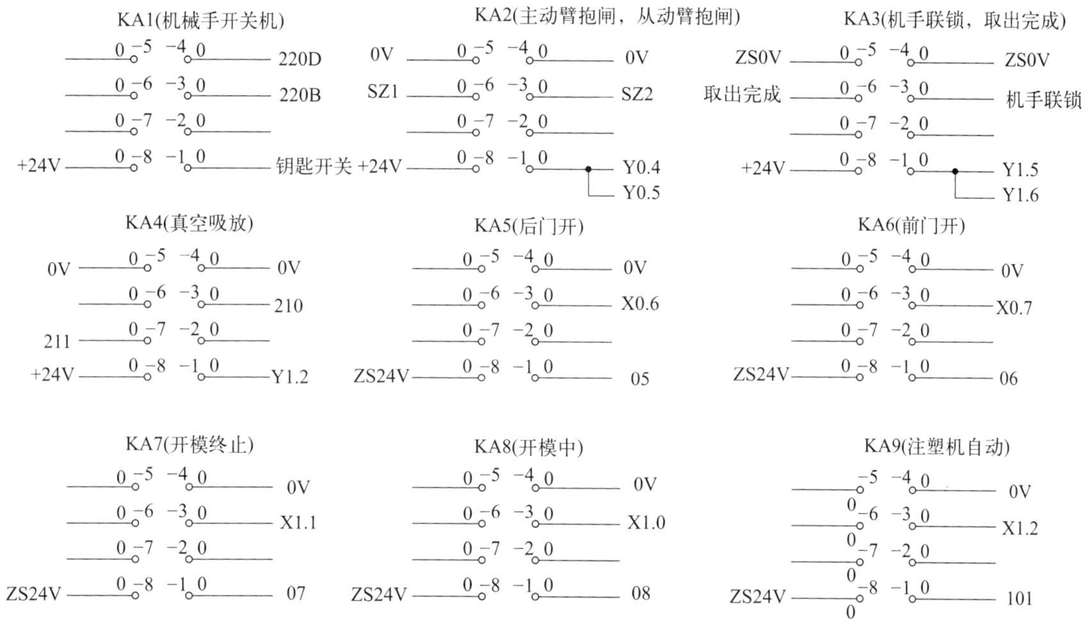

图 4-24　继电器接线图

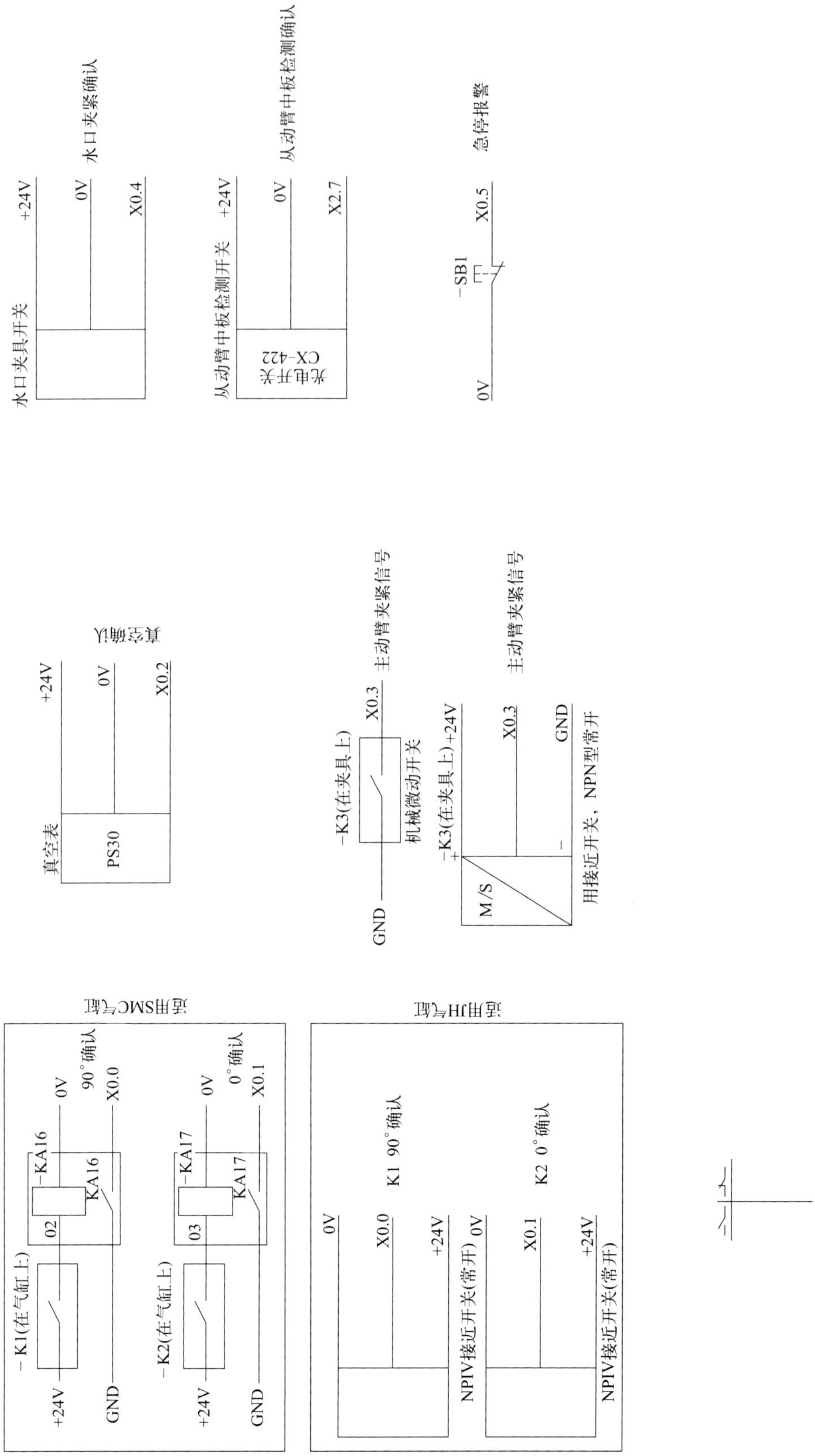

图 4-25　检测开关接线图

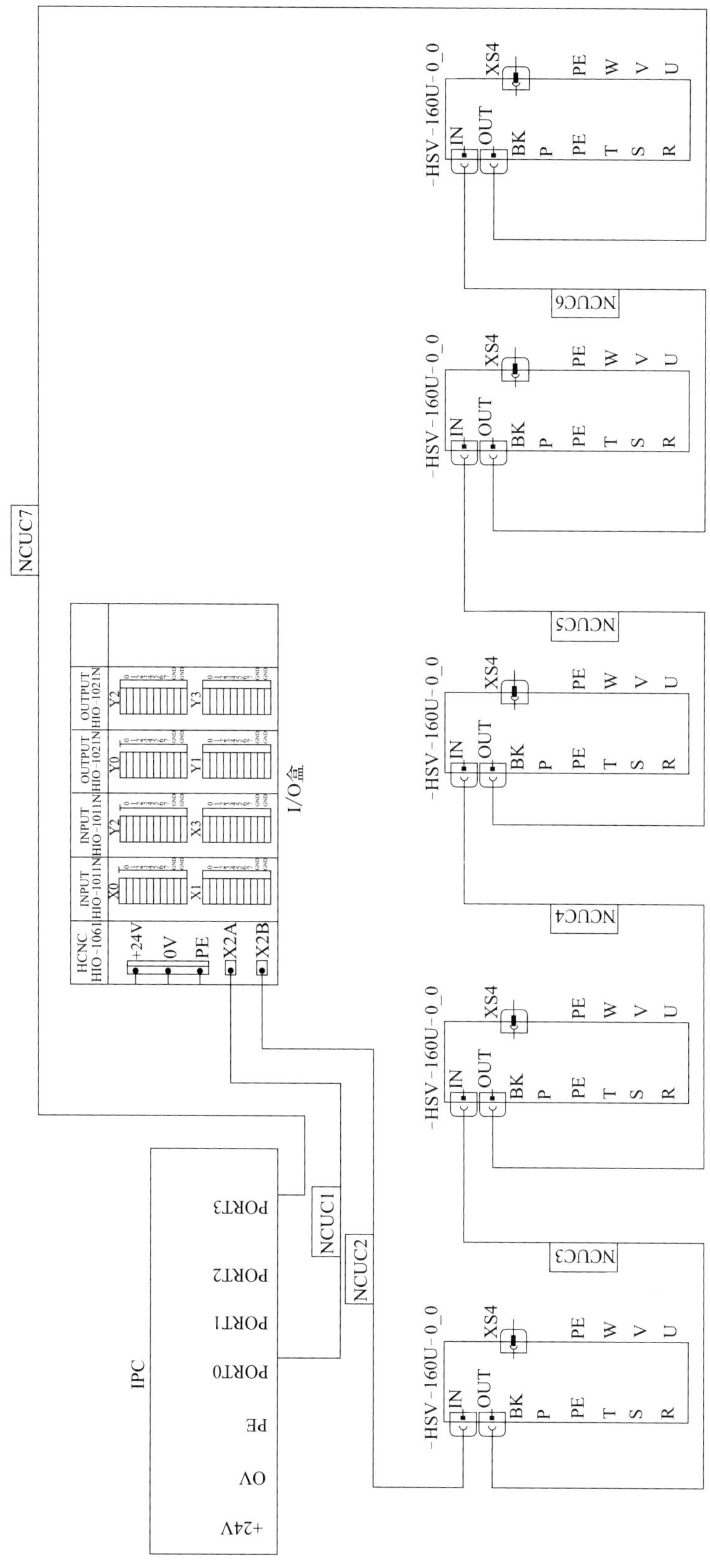

图 4-26　系统网络接线图

注意：以上接线图结合接线端子排接线图连接，所有外接线都应经过接线端子排转接，且该线上的线标号必须准确清楚，接线位置与图样一致。

（3）机器人本体气路安装

根据气路接线图接线（图 4-27），完成机器人本体气路安装。

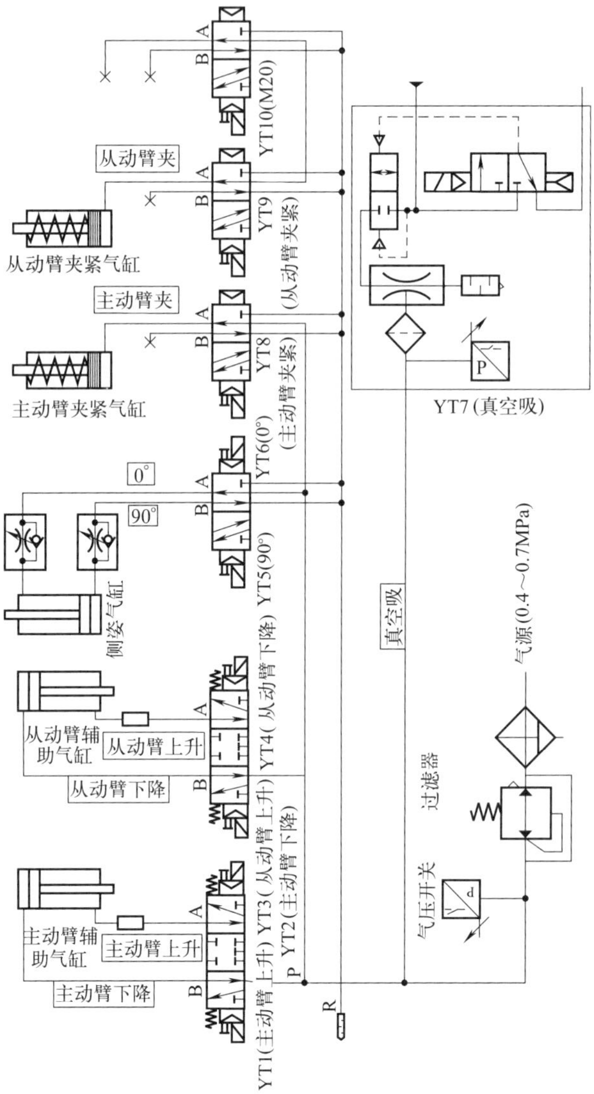

图 4-27　气路接线图

4.2.3 调试

（1）电气系统调试

完成机器人本体与电气控制柜的总线连接，并对各电机逐一进行通电测试，主要检测电气系统是否正常运行和各传动机构运行是否顺畅。

（2）整机调试

将表 4-12 所示的调试数据录入示教器，并运行。

表 4-12　示教器调试数据

项目	W	V	B	U	A	M
当前位置	100	100	100	100	100	
W 单独行走	100					
U 单独行走				100		
V 单独行走		200				
A 单独行走					−500	
B 单独行走			−500			
真空吸						12
A、B 同时行走			0		0	
摆 90°						10
W 单独行走	500					
U、V 同时行走		400		300		
A、B 同时行走			−300		−300	
真空放						13
U、V 同时行走		300		200		
A、B 同时行走			0		0	
摆 0°						11

（3）检测

① 定位精度：使用绝对激光跟踪仪，检测机器人定位精度。

② 重复定位精度：使用绝对激光跟踪仪，检测机器人重复定位精度，在进行重复定位精度检测时，应运行调试任务多于 10 次。

③ 速度：根据用户说明书，检测机器人最大和最小运行速度。

④ 检测机器人长度行程：根据用户说明书，检测机器人长度行程。

第5章 工业机器人通信

工业机器人的控制可分为两大部分：一部分是对其自身运动的控制，另一部分是工业机器人与周边设备的协调控制，要实现这样的控制，除工业机器人控制器外，有时还需要PLC通过工业机器人与其进行通信来完成。如图5-1所示，不同工业机器人的控制器是不同的，即使是相同的控制器，与不同的PLC通信也是有差异的，但实现起来大同小异，现以ABB工业机器人为例进行介绍。

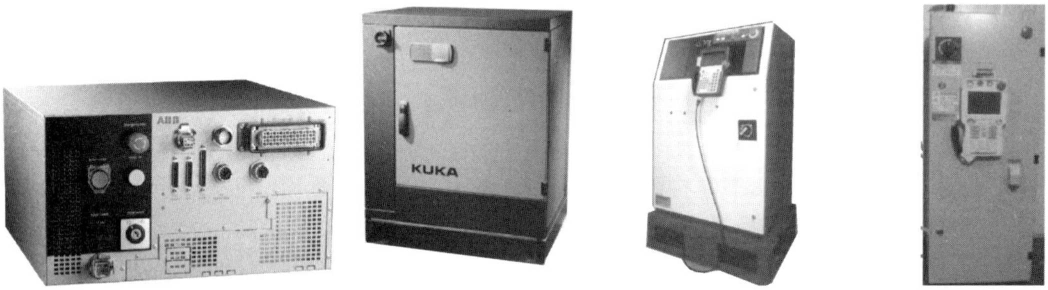

(a) ABB工业机器人控制器　(b) KUKA工业机器人控制器　(c) FANUC工业机器人控制器　(d) 安川工业机器人控制器

图5-1　工业机器人控制器

5.1 ABB机器人I/O通信种类

ABB机器人I/O通信方式多样，如ABB的标准通信，与PLC的现场总线通信，还有与PC机的数据通信（图5-2），可以轻松地实现与周边设备的通信。

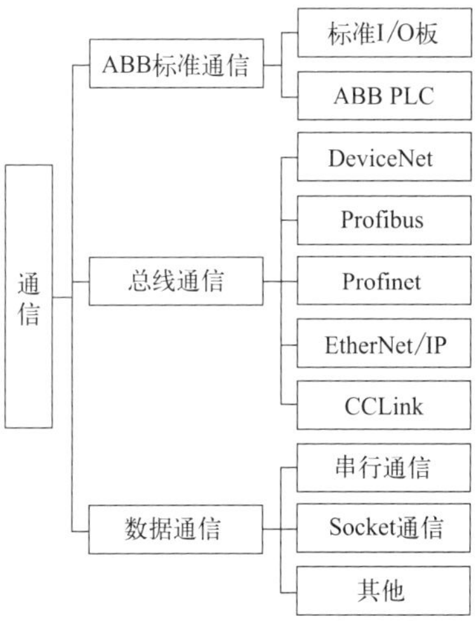

图5-2　ABB机器人I/O通信种类

ABB的标准I/O板可实现数字量输入/输出、组输入/输出、模拟量输入/输出，ABB机器人可以选配标准ABB的PLC，省去了原来与外部PLC进行通信设置的麻烦，并且在机器人的示教器上就能实现与PLC的相关操作。

5.1.1 标准I/O板

机器人可以通过I/O（输入/输出）接口与外部设备进行交互。例如，数字量输入：各种开关信号反馈，如按钮开关、转换开关、接近开关等；传感器信号反馈，如光电传感器、光纤传感器；接触器、继电器触点信号反馈；触摸屏里的开关信号反馈。数字量输出：控制各种线圈，如接触器、继电器、电磁阀；控制各种指示类信号，如指示灯、蜂鸣器。

常用标准 I/O 板见表 5-1。图 5-3 所示为 ABB 标准 I/O 板 DSQC651。DSQC651 板主要对 8 个数字输入信号、8 个数字输出信号和 2 个模拟输出信号进行处理。不同的接口其具体要求也是不一样的，图 5-4 所示为 ABB 标准 I/O 板 DSQC651 的 X5 接口要求。X1 端子说明见表 5-2，X3 端子说明见表 5-3，X5 端子说明见表 5-4，X6 端子说明见表 5-5。

表 5-1 常用标准 I/O 板

型号	说明	型号	说明
DSQC651	分布式 I/O 模块 di8、do8、ao2	DSQC355A	分布式 I/O 模块 ai4、ao4
DSQC652	分布式 I/O 模块 di16、do16	DSQC377A	输送链跟踪单元
DSQC653	分布式 I/O 模块 di8、do8 带继电器		

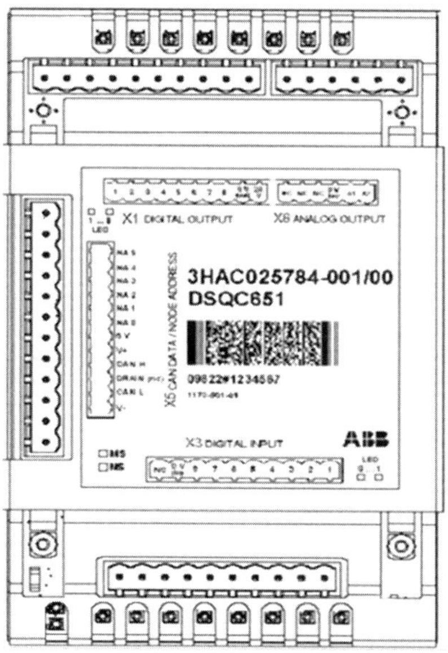

图 5-3 ABB 标准 IO 板 DSQC651

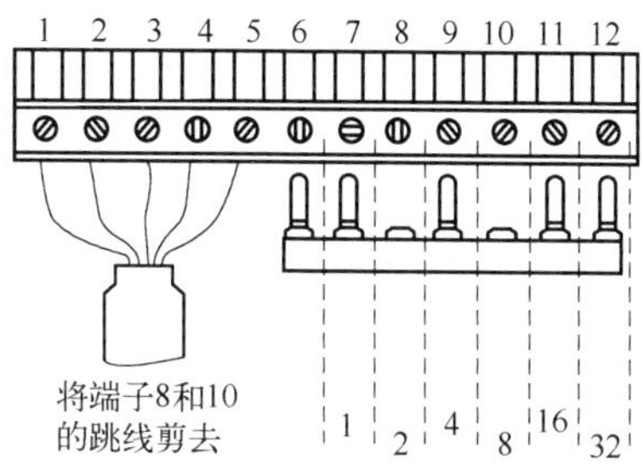

图 5-4 ABB 标准 I/O 板 DSQC651 的 X5 接口要求

表 5-2 X1 端子说明

端子编号	使用定义	地址分配
1	OUTPUT CH1	32
2	OUTPUT CH2	33
3	OUTPUT CH3	34
4	OUTPUT CH4	35
5	OUTPUT CH5	36
6	OUTPUT CH6	37
7	OUTPUT CH7	38
8	OUTPUT CH8	39
9	0V	
10	24V	

表 5-3　X3 端子说明

端子编号	使用定义	地址分配
1	INPUT CH1	0
2	INPUT CH2	1
3	INPUT CH3	2
4	INPUT CH4	3
5	INPUT CH5	4
6	INPUT CH6	5
7	INPUT CH7	6
8	INPUT CH8	7
9	0V	
10	未使用	

表 5-4　X5 端子说明

端子编号	使用定义	端子编号	使用定义
1	0V(黑色)	7	模块 ID bit0(LSB)
2	CAN 信号线 low(蓝色)	8	模块 ID bit1(LSB)
3	屏蔽线	9	模块 ID bit2(LSB)
4	CAN 信号线 high(白色)	10	模块 ID bit3(LSB)
5	24V(红色)	11	模块 ID bit4(LSB)
6	GND 地址选择公共端	12	模块 ID bit5(LSB)

表 5-5　X6 端子说明

端子编号	使用定义	地址分配
1	未使用	
2	未使用	
3	未使用	
4	0V	
5	模拟输出 AO1	0～15
6	模拟输出 AO2	16～31

ABB 标准 I/O 板是挂在 DeviceNet 网络上的，所以要设定模块在网络中的地址。端子 X5 的 6～12 的跳线就是用来决定模块的地址的（图 5-4），地址可用范围为 10～63（表 5-6）。

表 5-6　模块在网络中的地址

参数名称	设定值	说明
Name	board10	设定 I/O 板在系统中的名字
Type of Unit	d651	设定 I/O 板的类型
Connected to Bus	DeviceNet1	设定 I/O 板连接的总线
DeviceNet Address	10	设定 I/O 板在总线中的地址

5.1.2 串行通信

串行通信是指使用一条数据线，将数据一位一位地依次传输，每一位数据占用一个固定的时间长度。其只需要少数几条线就可以在系统间交换信息，特别适用于计算机与计算机、计算机与外围设备之间的远距离通信。一个字节的数据要分 8 次由低位到高位按顺序传送，如图 5-5 所示。

图 5-5　串行通信

5.1.3 总线通信

图 5-6 所示工业机器人的通信示意图，可以看出，机器人中大部分的信息交换都是通过总线完成的。总线是各种功能部件之间传送信息的公共通信干线，它是由导线组成的传输线束。按照计算机所传输的信息种类，计算机的总线可以划分为以下三种。

① 数据总线（DB）　是双向三态形式的总线，它既可以把控制器 CPU 的数据传送到存储器或 I/O 接口等其他部件，也可以将其他部件的数据传送到 CPU。数据总线的位数是微型计算机的一个重要指标，通常与微处理的字长一致，32 位、64 位计算机指的就是数据总线。

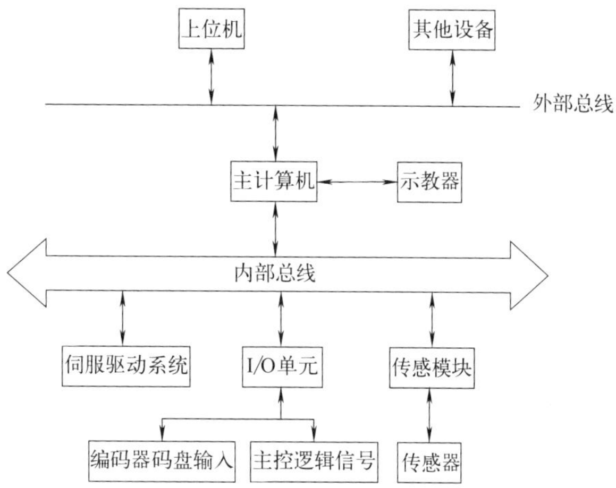

图 5-6　工业机器人通信示意图

② 地址总线（AB）　是专门用来传送地址的，因为地址只能从 CPU 传向外部存储器或 I/O 接口，所以地址总线总是单向三态的，这与数据总线不同。地址总线的位数决定了 CPU 可直接寻址的内存空间大小。

③ 控制总线（CB）　主要用来传送控制信号和时序信号。控制总线的传送方向由具体控制信号而定，一般是双向的，控制总线的位数要根据系统的实际控制需要而定。数据总线和控制总线可以共用。

（1） DeviceNet

DeviceNet 是一种基于 CAN（Controller Area Network）技术的开放型、符合全球工业标准的低成本、高性能的现场总线协议标准，该协议规范是描述 DeviceNet 设备之间实现连接和交换数据的一套协议。DeviceNet 作为一种串行通信链接，定义 OSI（Open System Interconnection）模型七层架构中的物理层、数据链路层及应用层，它能够将工业设备（如限位开关、光电传感器、阀组、电机控制器、过程传感器、条形码读取器、变频驱动器和操作员接口等）连接到网络，减少了硬件接线的成本。

① 网络结构　如图 5-7 所示，DeviceNet 是一种数字化、多点连接的网络，在控制器和 I/O 设备之间实现通信，每一个设备和控制器都是网络上的一个节点。

② 通信组成　DeviceNet 沿用了 CAN 协议标准所规定的总线网络的物理层和数据链路层，应用层规范则是由厂商自主开发，如图 5-8 所示。

a. DeviceNet 的物理层和物理媒体　物理层协议规范定义了 DeviceNet 的总线拓扑结构

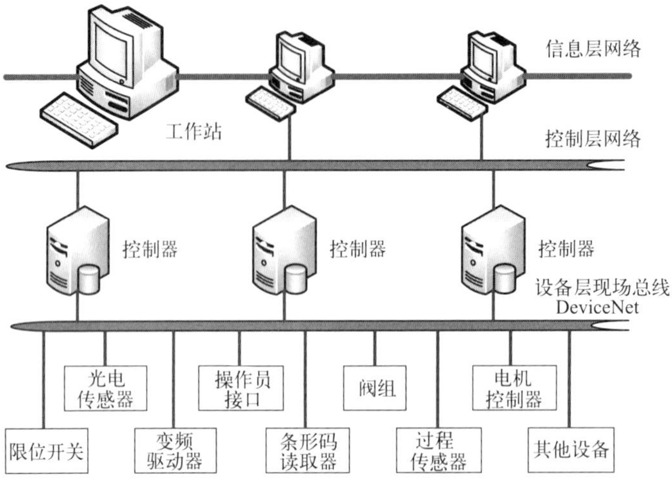

图 5-7 DeviceNet 的网络结构

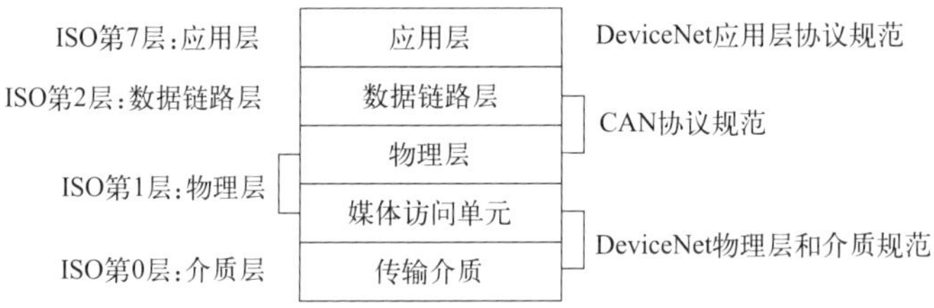

图 5-8 DeviceNet 通信组成

及网络元件，具体包括系统接地、粗缆和细缆混合结构、网络端接地和电源分配。

其中线缆包括：粗缆（多用作干线）和细缆（多用于分支线）。总线的线缆包括 24V 直流电源线和信号线两组双绞线以及信号屏蔽线。DeviceNet 提供的数据通信速率为 125Kbps、250Kbps 和 500Kbps，每个网络端最多可达 64 个节点。

b. DeviceNet 的数据链路层　数据链路层完全遵循 CAN 规范的定义，分为逻辑链路控制子层 LLC 和媒体访问控制子层 MAC。

数据链路层的任务或功能主要包括数据链路的建立和拆除、信息传输、传输错误控制以及异常情况处理。

c. DeviceNet 的应用层　应用层采用通用工业协议（CIP），它定义了传输数据的语法和语义，如连接、报文、对象模型和设备描述等方面的内容。

③ 通信模型　DeviceNet 的通信模型分为源/目的模式和生产者/消费者模式，图 5-9 所示是一种生产者/消费者模式的模型，支持分级通信和报文优先级，可配置成工作在主从模式或基于对等通信的分布式控制结构。CIP 通信是基于连接的，因此 DeviceNet 网络上任意两个节点通信之前必须建立起连接，且连接是可以动态建立和撤销的。

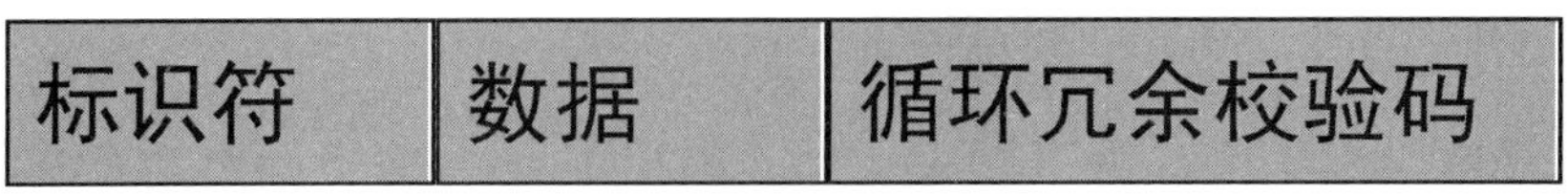

图 5-9 生产者/消费者模式

④ 显式连接与隐式连接　DeviceNet 支持使用隐式和显式连接实现配置和控制的单点连接，注意此处的连接是逻辑上的关系，而非物理层的连接。

a. 显式连接　可通过未连接信息管理器来建立，是典型的点对点的请求-响应通信方式，只存在于两个设备之间的一般的、多用途的通信途径，如图 5-10 所示。此种连接为一对一的连接，主要用于发送设备间多用途的报文，如组态数据、控制命令和故障诊断等。显式报文接入必须对接到的报文作出成功或错误的响应。

CAN 帧头	协议区&特殊服务数据	CAN 帧尾

图 5-10　显式报文

b. 隐式连接　又称 I/O 连接，主要用于传输工业现场设备中实时性要求较高、面向控制的输入输出数据报文（隐式报文），如图 5-11 所示。通过这种连接方式可以进行一对一或一对多的数据传送，并定时按周期发出。I/O 连接不要求数据接收方对所接到的报文作出应答。

CAN 帧头	应用 I/O 数据	CAN 帧尾

图 5-11　隐式报文

⑤ 远程 I/O 模块　DeviceNet 允许通过网络远程配置设备，如图 5-12 所示。远程 I/O 模块，是工业级远程采集与控制模块。该模块提供了无源节点的开关量输入采集、继电器输出、高频计数器等功能，主要用于工业现场采集模拟信号和数字信号，还可以输出模拟和数字信号来控制现场设备。远程 I/O 模块最主要的优势在于远程，最远传播距离可达十几公里，稳定性和可靠性都非常高，在恶劣的工业环境中也能使用。

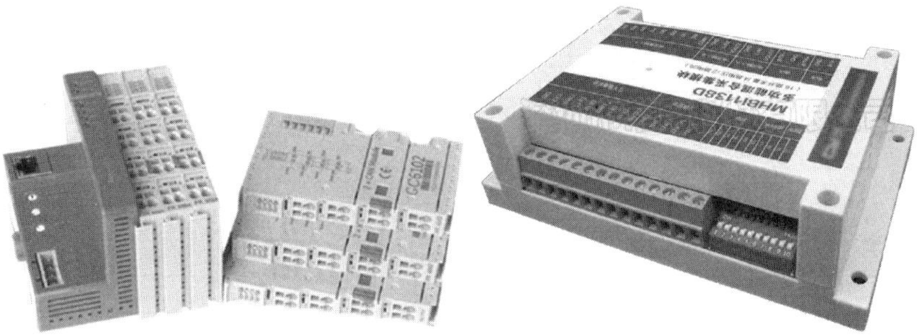

图 5-12　远程 I/O

（2） Profinet

Profinet 实时以太网是基于标准工业以太网技术提出的，使用了 TCP/IP 标准，可以满足现场总线和信息系统的集成，它充分满足了企业管理层和现场层通信的兼容性。Profinet 的核心组成部分是分散式现场设备。

为了完成各种控制对象的功能需求，Profinet 根据通信目的不同将通信方式划分为三种类型。

① 实时性要求不高的数据通过 TCP/UDP 协议在标准通道上发送，这样可以满足设备控制层与其他网络兼容互通的需求。

② 实时性较高的过程数据采用实时通道 RT（Real Time）传输，Profinet 中的实时通

信通道的利用很大程度上减少了通信栈所用时间，缩短了过程数据传输的周期。

③ 等时同步实时通信 IRT（Isochronous Real Time）主要用于有较高时间同步要求的场合，如运动控制。

（3） EtherNet/IP

EtherNet/IP 是由 CI（国际控制网络）组织和开放设备网络供应商协会在工业以太网协会的协助下联合开发的，EtherNet/IP 将以太网协议与工业协议两者结合起来，是在标准以太网协议之上建立的。

基于标准以太网技术的 EtherNet/IP 具有以下优点：充分地利用了以太网技术，使设备兼容性增强；可以快速构建控制系统，组网方便快捷；通信快速且稳定，通信距离长，构建成本低廉。

5.2 ABB 机器人标准通信

5.2.1 信号定义

（1）定义数字输入/输出信号

ABB 机器人标准 I/O 数字输入信号与输出信号分别见表 5-7 和表 5-8，其位置分别如图 5-13、图 5-14 所示。

表 5-7 ABB 机器人标准 I/O di1 数字输入信号

参数名称	设定值	说明
Name	di1	设定数字输入信号的名字
Type of Signal	Digital Input	设定信号的类型
Assigned to Unit	board10	设定信号所在的 I/O 模块
Unit Mapping	0	设定信号所占用的地址

表 5-8 ABB 机器人标准 I/O do1 数字输出信号

参数名称	设定值	说明
Name	do1	设定数字输出信号的名字
Type of Signal	Digital Output	设定信号的类型
Assigned to Unit	board10	设定信号所在的 I/O 模块
Unit Mapping	32	设定信号所占用的地址

（2）定义组输入/输出信号

组输入信号就是将几个数字输入信号组合起来使用，用于接收外围设备输入的 BCD 编码的十进制数。其相关参数及状态见表 5-9 和表 5-10。此例中，gi1 占用地址 1～4 共 4 位，可以代表十进制数 0～15。依此类推，如果占用地址 5 位，可以代表十进制数 0～31。其位置如图 5-15 所示。

表 5-9 ABB 机器人标准 I/O gi1 组输入信号

参数名称	设定值	说明
Name	gi1	设定组输入信号的名字
Type of Signal	Group Input	设定信号的类型
Assigned to Unit	board10	设定信号所在的 I/O 模块
Unit Mapping	1～4	设定信号所占用的地址

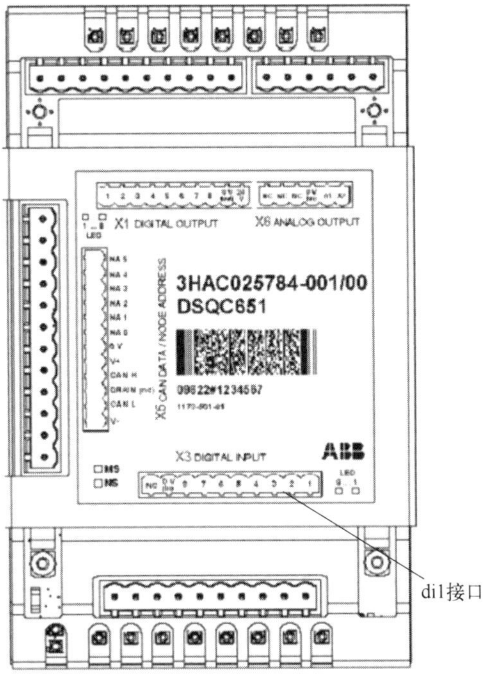

图 5-13 ABB 机器人标准 I/O di1 接口

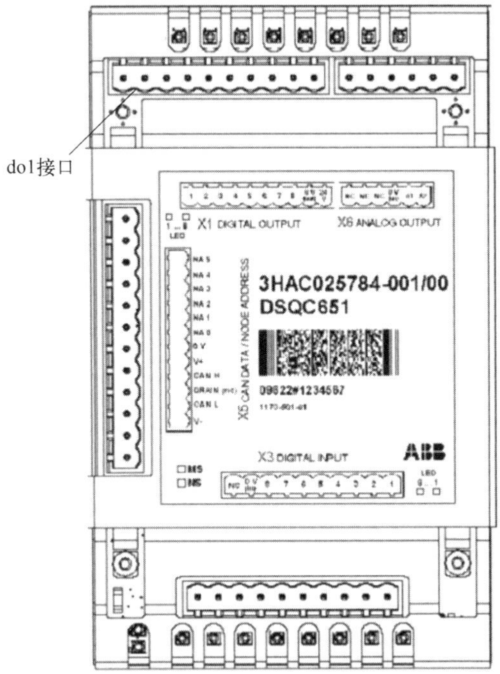

图 5-14 ABB 机器人标准 I/O do1 接口

表 5-10 外围设备输入的 BCD 编码的十进制数

状态	地址 1	地址 2	地址 3	地址 4	十进制数
	1	2	4	8	
状态 1	0	1	0	1	2+8=10
状态 2	1	0	1	1	1+4+8=13

组输出信号就是将几个数字输出信号组合起来使用，用于输出 BCD 编码的十进制数。其相关参数及状态见表 5-11 和表 5-12 所示。此例中，go1 占用地址 33～36 共 4 位，可以代表十进制数 0～15。依此类推，如果占用地址 5 位，可以代表十进制数 0～31。其位置如图 5-16 所示。

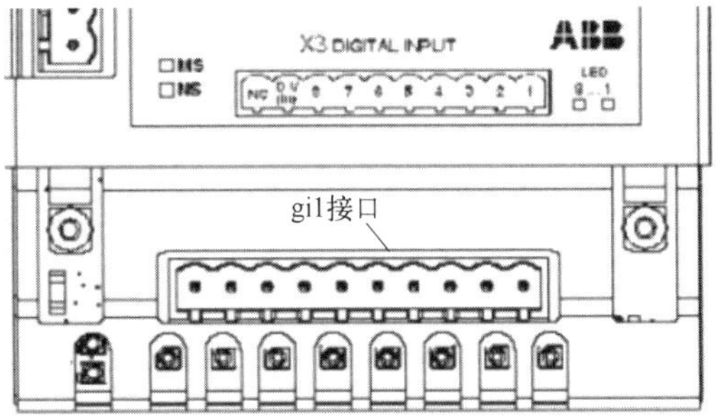

图 5-15 ABB 机器人标准 I/O gi1 接口

表 5-11 ABB 机器人标准 I/O go1 组输出信号

参数名称	设定值	说明
Name	go1	设定组输出信号的名字
Type of Signal	Group Output	设定信号的类型
Assigned to Unit	board10	设定信号所在的 I/O 模块
Unit Mapping	33～36	设定信号所占用的地址

表 5-12 输出 BCD 编码的十进制数

状态	地址 33	地址 34	地址 35	地址 36	十进制数
	1	2	4	8	
状态 1	0	1	0	1	2+8=10
状态 2	1	0	1	1	1+4+8=13

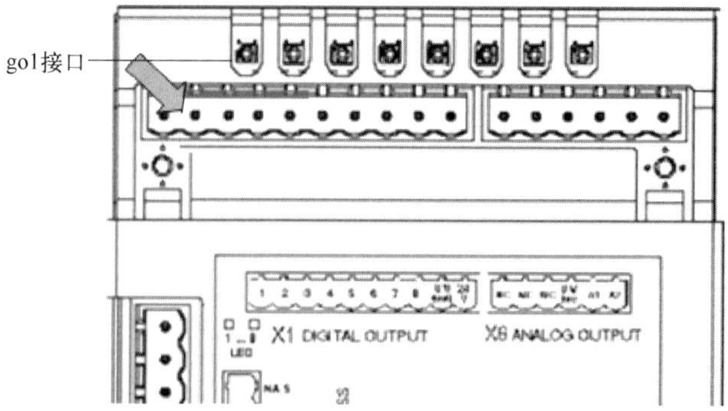

图 5-16　ABB 机器人标准 I/O go1 接口

5.2.2 设置 ABB 标准 I/O 板

标准 I/O 板（DSQC651 板）的设置见表 5-13。

表 5-13　标准 I/O 板（DSQC651 板）的设置

步骤	说明	图示
1	单击左上角主菜单按钮，选择“控制面板”	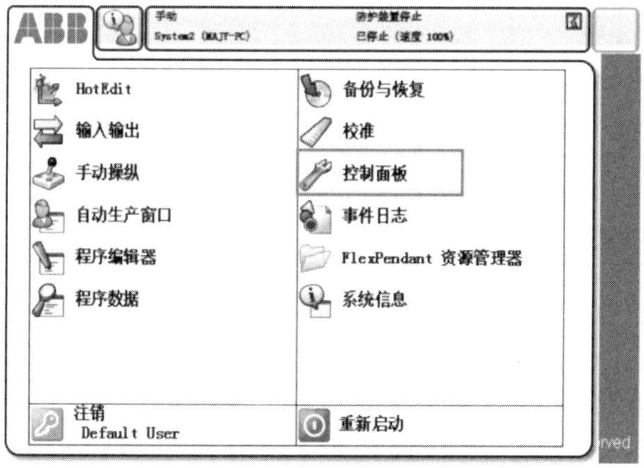
2	选择“配置”	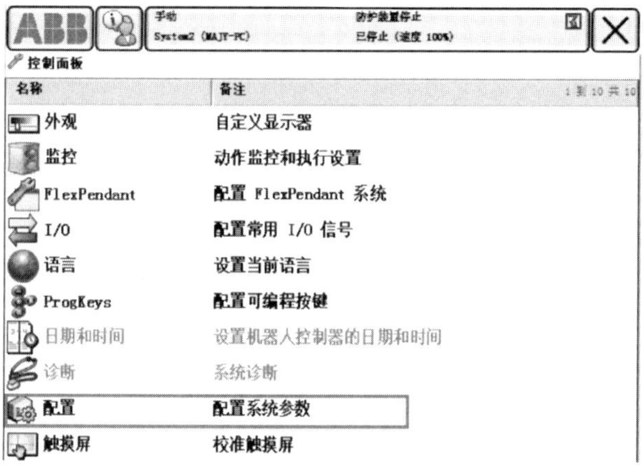

步骤	说明	图示
3	双击“Unit”，进行 DSQC651 模块的设定	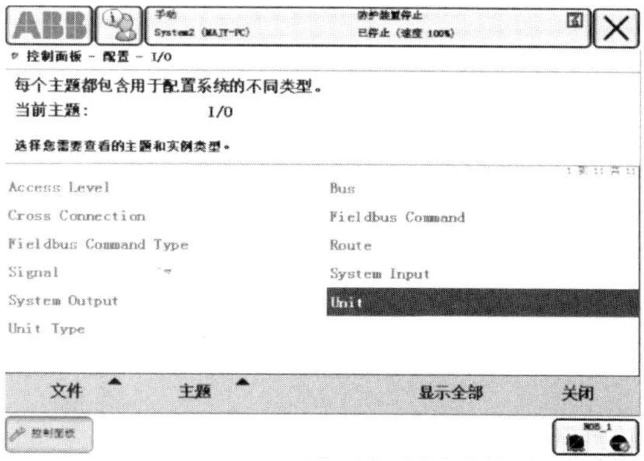
4	单击“添加”	
5	双击“Name”进行 DSQC651 板在系统中的名字的设定	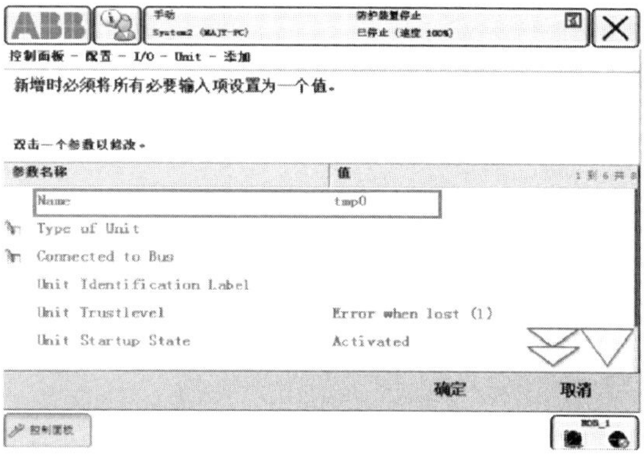
6	设定为“board10”，单击“确定”	

续表

步骤	说明	图示
7	单击“Type of Unit”，选择“d651”	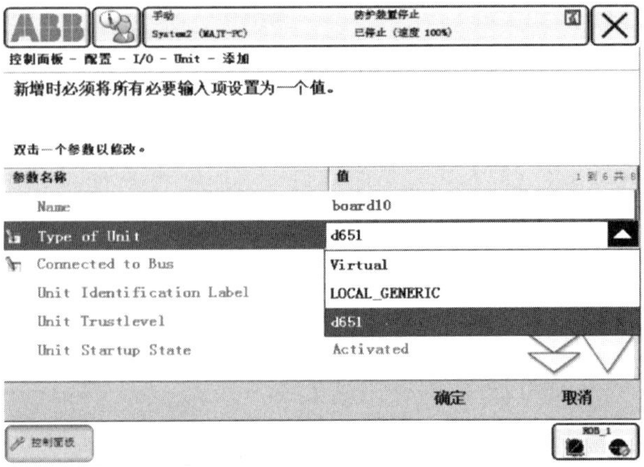
8	双击“Connected to Bus”，选择“DeviceNet1”，然后单击“确定”	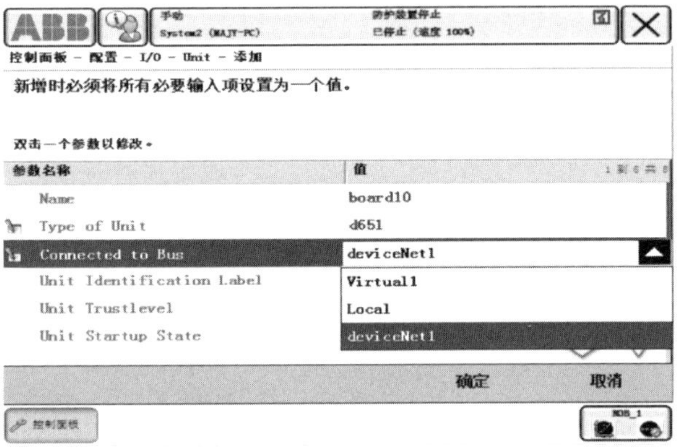
9	在弹出窗口中单击“是”，完成对 DSQC651 板的总线连接操作	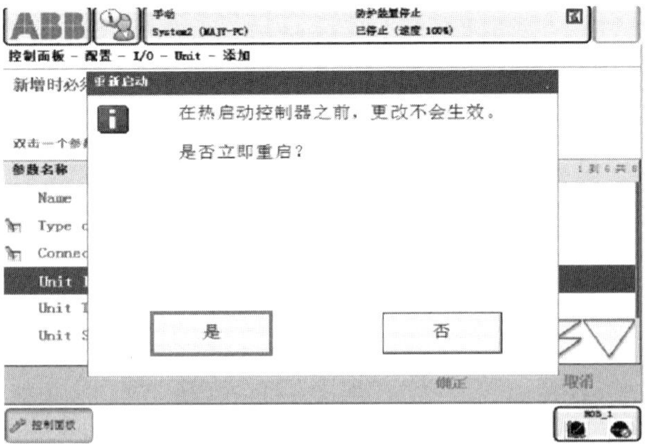

5.2.3 添加输入/输出信号

（1）添加数字输入信号 di1（表 5-14）

表 5-14 添加数字输入信号 di1

步骤	说明	图示
1	选择"控制面板"	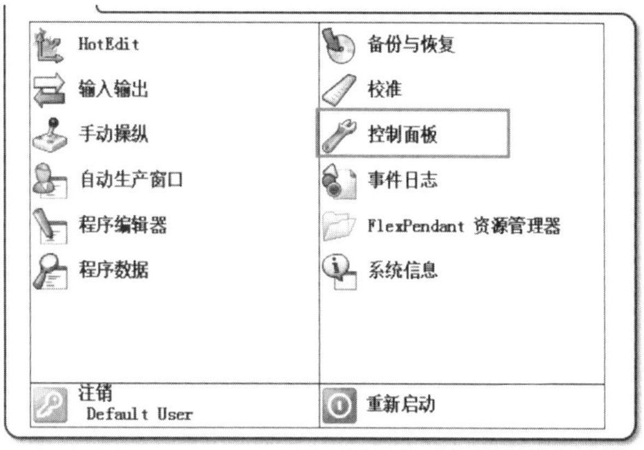
2	选择"配置"	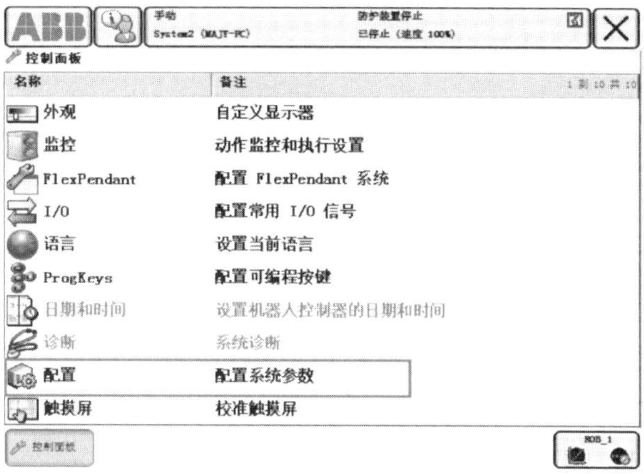
3	双击"Signal"	

续表

步骤	说明	图示
4	单击“添加”	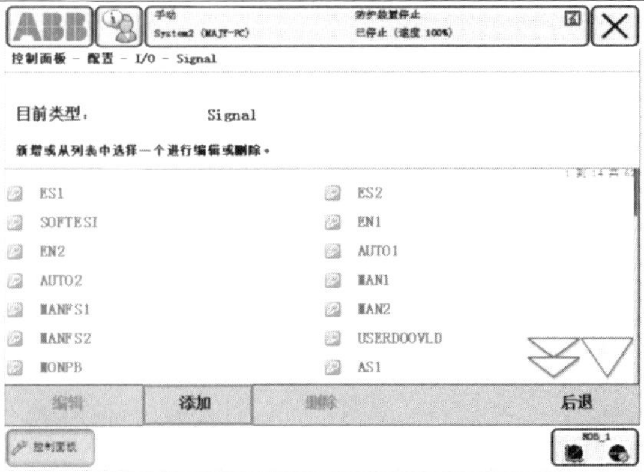
5	双击“Name”	
6	输入“di1”，然后单击“确定”	
7	双击“Type of Signal”，选择“Digital Input”	

续表

步骤	说明	图示
8	双击“Assigned to Unit”，选择“board10”	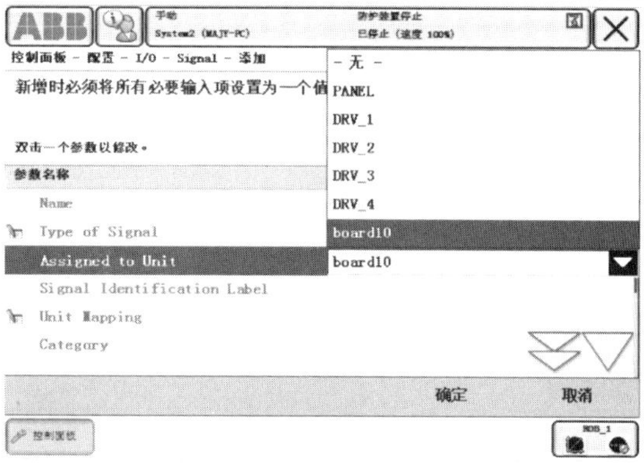
9	双击“Unit Mapping”	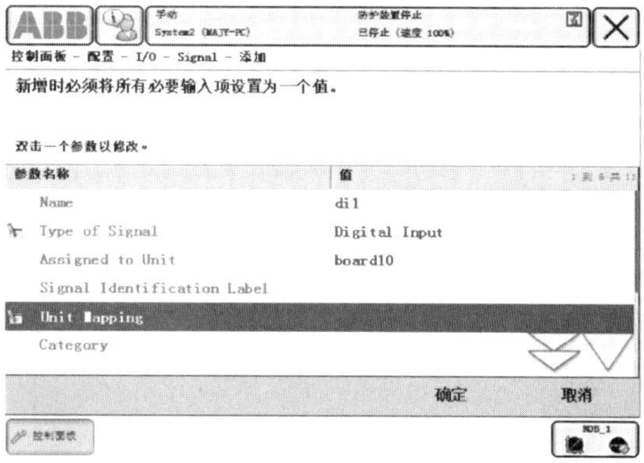
10	输入“0”，单击“确定”，再单击确定	
11	在弹出窗口中单击“是”，重启控制器以完成设置	

（2）添加数字输出信号 do1（表 5-15）

表 5-15　添加数字输出信号 do1

步骤	说明
1	单击左上角主菜单按钮，选择“控制面板”
2	选择“配置”
3	双击“Signal”
4	单击“添加”
5	双击“Name”
6	输入“do1”，然后单击“确定”
7	双击“Type of Signal”，选择“Digital Output”
8	双击“Assigned to Device”，选择“board10”
9	双击“Device Mapping”
10	输入“32”，然后单击“确定”，再单击“确定”
11	单击“是”，完成设定

5.2.4 添加组输入/输出信号

（1）添加组输入信号 gi1（表 5-16）

表 5-16　添加组输入信号 gi1

<table>
<tr><th>步骤</th><th>说明</th><th>图示</th></tr>
<tr><td>1</td><td>单击左上角主菜单按钮，选择“控制面板”</td><td>
</td></tr>
<tr><td>2</td><td>选择“配置”</td><td>
</td></tr>
</table>

续表

步骤	说明	图示
3	双击“Signal”	
4	单击“添加”	
5	双击“Name”	
6	输入“gi1”，然后单击“确定”	

续表

步骤	说明	图示
7	双击“Type of Signal”，选择“Group Input”	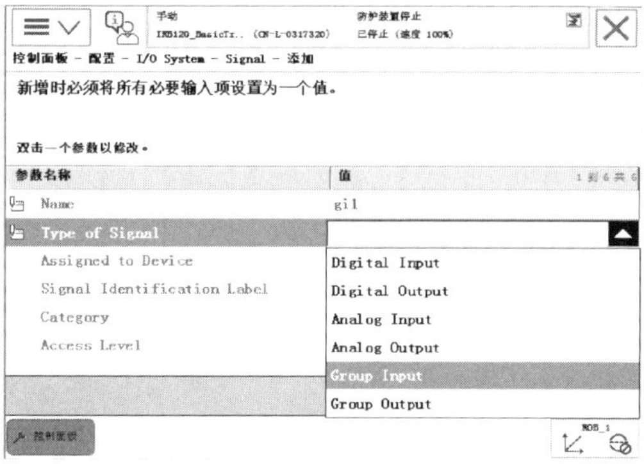
8	双击“Assigned to Device”，选择“board10”	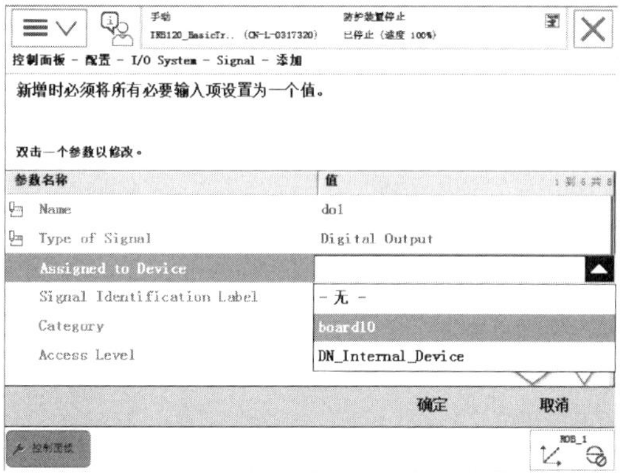
9	双击“Device Mapping”	
10	输入“1-4”，然后单击“确定”	

续表

步骤	说明	图示
11	单击“确定”	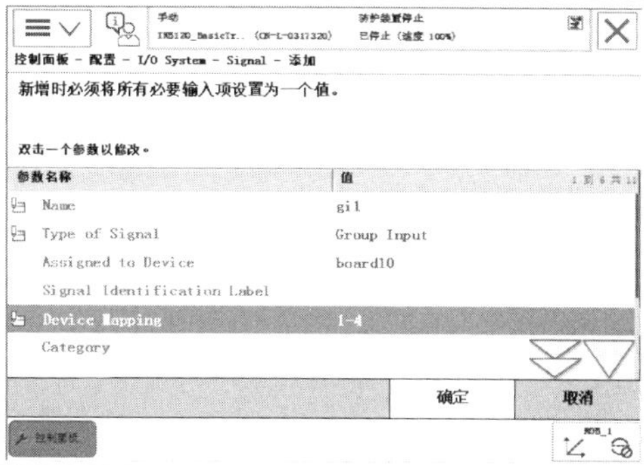
12	单击“是”，完成设定	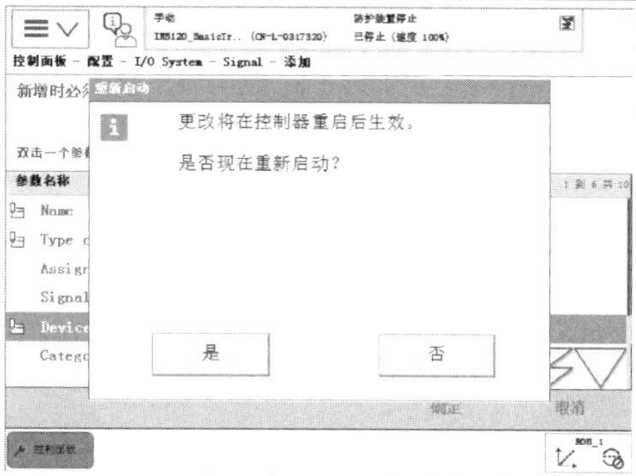

（2）添加组输出信号 go1（表 5-17）

表 5-17　添加组输出信号 go1

步骤	说明	步骤	说明
1	单击左上角主菜单按钮，选择“控制面板”	7	双击“Type of Signal”，选择“Group Output”
2	选择“配置”	8	双击“Assigned to Device”，选择“board10”
3	双击“Signal”	9	双击“Device Mapping”
4	单击“添加”	10	输入“33-36”，然后单击“确定”
5	双击“Name”	11	单击“确定”
6	输入“go1”，然后单击“确定”	12	单击“是”，完成设定

5.2.5 监控与操作 I/O 信号（表 5-18）

表 5-18　监控与操作 I/O 信号

步骤	说明	图示
1	选择“输入输出”	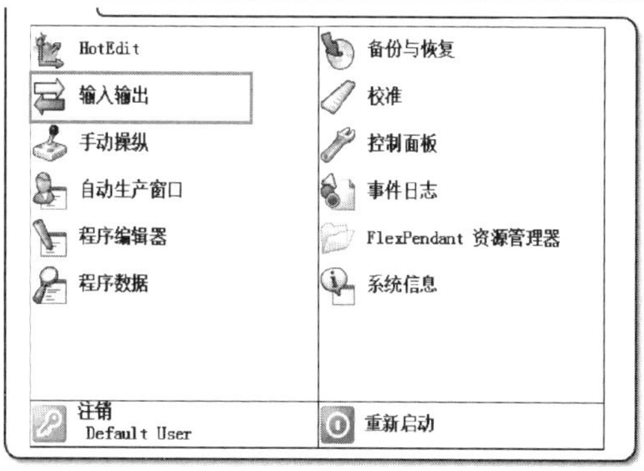

步骤	说明	图示
2	打开“视图”菜单	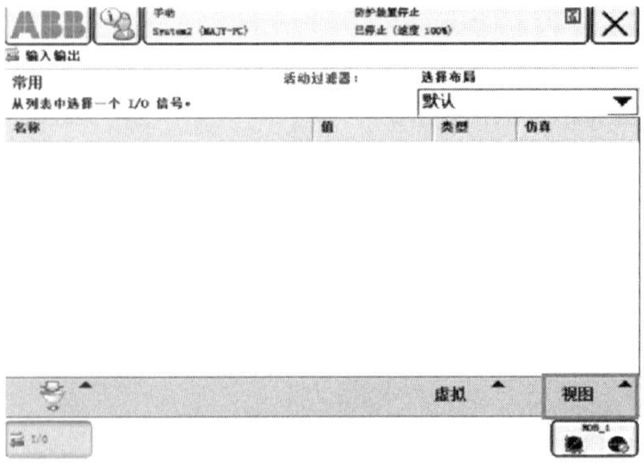
3	选择“I/O 单元”	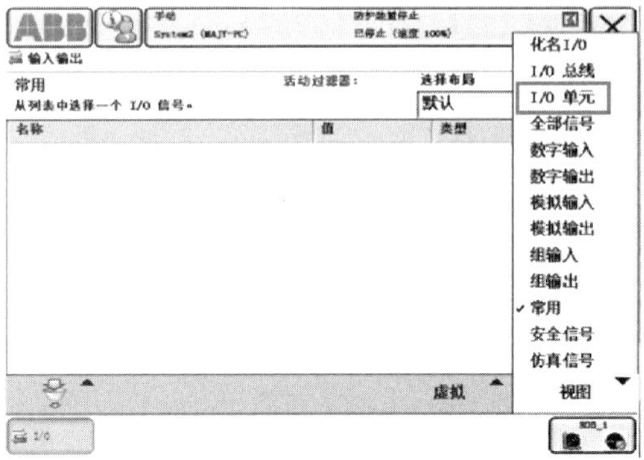
4	选择“board10”，然后单击“信号”	
5	通过该窗口可对信号进行监控、仿真和强制操作	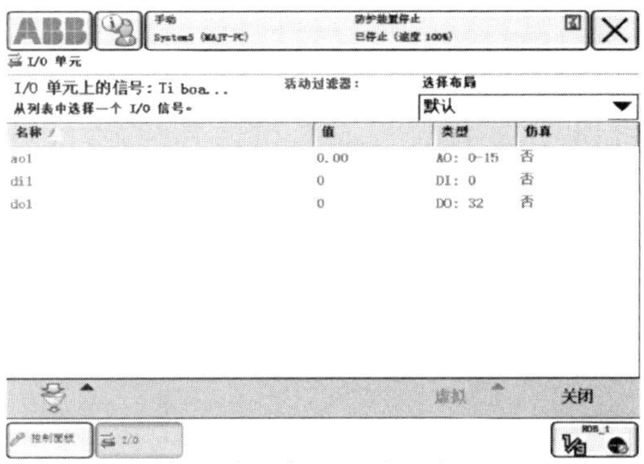

步骤	说明	图示
6	对 di1 进行仿真操作，选中“di1”，然后单击“仿真”	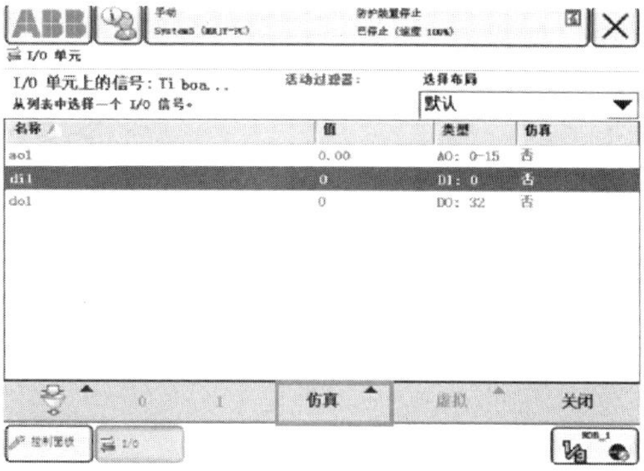
7	单击“0”或“1”，将 di1 的状态仿真置为 0 或 1	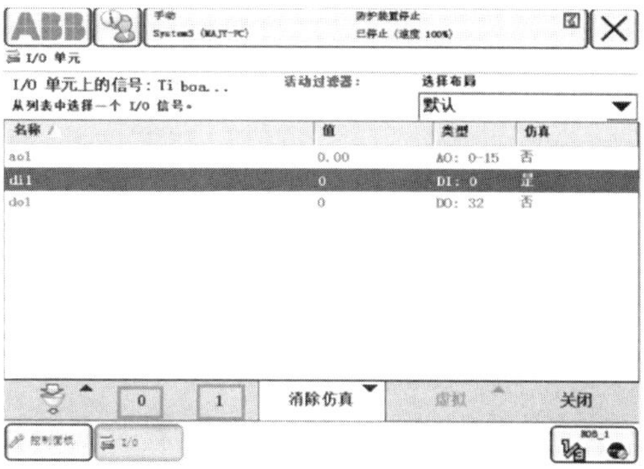
8	仿真结束后，单击“清除仿真”取消仿真	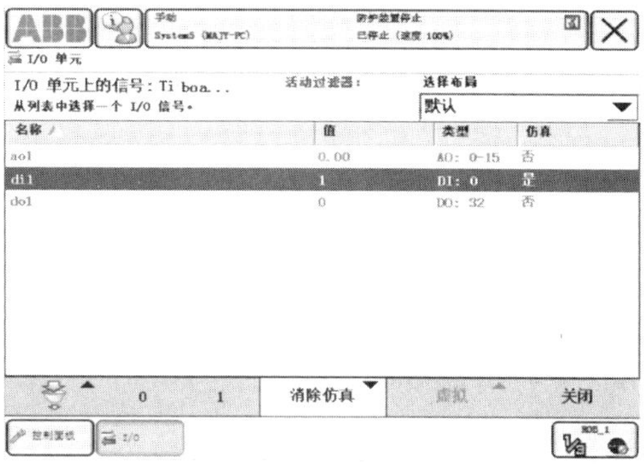
9	对 ao1 进行强制操作	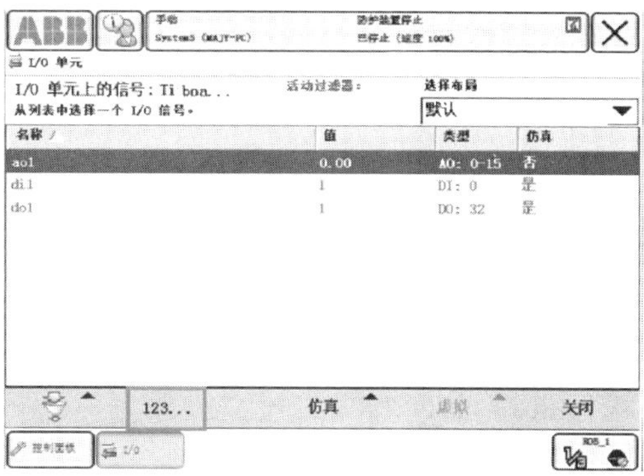

步骤	说明	图示
10	输入需要的数值，然后单击“确定”	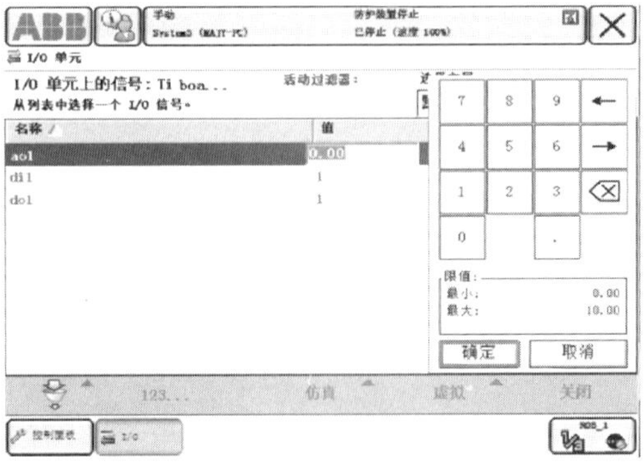
11	ao1 强制设置输出为 2.00	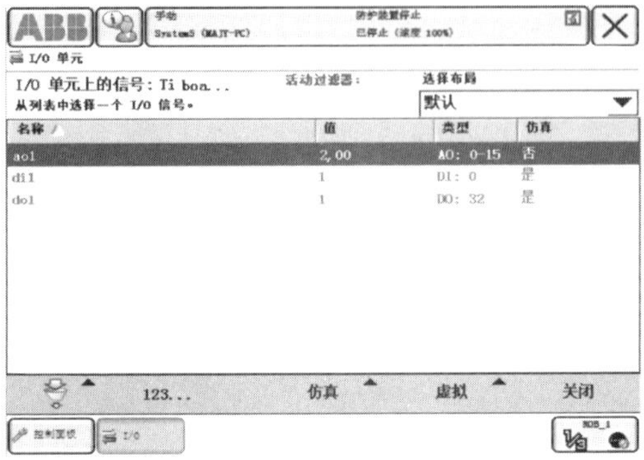

5.3 ABB 机器人总线通信

5.3.1 ABB 机器人与西门子 PLC 的 Profibus 通信

（1）主站与从站设置

Profibus 是过程现场总线（Process Field Bus）的简称。Profibus 的传输速率在 9.6kbps～12Mbps 之间。在同一总线网络中，每个部件的节点地址必须不同，通信波特率必须一致。ABB 机器人需要有 840-2 PROFIBUS Anybus Device 选项，才能作为从站进行 Profibus 通信，如图 5-17 所示。

图 5-17　840-2 PROFIBUS Anybus Device 选项

现以西门子 S7-300 的 PLC 作主站、ABB 机器人作从站为例介绍 Profibus 通信。ABB 机器人通过 DSQC667 模块与 PLC 通信，如图 5-18～图 5-20 所示。

图 5-18　DSQC667 模块

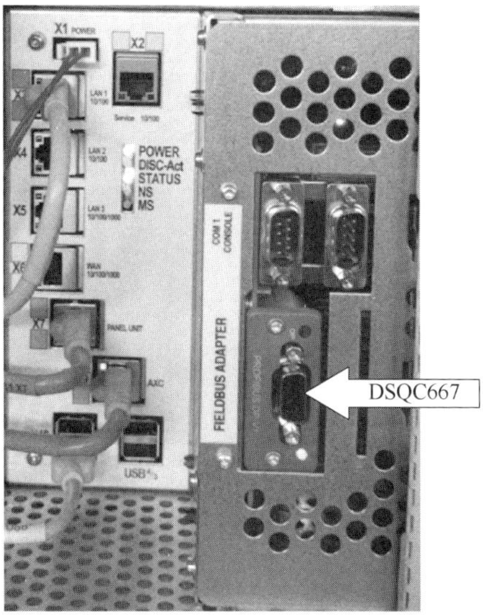

图 5-19　DSQC667 模块接口

图 5-20　PLC

Profibus 电缆为专用的屏蔽双绞线，外层为紫色，如图 5-21 所示。编织网防护层主要防止低频干扰，金属箔片层防止高频干扰。有红绿两根信号线，红色线接总线连接器的端子 8，绿色线接总线连接器的端子 3。总线两端必须以终端电阻结束，终端电阻的作用是吸收网络反射波，有效增强信号强度。第一个和最后一个总线连接器开关必须拨到 ON，接入 220Ω 的终端电阻，其余总线连接器拨到 OFF，如图 5-22 所示。

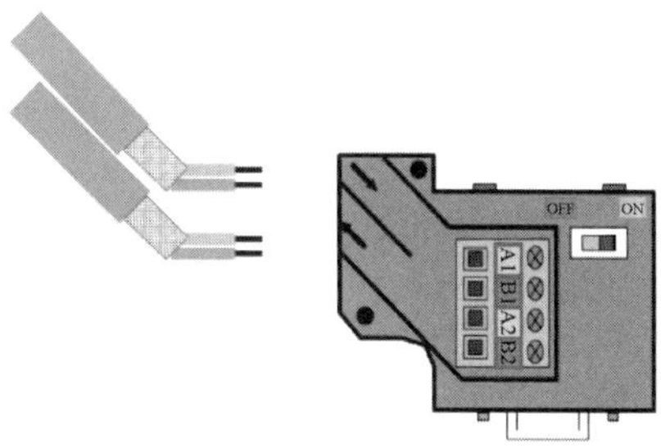

图 5-21　屏蔽双绞线

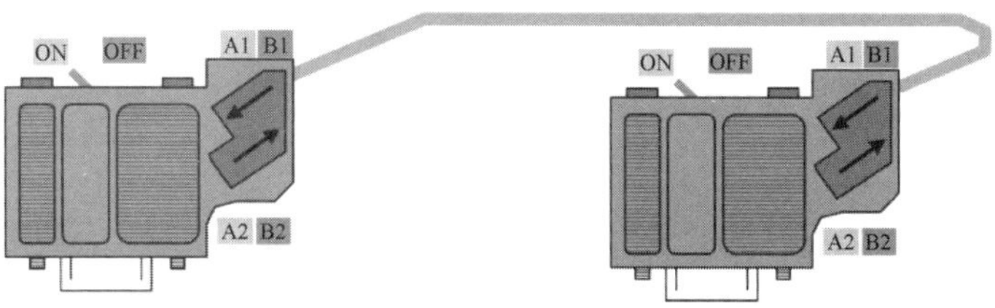

图 5-22　开关位置

（2） PLC 配置

TIA 博途是西门子推出的面向工业自动化领域的新一代工程软件平台，主要包括三个部分——SIMATIC STEP7、SIMATIC WinCC、SIMATIC StartDrive，其配置见表 5-19。

表 5-19 PLC 配置

<table>
<tr><th>步骤</th><th>内容</th><th>图示</th><th>说明</th></tr>
<tr><td rowspan="2">1</td><td rowspan="2">安装 DSQC667 配置文件（即 GSD 文件）到 PLC 组态软件中</td><td>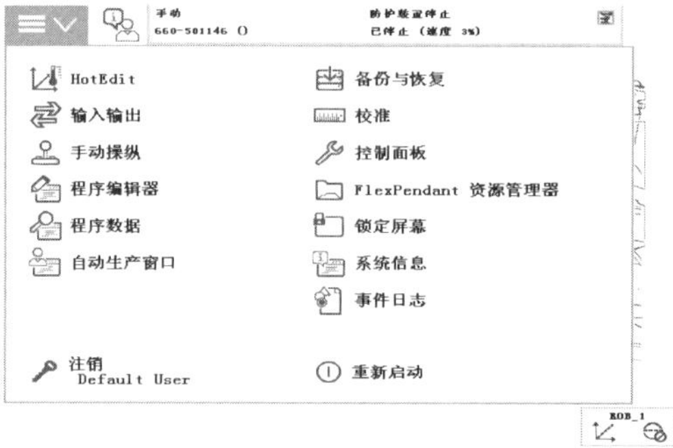

资源管理器</td><td>选择“FlexPendant 资源管理器”</td></tr>
<tr><td>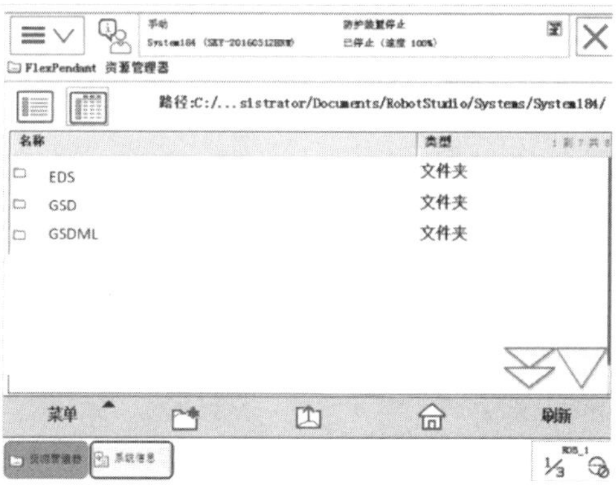

GSD文件</td><td>ABB 的 GSD 文件保存路径为 PRODUCTS/RobotWare_6XX/utility/service/GSD，找到 GSD 下的 hms_1811.gsd 文件。将其拷贝出来，保存到计算机中</td></tr>
<tr><td>2</td><td>创建项目</td><td>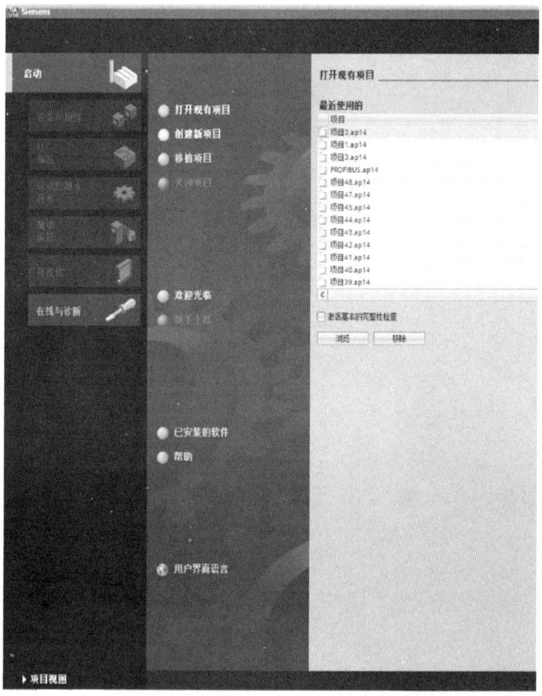

项目名称</td><td>打开 TIA 博途软件，选择“启动”，单击“创建新项目”，在“项目名称”输入创建的项目名称（本例为项目 3），单击“创建”按钮</td></tr>
</table>

步骤	内容	图示	说明
2	创建项目	 项目	打开 TIA 博途软件，选择“启动”，单击“创建新项目”，在“项目名称”输入创建的项目名称（本例为项目 3），单击“创建”按钮
3	安装 GSD 文件	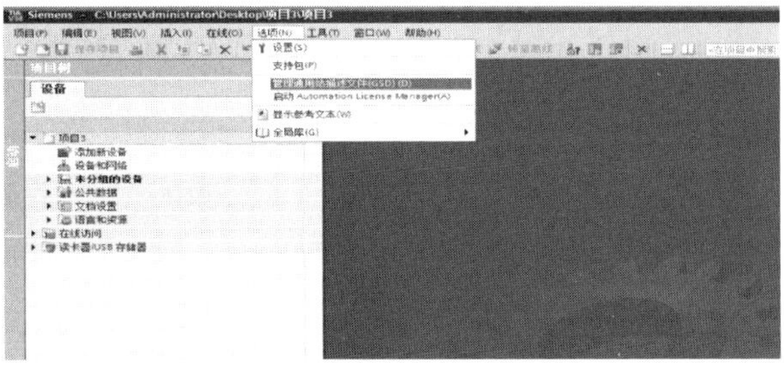 选择GSD 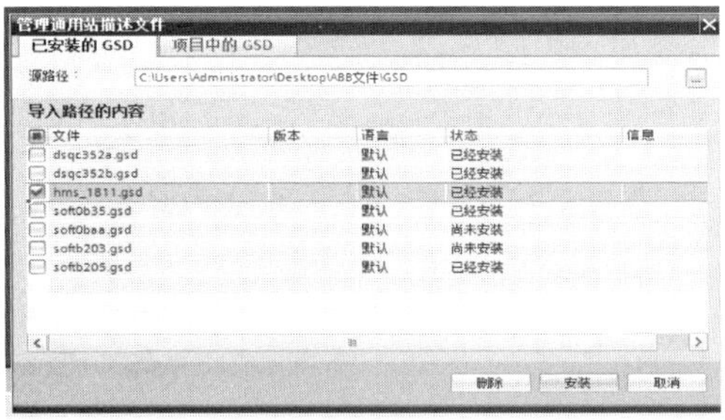 安装	单击“选项”，选择“管理通用站描叙文件（GSD）（D）”，选中 hms_1811. gsd，单击“安装”，将 ABB 机器人的 GSD 文件安装到博途软件中
4	添加 PLC	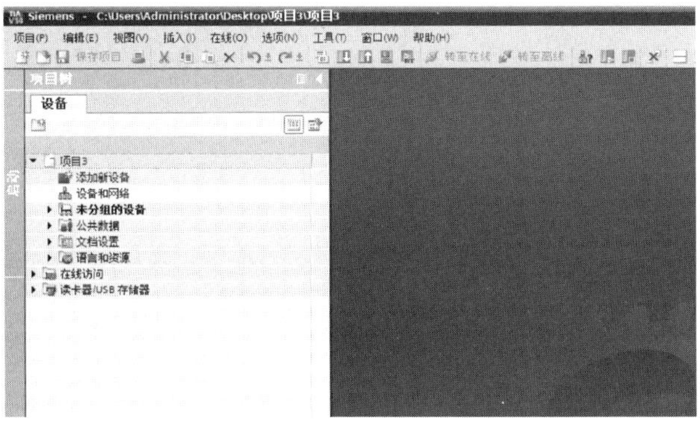 单击“添加新设备”	单击“添加新设备”，选择“控制器”，本例选择 SIMATIC S7-300 中的 CPU314C-2 PN/DP，选择订货号 6ES7 314-6EH04-0AB0，版本 V3.3，注意订货号和版本号要与实际的 PLC 一致，单击“确定”，打开视图界面

续表

<table>
<tr><th>步骤</th><th>内容</th><th>图示</th><th>说明</th></tr>
<tr><td>4</td><td>添加 PLC</td><td>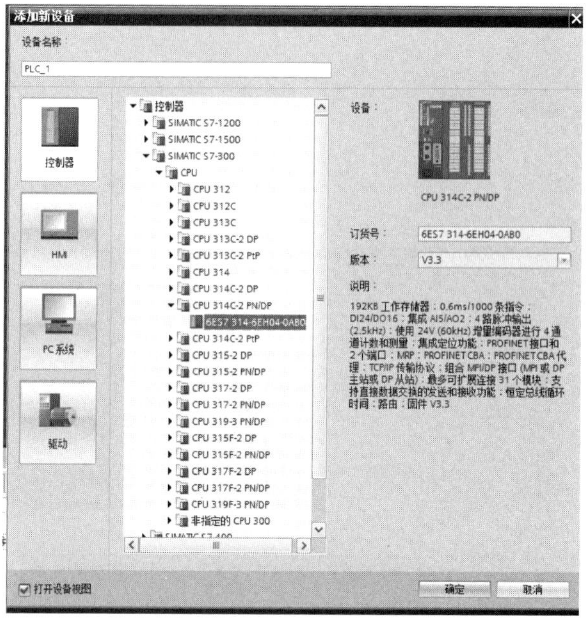

选择“控制器”，选择订货号
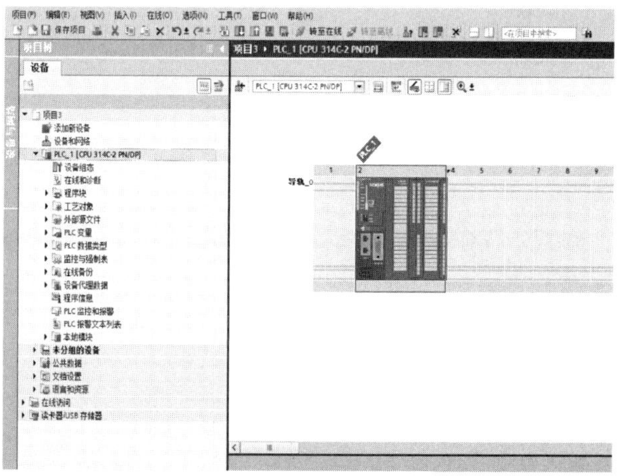

打开视图界面</td><td>单击“添加新设备”，选择“控制器”，本例选择 SIMATIC S7-300 中的 CPU314C-2 PN/DP，选择订货号 6ES7 314-6EH04-0AB0，版本 V3.3，注意订货号和版本号要与实际的 PLC 一致，单击“确定”，打开视图界面</td></tr>
</table>

续表

<table>
<tr><th>步骤</th><th>内容</th><th>图示</th><th>说明</th></tr>
<tr><td rowspan="2">5</td><td rowspan="2">添加 ABB 机器人</td><td>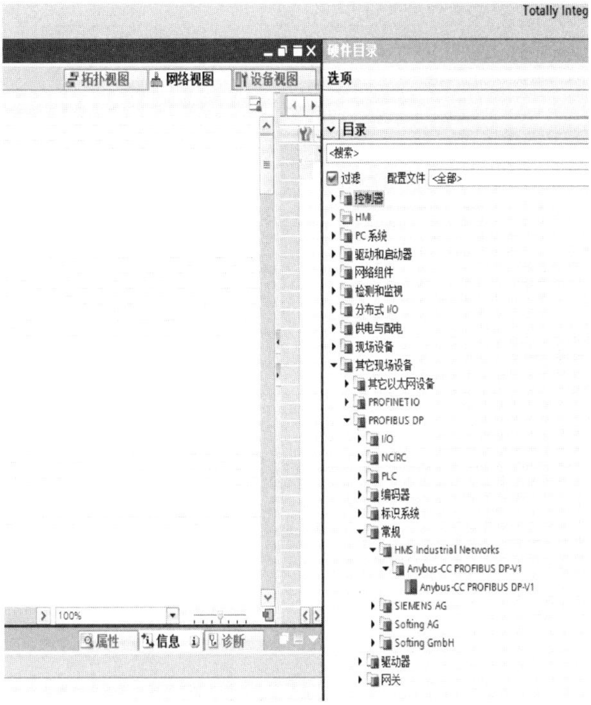

网络视图</td><td>“网络视图”中，依次选择“其它现场设备”→“PROFIBUS DP”→“常规”→“HMS Industrial Networks”→“Anybus-CC PROFIBUS DP-V1”，将图标“Anybus-CC PROFIBUS DP-V1”拖入“网络视图”中</td></tr>
<tr><td>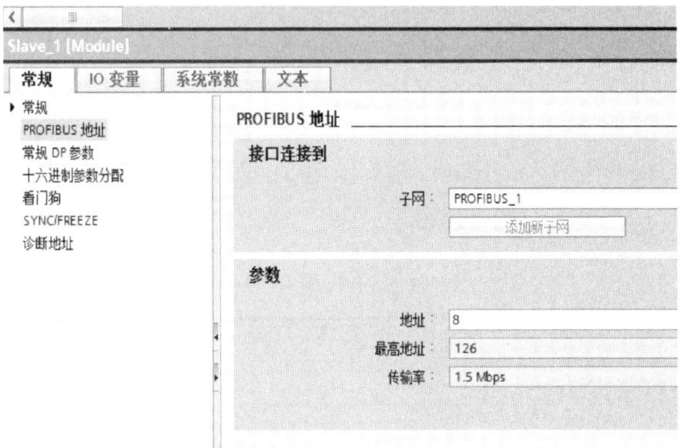

设置“PROFIBUS地址”</td><td>在“PROFIBUS 地址”中输入“8”，注意与 ABB 机器人示教器设置的地址相同</td></tr>
<tr><td>6</td><td>设置 ABB 机器人通信输入信号</td><td>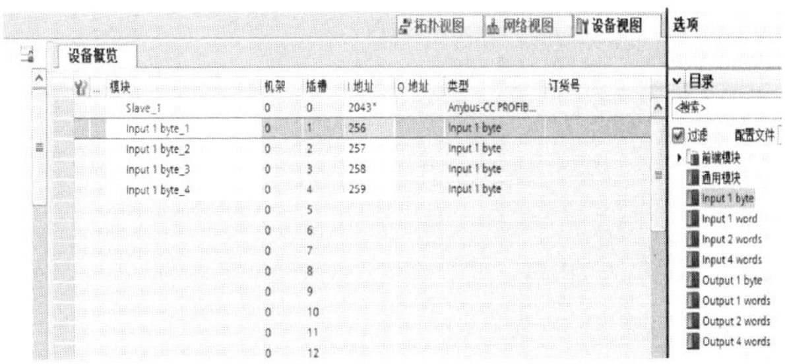

设置ABB机器人通信输入信号</td><td>选择“设备视图”，选择“目录”下的 input 1 byte，连续输入 4 个字节，包含 32 个输入信号，与 ABB 机器人示教器设置的输出信号 do0～do31 相对应，信号数量相同</td></tr>
</table>

续表

步骤	内容	图示	说明
7	设置 ABB 机器人通信输出信号	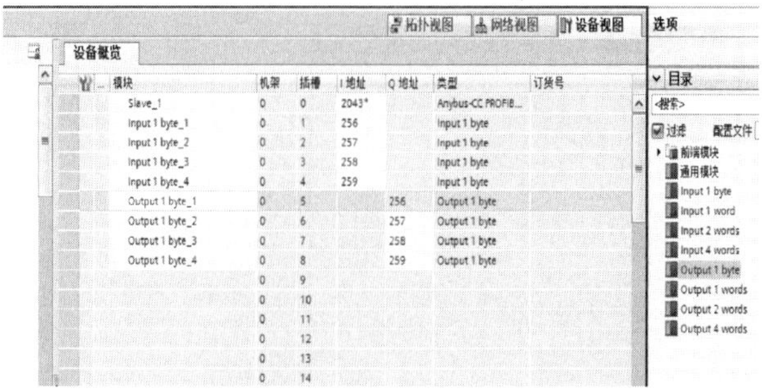 设置ABB机器人通信输出信号	选择“设备视图”，选择“目录”下的 output 1byte，连续输出 4 个字节，包含 32 个输出信号，与 ABB 机器人示教器设置的输入信号 di0 ～ di31 相对应，信号数量相同
8	建立 PLC 与 ABB 机器人 Profibus 通信	 建立PLC与ABB机器人Profibus通信	用鼠标点住 PLC 粉色 Profibus DP 通信口，拖至 Anybus-CC PROFIBUS DP-V1 粉色 Profibus DP 通信口上，即建立起 PLC 和 ABB 机器人之间的 Profibus 通信连接

表 5-20 中机器人输出信号和 PLC 输入信号地址等效（同时通断），机器人输入信号地址和 PLC 输出信号地址等效（同时通断）。

表 5-20　信号地址

机器人输出信号地址	PLC 输入信号地址	机器人输入信号地址	PLC 输出信号地址
0,… ,7	←→PIB256	0,… ,7	←→ PQB256
8,… ,15	←→ PIB257	8,… ,15	←→ PQB257
16,… ,23	←→PIB258	16,… ,23	←→PQB258
24,… ,31	←→PIB259	24,… ,31	←→PQB259

（3） PLC 编程

博途软件中，选择【程序块】，在 OB1 中编写程序，如图 5-23 所示。

PLC 中 I0.0 导通，Q256.0 得电，同时 ABB 机器人中的 di0 为 1，因为 di0 与 Start at Main 关联，则 ABB 机器人开始执行主程序。

PLC 中 I0.1 导通，Q256.1 得电，同时 ABB 机器人中的 di1 为 1，因为 di1 与 Motors On 关联，则 ABB 机器人各关节电机得电。

PLC 中 I0.2 导通，Q256.2 得电，同时 ABB 机器人中的 di2 为 1，因为 di2 与 Start 关联，则 ABB 机器人执行程序。

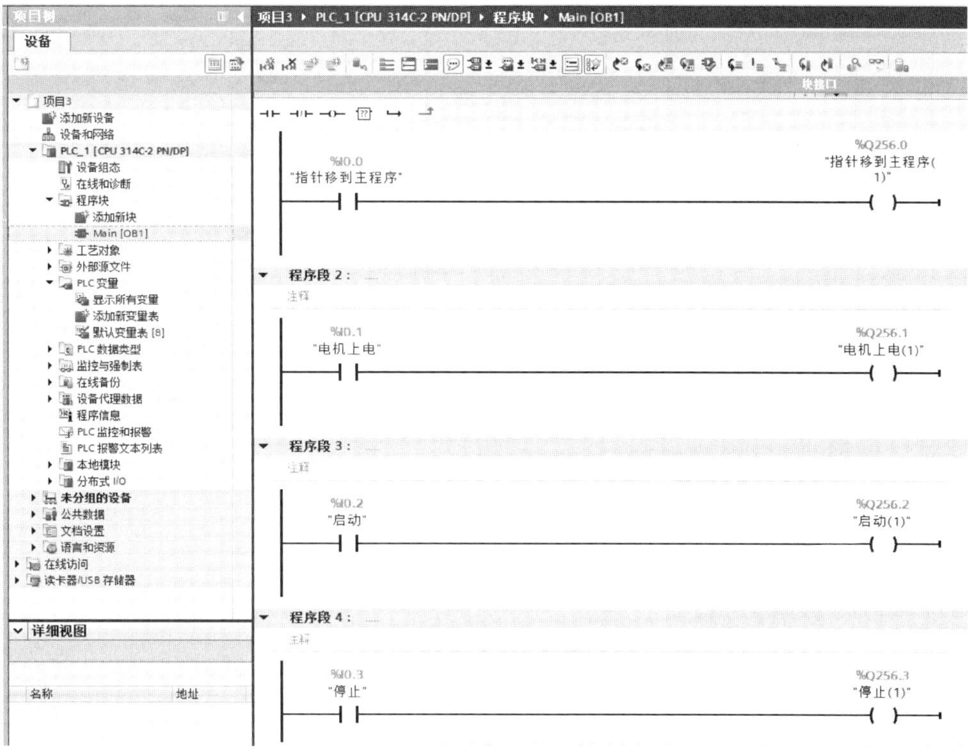

图 5-23 PLC 编程

PLC 中 I0.3 导通，Q256.3 得电，同时 ABB 机器人中的 di3 为 1，因为 di3 与 Stop 关联，则 ABB 机器人停止执行程序。

5.3.2 ABB 机器人与西门子 PLC 的 Profinet 通信

Profinet 是 Process Field Net 的简称。Profinet 基于工业以太网技术，使用 TCP/IP 和 IT 标准，是一种实时以太网技术，基于设备名字寻址，亦即需要给设备分配名字和 IP 地址。

(1) ABB 机器人的选项

① 888-2 Profinet Controller/Device 该选项支持机器人同时作为 Controller/Device（控制器/设备），机器人不需要额外的硬件，可以直接使用 LAN3 和 WAN 接口（图 5-24 中的 X5 和 X6）。控制柜接口说明见表 5-21。

② 888-3 Profinet Device 该选项仅支持机器人作为 Device，机器人不需要额外的硬件。

③ 840-3 Profinet Anybus Device 该选项仅支持机器人作为 Device，机器人需要额外的硬件 Profinet Anybus Device，如图 5-25 所示的 DSQC688 模块。

(2) ABB 机器人通过 DSQC688 模块与 PLC 进行 Profinet 通信

ABB 机器人需要有 840-3 PROFINET Anybus Device 选项，才能作为设备通过 DSQC688 模块与 PLC 进行 Profinet 通信，如图 5-26 所示。硬件连接如图 5-27 所示。

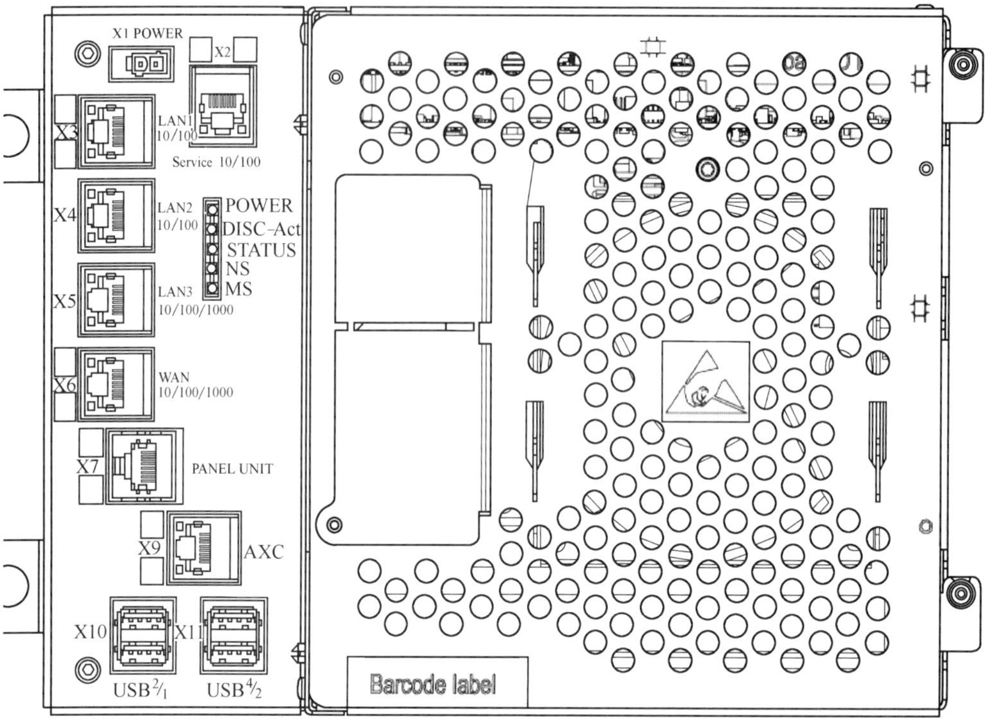

图 5-24 LAN3 和 WAN 接口

表 5-21 控制柜接口说明

编号	名称	作用
X2	Service Port	服务接口，IP 地址固定为 192.168.125.1，可以使用 RobotStudio 等软件连接
X3	LAN1	连接示教器
X4	LAN2	通常内部使用，如连接新的 I/O DSQC1030 等
X5	LAN3	可以配置为 Profinet/EtherNetIP/普通 TCP/IP 等通信接口
X6	WAN	可以配置为 Profinet/EtherNetIP/普通 TCP/IP 等通信接口
X7	PANEL UNIT	连接控制柜的安全板
X9	AXC	连接控制柜内的轴计算机

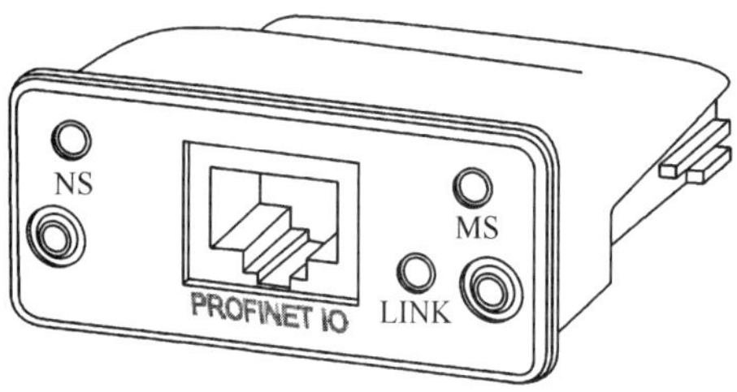

图 5-25 DSQC688 模块

图 5-26 840-3 PROFINET Anybus Device 选项

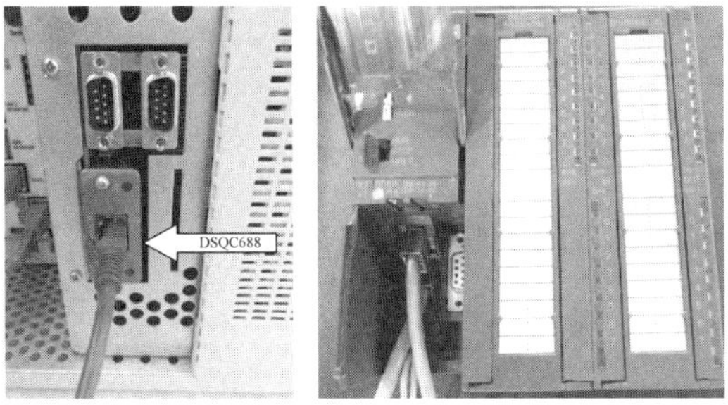

图 5-27　硬件连接

(3)　ABB 机器人通过 WAN 和 LAN3 接口进行 Profinet 通信

ABB 机器人需要有 888-3 PROFINET Device 或者 888-2 PROFINET Controller/Device 选项，才能通过 WAN 和 LAN3 接口进行 Profinet 通信，如图 5-28、图 5-29 所示。

图 5-28　888-3 PROFINET Device 选项

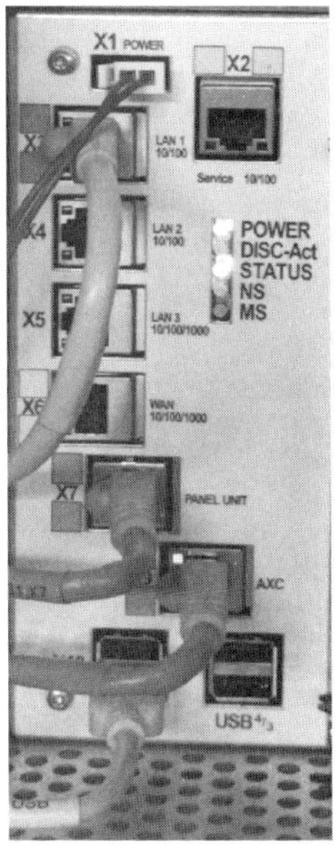

图 5-29　硬件连接

① ABB 机器人通过 WAN 和 LAN3 接口进行 Profinet 通信的设置见表 5-22。

表 5-22　ABB 机器人通过 WAN 和 LAN3 接口进行 Profinet 通信的设置

步骤	说明	图示
1	单击 ABB 主菜单，选择“控制面板”	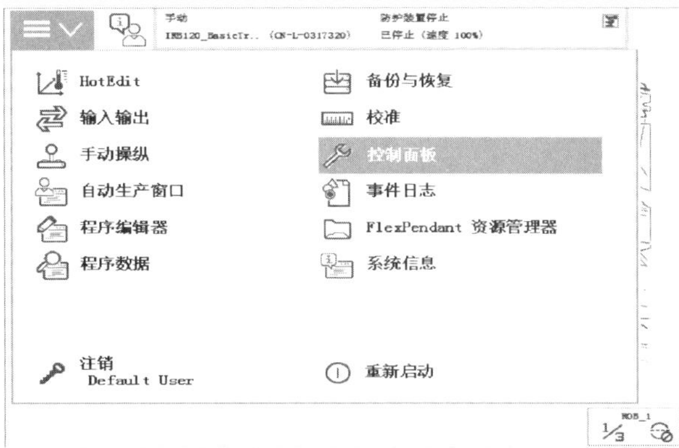

<table>
<tr><th>步骤</th><th>说明</th><th>图示</th></tr>
<tr><td>2</td><td>单击“配置”</td><td>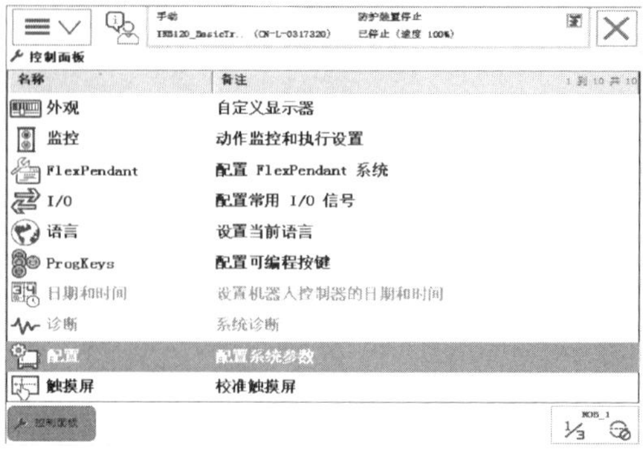
</td></tr>
<tr><td>3</td><td>单击“主题”，选择“Communication”</td><td>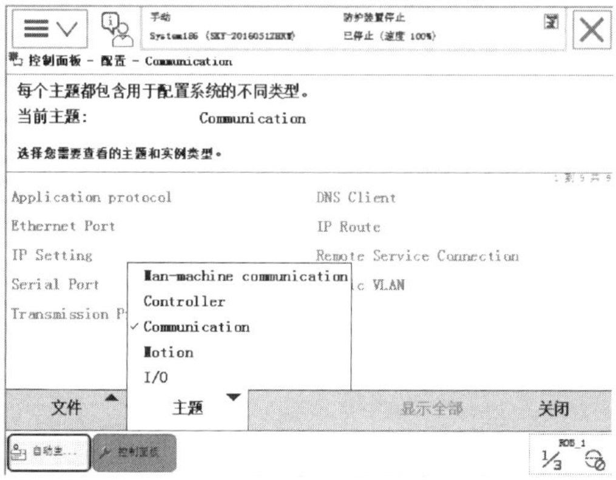
</td></tr>
<tr><td>4</td><td>选择“IP Setting”</td><td>
</td></tr>
<tr><td>5</td><td>单击“PROFINET Network”</td><td>
</td></tr>
</table>

步骤	说明	图示
6	设置 IP 地址“192.168.0.2”、子网掩码“255.255.255.0”，Interface 选择“LAN3”，对应 ABB 机器人控制柜的接口 X5	
7	单击“主题”，选择“I/O”	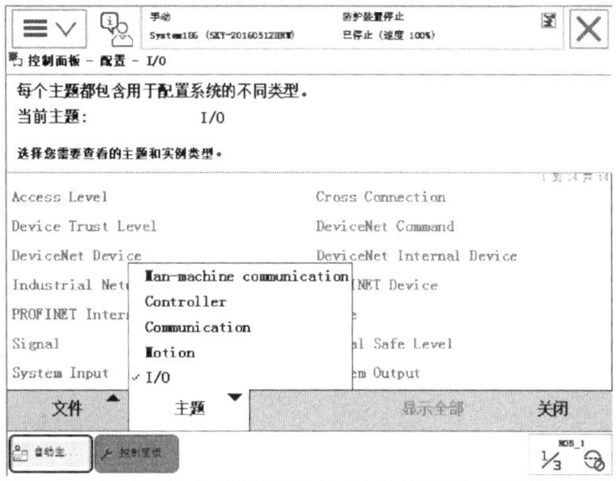
8	选择“Industrial　Network”	
9	选择“PROFINET ”	

续表

步骤	说明	图示
10	设置"PROFINET Station Name"的名字"abbplc",要与PLC中组态的名字一致	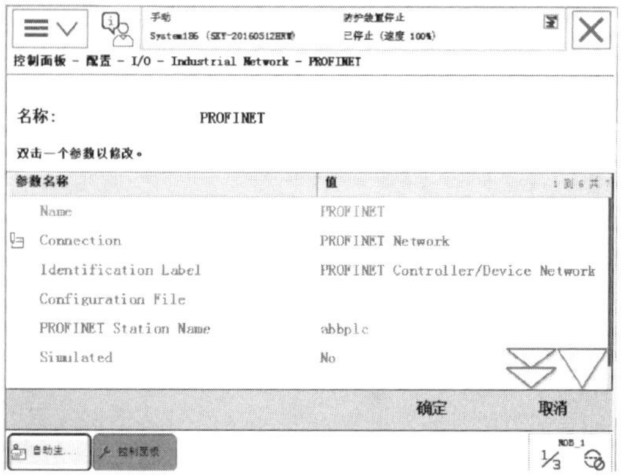
11	选择"PROFINET Internal Device"	
12	选择"PN_Internal_Device"	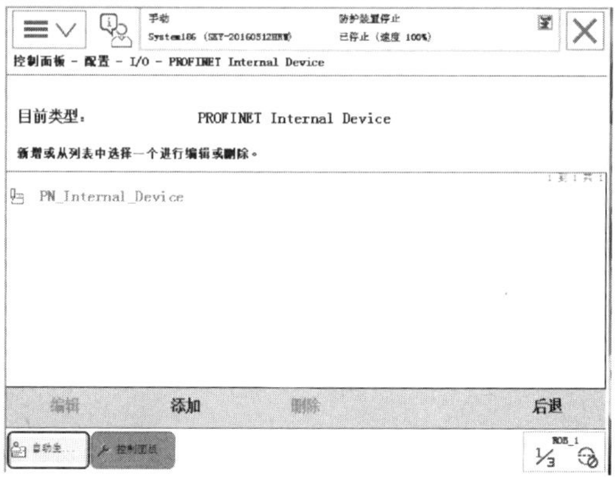
13	选择"Input Size""Output Size",设置需要的输入输出字节数,需要与PLC的一致,本例为8个字节	

② 创建 Profinet 的 I/O 信号。根据需要创建 ABB 机器人的 I/O 信号，表 5-23 定义了一个输入信号 di0，表 5-24 定义了一个输出信号 do0。Profinet 的 I/O 信号的创建见表 5-25。

表 5-23　定义输入信号

参数名称	设定值	说明
Name	di0	信号名称
Type of Signal	Digital Input	信号类型(数字输入信号)
Assign to Device	PN_Internal_Device	分配的设备
Device Mapping	0	信号地址

表 5-24　定义输出信号

参数名称	设定值	说明
Name	do0	信号名称
Type of Signal	Digital Output	信号类型(数字输出信号)
Assign to Device	PN_Internal_ Device	分配的设备
Device Mapping	0	信号地址

表 5-25　创建 Profinet 的 I/O 信号

<table>
<tr><th colspan="3">步骤</th><th>图示</th><th>说明</th></tr>
<tr><td rowspan="2">1</td><td rowspan="2">输入信号di0</td><td>双击“Signal”</td><td>
</td><td rowspan="2">需要注意的是“Assigned to Device”中选择“PN_Internal_ Device”，“Device Mapping”设为0。可以继续设置输入信号 di1～di63</td></tr>
<tr><td>单击“添加”</td><td>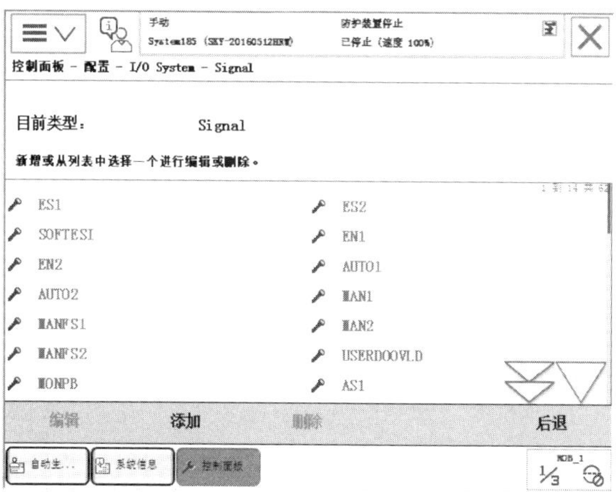
</td></tr>
</table>

步骤			图示	说明
1	输入信号 di0	输入“di0”，双击“Type of Signal”选择“Digital Input”	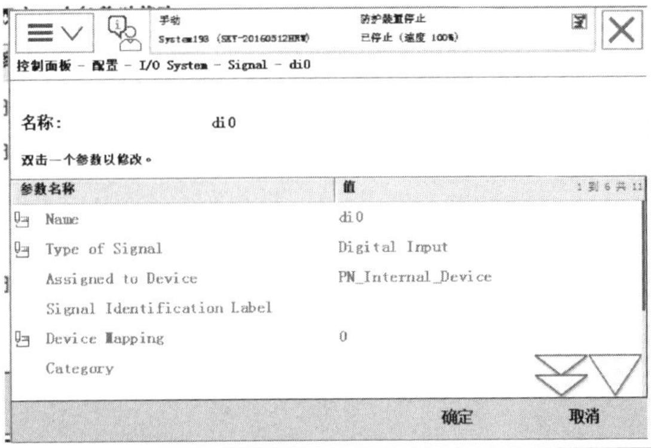	需要注意的是“Assigned to Device”中选择“PN_Internal_ Device”，“Device Mapping”设为0。可以继续设置输入信号 di1～di63
2	输出信号 do0	双击“Signal”，单击“添加”，输入“do0”，双击“Type of Signal”选择“Digital Output”	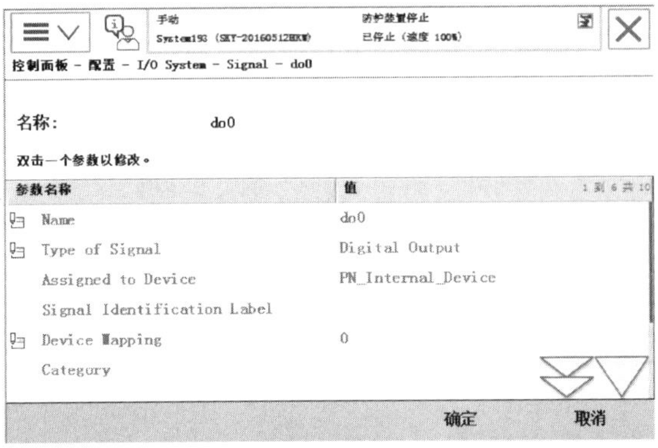	需要注意的是“Assigned to Device”中选择“PN_Internal_ Device”，“Device Mapping”设为0。可以继续设置输入信号 do1～do63

③ 设置 ABB 工业机器人通信 I/O 信号。PLC 配置完成后，选择“设备视图”，选择“目录”下的“DI 8 bytes”，即输入 8 个字节，包含 64 个输入信号，与 ABB 机器人示教器设置的输出信号 do0～do63 对应。选择“目录”下的“DO 8 bytes”，即输出 8 个字节，包含 64 个输出信号，与 ABB 机器人示教器设置的输入信号 di0～di63 对应。

④ 建立 PLC 与 ABB 机器人 Profinet 通信。用鼠标点住 PLC 绿色 Profinet 通信口，拖至 IRC5 PNIO-Device 绿色 Profinet 通信口上，即建立起 PLC 和 ABB 机器人之间的 Profinet 通信连接，如图 5-30 所示。表 5-26 中机器人输出信号和 PLC 输入信号地址等效（同时通断），机器人输入信号地址和 PLC 输出信号地址等效（同时通断）。

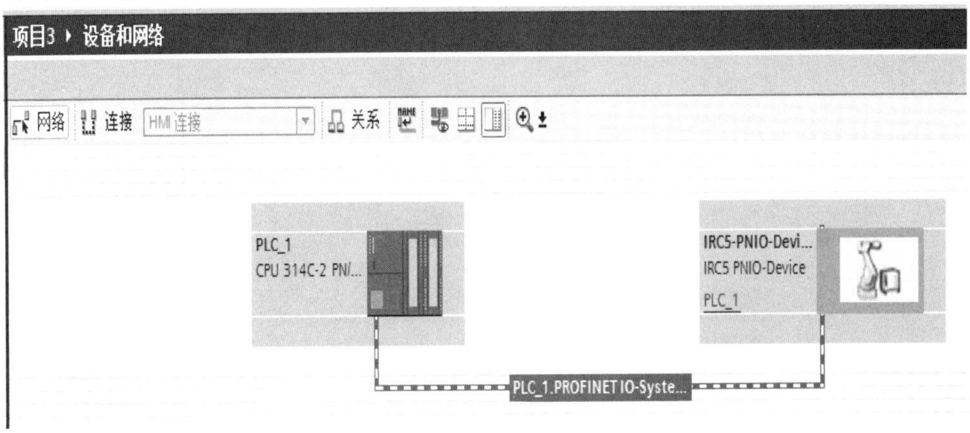

图 5-30 建立 PLC 与 ABB 机器人 Profinet 通信

表 5-26 信号地址

<table>
<tr><th>机器人输出信号地址</th><th>PLC 输入信号地址</th><th>机器人输入信号地址</th><th>PLC 输出信号地址</th></tr>
<tr><td colspan="2">0,…,7←→ PIB256</td><td colspan="2">0,…,7←→ PQB256</td></tr>
<tr><td colspan="2">8,…,15←→ PIB257</td><td colspan="2">8,…,15←→PQB257</td></tr>
<tr><td colspan="2">16,…,23←→PIB258</td><td colspan="2">16,…,23←→PQB258</td></tr>
<tr><td colspan="2">24,…,31←→PIB259</td><td colspan="2">24,…,31←→PQB259</td></tr>
<tr><td colspan="2">32,…,39 ←→PIB260</td><td colspan="2">32,…,39←→PQB260</td></tr>
<tr><td colspan="2">40,…,47←→PIB261</td><td colspan="2">40,…,47←→PQB261</td></tr>
<tr><td colspan="2">48,…,55←→PIB262</td><td colspan="2">48,…,55←→PQB262</td></tr>
<tr><td colspan="2">56,…,63←→PIB263</td><td colspan="2">56,…,63←→PQB263</td></tr>
</table>

5.3.3 WAN 网口同时使用 Socket 及 Profinet

Profinet 为基于以太网的总线，可以使用 WAN 口；现场如果使用 Socket，使 PC 与机器人通信，也可使用 WAN 口，可以使用同一 WAN 口完成，IP 相同。

要使用 Socket 通信，需要有 616-1 PC Interface 选项，使用 Profinet 功能，需要有 888-2 Profinet Controller/Device 或者 888-3 Profinet Device 选项；RobotStudio 连接机器人，控制器 tab 下，找到网络设置（图 5-31）。

根据需要设置 IP，如图 5-32 所示，设置的为 WAN 口 IP，用于 Socket 通信；设置 Profinet，配置控制面板，如图 5-33 所示，主题选择 Communication；进入 IP Setting，点击 PROFINET Network，如图 5-34 所示；修改 IP 并选择对应网口为 WAN，如图 5-35 所示，此处的 IP 与之前配置的系统 IP 相同；重启后，配置控制面板，如图 5-36 所示，主题 I/O，选择 PROFINET Internal Device；配置输入与输出字节数和 PLC 设置一致，如图 5-37 所示；配置界面下，进入 Industrial Network，如图 5-38 所示；设置 PROFINET Station Name，如图 5-39 所示，这个名字要和 PLC 端对机器人的设置一样；添加 Signal，Device 选择 Profinet Internal Device；将 WAN 口网线插入交换机，PLC 与 PC 各自设置 IP 后插入交换机，即可同时使用 Socket 与 Profinet。

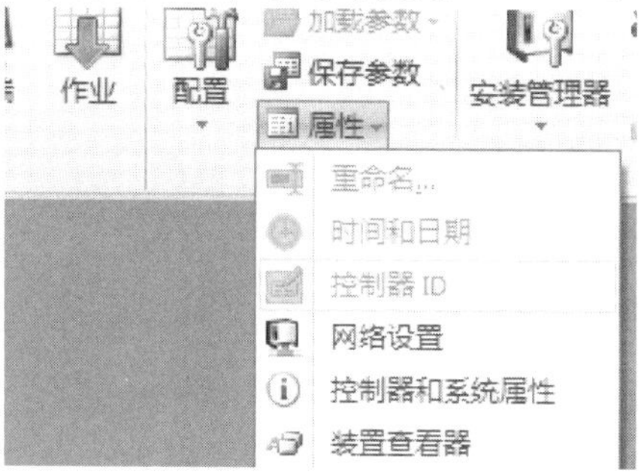

图 5-31 网络设置

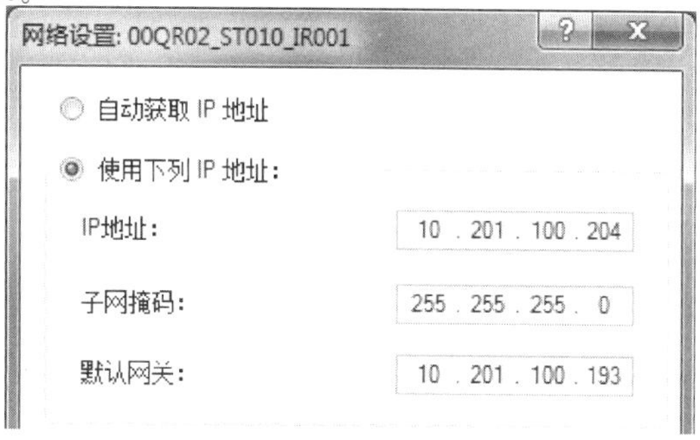

图 5-32 设置 IP

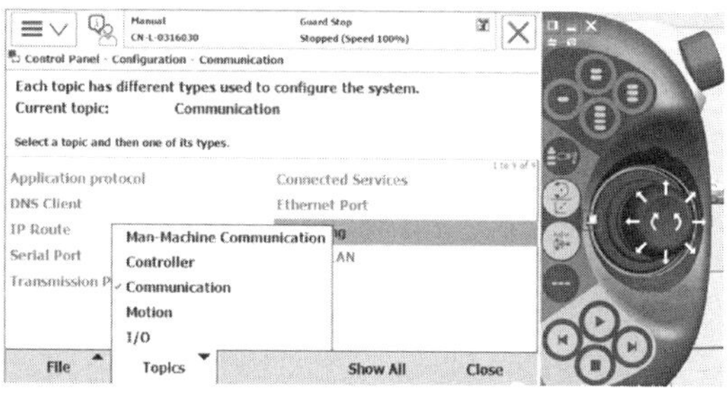

图 5-33 选择 Communication

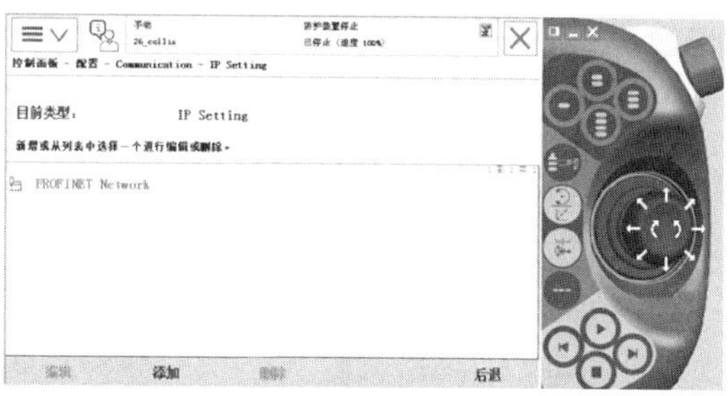

图 5-34 点击 PROFINET Network

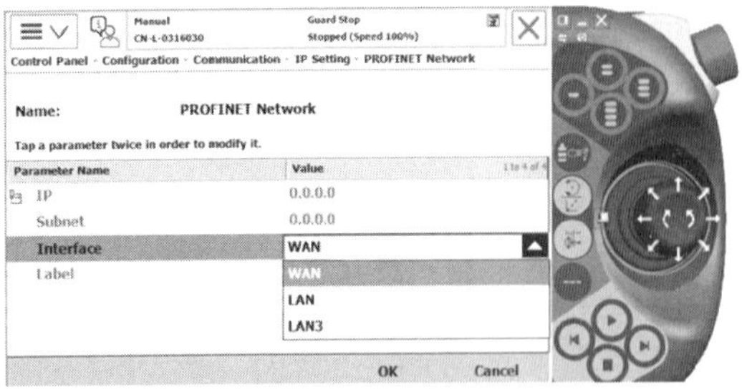

图 5-35 修改 IP

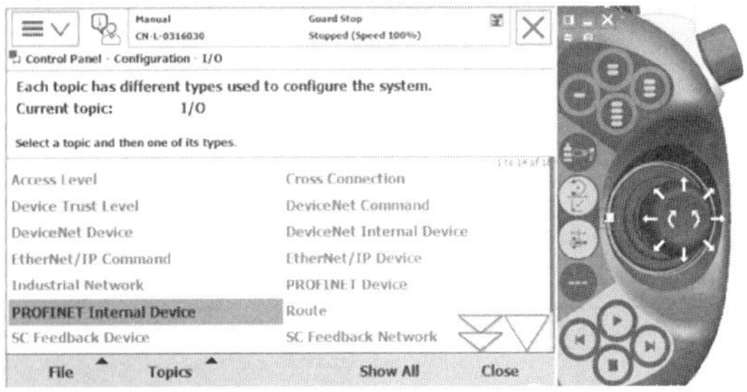

图 5-36 选择 PROFINET Internal Device

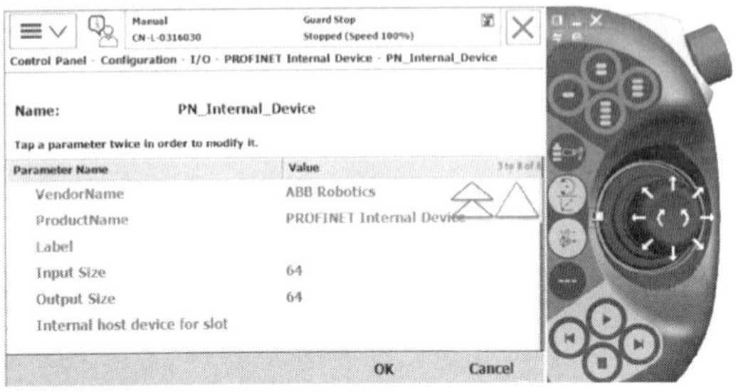

图 5-37 配置输入与输出字节数

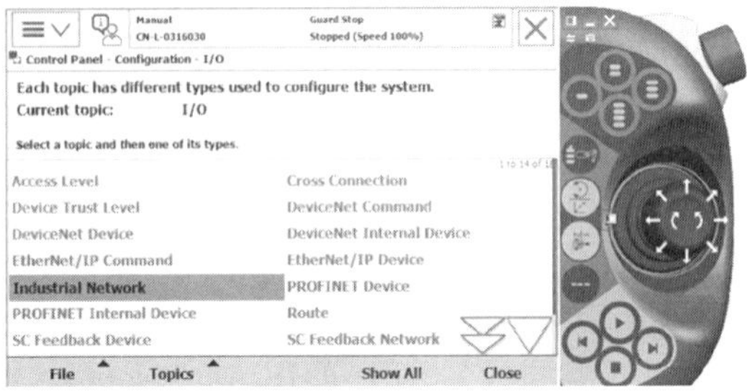

图 5-38 进入 Industrial Network

5.3.4 工业机器人 DeviceNet 通信配置

(1) 机器人作 DeviceNet 从站与 PLC 通信配置

① 通信

a. 如图 5-40 所示，选择机器人 DeviceNet 总线选项。

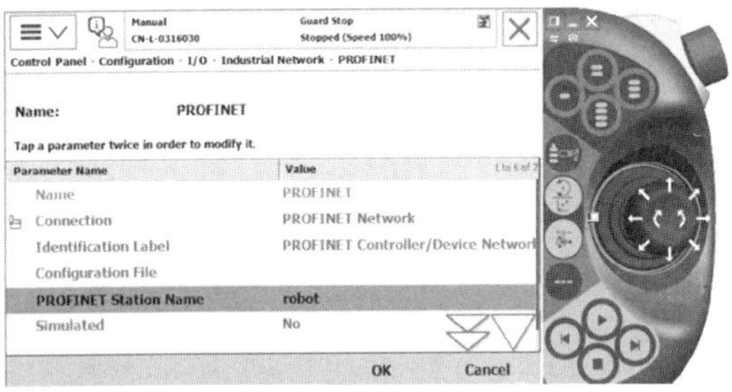

图 5-39 设置 PROFINET Station Name

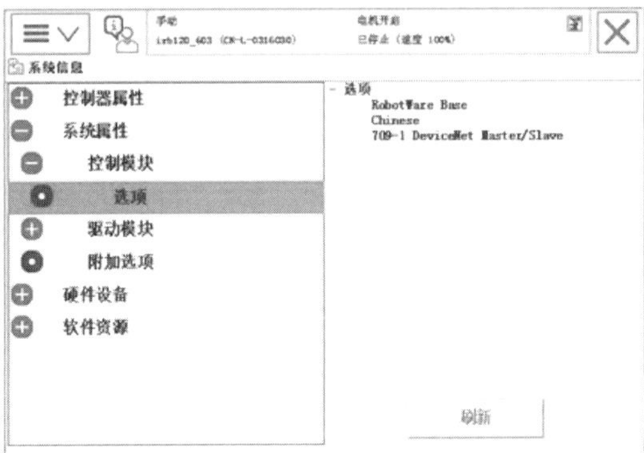

图 5-40 选择机器人 DeviceNet 总线选项

b. 如图 5-41 所示，点击 Industrial Network→DeviceNet，修改地址，如图 5-42 所示。

c. 点击 DeviceNet Internal Device，修改输入与输出字节数，如图 5-43 所示。

d. 新建 Signal，Assigned to Device 选 DN_Internal_Device，设置 Device Mapping，如图 5-44 所示。

② 获得机器人作 DeviceNet 从站的 EDS 描述文件

a. 打开 RobotStudio。

b. 在 Add-Ins 里，右击对应 RobotWare，打开数据包文件夹，如图 5-45 所示。

图 5-41 点击 Industrial Network→DeviceNet

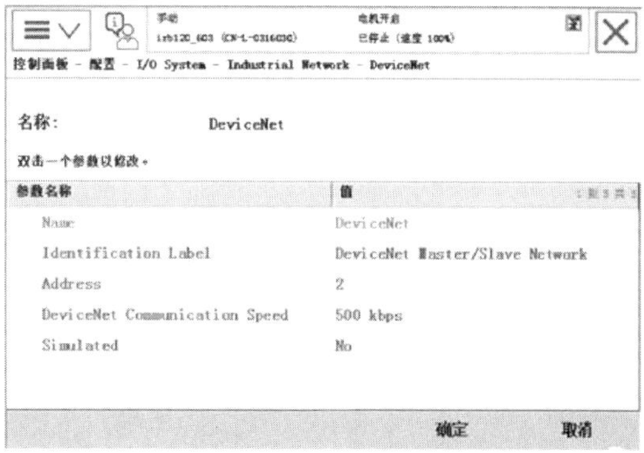

图 5-42 修改地址

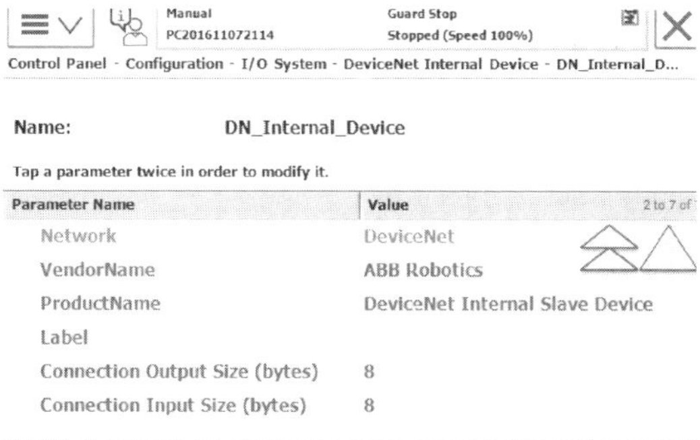

图 5-43 修改输入与输出字节数

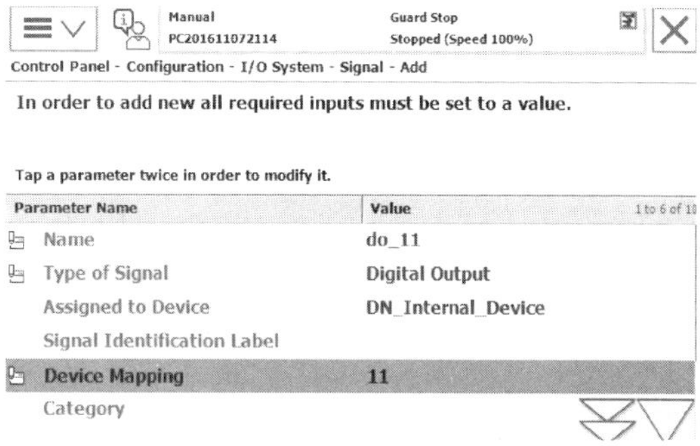

图 5-44 设置 Device Mapping

c. 找到路径…\ABB.RobotWare-.03.0140\RobotPackages\RobotWare_RPK_6.03.0140\utility\service\EDS，IRC5_Slave_DSQC1006.eds 即机器人作从站的描述文件。

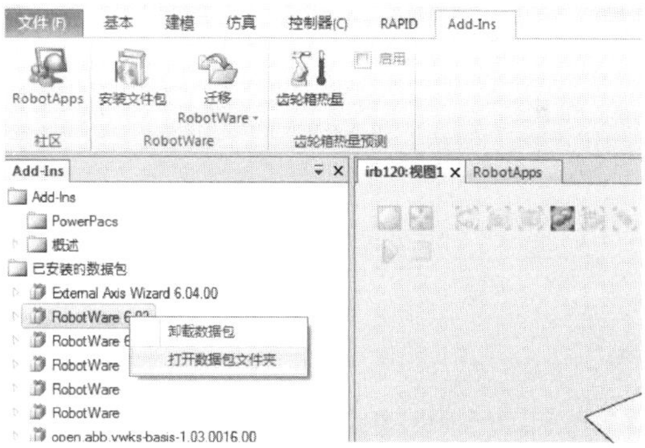

图 5-45 打开数据包文件夹

（2）两台机器人 DeviceNet 通信配置

两台机器人如果有多个信号要通信，除了 I/O 接线外，使用总线，诸如 Profinet、EtherNet/IP 等，但都需要购买选项。大多数机器人都配置了 709-1 DeviceNet Master/Slave 选项；完成两台机器人接线和相应配置后，就可以通过 DeviceNet 通信。如果两台机器人都是 Compact 紧凑柜，则只需把两台机器人的 XS17 DeviceNet 上的端子 2 和 4 互联（端子 1 和 5 为控制柜供电，不互联），原有终端电阻保持（不要拿掉），如图 5-46 所示。DeviceNet 回路上至少有一个终端电阻，或者链路两端各有一个终端电阻，紧凑柜本身只有一个终端电阻，故两台机器人连接后链路只有两个终端电阻，不需要拆除。

如果是 2 个标准柜，因其本身就有 2 个终端电阻，在相应 DeviceNet 接线处把 2 个柜的 DeviceNet 端子 2 和 4 互联（端子 1 和 5 为控制柜供电，不互联），然后柜内各拆除一个终端电阻（保证整个链路上只有两个终端电阻）；打开作为 Slave 的机器人，控制面板→配置→主题 I/O，Industrial Network→DeviceNet，设置 Slave 地址（默认为 2，如果 Master 为 2，Slave 不能为 2，可以改为 3），如图 5-47 所示。控制面板→配置→主题 I/O，DeviceNet_Internal_Device，设置输入和输出字节数，如图 5-48 所示；建立信号，所属 Device 为 DN_In-

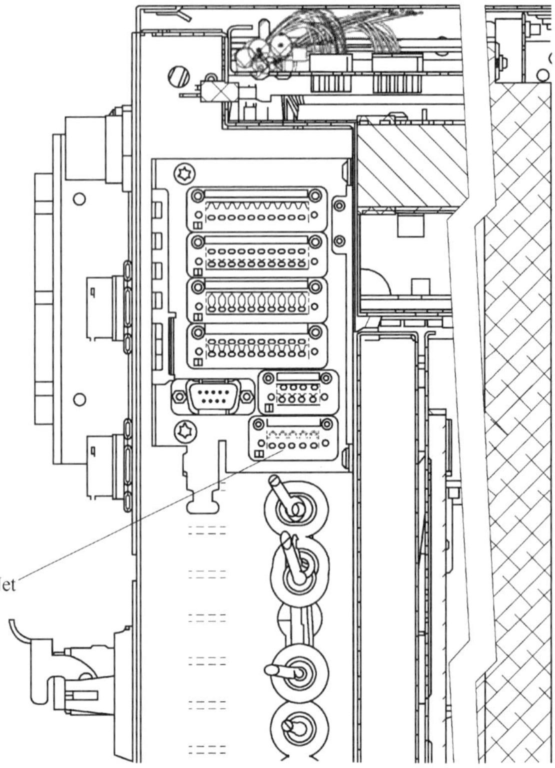

图 5-46　接线

ternal_Device，如图 5-49 所示；打开作为 Master 的机器人，控制面板→配置→主题 I/O，设置 DeviceNet Device，如图 5-50 所示；添加选择模板，如图 5-51 所示；修改对应 Slave 的地址，如图 5-52 所示；建立信号，所属设备选择刚刚建立的 Slave 设备 DN_Device，如图 5-53 所示；重启后即可。

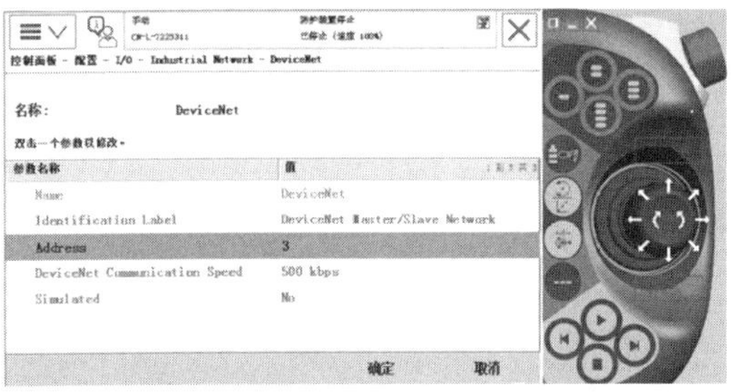

图 5-47　设置 Slave 地址

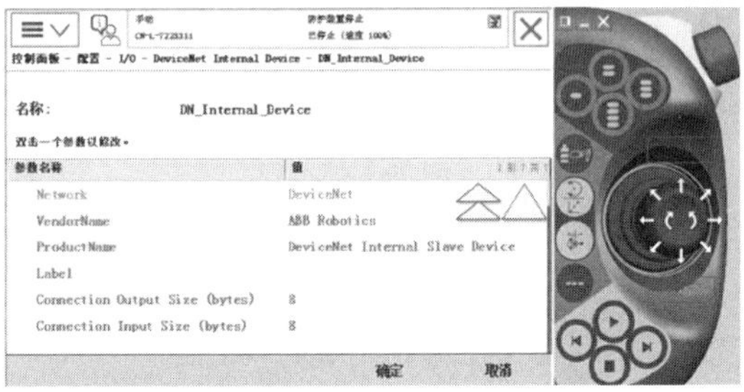

图 5-48　设置输入和输出字节数

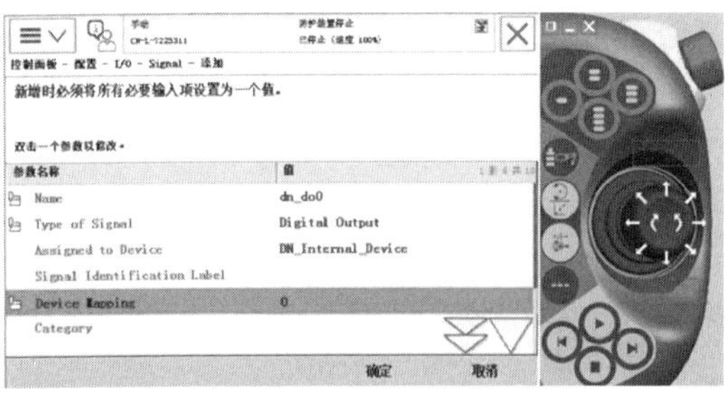

图 5-49　建立信号

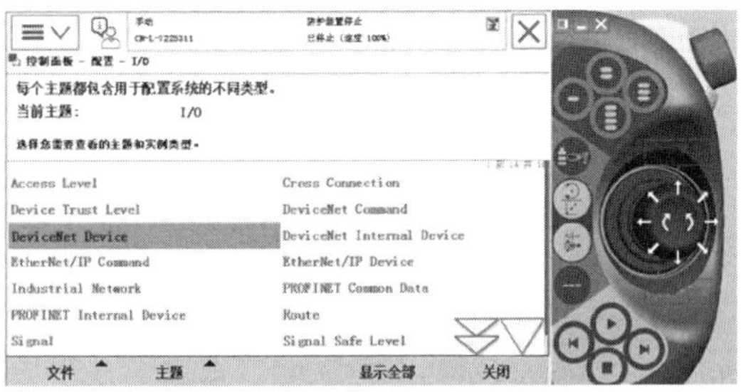

图 5-50　设置 DeviceNet Device

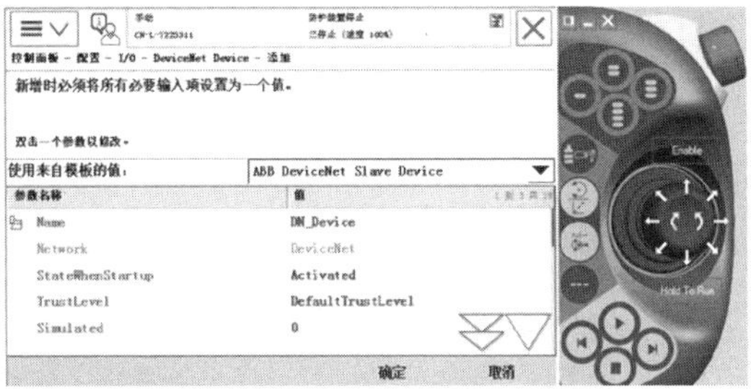

图 5-51　添加选择模板

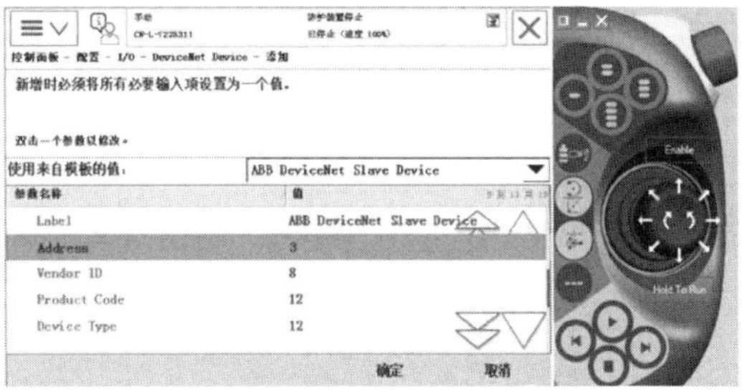

图 5-52　修改对应 Slave 的地址

注意：Connection Type 要修改为 Polled（默认 COS，但两台机器人之间通信不支持），如图 5-54 所示。

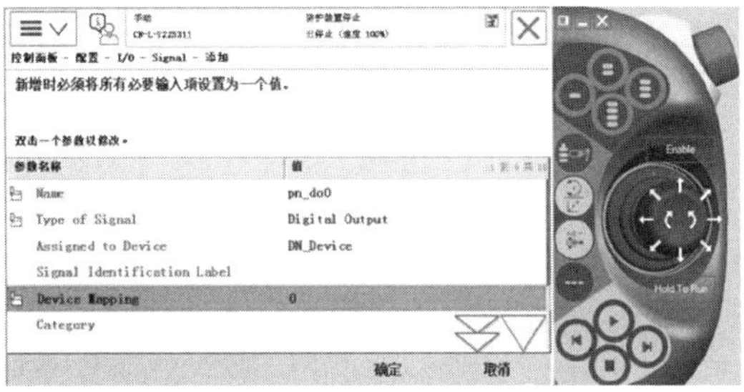

图 5-53　选择设备

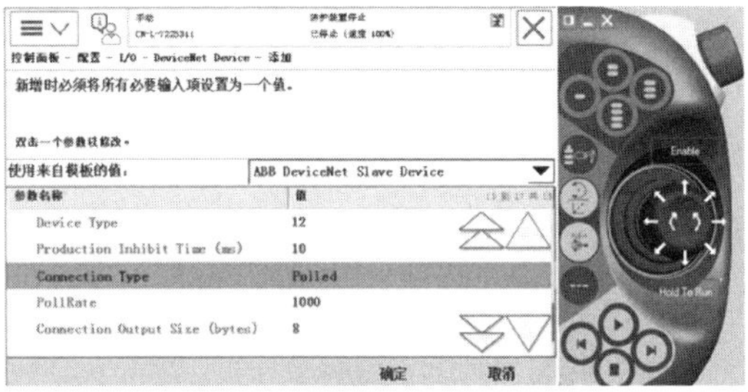

图 5-54　修改 Connection Type

第6章 工业机器人的视觉

6.1 工业视觉系统组成

典型的工业视觉系统可分为图像采集部分、图像处理部分和运动控制部分，其组成如图 6-1 和图 6-2 所示。

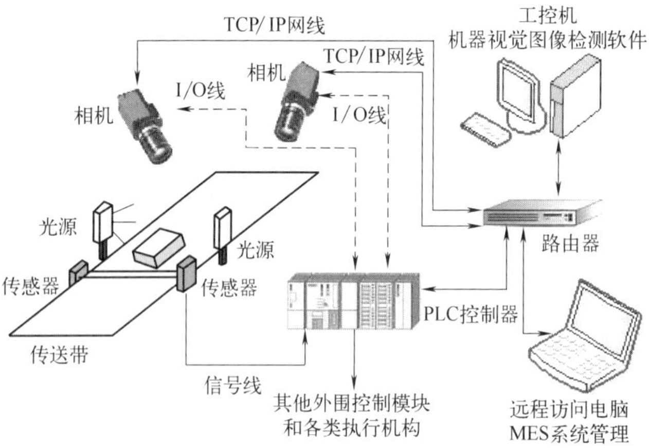

图 6-1 工业视觉系统的组成部分

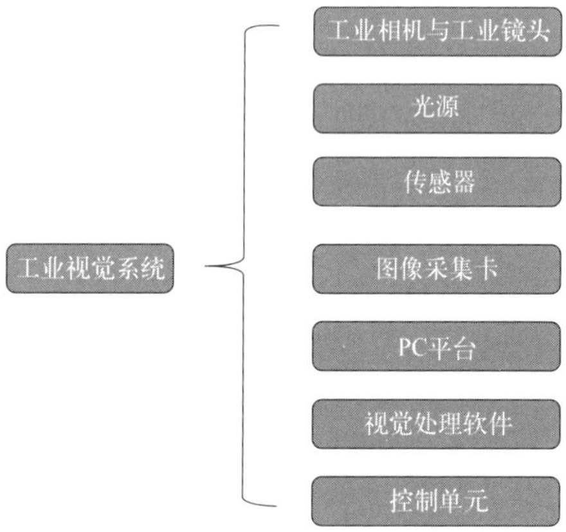

图 6-2 工业视觉系统的组成框图

6.1.1 工业相机

如图 6-3 所示，工业相机是工业视觉系统中的一个关键组件，选择合适的相机也是工业视觉系统设计中的重要环节，工业相机的选择不仅直接决定所采集到的图像分辨率、图像质量等，同时也与整个系统的运行模式直接相关。工业相机相比于民用相机而言，具有高的图像稳定性、高传输能力和高抗干扰能力等，工业相机大多是基于 CCD（Charge Coupled Device）或 CMOS（Complementary Metal Oxide Semiconductor）芯片的相机。

图 6-3 工业相机

如图 6-4 所示，一般来说，工业相机主要由图像传感器（CCD 或 CMOS 芯片）、内部处理电路、数据接口、I/O 接口、光学接口等几个基本模块组成。当相机在进行拍摄时，光信号首先通过镜头到达图像传感器，然后被转化为电信号，再由内部处理电路对图像信号进行算法处理，最终按照相关标准协议通过数据接口向上位机传输数据。I/O 接口则提供相机与上、下游设备的信号交互，如可以使用输入信号触发相机拍照，相机输出频闪信号控制光源亮起等。

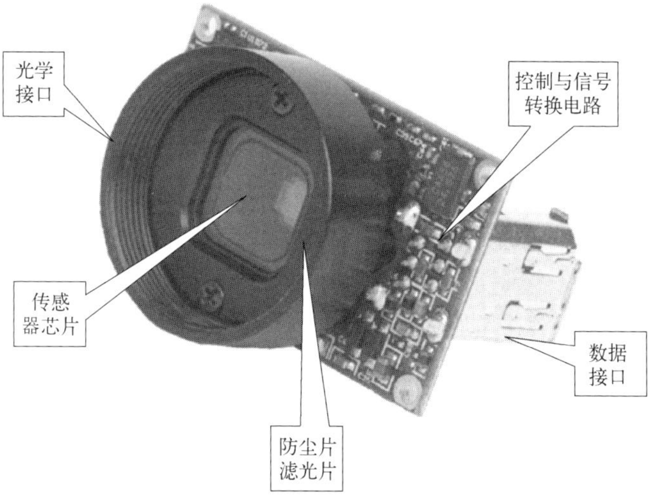

图 6-4　工业相机的结构

工业相机的分类见表 6-1。

表 6-1　工业相机的分类

按芯片类型	CCD 相机;CMOS 相机	按输出信号类型	模拟相机;数字相机
按传感器结构	线阵相机;面阵相机	按输出信号色彩	黑白相机;彩色相机
按扫描方式	隔行扫描相机;逐行扫描相机	按输出数据速率	普通速率相机;高速相机
按分辨率	普通分辨率相机;高分辨率相机	按响应频率	可见光(普通)相机;红外光、紫外光相机

面阵相机的图像传感器像素分布为矩形或正方形，如图 6-5 所示，较常见的是矩形传感器，一般宽高比为 4∶3，一些新的传感器也有 16∶9 或 16∶10 的宽高比，也有一些较少见的正方形传感器，即传感器的宽高比为 1∶1。有 CMOS 面阵、CCD 面阵、黑白面阵、拜尔面阵、3CCD/CMOS 面阵等类型的面阵相机。

线阵相机的传感器排布成一条线状，类似于扫描仪，如图 6-6 所示。一般的黑白相机只会有一行像素。如 1024×1 分辨率的线阵相机（1K 的线阵相机），8192×1 分辨率的线阵相机（8K 的线阵相机）等。在彩色相机中，则至少需要 2 行以实现拜尔模式，或者是 3 行以实现 3CCD 格式，有些高级的线阵相机，会有 4 行，除了分别感应 RGB 三色外，还会有一行像素用于感应其他颜色，如黄色、白色等。面阵相机如果支持 AOI（自动光学检测）功能，

图 6-5　面阵相机

图 6-6　线阵相机

只取其中的一行，也就成了线阵相机。同样也有 CMOS 线阵、CCD 线阵、黑白线阵、拜尔线阵、3CCD/CMOS 线阵等类型的线阵相机。

一般只在两种情况下使用这种相机：一是被测视野为细长的带状；二是需要极大的视野或极高的精度。在第二种情况下，需要用激发装置多次激发相机，进行多次拍照，再将所拍下的多幅条形图像，合并成一张巨大的图。因此，采用线阵相机时，必须用可以支持线阵相机的图像采集卡。线阵相机价格贵，而且在大的视野或高的精度检测情况下，其检测速度也慢，线阵相机只用在极特殊的情况下。

6.1.2 工业镜头

工业镜头也称摄像头或摄影镜头，简称镜头，是工业视觉系统中必不可少的部件，直接影响成像质量的优劣，影响算法的实现和效果。其功能是光学成像，相当于人眼的晶状体，对机器视觉非常重要。

（1）显微镜头

如图 6-7 所示，其一般用于成像比例大于 10∶1 的成像系统，目前摄像机的像元尺寸已经做到 3μm 以内，因此一般成像比例大于 2∶1 时也可选用显微镜头。

（2）微距镜头

如图 6-8 所示，其一般是指成像比例为（2∶1）～（1∶4）的特殊设计的镜头。在对图像质量要求不是很高的情况下，一般可采用在镜头和摄像机之间加近摄接圈的方式或在镜头前加近拍镜的方式达到放大成像的效果。

图 6-7　显微镜头

图 6-8　微距镜头

（3）广角镜头

如图 6-9 所示，其焦距很短，视角较宽，景深很深，图形有畸变，介于鱼眼镜头与普通镜头之间。主要用于对检测视角要求较宽，对图形畸变要求较低的检测场合。

图 6-9　广角镜头

（4）低畸变镜头

如图 6-10 所示，其在工业镜头里最普遍，种类也最齐全，图像畸变较小，价格较低，因此应用广泛，几乎适用于任何工业场合。

（5）鱼眼镜头

如图 6-11 所示，其焦距范围为 6～16mm（标准镜头是 50mm 左右）。鱼眼镜头与鱼眼相似的形状起到与鱼眼相似的作用，视场角等于或大于 180°，有的甚至可达 230°，图像有桶形畸变，画面景深特别大，可用于管道或容器等的内部检测。

（6）远心镜头

如图 6-12 所示，其主要是为纠正一般镜头的视差而特殊设计的镜头，它可以在一定的物距范围内，使得到的图像放大倍率不会随物距的变化而变化，这对被测物不在同一物面上的情况是非常重要的。

图 6-10　低畸变镜头

图 6-11　鱼眼镜头

图 6-12　远心镜头

6.1.3 光源

（1）环形光源

① 特点　如图 6-13 所示，环形光源提供不同照射角度、不同颜色组合，更能突出物体的三维信息，高密度 LED 阵列，亮度高、品种多、紧凑设计，节省安装空间，解决了对角照射阴影问题，可选配漫射板导光，光线均匀扩散。

② 应用领域　PCB 基板检测、IC 元件检测、显微镜照明、液晶校正、塑胶容器检测、集成电路印字检测。

（2）背光源

① 特点　如图 6-14 所示，用高密度 LED 阵列面提供高强度背光照明，能突出物体的外形轮廓特征，尤其适合作为显微镜的载物台。红白两用背光源、红蓝多用背光源，能调配出不同颜色，满足不同被测物多色要求。

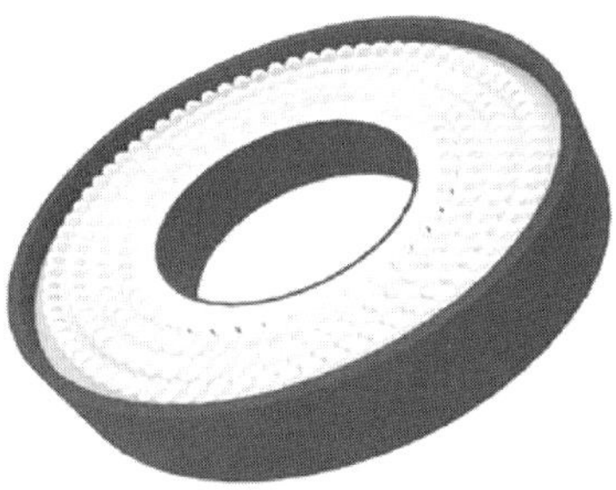

图 6-13　环形光源

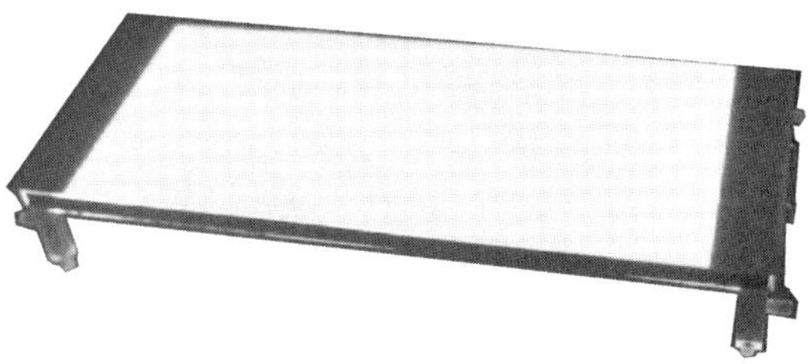

图 6-14　背光源

② 应用领域　机械零件尺寸的测量，电子元件、IC 的外形检测，胶片污点检测，透明物体划痕检测等。

（3）同轴光源

① 特点　如图 6-15 所示，可以消除物体表面不平整引起的阴影，从而减少干扰部分，采

用分光镜设计，减少光损失，均匀照射物体表面，提高成像清晰度。

图 6-15　同轴光源

② 应用领域　使用同轴光源照明时，光线照射到工件后进入相机，在工件表面凹凸不平的部分产生漫反射，可以从被测物的不光滑表面上获得带有少量阴影的稳定图像。同轴光源能够凸显物体表面不平整，克服表面反光造成的干扰，主要用于检测物体平整光滑表面的碰伤、划伤、裂纹和异物。同轴光源最适于反射度极高的物体，如金属、玻璃、胶片、镜片等表面的划痕检测，芯片和硅晶片的破损检测，条码包装识别等，如图 6-16 所示。

（4）条形光源

① 特点　如图 6-17 所示，条形光源是较大方形结构被测物的首选光源。其颜色可根据需求搭配，自由组合照射角度，安装随意可调。

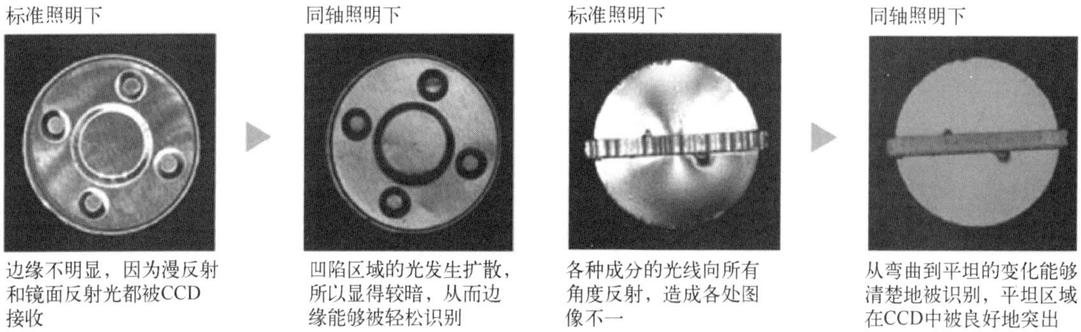

(a) 冲压部件的检测　　(b) 螺钉头的检测

图 6-16　应用领域

② 应用领域　金属表面检查、图像扫描、表面裂缝检测、LED 表面检测等。

（5）线形光源

① 特点　如图 6-18 所示，超高亮度，采用柱面透镜聚光，适用于各种流水线连续检测的场合。

图 6-17　条形光源

图 6-18　线形光源

② 应用领域　线阵相机照明、AOI 专用。AOI 专用是采用不同角度的三色光照明，照射凸显焊锡三维信息，外加漫射板导光，减少反光，不同角度组合，用于电路板焊锡检测。

（6） RGB 光源

① 特点　如图 6-19 所示，不同角度的三色光照明，照射凸显焊锡三维信息，外加漫射板导光，减少反光，不同角度组合。

② 应用领域　专用于电路板焊锡检测。

（7）球积分光源（圆顶光源）

① 特点　如图 6-20 所示，具有积分效果的半球面内壁，均匀反射从底部 360°发射出的光线，使整个图像的照度十分均匀。

图 6-19　RGB 光源

图 6-20　球积分光源

② 应用领域　适用于曲面、表面凹凸以及金属、玻璃等表面反光较强的物体表面检测，如图 6-21 所示。

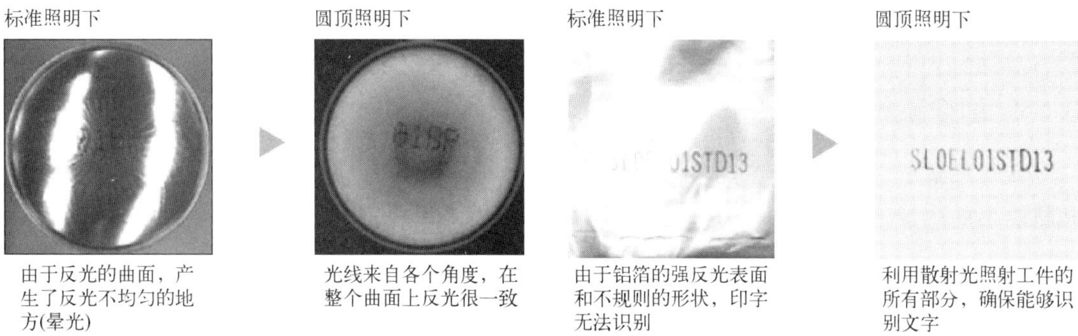

(a) 罐头底部文字的检测　　(b) 铝箔包装上的文字检测

图 6-21　应用领域

（8）条形组合光源

① 特点　如图 6-22 所示，四边配置条形光源，每边照明独立可控，可根据被测物要求调整所需照明角度，适用性广。

图 6-22　条形组合光源

② 应用领域　PCB 基板检测、焊锡检测、Mark 点定位、显微镜照明、包装条码照明、IC 元件检测。

（9）对位光源

① 特点　如图 6-23 所示，对位速度快、视场大、精度高、体积小、亮度高。

图 6-23　对位光源

② 应用领域　全自动电路板印刷机对位。

（10）点光源

① 特点　如图 6-24 所示，采用大功率 LED，体积小，发光强度高，是光纤卤素灯的替代品，具有高效散热装置，大大提高了光源的使用寿命。

② 应用领域　配合远心镜头用于芯片检测、Mark 点定位、晶片及液晶玻璃底基校正。

图 6-24　点光源

6.1.4 图像采集卡

图像采集卡（图 6-25）通常以插入卡的形式安装在 PC 中，图像采集卡的主要作用是把相机输出的图像输送给电脑主机。它将来自相机的模拟或数字信号转换成一定格式的图像数

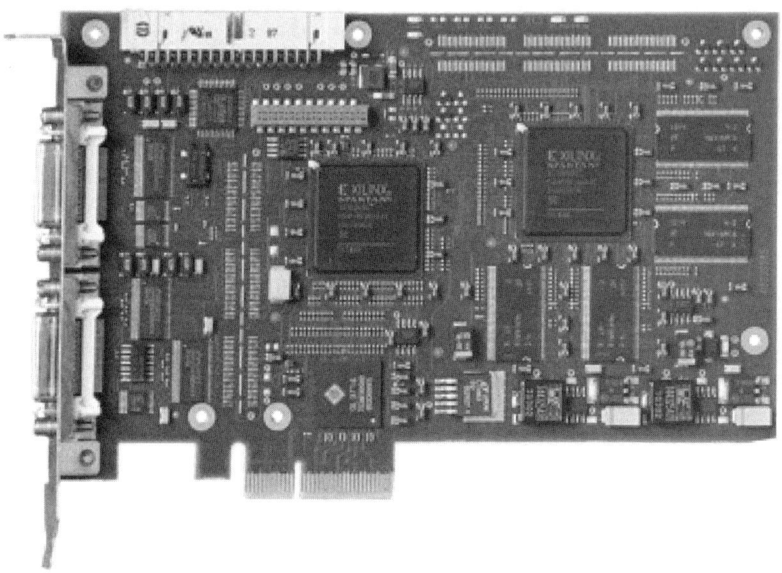

图 6-25　图像采集卡

据流，同时它可以控制相机的一些参数，如触发信号、曝光/积分时间、快门速度等。图像采集卡通常有不同的硬件结构以针对不同类型的相机，同时也有不同的总线形式，如 PCI、PCI64、Compact PCI、PC104、ISA 等。图像采集卡可以将摄像机的图像视频信号送到计算机的内存，供计算机处理、存储、显示和传输等。其主要模块组成及功能如下。

① A/D 转换模块，将图像信号放大和数字化。

② 相机控制模块，负责提供相机的设置及实现异步重置拍照、定时拍照。

③ 总线接口及控制模块，主要通过 PCI 总线完成数字图像数据的传输。

④ 数字输入/输出模块，本模块允许图像采集卡通过 TTL 信号与外部装置进行通信，用于控制和响应外部事件。

6.1.5 视觉传感器

视觉传感器通常以光纤开关、接近开关等的形式出现，用以判断被测对象的位置和状态，告知图像传感器进行正确采集。常用的视觉传感器如图 6-26 所示。

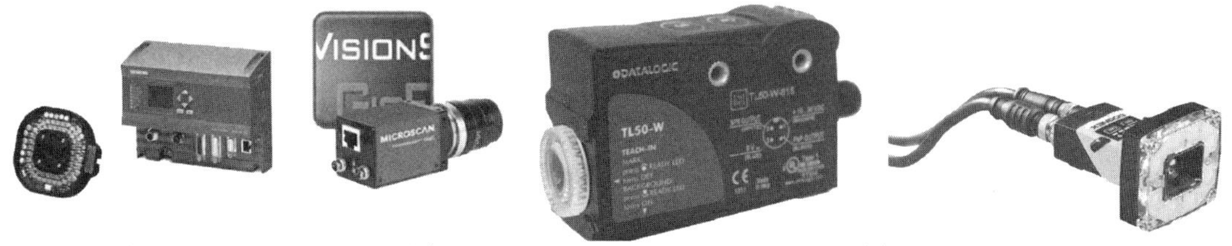

(a) 西门子　(b) 迈思肯　(c) 康奈视

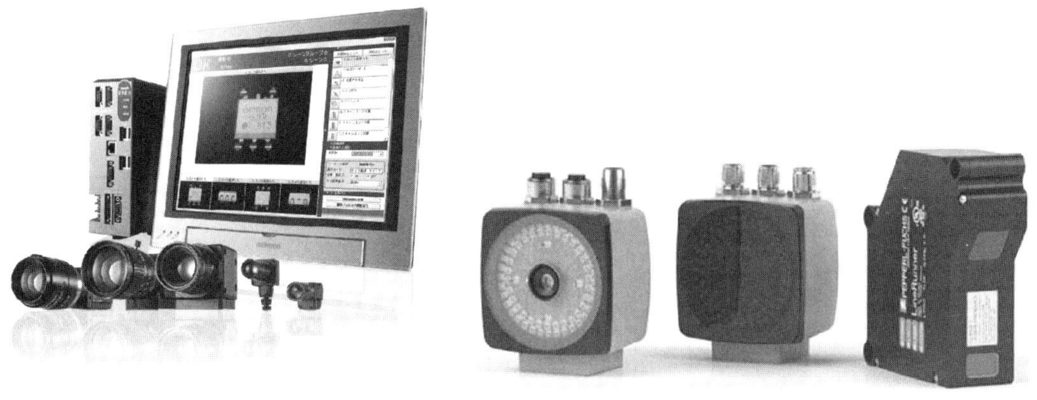

(d) 欧姆龙　(e) 倍加福

图 6-26　常用视觉传感器

6.1.6 视觉处理软件

视觉处理软件用来完成输入的图像数据的处理，然后通过一定的运算得出结果，这个输出的结果可能是 PASS/FAIL 信号、坐标位置、字符串等。常见的视觉处理软件以 C/C++ 图像库、ActiveX 控件、图形式编程环境等形式出现，可以是专用功能的（如仅用于 LCD 检测、BGA 检测、模板匹配等），也可以是通用目的的（包括定位、测量、条码/字符识别、斑点检测等）。

(1) 软件平台

① VC：通用且功能强大，用户多，与 Windows 搭配，运行性能较好，可以自己写算法，也可以用工具包，而且基本上工具包都支持 VC 的开发，是主要选择的平台。

② C#：比较容易上手，特别是完成界面等功能比用 VC+MFC 难度低了很多，已经逐渐成为流行的使用平台，算法可通过调用标准的库或者使用 C#+C++混合编程实现，目前很多相机厂商的 SDK（软件开发工具包）都已经开始使用 C#作应用程序了。

③ LabVIEW：NI 的工具图形化开发平台，再调用 NI 的 Vision 图像工具包开发，开发周期短，维护较容易。

(2) 工具包

① halcon：底层的功能算法很多，运算快，用其开发需要一定软件功底和图像处理理论。

② VisionPro：大多数算法性能都很好，开发上手比 halcon 容易。

③ NI Vision：软件图形化编程，上手快，开发周期短，速度和精度没有前两种软件好。

④ MIL：早期推广和普及程度不错，目前似乎主要还是早期的做激光设备的一些用户，用于定位的较多。

⑤ CK Vision：相对前面几个工具包来说价格优势比较明显，另外机器视觉需要的功能也基本都有。

⑥ OpenCV：更多是用于计算机视觉领域。

6.1.7 PC 平台与控制单元

(1) PC 平台

在这里完成图像数据的处理和绝大部分的控制逻辑，对于检测类型的应用，通常都需要较高频率的 CPU，这样可以减少处理的时间。同时，为了减少工业现场电磁、振动、灰尘、温度等的干扰，必须选择工业级的计算机。

(2) 控制单元

控制单元包含 I/O、运动控制、电平转化单元等，一旦视觉处理软件完成图像分析（除非仅用于监控），紧接着需要和外部单元进行通信以完成对生产过程的控制，简单的控制可以直接利用部分图像采集卡自带的 I/O，相对复杂的逻辑/运动控制则必须依靠附加可编程逻辑控制单元/运动控制卡来实现必要的动作。

6.2 工业机器人视觉系统安装与调试

6.2.1 光源与视觉器件安装

6.2.1.1 光源安装

(1) 小号（中号）环形光源安装

如图 6-27 所示，该光源可以直接拧在镜头的前端，也可以通过钣金件安装。

(2) 低角度环形光源安装

如图 6-28 所示，发光角度是与水平面成 15°，颜色为蓝色，三个环形光源可以合并成 AOI 光源。

(a) 光源安装

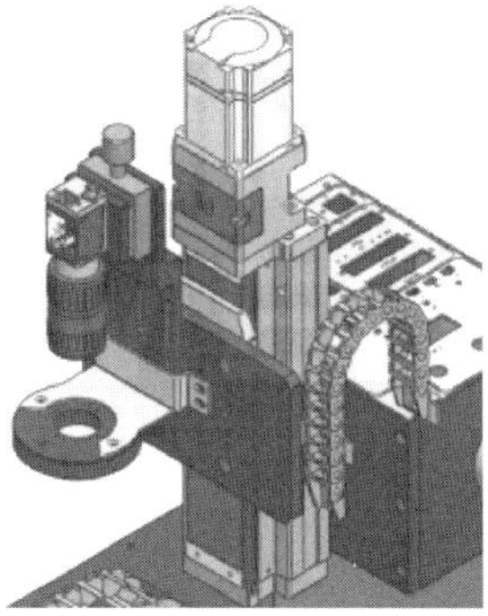

(b) 支架安装

图 6-27 小号（中号）环形光源安装

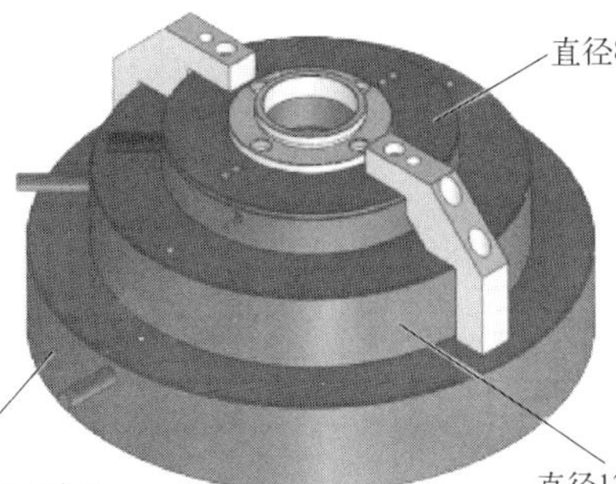

(a) 光源安装

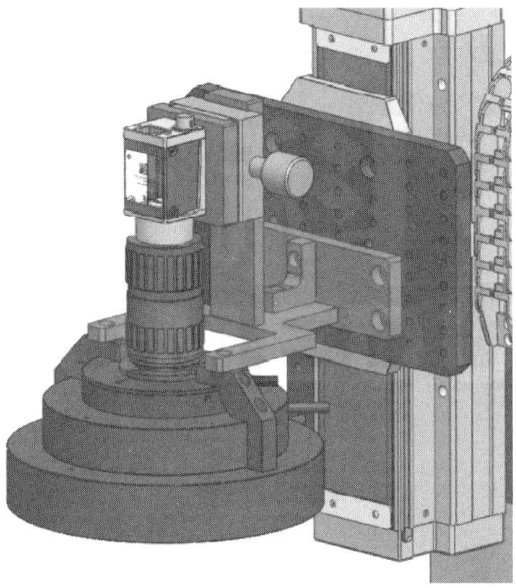

(b) 支架安装

图 6-28 低角度环形光源安装

(3) 同轴光源安装

如图 6-29 所示，颜色为 RGB，光源均匀度高于 90%，发光面 60mm×60mm，三通道单独控制。

（4）平行背光源安装

如图 6-30 所示，颜色为白色，底部贴片 LED，光源均匀度高于 90%，发光面 169mm×145mm。

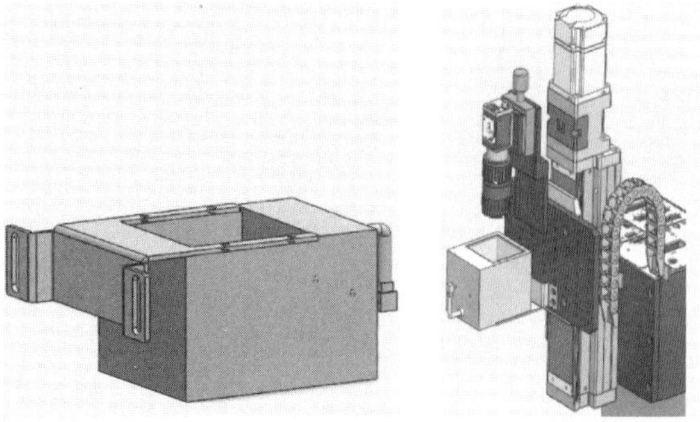

(a) 光源安装　　(b) 支架安装

图 6-29　同轴光源安装

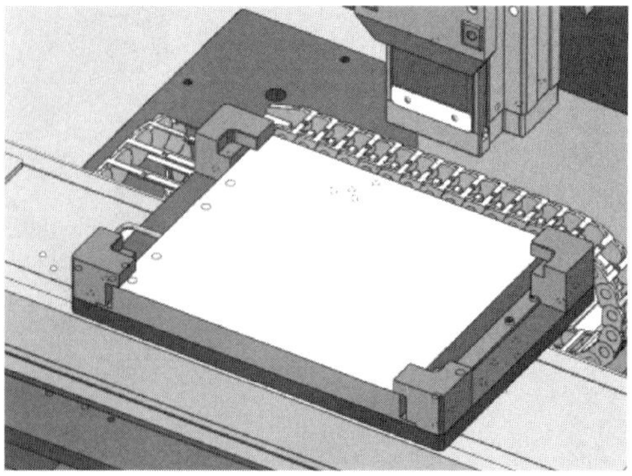

图 6-30　平行背光源安装

（5） LED 光源安装

LED 环形光源或者同轴光源，根据光源的安装孔位，找到对应的连接件（不锈钢材质），用螺钉固定，如图 6-31 所示，转换件固定板的安装如图 6-32 所示。

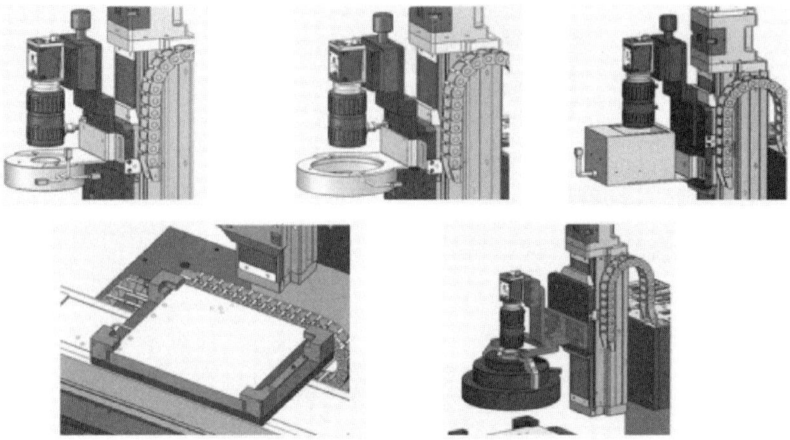

图 6-31　LED 光源与转换件的连接

6.2.1.2　视觉器件安装

（1）工业相机与工业镜头的连接

根据应用需要，选取 1 台合适的 2D 工业相机和 1 个工业镜头，将相机和镜头上的保护盖取下并放置到原位置，以防丢失，然后将镜头顺时针拧到相机上即可。3D 相机无需安装镜头。

调节光圈和焦距时需要将镜头上的螺钉松开，调好后再拧紧。

（2）工业相机与快换板的连接

选取相机的快换板，快换板上有 3 个孔的为 2D 相机连接件，4 个孔的为 3D 相机连接件。将相机固定到快换板上，即可完成安装，如图 6-33 所示。

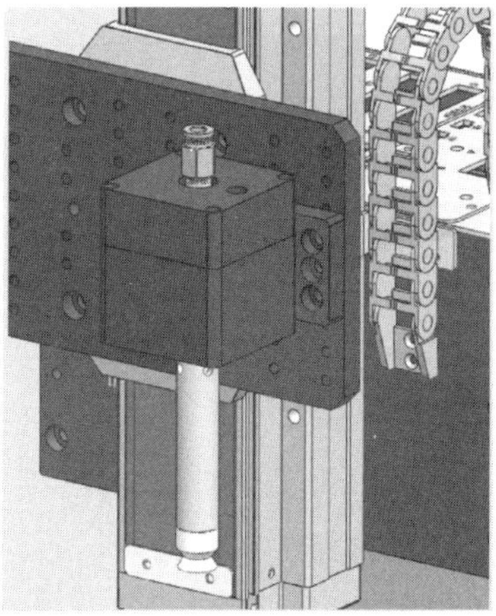

图 6-32　转换件固定板的安装

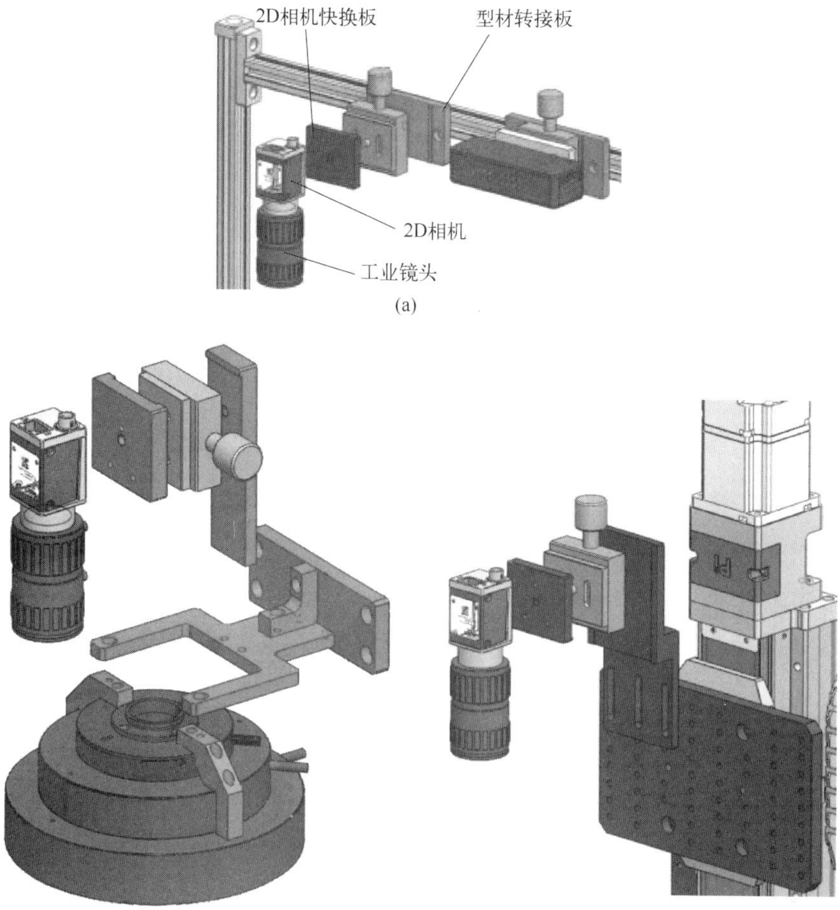

(b) (c)

图 6-33 安装工艺

6.2.2 电气安装

电气部分主要包括过载保护空开、交流接触器、电源、PLC、继电器和电机驱动器等，如图 6-34 所示。有的平台将所有接口集成到一块快捷接线板上，便于操作人员操作，如图 6-35 所示。接口包括光源连接接口、光源外部控制接口、旋转 θ 轴运动接口、PLC 扩展 I/O 接口、系统进气口、光源控制串口、工控机 USB 接口、PLC 下载接口、直流电源供电接口以及网口等。不同的视觉系统其电气设计是不同的，图 6-36 所示为某工业机器人视觉系统电路图。

6.2.3 视觉模块安装

视觉模块安装涉及图 6-37 所示的内容，具体步骤如下。

① 将视觉模块安装到如图 6-38 所示位置。

② 安装视觉模块的通信线，一端连接到通用电气接口板上 J2 接口，另一端连接到相机通信接口，如图 6-39 所示。

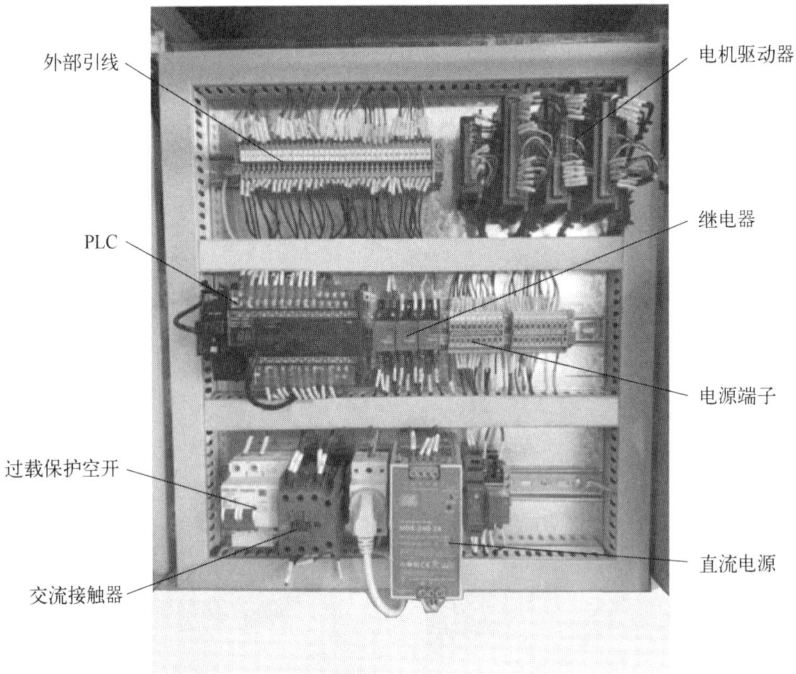

图 6-34 电气主要部分

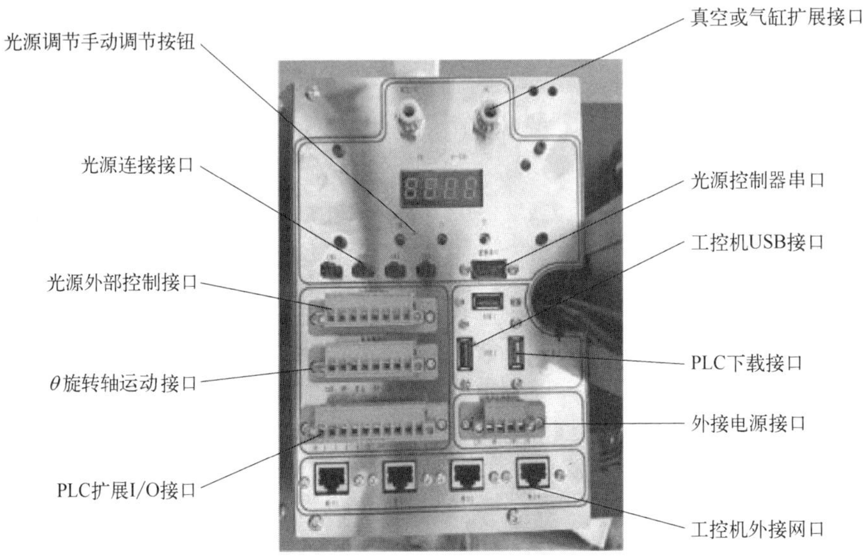

图 6-35 快捷接线板

③ 安装视觉模块的电源线，一端连接到通用电气接口板上 J7 接口，另一端连接到相机电源接口，如图 6-40 所示。

④ 安装局域网网线，将计算机和相机连接到同一局域网。网线一端接到计算机的网口，另一端接到通用电气接口板上的 LAN1 网口，如图 6-41 所示。

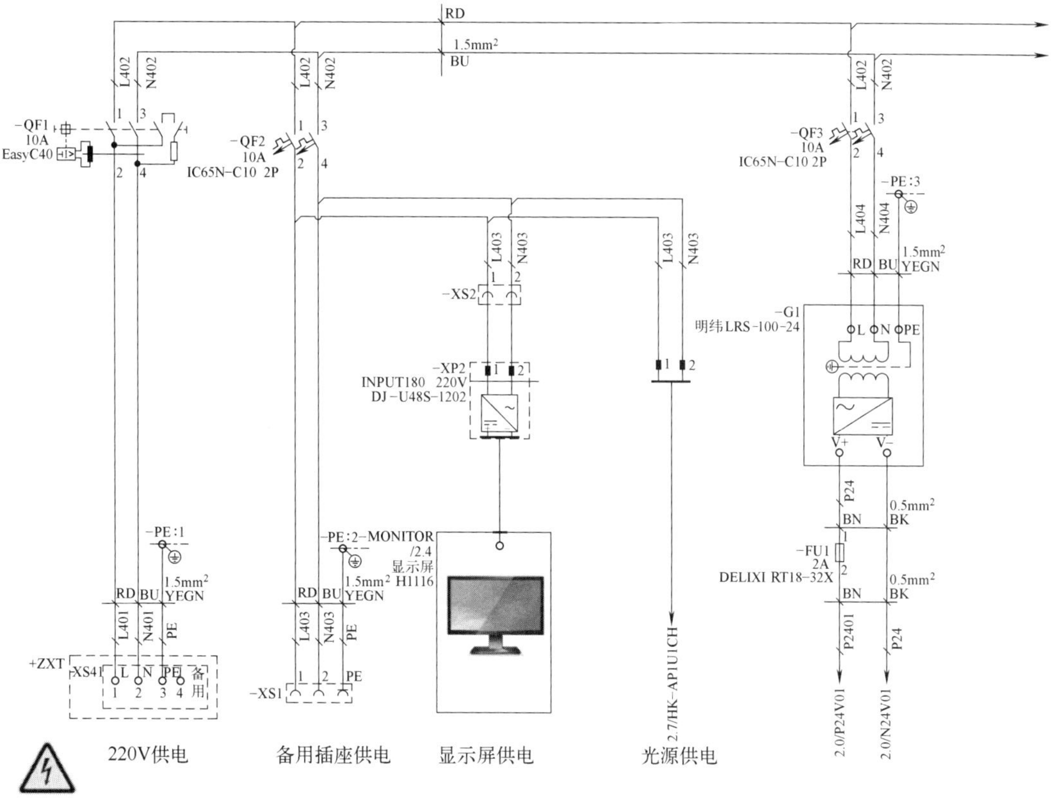

(a) 视觉系统供电(220V)

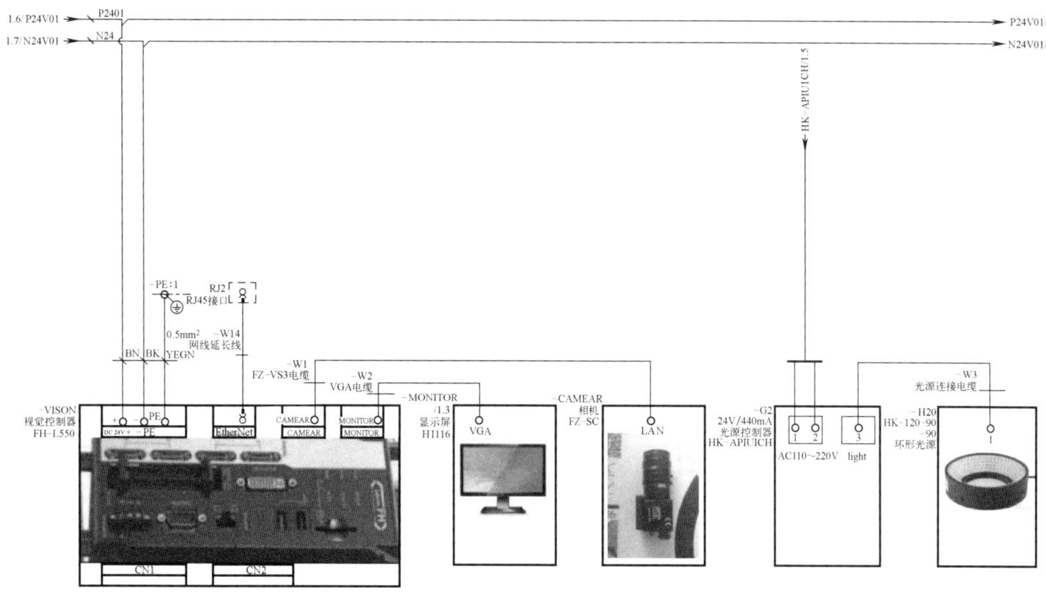

(b) 视觉系统控制(相机控制器/光源控制器)

图 6-36　某工业机器人视觉系统电路图

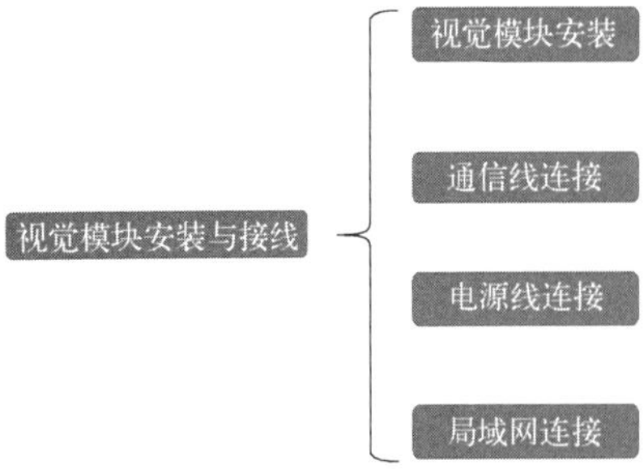

图 6-37　视觉模块安装涉及的内容

图 6-38　视觉模块安装位置

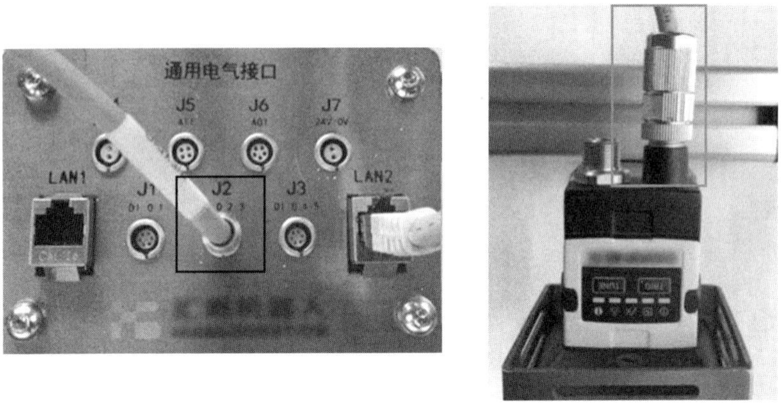

图 6-39　安装视觉模块的通信线

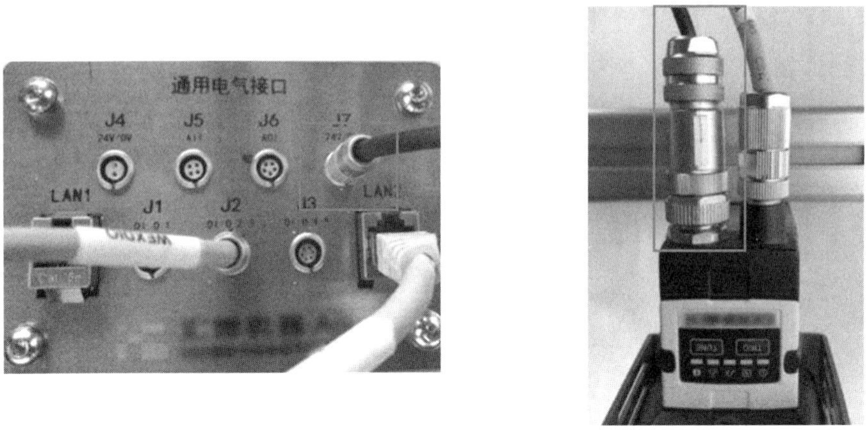

图 6-40　安装视觉模块的电源线

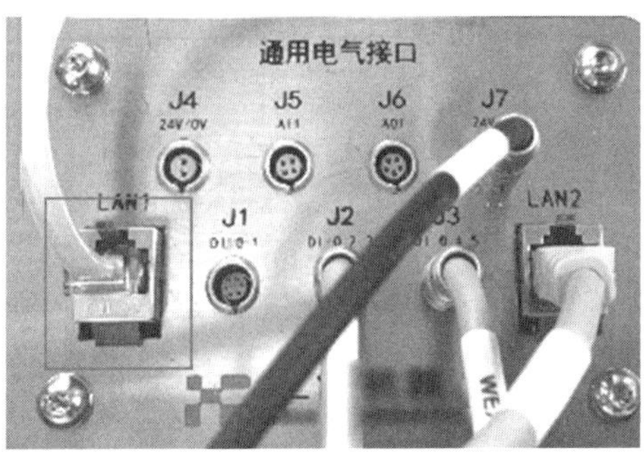

图 6-41　安装视觉模块的局域网网线

6.2.4 视觉系统调试

6.2.4.1 调整视觉参数

调试视觉参数是为了得到高清画质的图像，获取更加准确的图像数据，具体调试步骤如下。

(1) 测试相机网络

① 手动将计算机 IP 地址设为 192.168.101.88，子网掩码为 255.255.255.0，单击“确定”完成 IP 设置，如图 6-42 所示。

② 打开 In-Sight 软件，点击菜单栏中系统下的“将传感器添加到设备”，输入相机的 IP 地址 192.168.101.50，点击“应用”，如图 6-43 所示。

图 6-42 设置计算机 IP 地址

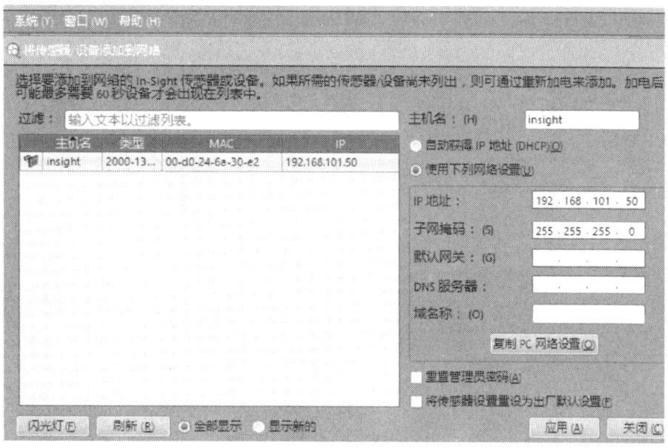

图 6-43 设置相机 IP 地址

③ 在“开始运行”中打开命令提示符窗口，输入 ping 192.168.101.50，测试计算机与相机之间的通信。若能收发数据包，说明网络正常通信，如图 6-44 所示。

(2) 调试相机焦距

① 打开 In-Sight 浏览器，如图 6-45 所示。

② 双击 In-Sight 网络下的 insight，自动加载相机中已保存的工程，如图 6-46 所示。

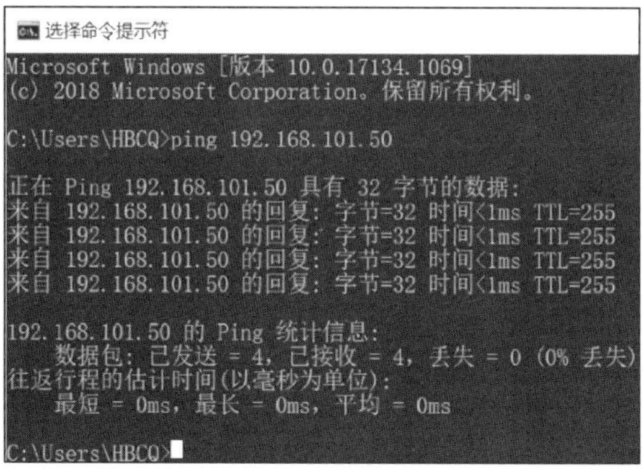

图 6-44 测试计算机与相机之间的通信

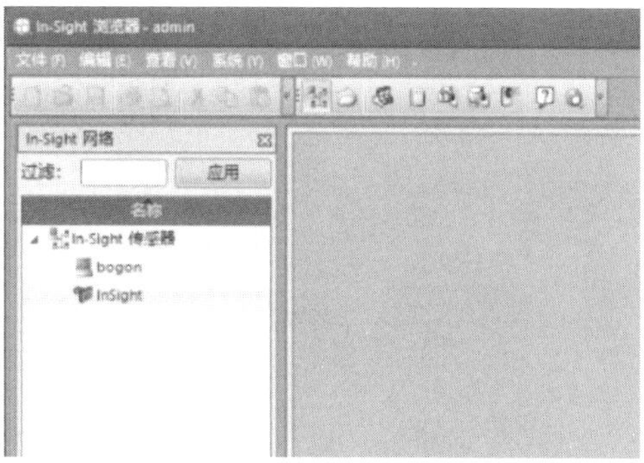

图 6-45 打开 In-Sight 浏览器

③ 相机模式设为实况视频模式，即相机进行连续拍摄，如图 6-47 所示。

④ 相机实况视频拍摄如图 6-48 所示，当前焦点为 4.12。

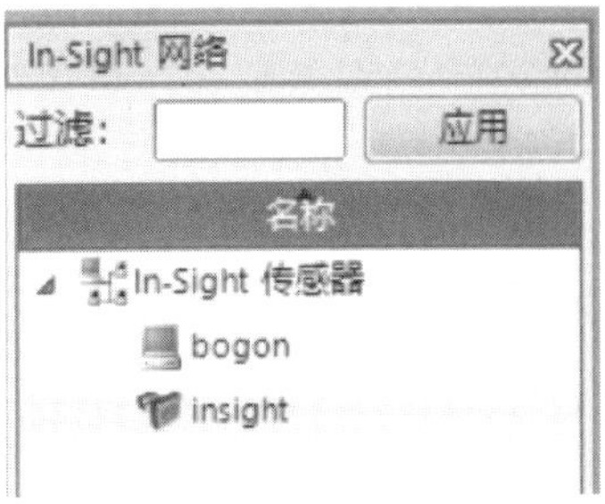

图 6-46　加载相机数据

图 6-47　设置相机模式

图 6-48　相机实况视频拍摄

⑤ 使用一字旋具，旋转相机焦距调节器。直到相机拍摄的图像清晰为止，图 6-49 所示，当前焦点为 4.15。

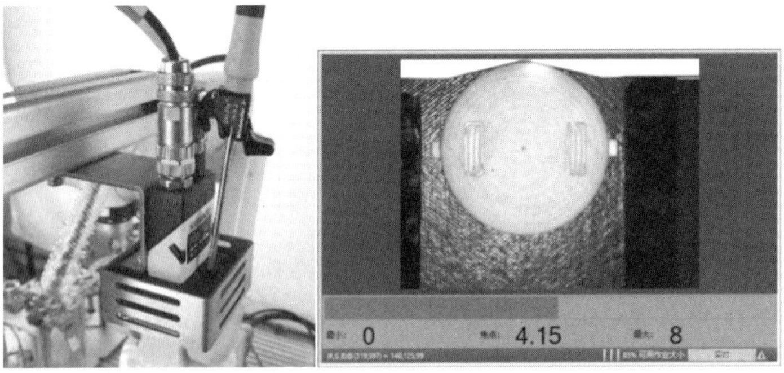

图 6-49　调节焦距

(3) 调试图像亮度、曝光和光源强度

① 单击“应用程序步骤”下的“设置图像”，如图 6-50 所示。

② 选择“灯光”“手动曝光”，然后调试“目标图像亮度”“曝光”“光源强度”参数，如图 6-51 所示。

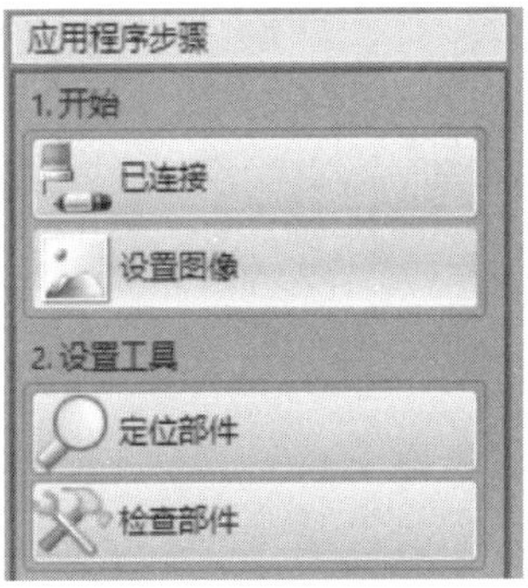

图 6-50　设置图像

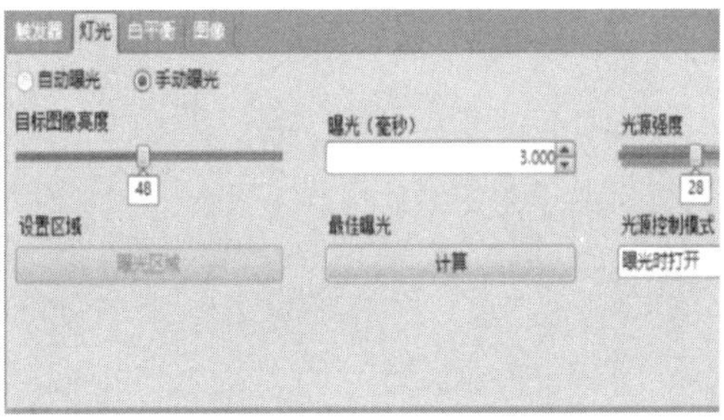

图 6-51　调节参数

③ 重复步骤②，直到图像颜色和形状的清晰度满足要求为止，如图 6-52 所示。

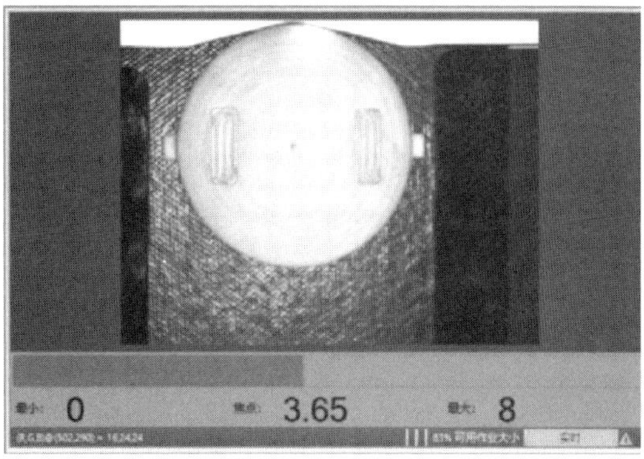

图 6-52 调节清晰度

6.2.4.2 测试视觉数据

下载 SSCOM 串口调试助手软件，测试相机通信数据，操作步骤如下。

① 视觉编程软件中，单击联机按钮，切换到联机模式，如图 6-53 所示。

② 打开通信调试助手，选择 TCPClient 模式。相机进行 TCP/IP 通信时，相机为服务器，工业机器人或其他设备为客户端。打开通信调试助手，输入相机的 IP 地址 192.168.101.50，端口号 3010，建立通信连接，如图 6-54 所示。

③ 发送指令“admin”到相机。调试助手收到相机返回的数据“Password”，如图 6-55 所示。

④ 发送指令“ ”（空指令）到相机，调试助手收到相机返回的数据“User Logged In”，如图 6-56 所示。

⑤ 发送指令“se8”到相机，控制相机执行一次拍照，调试助手收到相机返回的数据“1”，代表指令发送成功。

⑥ 发送 GVFlange. Fixture. X 到相机，调试助手收到相机返回的数据“1 156.105”。“1”代表指令发送成功，“156.105”代表工件在 X 方向的位置，如图 6-57 所示。

图 6-53 切换到联机模式

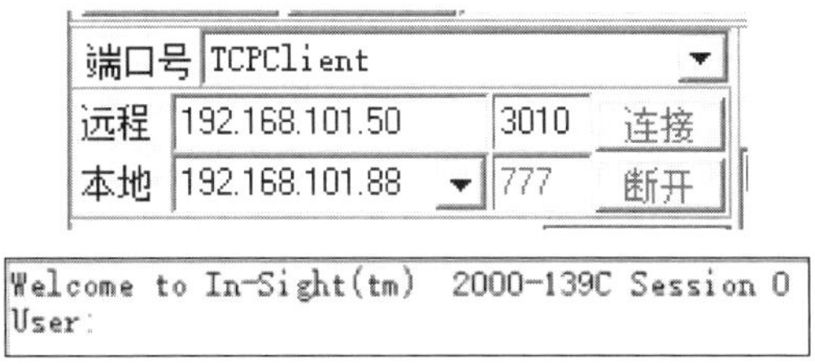

图 6-54 建立通信连接

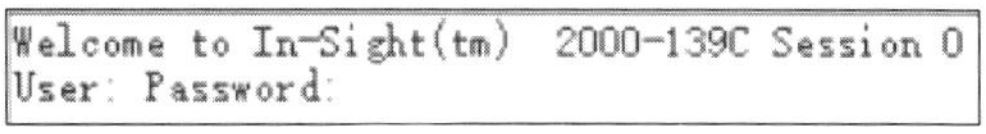
Welcome to In-Sight(tm) 2000-139C Session 0
User: Password:

图 6-55 收到相机返回的数据“Password”

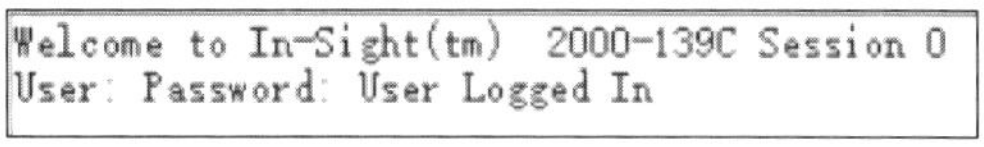
Welcome to In-Sight(tm) 2000-139C Session 0
User: Password: User Logged In

图 6-56 收到相机返回的数据“User Logged In”

Welcome to In-Sight(tm) 2000-139C Session 0
User: Password: User Logged In
1
1
156.105

图 6-57 收到相机返回的数据“1 156.105”

6.3 工业机器人与相机通信

ABB 工业机器人提供了丰富的 I/O 接口，如 ABB 标准通信，不仅可以与 PLC 的现场总线通信，还可以与工业视觉系统和 PC 进行通信，轻松地实现了与周边设备的通信。本节主要介绍 Socket 通信指令，实现 ABB 工业机器人与康耐视相机的数据通信。

6.3.1 Socket 通信指令

图 6-58 所示为 Socket 通信指令在示教器中的调用画面，相关指令见表 6-2。

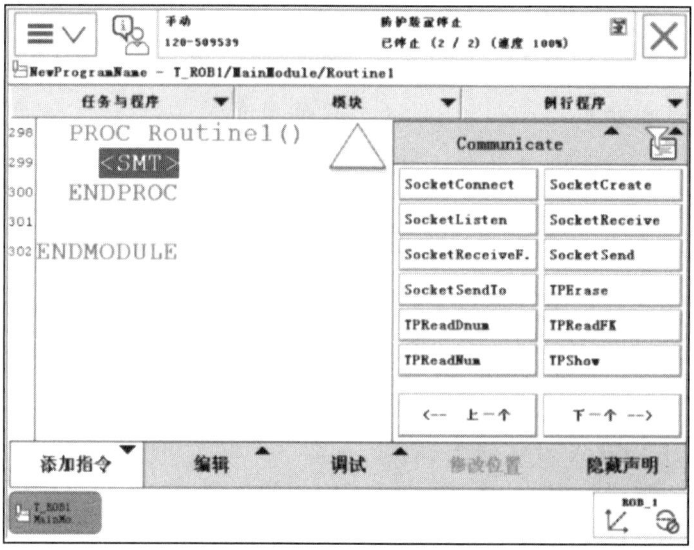

图 6-58　Socket 通信指令在示教器中的调用画面

表 6-2　ABB 工业机器人 Socket 通信指令

指令	格式与功能		参数及说明		示例	
	书写格式	功能	参数	说明		
SocketClose	SocketClose Socket	关闭套接字	Socket	有待关闭的套接字	SocketClose Socket1;	关闭套接字 Socket1
SocketCreate	SocketCreate Socket	创建 Socket 套接字	Socket	用于存储系统内部套接字数据的变量	SocketCreate Socket1;	创建套接字 Socket1
Socket Connect	SocketConnect Socket, Address, Port	建立 Socket 连接	Socket	有待连接的服务器套接字，必须创建尚未连接的套接字	SocketConnect Socket1, "192.168.0.1", 1025;	尝试与 IP 地址 192.168.0.1 和端口 1025 处的远程计算机相连
			Address	远程计算机的 IP 地址，不能使用远程计算机的名称		
			Port	位于远程计算机上的端口		
Socket GetStatus	SocketGetStatus (Socket)	获取套接字当前的状态①	Socket	用于存储系统内部套接字数据的变量	state: = SocketGet Status (Socket1);	返回 Socket1 套接字当前状态①
SocketSend	SocketSend Socket[\Str]\ [\RawData]\ [\Data]	发送数据至远程计算机	Socket	在套接字接收数据的客户端应用中，必须已经创建和连接套接字	SocketSend Socket1 \Str: = "Hello world";	将消息"Hello world"发送给远程计算机
			[\Str]\ [\RawData]\ [\Data]	将数据发送到远程计算机。同一时间只能使用可选参数\Str、\RawData 或\Data 中的一个		

续表

指令	格式与功能		参数及说明		示例	
	书写格式	功能	参数	说明		
Socket Receive	SocketReceive Socket[\Str]\ [\RawData]\ [\Data]	接收远程计算机数据	Socket	在套接字接收数据的客户端应用中，必须已经创建和连接套接字	SocketReceive Socket1 \Str:= str_data;	从远程计算机接收数据，并将其存储在字符串变量 str_data 中
			[\Str]\ [\RawData]\ [\Data]	应当存储接收数据的变量。同一时间只能使用可选参数\Str、\RawData 或\Data 中的一个		
StrPart	StrPart (Str,ChPos,Len)	获取指定位置开始长度的字符串	Str	字符串数据	Part := StrPart ("Robotics", 1, 5);	变量 Part 的值为"Robot"
			ChPos	字符串开始位置		
			Len	截取字符串的长度		
StrToVal	StrToVal (Str,Val)	将字符串转化为数值	Str	字符串数据	ok := StrToVal ("3.14", nval);	变量 nval 的值为 3.14
			Val	保存转换得到的数值的变量		
StrLen	StrLen(Str)	获取字符串的长度	Str	字符串数据	len := StrLen ("Robotics");	变量 len 的值为 8

① 套接字状态：Socket_CREATED、Socket_CONNECTED、Socket_BOUND、Socket_LISTENING、Socket_CLOSED。

6.3.2 通信流程

工业机器人与相机的通信采用后台任务执行的方式，即工业机器人和相机的通信及数据交互在后台执行，工业机器人的动作及信号输入与输出在工业机器人系统执行，后台任务和工业机器人系统任务是并行运行的。后台任务中，工业机器人获取相机图像处理后的数据，通过任务间的共有变量共享给工业机器人系统任务；工业机器人系统任务中，根据后台任务共享得到的数据，控制工业机器人执行相应的程序。某工业机器人与相机的通信流程如图 6-59 所示。

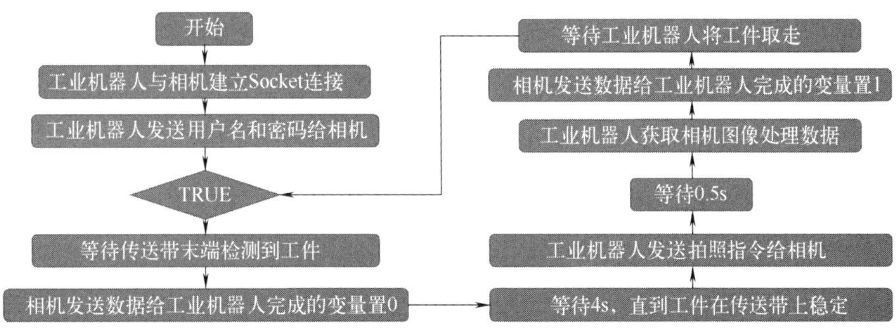

图 6-59 某工业机器人与相机的通信流程

(1) 配置相机通信任务

① 按顺序选择“主菜单”→“系统信息”→“系统属性”→“控制模块”→“选项”。确认系统

中是否存在创建多任务选项 MultiTasking，如图 6-60 所示。

② 依次选择“主菜单”→“控制面板”→“配置系统参数”，打开配置系统参数界面，如图 6-61 所示。

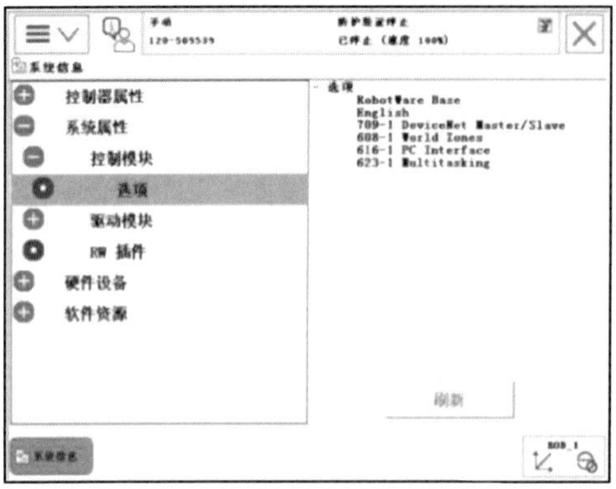

图 6-60　创建多任务选项 MultiTasking

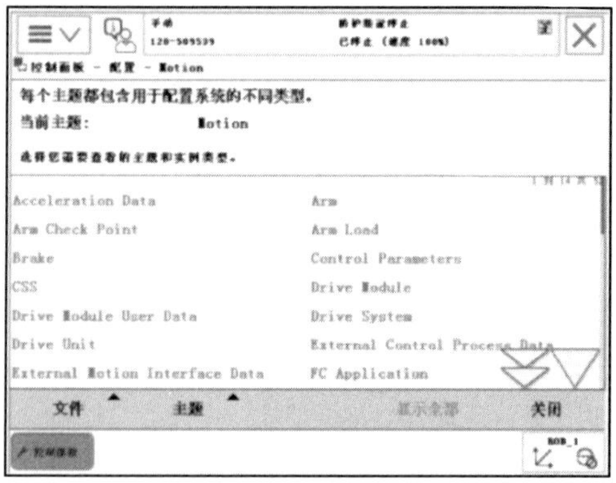

图 6-61　打开配置系统参数界面

③ 单击“主题”，选择 Controller，双击 Task，如图 6-62 所示。

④ 进入 Task 任务界面，如图 6-63 所示。T _ ROB1 是默认的机器人系统任务，用于执行工业机器人运动程序。

图 6-62　选择 Controller

图 6-63　进入 Task 任务界面

⑤ 单击“添加”，创建工业机器人与相机通信的后台任务，如图 6-64 所示。

⑥ 配置工业机器人与相机通信的后台任务，如图 6-65 所示。Task 为 CameraTask，Type 为 Normal，其他参数默认。单击“确定”，重启工业机器人控制器。

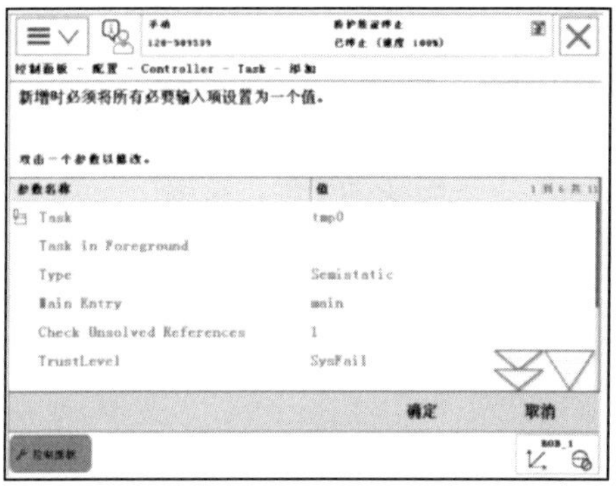

图 6-64　创建后台任务

图 6-65　配置后台任务

⑦ 系统重启后，Task 参数中多了一个 CameraTask 任务，如图 6-66 所示。

⑧ 依次选择“主菜单”→“程序编辑器”，选中 CameraTask，在出现的界面中选择“新建”，如图 6-67 所示。

图 6-66　系统重启

图 6-67　选择“新建”

⑨ 系统会自动新建模块 MainModule 以及程序 main，完成相机通信任务的配置，如图 6-68 所示。

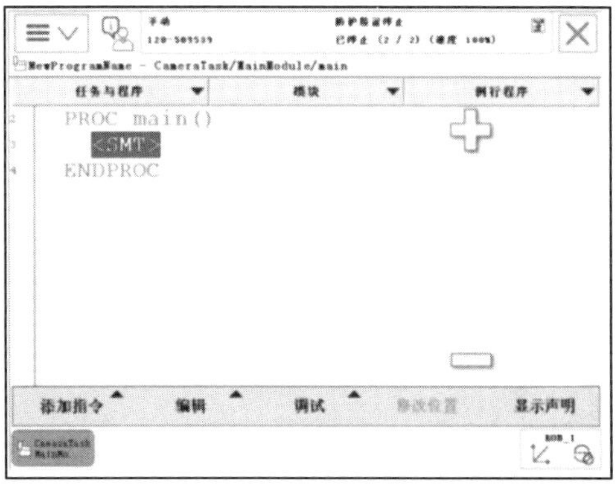

图 6-68　完成相机通信任务的配置

(2) 创建 Socket 及其变量

工业机器人与相机通信需要用到的 Socket（套接字）及其相关变量见表 6-3。PartType、Rotation、CamSendDataToRob 为 CameraTask 和 T_ROB1 任务共享的变量，其存储类型必须为可变量。CameraTask 任务中创建 Socket 相关变量的步骤如下。

表 6-3　Socket 及其相关变量

变量名称	变量类型	存储类型	所属任务	变量说明
ComSocket	socketdev	默认	CameraTask	与相机 Socket 通信套接字设备变量
strReceived	string	变量	CameraTask	接收相机数据的字符串变量
PartType	num	可变量	CameraTask	1 减速器工件；2 法兰工件
Rotation	num	可变量	CameraTask	相机识别工件的旋转角度
CamSendDataToRob	bool	可变量	CameraTask	相机处理数据完成信号

① 依次选择“主菜单”→“程序数据”→“视图”→“全部数据类型”，单击“更改范围”，如图 6-69 所示。

② 将“任务”参数选为 CameraTask，单击“确定”，如图 6-70 所示。

③ 选中数据类型 socketdev，单击“显示数据”，如图 6-71 所示。

④ 单击“新建”，创建 socketdev 类型变量，如图 6-72 所示。名称 ComSocket，范围为全局，任务 CameraTask，模块 MainModule，单击“确定”，如图 6-73 所示。

⑤ 选中数据类型 string，新建变量，变量名称 strReceived，存储类型为变量，任务 CameraTask，如图 6-74 所示。

图 6-69 单击“更改范围”

图 6-70 选参数 CameraTask

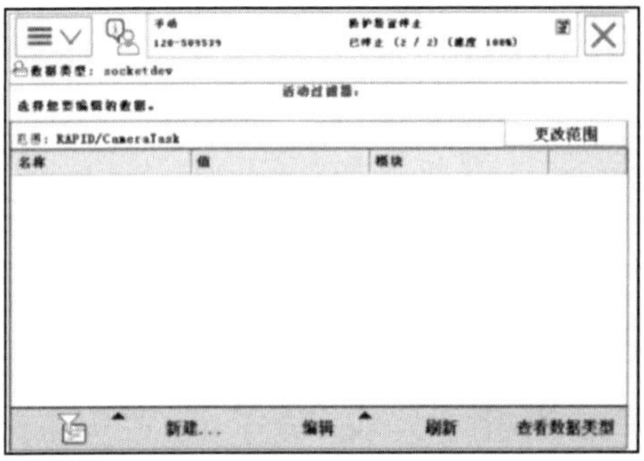

图 6-71 单击“显示数据”

图 6-72 创建 socketdev 类型变量

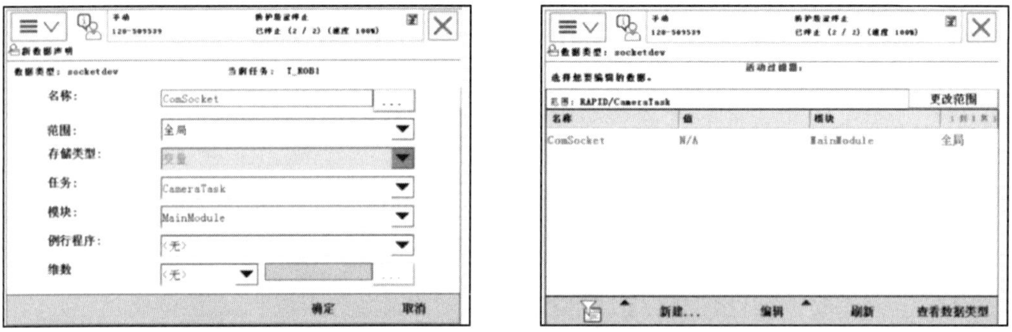

图 6-73 创建 ComSocket

⑥ 选中数据类型 num，新建变量，变量名称 PartType，存储类型为可变量，任务 CameraTask ，如图 6-75 所示。

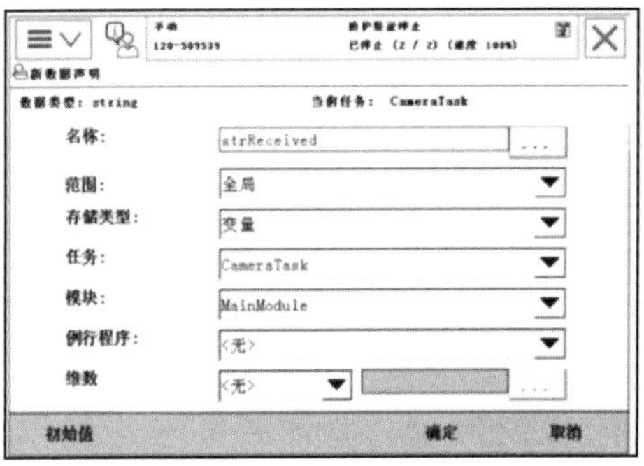

图 6-74 新建变量 strReceived

图 6-75 新建变量 PartType

⑦ 选中数据类型 num，新建变量，变量名称 Rotation，存储类型为可变量，任务 CameraTask，如图 6-76 所示。

⑧ 选中数据类型 bool，新建变量，变量名称 CamSendDataToRob，存储类型为可变量，任务 CameraTask，如图 6-77 所示。

图 6-76　新建变量 Rotation

图 6-77　新建变量 CamSendDataToRob

6.3.3 通信程序

(1)　Socket 连接程序

工业机器人与相机通信时，相机作为服务器，工业机器人作为客户端。Socket 连接程序的创建如图 6-78 所示。Socket 连接程序的流程是：

工业机器人同相机建立 Socket 连接；工业机器人发送用户名（“admin\0d\0a”）给相机，相机返回确认信息；工业机器人发送密码（“\0d\0a”）给相机，相机返回确认信息。Socket 连接程序示例见表 6-4。

图 6-78　Socket 连接程序的创建

表 6-4　Socket 连接程序示例

行号	示例程序	程序说明
1	PROC RobConnectToCamera()	RobConnectToCamera 程序开始
2	SocketClose ComSocket;	关闭套接字设备 ComSocket
3	SocketCreate ComSocket;	创建套接字设备 ComSocket
4	SocketConnect ComSocket,“192.168.101.50”,3010;	连接相机 IP 192.168.101.50,端口 3010
5	SocketReceive ComSocket\Str:=strReceived;	接收相机数据并保存到变量 strReceived
6	TPWrite strReceived;	将 strReceived 数据显示在示教器界面上
7	SocketSend ComSocket\Str:=“admin\0d\0a”;	发送用户名 admin,\0d\0a 代表回车换行
8	SocketReceive ComSocket\Str:=strReceived;	接收相机数据存到变量 strReceived
9	TPWrite strReceived;	将 strReceived 数据显示在示教器界面上

续表

行号	示例程序	程序说明
10	SocketSend ComSocket\Str:="\0d\0a";	发送密码到相机,密码数据\0d\0a
11	SocketReceive ComSocket\Str:=strReceived;	接收相机数据存到变量 strReceived
12	TPWrite strReceived;	将 strReceived 数据显示在示教器界面上
13	ENDPROC	RobConnectToCamera 程序结束

(2) 相机拍照控制程序

相机拍照控制程序的创建如图 6-79 所示,相机拍照控制程序示例见表 6-5。

图 6-79 相机拍照控制程序的创建

表 6-5 创建相机拍照例行程序

行号	示例程序	程序说明
1	PROC SendCmdToCamera()	SendCmdToCamera 程序开始
2	SocketSend ComSocket\Str:="se8\0d\0a";	发送相机拍照控制指令 se8\0d\0a
3	SocketReceive ComSocket\Str:=strReceived;	接收数据:1 拍照成功;不为 1 相机故障
4	IF strReceived <> "1\0d\0a" THEN	使用 IF 指令判断相机是否拍照成功
5	TPErase;	示教器画面清除;
6	TPWrite "Camera Error";	示教器上显示"Camera Error"
7	STOP;	停止
8	ENDIF	判断结束
9	ENDPROC	SendCmdToCamera 程序结束

(3) 数据转换程序

数据转换程序示例见表 6-6。

表 6-6 数据转换程序示例

行号	示例程序	程序说明
1	FUNC num StringToNumData(string strData)	StringToNumData 程序开始
2	strData2 := StrPart(strData, 4, StrLen(strData)-3);	分割字符串,获取工件类型数据字符串
3	Ok:=StrToVal(strData2,numData);	将工件类型数据字符串转化为数值
4	RETURN numData;	使用 RETURN 指令返回数据 numData
5	ENDFUNC	StringToNumData 程序结束

① CameraTask 任务中新建功能程序 StringToNumData，如图 6-80 所示。类型为功能；数据类型 num。

② 创建参数 strData，如图 6-81 所示。类型 string。

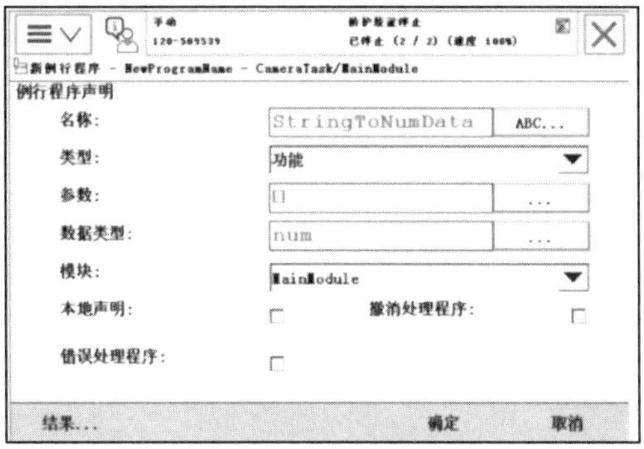

图 6-80　新建功能程序

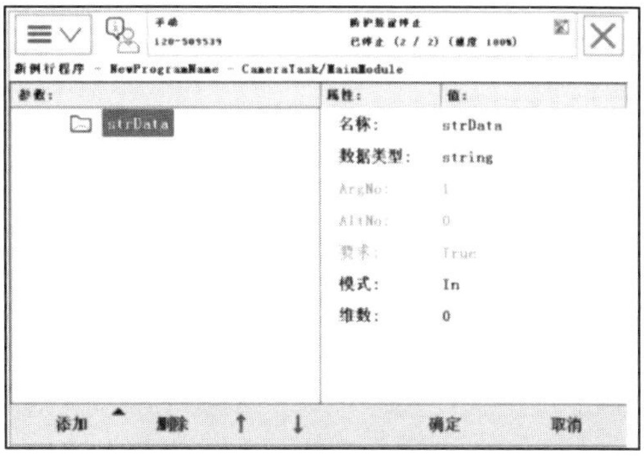

图 6-81　创建参数 strData

③ 进入功能程序 StringToNumData，如图 6-82 所示。

④ ＜VAR＞选择新建本地 string 类型变量 strData2，如图 6-83 所示。＜EXP＞选择 StrPart 指令，并输入相应的参数。StrPart 指令用于拆分字符串，并返回得到的字符串。strData 为程序参数，strData2 为程序本地变量。

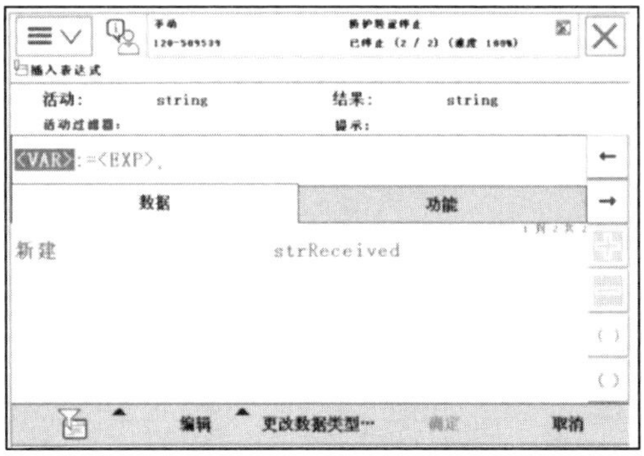

图 6-82　进入功能程序

图 6-83　新建本地 string 类型变量

⑤ 使用赋值指令将 string 数据类型转换成 num 数据类型，如图 6-84 所示。StrToVal 指令用于将字符串转换为数值，返回值为 1 代表转换成功，返回值为 0 代表转换失败。

⑥ 使用 RETURN 指令返回数据 numData，如图 6-85 所示。

图 6-84　换成 num 数据类型

图 6-85　返回数据 numData

(4) 获取相机图像数据程序

工业机器人要获取相机图像数据，必须向相机发送特定的指令，然后用数据转换程序将接收到的数据转换成想要的数据。CameraTask 任务中新建程序 GetCameraData，获取相机图像数据程序的创建如图 6-86 所示，获取相机图像数据程序示例见表 6-7。

图 6-86 获取相机图像数据程序的创建

表 6-7 获取相机图像数据程序示例

行号	示例程序	程序说明
1	PROC GetCameraData()	GetCameraData 程序开始
2	SocketSend ComSocket\Str:= “GVFlange. Pass\0d\0a”;	发送识别工件类型指令
3	SocketReceive ComSocket\Str:=strReceived;	接收相机数据并保存到 strReceived
4	numReceived := StringToNumData(strReceived);	将数据转换并赋值给 numReceived
5	IF numReceived = 0 THEN	如果 numReceived 为 0
6	PartType:=1;	当前工件为减速机，PartType 设为 1
7	ELSEIF numReceived = 1 THEN	如果 numReceived 为 1
8	PartType:=2;	当前工件为法兰，PartType 设为 2
9	SocketSend ComSocket\Str:= “GVFlange. Fixture. Angle \0d\0a”;	发送获取工件旋转角度指令
10	SocketReceive ComSocket\Str:=strReceived;	接收相机数据并保存到 strReceived
11	Rotation:= StringToNumData(strReceived);	将接收的数据转换并赋值给 Rotation
12	ENDIF	判断结束
13	ENDPROC	GetCameraData 程序结束

(5) 相机任务主程序

相机任务主程序示例见表 6-8。

表 6-8 相机任务主程序示例

行号	示例程序	程序说明
1	ROC main ( )	相机任务(CameraTask)主程序开始
2	RobConnectToCamera;	调用程序 RobConnectToCamera

续表

行号	示例程序	程序说明
3	WHILE　TRUE　DO	使用循环指令 WHILE,参数设为 TRUE
4	WaitDI　EXDI4，1；	等待皮带运输机前限光电开关信号置 1
5	CamSendDataToRob：= FALSE；	相机处理数据完成信号置 0
6	WaitTime 4；	等待 4s
7	SendCmdToCamera；	调用相机拍照控制程序
8	WaitTime 0.5；	等待 0.5s
9	GetCameraData；	调用获取相机图像数据程序
10	CamSendDataToRob：= TRUE；	相机处理数据完成信号置 1
11	WaitDI　EXDI4，0；	等待皮带运输机前限光电开关信号置 0
12	ENDWHILE	WHILE 循环结束
13	ENDPROC	main 主程序结束

参考文献

[1] 韩鸿鸾等．工业机器人应用编程自学·考证·上岗一本通（初级）．北京：化学工业出版社，2021.

[2] 韩鸿鸾．工业机器人操作与运维自学·考证·上岗一本通（高级）．北京：化学工业出版社，2021.

[3] 张明文．工业机器人专业英语．武汉：华中科技大学出版社，2017.

[4] 韩鸿鸾．工业机器人装调与维修．北京：化学工业出版社，2018.

[5] 邱庆．工业机器人拆装与调试．武汉：华中科技大学出版社，2016.

[6] 韩鸿鸾，周永钢，王术娥．工业机器人机电装调与维修一体化教程．西安：西安电子科技大学出版社，2020.

[7] 高永伟．工业机器人机械装配与调试．北京：机械工业出版社，2019.

[8] 韩鸿鸾，马春峰，徐金友．工业机器人机械基础一体化教程．西安：西安电子科技大学出版社，2023.

[9] 韩鸿鸾，孙华伟，孙凯，等．FANUC 工业机器人装调与维修．北京：化学工业出版社，2024.

[10] 韩鸿鸾，丛培兰，谷青松．工业机器人系统安装调试与维护．北京：化学工业出版社，2017.